普通高等院校环境科学与工程类系列规划教材

本教材由北京建筑大学学科建设项目资助出版

污水生物处理新技术

主　编　刘建伟

副主编　郑　祥　闫　旭　栾昕荣

中国建材工业出版社

图书在版编目（CIP）数据

污水生物处理新技术/刘建伟主编．--北京：中国建材工业出版社，2016.9（2020.8重印）

普通高等院校环境科学与工程类系列规划教材

ISBN 978-7-5160-1614-5

Ⅰ.①污… Ⅱ.①刘… Ⅲ.①污水处理—生物处理—新技术应用—高等学校—教材 Ⅳ.①X703.1

中国版本图书馆 CIP 数据核字（2016）第 185030 号

内容简介

本书在概述污水生物处理技术及基本原理的基础上，系统地论述了近年来国内外污水生物处理研究和应用较多的新技术和新工艺。全书主要内容包括绪论、污水生物处理微生物原理与过程、污水好氧生物处理新技术、污水厌氧生物处理新技术、膜法污水生物处理新技术、新型生物脱氮除磷技术、农村污水处理新技术和污水厂污泥处理新技术。同时，对于这些新技术与新工艺的最新研究成果和发展动向也做了系统阐述。

本书既注重基本概念和基本理论的介绍，又注重污水生物处理领域的最新实践和最新发展动向。本书适合作为环境科学与工程及相关专业的本科生、研究生教材和参考书，也可供相关专业的高等院校教师、研究院所科研人员和水处理相关公司的技术人员参考。

污水生物处理新技术

主　编　刘建伟

副主编　郑　祥　闫　旭　栾昕荣

出版发行：中国建材工业出版社

地　　址：北京市海淀区三里河路 1 号

邮　　编：100044

经　　销：全国各地新华书店

印　　刷：北京鑫正大印刷有限公司

开　　本：787mm×1092mm　1/16

印　　张：16.25

字　　数：380 千字

版　　次：2016 年 9 月第 1 版

印　　次：2020 年 8 月第 2 次

定　　价：56.00 元

本社网址：www.jccbs.com.cn　　微信公众号：zgjcgycbs

本书如出现印装质量问题，由我社市场营销部负责调换。联系电话：(010)88386906

前　言

水是地球上最重要、分布最广泛的物质之一，是人类社会赖以生存和发展的自然资源，是参与生命形成和生命活动，也是地表物质能量转化的重要因素。水体是江河湖海、地下水、冰川等的总称，是被水覆盖地段的自然综合体。水体不仅包括水，还包括水中存在的溶解物质、悬浮物、底泥和水生生物等。水环境是指自然界中水的形成、分布和转化所处空间的环境，是指围绕人群空间及可直接或间接影响人类生活和发展的水体，其正常功能的各种自然因素和有关的社会因素的总体。通常情况下，一个水环境就是一个完整的生态系统，包括其中的水、悬浮物、溶解物、底质和水生生物等。因此，水环境是构成环境的基本要素之一，是人类赖以生存和发展的重要场所，也是受人类干扰和破坏最严重的地区。

近年来，随着我国经济、社会的发展和城市化进程的不断推进，各种新的环境问题不断出现，各种生活、生产污染物、重金属等物质排入水体，导致水体物理、化学、生物特征的改变，从而造成水质恶化和水体污染，影响水的有效利用，同时对生态环境或人体健康造成危害。

按处理程度划分，污水处理技术通常可分为一级、二级和三级处理。其中，一级处理主要用于去除污水中呈悬浮状态的固体污染物质；二级处理主要去除污水中呈胶体和溶解状态的有机污染物质；三级处理主要用于进一步去除难降解的有机物、氮和磷等能够导致水体富营养化的物质。三级处理技术主要包括生物脱氮除磷、混凝沉淀、活性炭吸附、离子交换和电渗析技术等。其中，生物处理技术因具有处理效果好、处理费用低、二次污染少等特点，在污水处理中的应用越来越广泛。

深度和超深度处理、低碳、资源回收和能源利用将是未来污水处理发展的方向，为此，一些污水生物处理新技术不断产生和发展。本书系统地总结了近年来国内外在污水生物处理领域研究较多的新技术和新工艺，主要内容包括绪论、污水生物处理微生物原理与过程、污水好氧生物处理新技术、污水厌氧生物处理新技术、膜法污水生物处理新技术、新型生物脱氮除磷技术、农村污水处理新技术和污水厂污泥处理新技术等。同时，本书在介绍这些新技术和新工艺的原理和特点的同时，更加侧重论述各种新技术的优势、局限性和相关应用案例，以便读者能够更深入了解该技术，为该技术的进一步改进、创新和应用打下基础。

本书共分8章，由刘建伟担任主编，郑祥、闫旭、栾昕荣担任副主编，其中第1章为绪论，介绍水环境、水体污染、现有的污水处理技术、污水生物处理技术基本概念等，由刘建伟、夏雪峰、刘敏编写；第2章论述污水生物处理技术的基本原理与过程，由刘建伟、夏雪峰编写；第3章和第4章内容分别为污水好氧生物处理新技术和污水厌氧生物处理新技术，由周晓、栾昕荣编写；第5章介绍膜法污水生物处理新技术，由郑祥、陈晓芬编写；第6章内容为新型生物脱氮除磷技术，由闫旭、曹玉升编写；第7章介绍农村污水处理新技术，由郑祥、陈晓芬编写；第8章介绍污水厂污泥处理新技术，由闫旭、马曼曼编写。

本书的主旨是向读者介绍近年来国内外污水生物处理的新技术和新工艺，同时在介绍相关基本理论的基础上力图涵盖更多的最新研究成果和工程实践经验，在编写过程中参考了大量的国内外学者的文献资料，大部分引述来源均已在书中列出，疏漏之处，谨致歉意。本书的读者对象包括环境科学与工程及相关专业的本科生和研究生，以及相关专业的高等院校教师和研究设计院的科研和工程人员、水处理相关公司的技术人员等。

本书由北京建筑大学学科建设项目资助出版，同时得到了北京市可持续城市排水系统构建与风险控制工程技术研究中心的大力支持，北京建筑大学环境生物技术课题组成员葛振、吕臣、何岩和段粹等在文献收集和整理、插图绘制等方面做了大量的工作，特此致谢！还要特别感谢中国建材工业出版社胡京平编辑耐心细致的工作保证了本书的及时出版。此外，本书在编写过程中引用了一些国内外文献及相关资料，在此对所有的作者表示真挚的感谢！

由于本书涉及的污水生物处理新技术和新工艺较多，编者知识有限，书中可能有纰漏之处，烦请读者不吝赐教。

编　者

2016年8月

目　　录

第 1 章　绪论 …… 1

1.1　概述 …… 1

1.1.1　水环境及水体污染 …… 1

1.1.2　污水的污染指标及水体自净 …… 4

1.1.3　现有的污水处理技术 …… 8

1.1.4　现有的污水生物处理技术 …… 8

1.2　污水生物处理理论及进展 …… 9

1.2.1　基本理论 …… 9

1.2.2　污水中有机物去除理论 …… 10

1.2.3　污水脱氮除磷理论 …… 11

1.2.4　污水生物处理与微生物学理论 …… 12

1.3　污水生物处理工艺及进展 …… 16

1.3.1　活性污泥法 …… 16

1.3.2　生物膜法 …… 19

1.3.3　厌氧生物处理法 …… 20

1.3.4　污水处理新技术 …… 20

1.3.5　未来污水处理技术发展趋势和展望 …… 25

第 2 章　污水生物处理微生物原理与过程 …… 27

2.1　概述 …… 27

2.2　污水微生物处理微生物学过程 …… 27

2.2.1　污水好氧生物处理微生物学过程 …… 27

2.2.2　污水厌氧生物处理微生物学过程 …… 30

2.3　污水生物处理过程的物质转化 …… 34

2.3.1　碳的转化 …… 34

2.3.2　氮的转化 …… 35

2.3.3 磷的转化 …… 37
2.4 污水生物处理常用工艺及其影响因素 …… 38
2.4.1 污水好氧生物处理 …… 38
2.4.2 污水厌氧生物处理 …… 48
第3章 污水好氧生物处理新技术 …… 52
3.1 活性污泥法好氧生物处理新技术 …… 52
3.1.1 序批式活性污泥法(SBR) …… 52
3.1.2 ICEAS 工艺 …… 54
3.1.3 CAST 工艺 …… 56
3.1.4 DAT-IAT 工艺 …… 58
3.1.5 MSBR 工艺 …… 61
3.1.6 UNITANK® 工艺 …… 63
3.1.7 UniFed SBR 工艺 …… 66
3.1.8 Linpor 工艺 …… 68
3.1.9 好氧颗粒污泥 …… 71
3.2 生物膜法好氧生物处理新技术 …… 74
3.2.1 曝气生物滤池 …… 74
3.2.2 生物接触氧化法 …… 78
3.2.3 序批式生物膜反应器 …… 79
3.2.4 移动床生物膜反应器(MBBR 工艺) …… 82
第4章 污水厌氧生物处理新技术 …… 86
4.1 概述 …… 86
4.2 厌氧生物处理工艺的发展 …… 86
4.2.1 第一代厌氧反应器 …… 86
4.2.2 第二代厌氧反应器 …… 87
4.2.3 第三代厌氧反应器 …… 88
4.3 新型厌氧生物处理工艺与反应器 …… 88
4.3.1 升流式厌氧污泥床反应器(UASB 反应器) …… 88
4.3.2 厌氧膨胀颗粒床反应器(EGSB) …… 91
4.3.3 内循环厌氧反应器(IC) …… 97
4.3.4 厌氧序批式反应器(ASBR) …… 101
4.3.5 厌氧迁移式污泥床反应器(AMBR) …… 103

4.3.6 厌氧膜生物反应器(AnMBR) …… 106
第5章 膜法污水生物处理新技术 …… 110
5.1 概述 …… 110
5.1.1 MBR的定义及其特点 …… 110
5.1.2 MBR的基本术语 …… 110
5.2 MBR分类 …… 111
5.2.1 膜分离生物反应器 …… 111
5.2.2 膜曝气生物反应器 …… 112
5.2.3 膜萃取生物反应器 …… 112
5.3 MBR的发展历程 …… 113
5.4 MBR在我国的研究及应用过程 …… 115
5.4.1 我国MBR研究进展 …… 115
5.4.2 我国MBR应用进展 …… 115
5.5 影响MBR系统运行的相关因素 …… 118
5.5.1 膜污染的机理及其控制 …… 119
5.5.2 膜对微生物的影响及生物反应动力学 …… 121
5.6 MBR的设计 …… 123
5.6.1 生物反应器设计参数的选择 …… 123
5.6.2 膜分离系统设计参数的选择 …… 124
5.7 MBR在废水处理的应用实例 …… 125
5.7.1 市政污水处理 …… 125
5.7.2 医院污水处理 …… 131
5.7.3 工业污水处理 …… 133
5.8 MBR未来发展趋势 …… 135
第6章 新型生物脱氮除磷技术 …… 137
6.1 概述 …… 137
6.1.1 生态氮的循环 …… 137
6.1.2 传统脱氮除磷技术 …… 140
6.2 亚硝酸型硝化反硝化脱氮技术 …… 144
6.2.1 新技术的提出 …… 144
6.2.2 作用机理 …… 145
6.2.3 亚硝酸型硝化的影响因素 …… 145

6.2.4 典型工艺介绍…… 147
6.2.5 亚硝酸型硝化反硝化应用实例…… 149
6.2.6 小结…… 149
6.3 同步硝化反硝化脱氮技术 …… 149
6.3.1 新技术的提出…… 149
6.3.2 新技术的作用机理…… 150
6.3.3 同步硝化反硝化的影响因素…… 151
6.3.4 同步硝化反硝化脱氮技术应用实例…… 152
6.3.5 小结…… 154
6.4 厌氧氨氧化技术 …… 154
6.4.1 新技术的提出…… 155
6.4.2 新技术的作用机理…… 155
6.4.3 厌氧氨氧化的影响因素…… 156
6.4.4 厌氧氨氧化脱氮技术应用实例…… 158
6.4.5 小结…… 158
6.5 反硝化除磷脱氮技术 …… 158
6.5.1 反硝化除磷脱氮理论的提出…… 158
6.5.2 典型的反硝化除磷脱氮工艺…… 159
6.5.3 反硝化除磷脱氮的主要影响因素…… 161
6.6 电极生物膜反硝化技术 …… 165
6.6.1 电极生物膜反应原理…… 165
6.6.2 电极膜生物反硝化技术研究进展…… 168
6.6.3 电极生物膜反硝化技术的研究方向…… 170
6.7 EM在水处理中的研究 …… 170
6.7.1 EM技术概述…… 170
6.7.2 EM在水处理中的研究现状 …… 172
6.7.3 EM处理废水的特点 …… 173
6.7.4 EM脱氮作用原理 …… 173
6.7.5 EM的形态特征 …… 174
6.7.6 EM的生态学特性 …… 175
6.7.7 EM的代谢特征 …… 176
6.7.8 影响因素与控制途径…… 177

第 7 章　农村污水处理新技术 …… 180
7.1　我国农村污水产生特性 …… 180
7.1.1　我国农村污染物排放总体情况 …… 180
7.1.2　农村污水的类别和排放特征分析 …… 180
7.1.3　农村生活污水水质情况 …… 181
7.2　我国农村污水治理现状 …… 182
7.2.1　我国农村污水处理现状 …… 182
7.2.2　我国农村污水处理工艺现状 …… 182
7.2.3　我国农村水环境标准现状 …… 184
7.3　我国农村污水处理新技术 …… 186
7.3.1　农村生活污水处理技术筛选原则 …… 186
7.3.2　农村生活污水处理技术分类 …… 186
7.4　国外经验借鉴 …… 202
7.4.1　国外农村(分散式)污水处理技术 …… 202
7.4.2　农村污水设施建设运营模式 …… 203
7.5　技术适宜性分析与选择 …… 205
7.5.1　农村排水体制与收集模式选择 …… 205
7.5.2　我国农村污水处理技术的发展方向和趋势预测 …… 205
第 8 章　污水厂污泥处理新技术 …… 207
8.1　概述 …… 207
8.2　污泥的来源与分类 …… 207
8.2.1　来源 …… 207
8.2.2　分类 …… 208
8.3　污泥的成分与特性 …… 208
8.4　污泥处理处置的基本原则 …… 209
8.4.1　减量化 …… 210
8.4.2　稳定化 …… 210
8.4.3　无害化 …… 210
8.4.4　资源化 …… 210
8.5　污水厂污泥处理与处置基本方法 …… 210
8.5.1　污泥处理方法 …… 210
8.5.2　污泥处置方法 …… 211

8.5.3 国内外污泥处理处置现状…………………………………………………… 213
8.6 污泥热解法 ………………………………………………………………… 215
8.6.1 污泥热解法的基本原理………………………………………………… 215
8.6.2 污泥热解法的影响因素………………………………………………… 216
8.6.3 污泥热解法的研究现状………………………………………………… 217
8.6.4 污泥热解法的工艺特点及主要设备…………………………………… 218
8.6.5 污泥热解法应用实例…………………………………………………… 219
8.6.6 污泥热解法存在的问题………………………………………………… 220
8.7 好氧污泥堆肥技术 ………………………………………………………… 221
8.7.1 好氧污泥堆肥技术原理………………………………………………… 221
8.7.2 好氧污泥堆肥的影响因素……………………………………………… 222
8.7.3 好氧污泥堆肥应用实例………………………………………………… 225
8.8 污泥自热高温好氧消化技术 ……………………………………………… 226
8.8.1 污泥好氧消化概述……………………………………………………… 226
8.8.2 污泥自热高温好氧消化概述…………………………………………… 227
8.8.3 污泥自热高温好氧消化技术的影响因素……………………………… 227
8.8.4 ATAD 工艺的发展 ……………………………………………………… 230
8.8.5 污泥高温好氧消化过程的物质转化…………………………………… 232
8.9 利用剩余污泥合成可生物降解塑料 ……………………………………… 234
8.9.1 PHA 的结构和性质 …………………………………………………… 234
8.9.2 微生物菌株……………………………………………………………… 235
8.9.3 促进 PHA 合成的宏观因素 …………………………………………… 236
8.9.4 PHA 主要的合成工艺 ………………………………………………… 237
8.9.5 PHA 合成的影响因素 ………………………………………………… 239
8.10 超声波处理技术…………………………………………………………… 241
8.10.1 超声波处理技术概述…………………………………………………… 241
8.10.2 超声波处理技术的影响因素 ………………………………………… 242
8.10.3 超声波技术应用实例 ………………………………………………… 246
参考文献……………………………………………………………………………… 248

第 1 章　绪　论

1.1　概述

1.1.1　水环境及水体污染

1. 水环境

水是地球上最重要、分布最广泛的物质，是人类社会赖以生存和发展的自然资源，是参与生命形成和生命活动，以及地表物质能量转化的重要因素。水体是江河湖海、地下水、冰川等的总称，是被水覆盖地段的自然综合体。水体不仅包括水，还包括水中存在的溶解物质、悬浮物、底泥和水生生物等。

地球上的水以气态、液态和固态三种形式，分别存在于空中、地表和地下，包括大气水、海水、陆地水（包括河、湖、沼泽、冰雪、土壤水和地下水）和生物体内的生物水，不停地运动着和相互联系着，共同构成水圈。通常所说的水圈，是指地球上被冰雪、液态水和水汽所占据而构成的壳层，上限可视为对流层顶、下限为深层地下水所及的深度。在水圈中，大部分水是以液态和固态的形式在地面上聚集在一起的，构成各种水体，如冰川、海洋、河流、湖泊、水库等。

水圈由全部水体构成，一个水体称为水环境。通常情况下，一个水环境就是一个完整的生态系统，包括其中的水、悬浮物、溶解物、底质和水生生物等。《环境科学大辞典》解释"水环境"，是指地球上分布的各种水体以及与其密切相连的诸环境要素如河床、海岸、植被、土壤等。水环境是构成环境的基本要素之一，是人类赖以生存和发展的重要场所，也是受人类干扰和破坏最严重的地区。

2. 水体污染

水体污染，指人类活动排放的污染物进入河流、海洋、湖泊或地下水等水体后，其数量超过了水体的自净能力，使水和水体底质的理化特性和水环境中的生物特性、组成等发生改变，从而降低了水体的使用价值和使用功能，造成水质恶化，乃至危害人体健康或破坏生态环境的现象。2008 年颁布的《中华人民共和国水污染防治法》为第九十一条"水污染"下了明确的定义：即水体因某种物质的介入，而导致其化学、物理、生物或者放射性等方面特征的改变，从而影响水的有效利用，危害人体健康或者破坏生态环境，造成水质恶化的现象称为水体污染。

水体污染源，是指向水体排放或释放污染物的来源和场所。各种水体及其循环过程几乎涉及各种污染源，大致可分为人为污染源和天然污染源两大类。

（1）人为污染源

1）点源

点源是指大、中企业和大、中居民点在小范围内的大量水污染的集中排放，长期连续性集中排放污染物质，并对水体环境构成严重危害的污染源。

① 生活污染源

在城市和人口密集的居住区，由人类消费活动所产生的污水，是主要的生活污染源。人们生活中产生的污水，包括由厨房、浴室、厕所等场所排出的污水和污物。生活污水中的污染物，按其形态可分为：a. 不溶物质，约占污染物总量的40%，它们或沉积到水底或悬浮在水中；b. 胶态物质，约占污染物总量的10%；c. 溶解质，约占污染物总量的50%。这些物质多为无毒的含无机盐类氯化物、硫酸盐、磷酸和钠、钾、钙、镁等重碳酸盐，也含纤维素、淀粉、糖类、脂肪、蛋白质和尿素等有机物质，还含有各种微量金属（如Zn、Cu、Cr、Mn、Ni、Pb等）和各种洗涤剂及多种微生物。一般家庭生活污水相当浑浊，其中有机物约占60%，pH值多大于7，BOD_5为100～700mg/L。

② 工业污染源

目前，造成水体污染的主要来源和环境保护的主要防治对象是工业污染源。在工业生产过程中排出的废水、污水、废液等统称工业废水。其中，废水主要指工业用冷却水，污水是指与产品直接接触、受污染较严重的排水，废液是指在生产工艺中流出的液体。工业废水由于受产品、原料、药剂、工艺流程、设备构造、操作条件等多种因素的综合影响，量大、面广、所含的污染物质成分极为复杂、毒性大，而且在不同时间里水质也会有很大差异。

工业污染源如按工业的行业来分，则有冶金工业废水、电镀废水、造纸废水、无机化工废水、有机合成化工废水、炼焦煤气废水、金属酸洗废水、石油炼制废水、石油化工废水、化学肥料废水、制药废水、炸药废水、纺织印染废水、染料废水、制革废水、农药废水、制糖废水、食品加工废水、电站废水等，各类废水都有其独特的特点。

③ 农业污染源

由于农业生产而产生的水污染源，如降水所形成的径流和渗流把土壤中的氮、磷和农药带入水体，牧场、养殖场、农副产品加工厂的有机废物排入水体，它们都可使水体水质恶化，造成河流、水库、湖泊等水体污染甚至富营养化。农业污染源的特点是面广、分散、难于治理。

2）面源

面源是指分散的小企业和分散的居民在大面积上的少量水污染的分散排放，面源污染是指降水淋洗和冲刷地表面各种污染物而形成的一种面状污染，也称为地面径流污染。面源是地表水体或地下水体的主要污染源。在农业生产过程中使用的杀虫剂、杀菌剂、除草剂、化肥或农家肥等进入地表，以及污水灌溉对水体造成的影响，也均为水体的面源污染。因此，面源污染是目前造成湖泊等水体的富营养化的主要来源。

3）内源

内源是指地面水体内部存在的污染源。长期的污水排放或地面径流所携带的泥沙、种植业和养殖业固体废物、悬浮的胶体物质，以及其他有机的、无机的、固态或可溶态的物质进入自然水体后，由于重力沉积或化学沉淀作用，在较短时间内沉积在地面水体底部，在较为适宜的物理、化学、水文、生物作用下，受浓度梯度的控制，长期缓慢地向自然水体释放污染物，造成水体污染。

（2）天然污染源

天然污染源是指自然界自行向水体排放有害物质或造成有害影响的场所。如岩石和矿物的风化和水解、火山喷发、水流冲蚀地表、大气降尘的降水淋洗、生物（主要是绿色植物）

在地球化学循环中释放的物质都属于天然污染物的来源。

天然污染源主要是海水及含盐量高的水质差的地下水，地下水的开采活动可能导致这些天然污染源进入开采含水层。沿海地区如果过量开采地下水，可能会导致海水与地下淡水界面向内陆方向的推移，从而导致地下淡水的水质恶化。在含有萤石、氟磷灰石等矿区，可能引起地下水或地表水中氟含量增高，造成水体的氟污染。

污水中的污染物成分复杂，可通过分析检测方法对污染物做出定性、定量的评价。污水中的污染大体分为感官性污染、有机污染、无机污染、有毒物质污染、富营养化污染、油污染、热污染及病原微生物污染等。

（1）感官性污染

1）色泽

天然水是无色透明的，水体受污染后可使水色发生变化，从而影响感官。如印染废水污染往往使水色变红，炼油废水污染可使水色变黑褐等。水色变化不仅影响感官、破坏风景，而且还难于处理。

2）浊度

水体中含有泥沙、有机质、微生物以及无机物质的悬浮物和胶体物，会产生混浊现象，使得水体透明度降低，影响感官甚至影响水生生物的生活。

3）泡状物

许多污染物排入水中会产生泡沫，如洗涤剂、表面活性剂等。漂浮于水面的泡沫，不仅影响观感，还可能有细菌栖存在其孔隙之中，造成生活用水污染。

4）臭味

水体内存在臭味是一种常见的污染现象，在厌氧状态下，水体中有机质会腐败发臭而造成综合性恶臭，且有明显的阴沟臭。恶臭的危害是使人憋气、恶心、水产品无法食用、水体失去旅游功能等。

（2）有机污染

城市生活污水、食品工业和造纸工业等排放含有大量有机物的废水于自然水体，会造成水体的有机污染。废水中的污染物，在水体中进行生物氧化分解，需要消耗大量溶解氧，一旦水体中氧气供应不足，氧化作用就会立即停止，并引发有机物的厌氧发酵，分解出 CH_4、H_2S、NH_3等气体，散发出恶臭，污染环境，毒害水生生物。

（3）无机污染

无机污染主要是指来自造纸、制革、炼油、化纤、制碱和金属加工等工业的碱性，来自硫酸和硝酸制造及矿山排水的酸性和无机盐类对水体的污染。无机污染会使水体的 pH 值发生变化，自然缓冲作用遭破坏，微生物生长受抑制，阻碍水体自净作用；同时，还会增大水中无机盐类和水的硬度，给工业和生活用水带来不利影响。

（4）有毒物质污染

高浓度的酚类、氰化物、Hg、Cd、As、有机农药等有毒物质，进入水体后，会杀死水中的生物；低浓度酚类、氰化物、Hg、Cd、As、有机农药等有毒物质，进入水体后，可在生物体内富集，并通过食物链逐级浓缩，最后影响到人体。

水中的有机毒物，主要有酚类、多氯联苯（PCB）和农药等有机物。酚类主要来自焦化厂、煤气厂和某些化工厂；多氯联苯（PCB）是一种广泛用作防燃添加剂、介电液体和液压流体等的难降解污染物，由于可在水体中长期存留，故又称持久性污染物，是一种全球性的污染物。

水中的无机毒物，包括重金属和非金属无机毒物。重金属主要来自金属矿开采、冶金、电镀等工业排放的废水和废渣，可通过食物链逐级富集起来，进入人体后往往蓄积在某些器官中，造成慢性累积中毒。非金属无机毒物主要来自电镀、矿石浮选、化工、炼焦及高炉煤气等工业排放的生产废水，包括氰化物、氟化物等。

各类有毒物质，如酚类、氰化物、Hg、As、有机农药等，进入水体后，在高浓度时，会杀死水中生物；在低浓度时，可在生物体内富集，并通过食物链逐级浓缩，最后影响到人体。

（5）富营养化污染

含植物营养元素 N、P 的污水进入水体后，会造成水体富营养化，使藻类大量繁殖，并大量消耗水中的溶解氧，从而导致鱼类等窒息和死亡；水体中大量的 NO_3^-、NO_2^- 经食物链进入人体，将危害人体健康，甚至有致癌作用。

（6）油污染

沿海及河口石油的开发、油轮运输、炼油工业废水的排放等，会使水体受到油污染。油的污染不仅不利于水的利用，而且当油在水面形成油膜后，会影响氧气进入水体，对生物造成危害。此外，油污染还破坏海滩休养地、风景区的景观与鸟类的生存。

随着石油工业的发展，油污染越来越严重，油污染对水体中鱼类等的生长影响很大，甚至影响其食用价值。

（7）热污染

一些热电厂等工业、企业排放至天然水体的污水有着比较高的温度，会使得水体的水温上升，从而引起热污染。水中的饱和溶解氧随着温度的升高而降低，较高的温度会加速好氧反应，引起水体内部缺氧，导致水质恶化，还会使水中某些毒物的毒性升高；水温升高对鱼类的影响最大，可引起鱼类的种群改变与死亡。

（8）病原微生物污染

生活污水、医院污水以及屠宰肉类加工等污水，含有各类病毒、细菌、寄生虫等病原微生物，流入水体会传播各种疾病。如引发伤寒、痢疾和霍乱等疾病的肠道病菌，引发肝炎和小儿麻痹等疾病的病毒都可能随着粪便进入水体，引发水体的病原微生物污染。

1.1.2 污水的污染指标及水体自净

1. 污水的类型

根据污水的来源，可分为生活污水、工业废水、初期污染雨水及城镇污水。

（1）生活污水

生活污水主要来自家庭、机关、学校、工厂及企事业单位的餐饮、卫生间、浴室、洗衣房等，包括厨房用水、厕所冲洗水、沐浴排水、洗涤用水以及其他排水等。生活污水的主要成分是为淀粉、糖类、脂肪、蛋白质和纤维素等有机物，氮、磷、硫等无机盐类及泥沙等杂质，还含有多种微生物和病原体。

（2）工业废水

工业废水主要是在工业生产过程中，被生产原料、中间产品或成品等物料污染的水。由于工业生产过程复杂多变，污染物质成分和性质各异，工业废水的种类及组成成分有很大差异。工业废水大都污染严重，含有有毒有害物质，需要进行一定的预处理才可以排入城镇排水系统。

（3）初期污染雨水

初期污染雨水来自于雨雪降至地面后的初期地表径流，水质随着区域环境、季节和时间而变化，污染物成分较为复杂。某些生活垃圾堆放场地经雨水冲刷后产生的初期污染雨水中污染物浓度很高，并具有危险性。

（4）城镇污水

城镇污水包括生活污水、工业废水等，在合流制排水系统中包括雨水，在半分流制排水系统中包括初期污染雨水。城镇污水成分性质复杂，其水质与排水体制、所在地区生活污水和工业废水的特点及比例有关。

2. 污水的污染指标

通常情况下，用下列指标表示污水的污染程度。

（1）物理性质指标：温度、色度、浊度、嗅和味、电导率、固体含量等。

一般，污水中的固体含量用总固体（TS）来表示，总固体（TS）是污水中所有的残渣的总和。按照固体的溶解性，将总固体分为溶解性固体（DS）和悬浮性固体（SS）。污水经过滤后，滤液蒸干所得的固体为溶解性固体，滤渣脱水烘干后所得的固体是悬浮性固体。溶解性固体一般表示污水中的盐分，悬浮性固体一般表示污水中不溶解性的固态物。按照固体的挥发性，将滤渣分为挥发性固体（VS）和固定性固体（FS），将固体置于600℃条件下灼烧，灼烧残渣为固定性固体，挥发掉的固体为挥发性固体，挥发性固体一般反映固体中有机物的含量。

（2）无机化学指标：pH值、硬度。

pH值用来表示污水的酸碱性，$pH<7$呈酸性，$pH>7$呈碱性，一般要求污水处理后出水的pH值在6～9之间。如果污水中酸或碱的含量过高，排入自然水体后会对水体生态系统产生严重的影响。

（3）有机化学指标：溶解氧、化学需氧量、生物化学需氧量、溶解性有机物、总有机碳和总需氧量。

空气中的分子态氧溶解在水中称为溶解氧（Dissolved Oxygen，DO），一般正常情况下，地面水的“溶解氧”为5～10mg/L，地下水的“溶解氧”的含量随深度的增加减少，在一定深度处，地下水中的“溶解氧”几乎为零。生活饮用水一般要求“溶解氧”含量不少于2mg/L。溶解氧总量受水温、气压和溶质（如盐分）的影响，随水温升高而减少，与大气中氧分压成比例增加。污水中的有机污染物质和其他还原性物质的存在，会消耗溶解氧，使得溶解氧降低。

在污水生物处理中，常用化学需氧量（COD）、生物化学需氧量（BOD）来反映污水的污染物含量。

① 化学需氧量（COD）

化学需氧量是用化学氧化剂氧化水中的有机污染物时，所消耗的氧化剂的量，以O_2mg/L表示。化学需氧量越高，表示水中的有机污染物越多。最常用的化学氧化剂为高锰酸钾和重铬酸钾，重铬酸钾的氧化能力要强于高锰酸钾，以上述两种化学氧化剂测得的化学需氧量分别由COD_{Mn}和COD_{Cr}表示，二者的值是不同的。在污水生物处理中，经常采用重铬酸钾作为化学氧化剂，可以较彻底地氧化污水中的有机污染物，粗略地反映污水中有机物被好氧微生物分解的可能性。

② 生物化学需氧量（BOD）

水中的有机污染物被好氧微生物分解时所需的氧气量，称为生物化学需氧量，以 O_2mg/L 表示。生物化学需氧量间接地反映水的可生化性程度，生物化学需氧量越高，表示水中的有机污染物越多。

有机污染物被好氧微生物氧化分解的过程，一般可分为两阶段。

第一阶段主要是有机物被转化为 CO_2、NH_3 等：

$$RCH(NH_2)COOH + O_2 = RCOOH + CO_2 + NH_3$$

第二阶段主要是氨被转化为 H_2O、亚硝酸盐和硝酸盐：

$$2NH_3 + 3O_2 = 2HNO_2 + 2H_2O$$

$$2HNO_2 + O_2 = 2HNO_3$$

氨作为无机物，进一步的氧化过程不能代表水体的有机性污染。因此，污水的 BOD，通常指的是第一阶段中有机生物化学氧化所需的氧量。

因为微生物的活动与温度有关，在测定 BOD 时一般以 20℃作为测定的标准温度，这时，一般生活污水中的有机物需要 20d 左右才能基本上完成第一阶段的氧化分解过程，即要测定第一阶段的生化需氧量至少需要 20d 时间。通过向污水中加入能分解有机物的好氧微生物和氧饱和水，在一定的温度（20℃）下，经过规定天数（20d）的反应，然后根据水中氧的减少量来测定。在实际工作中经过 20d 是比较困难的，目前国内外普遍采用的是以 20℃下培养 5d 的生物化学过程需要溶解氧的量（mg/L）作为指标，简称 5 日生化需氧量（用 BOD_5 表示）。

一般有机物的 BOD_5 约为第一阶段生化需氧量的 70%左右，只是 BOD 的一部分，而 BOD 小于 COD 的值。所以，BOD_5 要比 COD 值低很多，只能相对反映可氧化有机物的含量。

BOD_5 越高，表示水中需氧有机污染物越多，水质越差，低于 3mg/L 时，水质较好，纯水或近乎纯水的 BOD_5 值在 1～3 之间，BOD_5 值高于 5 即表明水的纯度可疑，大于 10 时水质很差。未经处理的城市污水的 BOD_5 值一般在 100～400 之间，有的甚至高达 10000，一般工业废水的 BOD_5 最高容许排放值为 60mg/L。

③ 溶解性有机物（DOM）

溶解性有机物（Dissolved Organic Matter，DOM）主要是指能够溶解于水、酸或碱溶液中的有机质，如天然水中的有机质、土壤溶液中的有机质、土壤和有机肥中能被水、酸或碱等浸提的有机质。严格地说，它只是一个操作上的定义，其化学含义至今也并没有完全确定。最新的研究表明，DOM 是陆地生态系统和水生生态系统中的一种重要的、很活跃的化学组分。它既影响环境的酸碱特性，也影响营养物质的有效性、污染物质的毒性及其迁移特性等。在土壤形成过程中，DOM 能促进矿物的风化。例如，它对成土过程中灰化作用有明显的促进作用。此外，它还是微生物生长和生物分解过程中的重要能量来源。

为了更详细地揭示 DOM 的成分和性质，美国地质调查局 Jerry A. Leenheer 及其合作者们按化合物的极性和电荷特性，于 1976 年率先采用 XAD 树脂和阴、阳离子交换树脂，将水中的 DOM 分离为 6 个组分：

a. 亲水的酸性有机质（PHIA）：包括低分子量的及高羟基/碳比 [（COOH：）/C] 的腐殖质和非腐殖质，例如梭酸。

b. 亲水的中性有机质（HPNI）：包括单糖、醇和非腐殖质结合的多糖等。

c. 亲水的碱性有机质（HPBI）：包括蛋白质等。

d. 疏水的酸性有机质（HPOA）：这一组分大致与土壤中的富里酸和胡敏酸相似。

e. 疏水的中性有机质（HPON）：主要包括碳水化合物、长链脂肪酸、烷基醇和带有少量功能团的腐殖质等。

f. 疏水的碱性有机质（HPOB）：主要有芳香族胺类等。

当前用于快速表征 DOM 的方法主要有：基于化学特性的表征技术——树脂吸附分析法（Resinadsorption，RA）；基于物理性质的表征技术——HPSEC 法与超滤分级在线检测技术（表 1-1）。

表 1-1 常见 DOM 的分析及表征手段

特性参数	分析及表征手段
色度	可见分光光度法
芳香性（紫外吸收）	紫外分光光度法
总有机碳（TOC）	DOC 分析仪
溶解性有机碳（DOC）	
可生物降解有机物碳（BDOC）	
可同化有机碳（AOC）	细菌再生势（BRP）
细菌再生	
分子量分布（MW）	高效力度排阻色谱（HPSEC）
亲水/憎水性	快速树脂分级
三卤甲烷生成势（THMFP）	气相色谱（GC）
官能团（脂肪基、芳香基、含氮基团等）	气相色谱—质谱联用（GC—MS）
	红外光谱（FTIR）
	核磁共振（NMR）

④ 总有机碳（TOC）和总需氧量（TOD）

总有机碳是指污水中有机污染物的总含碳量，是评价污水中有机污染物的一个参数。有机污染物种，除含有碳素外，还含有氢、氮、硫等元素，当有机物全部被氧化时，碳被氧化为二氧化碳，氢、氮、硫等元素被氧化为水、一氧化氮、二氧化硫等，这个氧化过程所需氧气量为总需氧量，一般采用燃烧化学氧化反应来测定总有机碳和总需氧量，总有机碳用碳来表示、总需氧量用氧来表示。

（4）细菌污染指标。

细菌污染指标是指细菌总数、大肠杆菌数、游离余氯。

（5）毒理学指标。

毒理学指标是指氟化物、氰化物、砷、汞、铬、硝酸盐等。

（6）放射性物质浓度。

3. 水体自净作用

水体是一个环境生态系统，对污染物质有一定的自动调节能力，即环境容量。进入水体的污染物，经过水体的物理、化学和生物等方面的作用，使污染物浓度逐步自然降低和消除，经过一段时间后，水体恢复到受污染前的状态，这一现象称为水体的自净作用（self-purification）。水体自净作用可分为物理净化、化学净化和生物净化三种类型。

（1）物理净化

物理净化是指水体中污染物经过稀释、混合、扩散、沉降、挥发等物理过程，其浓度得以降低。其中，稀释扩散作用是环境实现物理自净化作用的主要表现形式。

（2）化学净化

化学净化是指污染物质进入水体后，通过氧化、还原、化合、中和、络合和吸附、凝聚等一系列化学和物理化学作用过程，使浓度降低。化学净化的程度受污染物自身因素和水温、pH 值等条件影响。

（3）生物净化

生物净化是指污染物中的有机物由于水体中微生物的代谢作用而被分解，最终转化为稳定无害的无机物，使水体净化的过程。

物理净化、化学净化和生物净化三种过程同时发生，相互影响并交互进行。其中，物理净化和化学净化在水体自净作用中占主要地位。

1.1.3 现有的污水处理技术

现代污水处理技术，按处理程度划分，可分为一级、二级和三级处理。

一级处理，主要去除污水中呈悬浮状态的固体污染物质，物理处理法大部分只能完成一级处理的要求。经过一级处理的污水，BOD 一般可去除 30%左右，达不到排放标准。一级处理属于二级处理的预处理。

二级处理，主要去除污水中呈胶体和溶解状态的有机污染物质（如 BOD、COD 等），去除率可达 90%以上，使有机污染物达到排放标准。

三级处理，进一步处理难降解的有机物、氮和磷等能够导致水体富营养化的可溶性无机物等。主要方法有生物脱氮除磷法，混凝沉淀法，砂率法，活性炭吸附法，离子交换法和电渗分析法等。

整个过程为通过粗格栅的原污水经过污水提升泵提升后，经过格栅或者筛率器，之后进入沉砂池，经过砂水分离的污水进入初次沉淀池，以上为一级处理（即物理处理），初沉池的出水进入生物处理设备，有活性污泥法和生物膜法（其中活性污泥法的反应器有曝气池、氧化沟等，生物膜法包括生物滤池、生物转盘、生物接触氧化法等），生物处理设备的出水进入二次沉淀池，二沉池的出水经过消毒排放或者进入三级处理，一级处理结束到此为二级处理，三级处理包括生物脱氮除磷法、混凝沉淀法、砂滤法、活性炭吸附法、离子交换法和电渗析法。二沉池的污泥一部分回流至初次沉淀池或者生物处理设备，一部分进入污泥浓缩池，之后进入污泥消化池，经过脱水和干燥设备后，污泥被最后利用。

1.1.4 现有的污水生物处理技术

随着工业的发展，污水成分已越来越复杂。某些难降解的有机物质和有毒物质，需要运用微生物的方法进行处理，污水具备微生物生长和繁殖的条件，因而微生物能从污水中获取养分，同时降解和利用有害物质，从而使污水得到净化。污水生物处理是利用自然界中分布广泛的个体微小、代谢营养类型多样、适应能力强的微生物的新陈代谢作用，对污水中的污染物进行转移和转化使得污水得以净化的处理方法。污水生物处理方法是应用微生物特别是细菌，并在为充分发挥微生物的作用而专门设计的生化反应器中，将污水中的污染物转化为微生物细胞以及简单的无机物，是建立在环境自净作用基础上的人工强化技术，其意义在于创造出有利于微生物生长繁殖的良好环境，增强微生物的代谢功能，促进微生物的增殖，加速有机物的无机化，增进污水的进化过程。

污水生物处理技术主要特点是，由于污染物的生化转化过程不需要高温高压，在温和的条件下经过酶催化即可高效并相对彻底地完成，因此，处理费用低廉；对废水水质的适用面宽；废水生物处理法不加投药剂，可以避免对水质造成二次污染。另外，生物处理效果良好，不仅去除了有机物、病原体、有毒物质，还能去除臭味，提高透明度，降低色度等。

根据参与代谢活动的微生物对溶解氧的需求不同，污水生物处理技术分为好氧生物处理、缺氧生物处理和厌氧生物处理。好氧生物处理是在水中存在溶解氧的条件下进行的生物处理过程；缺氧生物处理是在水中无分子氧存在，但存在化合态氧（如 NO_3^- ）的条件下进行的生物处理过程；厌氧生物处理是在水中既无分子态氧，又无化合态氧存在的条件下，进行的生物处理过程。好氧生物处理主要用于处理城市污水，厌氧生物处理多用于处理高浓度有机污水或与好氧生物处理联合来对污水进行除磷，缺氧生物处理常与好氧生物处理工艺联合来对污水进行脱氮。

根据微生物生长方式的不同，生物处理技术分为悬浮生长法和附着生长法。悬浮生长法是指通过适当的混合方法使微生物在生物处理构筑物中保持悬浮状态，并与污水中的有机物充分接触，完成对有机物的降解；悬浮生长法的典型代表是活性污泥法。附着生长法是使微生物附着在某种载体上生长，并生成生物膜，污水流经生物膜时，微生物与污水中的有机物充分接触，完成对污水的净化；附着生长法的典型代表是生物膜法。

污水生物处理技术处理污水的出水水质较好，一般可达到排放标准；去除污水中溶解的和胶体的有机物质的效率较高，与其他方法相比成本较低。但在研究过程中发现，传统污水生物脱氮除磷处理技术存在一定的问题，逐渐提出了可持续污水生物处理技术的概念，以尽可能减少 COD 氧化、尽可能增加甲烷产量、尽可能降低能量消耗、尽可能减少 CO_2 释放、尽可能减小剩余污泥产量、尽可能促进磷酸盐再生，以及处理水回用为目标，对污水进行生物处理的新技术，如厌氧氨氧化法和短程硝化反硝化法。

1.2 污水生物处理理论及进展

1.2.1 基本理论

微生物的生命活动以新陈代谢为基础，即以同化作用和异化作用的对立统一过程为基础。新陈代谢是指微生物不断从外界环境中摄取营养物质，通过生物酶催化的复杂生化反应，将营养物质加以分解合成，同时将不需要的产物排泄到环境中去，从而实现生物体的自然更新的过程，由分解代谢（异化）和合成代谢（同化）两个过程组成。污水中可被微生物通过酶的催化作用而利用，进行生物化学反应的有机物和部分无机物，称为底物（或基质）。结构简单、小分子、可溶性底物，直接进入细胞壁；结构复杂、大分子、胶体状或颗粒状的底物，则首先被微生物吸附，随后在胞外酶的作用下被水解液化成小分子有机物，再进入细胞内。

分解代谢是微生物在利用底物的过程中，一部分底物在酶的催化作用下降解并同时释放出能量的过程，即分解复杂营养物质、降解高能化合物、获得能量的过程，又称生物氧化过程。不同类型的微生物进行分解代谢所利用的底物是不同的，异养微生物利用有机物，自养微生物利用无机物。合成代谢，是微生物利用另一部分底物或分解代谢的中间产物，在合成酶的作用下、利用分解代谢产生的能量，合成微生物细胞的过程，即微生物将营养物质转化为机体自身复杂的细胞成分的过程。

微生物体内能量的输入、转变和利用过程，称为能量代谢；反应体系内，大分子物质分解为小分子物质及中间产物等合成微生物细胞的物质转化过程，称为物质代谢。

微生物的新陈代谢过程，如图 1-1 所示。

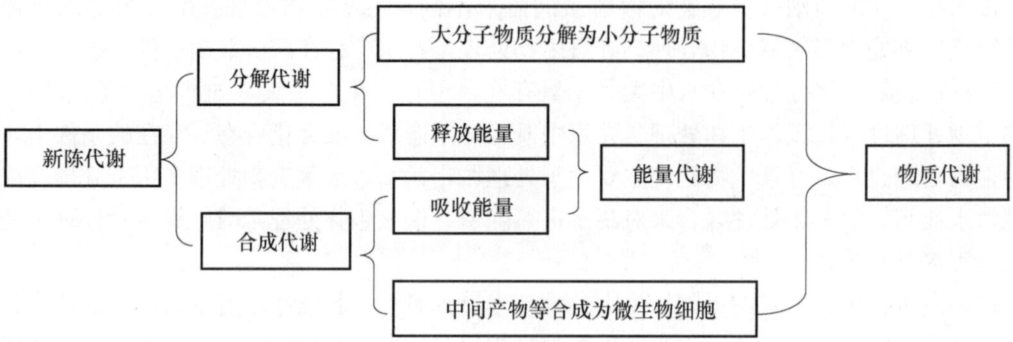

图 1-1　微生物的新陈代谢过程

微生物的各种新陈代谢过程都是在较温和的条件下，由多种酶催化、有条不紊地完成的，且有灵活的自动调节能力。微生物的生命活动过程中，分解代谢产生的能量一部分用于合成作用，一部分以热的形式散失，还有一部分以 ATP 的形式存在于自身体内、作为储存能量。

1.2.2　污水中有机物去除理论

污水生物处理过程中，微生物体内会发生一系列氧化还原反应，且伴随着电子和氢质子的转移。根据电子最终电子受体的不同，将分解代谢分为呼吸和发酵两种方式，呼吸又分为有氧呼吸和无氧呼吸。除此之外，还有无机物氧化和光能转换两种方式也可以完成分解代谢。

1. 呼吸

微生物在降解底物过程中，释放出的电子传递给 NAD（P）$^+$（辅酶Ⅱ）、FAD（黄素腺嘌呤二核苷酸）或 FMN（黄素单核苷酸）等电子载体，再经电子传递体系传递给最终电子受体，从而生成水或其他还原型产物并释放能量的过程，称为呼吸作用。

电子传递体系是由一系列电子（或氢）传递体组成的多酶氧化还原体系，NAD（P）H、$FADH_2$ 等还原体上的氢原子，以质子和电子的形式通过电子传递体系进行定向传递，电子传递体系中的氧化还原酶包括 NADH 脱氢酶、黄素蛋白、铁硫蛋白、细胞色素和醌等。电子传递体系的作用是从电子供体接受电子后将电子传递给电子受体，并能够合成 ATP 将电子传递过程中释放的能力储存起来。

有氧呼吸作用，又称好氧分解代谢，是在有一定量溶解氧的条件下，由好氧微生物和兼性微生物参与，将底物分解为 CO_2 和 H_2O，并释放出大量能量的代谢过程。底物氧化过程中脱出的氢，以分子氧为受氢体或最终电子受体。

无氧呼吸，是在不存在溶解氧的条件下，由兼性或厌氧微生物参与，将底物分解为中间代谢产物，并释放一部分能量的过程。底物氧化过程中脱出的氢，以最终 NO_3^-、NO_2^- 和 SO_4^{2-} 等氧化型化合物为受氢体或最终电子受体。

2. 发酵

微生物在降解有机物的过程中，氧化释放的电子直接传递给底物本身为完全氧化的某种中间产物，同时释放能量并产生不同代谢产物的过程，称为发酵。在发酵过程中，有机物的氧化和还原偶联在一起，底物进行部分氧化，产生一定量的中间产物作为被还原的物质和最终电子受体，并释放小部分能量。

在新细胞合成与微生物增长过程中，除氧化一部分有机物获得能量外，还有可能氧化一部分微生物细胞物质将会被氧化分解以供应能量，称为内源呼吸。当有机底物充足时，微生物主要通过发酵或呼吸作用获得能量，内源呼吸并不明显；当有机物底物几乎耗尽时，微生物很明显地通过内源呼吸作用获得能量。

微生物的产能代谢过程如图 1-2 所示。

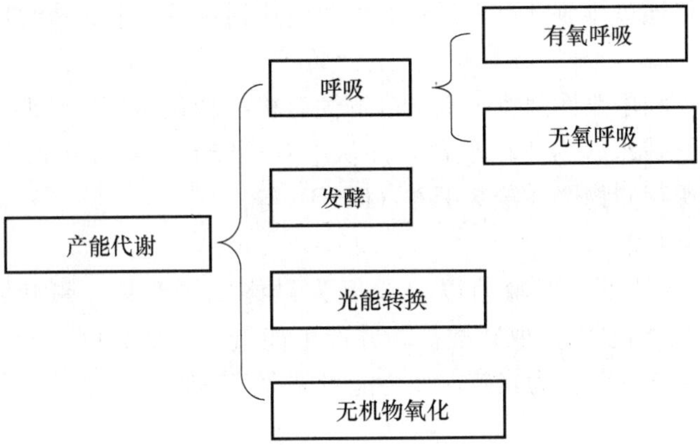

图 1-2 微生物的产能代谢过程

1.2.3 污水脱氮除磷理论

1. 生物脱氮理论

长期以来，污水生物脱氮理论认为要实现污水生物脱氮，就必须使 NH_4^+ 经历典型的硝化和反硝化过程，称为全程硝化反硝化生物脱氮。

(1) 氨化作用

微生物将有机氮化物分解产生氨的过程，称为氨化作用。很多细菌、真菌和放线菌等微生物均可以分解有机氮化物，其中分解能力强、可释放氨的微生物称为氨化微生物。在好氧或厌氧条件下，氨化细菌可以将有机氮化物转化为氨态氮。

(2) 硝化作用

在亚硝化细菌（AOB）和硝化细菌（NOB）的作用下，将氨态氮转化为亚硝酸盐氮和硝酸盐氮的过程，称为硝化作用。

(3) 反硝化作用

在缺氧条件下，由反硝化细菌将亚硝酸盐氮和硝酸盐氮还原为氮气的过程，称为反硝化作用。大多数反硝化细菌为异养菌，在反硝化过程中，利用污水中的有机底物作为电子供体，将硝酸盐氮作为最终电子受体，逐步还原硝酸盐氮至氮气。

近些年，逐渐发现在较高温（30～35℃）下，硝酸菌和亚硝酸菌具有不同生长速率，即亚硝酸菌的生长速率明显高于硝酸菌的生长率，亚硝酸菌的最小停留时间小于硝酸菌的特性，通过控制系统内水力停留时间使其介于硝酸菌和亚硝酸菌最小停留时间之间，从而使亚硝酸菌具有较高的浓度而硝酸菌被自然淘汰，维持稳定的亚硝酸积累。而且，在厌氧条件下，以 NO_3^- 或 NO_2^- 作为最终电子受体，可以将氨氮转化为氮气。NO_2^- 是其中较为关键的最终电子受体，又因为促进这一反应的细菌是自养菌，而不需要再添加有机物来维持反硝化进行脱氮。还有研究发现，硝化和反硝化反应是可以在同时存在缺氧和好氧的一个反应器中同时进行来生物脱氮的。

2. 生物除磷理论

传统的生物除磷原理，是在厌氧-好氧或厌氧-缺氧交替运行的系统中，利用聚磷菌（PAOs）具有厌氧失磷及好氧（或缺氧）超量吸磷的特性，使好氧或缺氧段中混合液磷的浓度大量降低，最终通过排放含有大量磷的污泥而达到从污水中除磷的目的。

（1）厌氧系统

在厌氧条件下，利用兼性菌将污水中溶解性有机物转化为挥发性脂肪酸（VFA），利用聚磷菌将细胞内的聚磷水解为正磷酸盐，并从中获得能量，吸收污水中的易降解的 COD，同化成细胞内的碳源存储物聚 β-羟基丁酸（PHB）等。

（2）好氧或缺氧系统

在好氧或缺氧条件下，聚磷菌以分子氧为最终电子受体，氧化细胞内碳源储存物（PHB）等，过量地从污水中摄取磷酸盐，并产生能量，一部分以 ATP 的形式储存于细胞内，另一部分将正磷酸盐转化为聚磷，作为能量储存于细胞内，通过剩余污泥的排放实现高效除磷。

近些年，研究发现了反硝化除磷细菌（DPB）。反硝化除磷细菌（DPB）与聚磷菌（PAOs）有着极为相似的除磷原理，只是在氧化细胞内储存的聚羟基脂肪酸酯（PHA）时，最终电子受体不同。DPB 可以在缺氧环境下摄磷，这使得摄磷和反硝化（脱氮）两个不同的生物过程借助同一种细菌，在同一个环境中完成。不仅节省了脱氮对碳源的需要，而且摄磷在缺氧内完成可缩小曝气区的体积，节省费用且有望产生较小量的剩余污泥。

1.2.4 污水生物处理与微生物学理论

微生物的生长是微生物对周围环境中物理或化学的种种因素的综合反应。在适宜条件下，微生物细胞在单位时间内数目和总质量会增加，实质是细胞的增殖。将微生物细胞接种到培养液中，可以观察到微生物的生长规律。在不同的温度、pH 值、溶解氧和有毒物质等影响因素的代谢条件下，污水中的底物代谢会有不同的效率。

1. 污水生物处理理论

（1）底物代谢

1）酶

酶是活细胞的组成成分，由活细胞自身合成的，能在生物体内和体外起催化作用的生物催化剂，又称生物催化剂。酶有单成分酶和双成分酶之分，单成分酶完全由蛋白质组成，双成分酶由酶蛋白和非蛋白（辅因子）两部分组成。在酶蛋白分子中，有一定的、由必需基团组成的活性区域，称为酶的活性中心。在酶的活性中心内，必要基团包括结合基团和催化基团，结合基团使得酶与特定的底物相结合，然后再由催化基团将这些特定的底物进行催化反应；而酶的活性中心以外的必需基团能够维持活性中心的构型。酶的活性中心是酶催化作用的关键部位，当酶的活性中心被非底物物质占据或空间构型被破坏，酶就会失去活性。

酶的本质是蛋白质，具有一般蛋白质的力华性质，又具有催化活性，与一般无机催化剂有相同的特点，但更有其独具的特殊性能，主要有以下表现：

① 催化效率高，比一般化学催化剂速度高 10^3～10^6 倍。

② 专属性，对其作用底物的严格的选择性。

③ 对环境条件极为敏感。

另外，酶能在常温、常压和中性环境下进行催化反应，而无机催化剂往往需要在高温、高压的环境下才能使催化反应正常进行。

2）酶作用基本原理

与无机催化剂相同，酶能够降低底物分子反应的能阈，使反应沿着活化能阈低的途径转化，从而降低反应活化能。关于酶能够降低反应活化能，最适宜的解释就是中间产物学说，另一个比较经典的就是诱导契合学说。

中间产物学说认为，酶催化反应分两步进行，首先酶与底物进行可逆反应形成中间络合物，其次，络合物再分解为产物和游离态酶。由于中间产物的形成，可使反应的活化能阈大大降低，故只需较低的活化能，反应就能迅速进行。

诱导契合学说认为，酶的活性中心与底物原本无法相互吻合，像锁和钥匙一样结合成中间产物促进底物转变为产物，只有当底物分子与酶分子相接触时，可诱导酶的活性中心结构发生构象变化，从而与底物分子结构相吻合，然后才能结合成中间产物，进而引起底物发生相应的化学反应。

3）酶促反应动力学

酶促反应又称酶催化反应或酶反应，酶促反应动力学是研究酶的反应速度以及决定反应速度的各种因素，包括酶的浓度、底物浓度、pH 值、温度、活化剂、抑制剂或有毒物质等。酶促反应动力学中的速度是指酶作用于底物开始不久的一段时间内所测得的酶促反应速度，以免反应时间过长后，产物逆反应加速对酶促反应产生抑制作用。

① 酶浓度的影响

在一定条件下，当底物浓度为足够大的一个定值，且酶的浓度也相对较低时，酶促反应的速度与酶的浓度成正比。

② 底物浓度的影响

在酶浓度不变的条件下，在低的底物浓度时，底物浓度增加，反应速度随之急剧增加，并成正比关系；当底物浓度较高时，增加底物浓度，反应速度随浓度的增加变化的不再明显，并且不再成正比关系；当底物浓度达到一定大的程度时，若底物浓度再增加，反应速度不再变大，而是趋于稳定，并不再受底物浓度的影响，此时的底物浓度即为饱和浓度，是酶的活性中心完全被底物占据时的浓度，酶分子发挥了最大能力。

早在 1913 年著名化学家米凯利斯（Michaelis）和门坦（Menten）根据中间产物学说，利用纯酶做大量实验研究，提出了能够表示整个反应中底物浓度与反应速度关系的方程式，即米-门方程式。

$$V=V_{max}\frac{S}{K_m+S}$$

式中　V——酶反应速度；

V_{max}——最大酶反应速度；

S——基质浓度；

K_m——米氏常数，是酶促反应速度为最大反应速度一半时的底物浓度，当 $V=0.5V_m$ 时，$K_m=S$。

当底物浓度较低时，$K_m \gg S$，反应速度与底物浓度成正比，为一级反应；

当底物浓度很高时，$S \gg K_m$，反应速度与底物浓度无关，为零级反应。

底物浓度对酶促反应速度的影响，如图 1-3 所示（图中 n 指反应级别）。

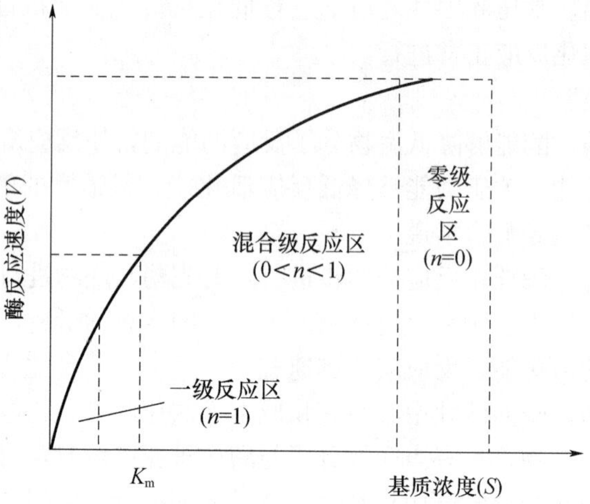

图 1-3　底物浓度对酶促反应速度的影响

③ pH 值

酶的本质是蛋白质，是具有解离基团的两性电解质，因此，只有在一定的 pH 值范围内，才可以稳定地发挥作用，高于或低于适宜的范围，均易失活变性。

不同的微生物有不同的 pH 值适宜范围，大多数细菌适宜中性和偏碱性（pH＝6.5～7.5）的环境。污水生物处理过程中应保持 pH 值范围在 6～9 之间，最适 pH 值范围在 6～8 之间。当污水的 pH 值变化较大时，应设置调节池，使进入反应器（如曝气池）的污水，保持在合适的 pH 值范围。

④ 温度

按照微生物生长的最适温度范围，可以将微生物分为中温性（20～45℃）、高温性（45℃以上）和低温性（20℃以下）三类。当温度超过最高生长温度时，微生物的蛋白质会迅速变性，使得酶系统遭到破坏而失活，严重者可使微生物死亡；当温度过低，会使微生物代谢活力降低，进而处于生长繁殖停止状态，但仍保存其生命力。

在一定条件下，各种酶只有在某一个温度下才表现出最大活力，这个温度称为该种酶的最适温度。微生物各种酶的最适温度在 25～60℃范围内。在适宜温度范围内，温度每增高 10℃，酶催化的化学反应速度约可以提高 1～2 倍。在一定变化范围内（0～40℃），随着温度的升高，酶促反应速度加快；随着温度继续升高，酶变速度加快。

⑤ 活化剂

在酶促反应体系内，可以加入无机离子等活化剂，使得酶的活性增加。活化剂可能是酶活性中心部位中的组成部分。

⑥ 抑制剂

在污水生物处理过程中，能够降低酶的活性甚至使酶完全丧失活性的物质，称为酶的抑制剂。酶的抑制剂会破坏或改变酶与底物结合的活性中心，阻碍酶与底物反应生成中间产物，从而影响酶的活性。

a. 不可逆抑制作用

不可逆抑制作用是由不可逆抑制剂引起的，不可逆抑制剂会与酶的某些基团以共价键的形式结合，结合后不能分解，也不能用透析、超滤等物理方法去除抑制作用。

b. 可逆抑制作用

可逆抑制作用是由可逆抑制剂与酶结合而产生的，这种结合可以通过物理方法去除而恢复酶的活性。可逆抑制剂可分为竞争性抑制剂和非竞争性抑制剂。

竞争性抑制剂的化学结构与底物很相像，会与底物竞争酶的活性中心、妨碍底物与酶结合形成中间产物，致使酶的活性受到抑制。竞争性抑制剂引发的竞争性抑制作用会随着底物浓度的增加而减弱。

非竞争性抑制剂能够与酶的活性中心以外的部位进行可逆性结合，从而改变酶的活性中心的空间构型，使酶的活性受到抑制。非竞争性抑制剂引发的非竞争性抑制作用与底物浓度高低无关，取决于抑制剂浓度和抑制剂与酶的活性中心的亲和力。

⑦ 有毒物质

在工业废水中，对微生物具有抑制和杀害作用的化学物质称为有毒物质。其毒害作用主要表现在细胞的正常结构遭到破坏以及菌体内的酶变质，并失去活性。在废水生物处理时，对这些有毒物质应严加控制，但毒物浓度的允许范围，需要具体分析。

2. 常规微生物学理论

将少量纯种微生物细胞接种到一定体积的培养液中，随着时间的推移观察其生长情况的方法称为分批培养。通过分批培养，以培养时间为横坐标、以细菌数的对数为纵坐标，绘制的一条曲线，称为生长曲线，微生物的生长规律一般以生长曲线来反映。

按照微生物的生长规律，将其生长过程分为四个时期，即适应期、对数增长期、稳定期和衰亡期。四个生长期各自的特点，如图 1-4 所示。

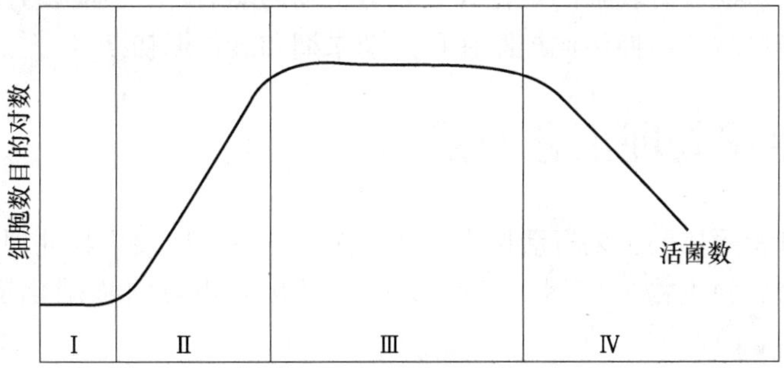

图 1-4 纯培养生长曲线

（1）适应期

微生物刚进入新环境，细胞需要适应新环境，然后开始吸收营养物质、合成新的酶系，但微生物一般不会繁殖，活细胞数目不会增加，甚至接种的活细胞会因为不适应新的环境而减少一部分，但细胞体积显著增大。适应期末期和对数增长期前期的细胞对热、化学物质等不良条件的抵抗力减弱。适应期持续时间的长短随菌种特性、接种量、菌龄与移植至新鲜培养基前后所处的环境条件是否相同等因素有关，短则几分钟，长则几小时。

（2）对数增长期

微生物细胞经过适应期之后，开始以基本恒定的生长速率进行繁殖，细胞的形态特征与包括细胞大小、形态及生理生化反应等生理特征较一致。从生长曲线上看，细胞数目的对数与培养时间基本上呈直线关系，对数增长期大量消耗底物，积累了较丰富的细胞代谢产物。本时期的细胞常作为研究工作的理想材料。

（3）稳定期

在恒定容积的培养液中，微生物不能以对数增长期时的增加速率无限度地生长下去，因为营养物质不断被消耗，代谢物质不断地积累，环境条件逐渐变得恶劣而不适宜微生物的生长繁殖，就会出现稳定期。在稳定期，微生物细胞增长速率下降，死亡率上升，新生细胞与死亡细胞的数量趋于平衡，从生长曲线上看，在一定时间内，微生物数目的对数值几乎不变。由于营养物质减少，微生物活动能力降低，菌胶团细菌之间相互粘连，分泌物增多，活性污泥絮体开始形成，使得活性污泥具有一定的氧化有机物的能力，而且还具有良好的沉降性能。

（4）衰亡期

在衰亡期，营养物质已经耗尽，微生物细胞靠内源呼吸以维持生存，生长繁殖速率为零，死亡速率随时间的延长而加快。微生物细胞形态呈衰退型，许多细胞出现自溶现象。此时，由于能力水平低，絮凝体吸附有机物的能力显著，但污泥活性降低，污泥较松散。

3. 污水生物处理与常规微生物学理论的关系

在污水处理过程中，控制微生物的生长期对系统尤为重要。如果将微生物维持在生命活力很强的对数增长期，就需要消耗大量的营养物质，而高浓度的有机物进水容易造成出水有机物不达标，使出水达不到标准；而且，对数增长期的微生物活力强，污泥絮凝和沉降沉降性能都不好，使得不容易进行泥水分离。如果将微生物维持在衰亡期末期，污水中有机物浓度固然低，但由于微生物氧化分解有机物的能力差，所需反应时间长，在实际工作中不可行。所以，为了获得既具有较强的氧化和吸附有机物的能力，又具有良好的沉降性能的活性污泥，在实际工作中常将活性污泥控制在稳定期末期和衰亡期初期。

1.3 污水生物处理工艺及进展

污水生物处理常采用的工艺有活性污泥法、生物膜法和厌氧生物处理法，还包括一些新型的工艺，如膜法、膜生物反应器（MBR）和厌氧氨氧化及同步硝化反硝化等脱氮除磷工艺。

1.3.1 活性污泥法

活性污泥法是一种应用最广、工艺比较成熟的污水生物处理技术，本质与天然水体的自净过程相似，只是活性污泥法的净化能力更强，是天然水体自净作用的人工强化。自1914年开始至今，活性污泥法的研究取得了理论和实践上的巨大进步。

活性污泥法是利用含有好氧微生物的活性污泥，在通气条件下，使污水净化的生物学方法。将活性污泥法的混合液静置沉淀会分离出起主要净化作用的活性污泥，在显微镜下观察这些呈絮状的活性污泥，会观察到大量的细菌、真菌和原生动物及后生动物等微生物群体，构成了一个特定的生态系统。这些微生物群体以污水中的有机物为营养，进行代谢和繁殖，并使污水中的有机物得以降解，并通过这些微生物群体组成的絮凝体的絮凝和吸附作用，去除污水中的悬浮物或胶体物。

活性污泥法自发明以来，根据反应时间、进水方式、曝气设备、氧的来源、反应器的形状等的差异，已经研发出许多类型。

（1）传统推流式活性污泥法

传统推流式活性污泥法（Conventional Activated Sludge，CAS）的廊道长宽比要求为5～10,一般采用3～5条廊道，污水和回流污泥在曝气池的前端进入，在池内呈推流式流动至池的末端，由鼓风机通过扩散设备或机械曝气机进行曝气和搅拌。在曝气池内，进行着吸附、絮凝和有机污染物的氧化分解，最后进入二沉池进行泥水分离，部分污泥回流至曝气池，部分污泥作为剩余污泥排放。

传统推流式活性污泥法运行过程中的缺点是池内呈推流式，首端有机污染物负荷高、好氧速率快，需氧量随着池子的延长而下降，而曝气设备是均匀布置的。污水与回流污泥进入曝气池后不能立即与整个曝气池中的混合液充分混合，易受冲击负荷的影响，适应水质、水量变化的能力差。

（2）渐减曝气活性污泥法

渐减曝气活性污泥法（Tapered Aeration，TA）是为了解决传统推流式活性污泥法内供氧和需氧的差距，其工艺特点是曝气设备的布置沿池长方向与需氧量匹配，布气孔沿程逐渐递减，使其接近需氧速率，又可以降低空气的用量，节省能耗，提高处理效率。

（3）阶段曝气活性污泥法

阶段曝气活性污泥法（Step-feed Activated Sludge，SFAS）是为了满足传统推流式活性污泥法中，曝气池首端需氧量的峰值要求，其工艺特点是污水和回流污泥在曝气池中分3～4点进入，均衡曝气池内有机污染物复合及需氧率，提高曝气池对水质和水量的适应能力。阶段曝气活性污泥法一般采用多于3条廊道，在第一个进水点，混合液浓度稍高，后面各廊道污泥浓度随着污水多点进入而降低。

（4）高负荷曝气活性污泥法

高负荷曝气活性污泥法（High-Rate Activated Sludge，HRAS）的曝气池构造与传统推流式活性污泥法相同，但曝气时间缩短为1.5～3.0h，曝气池内的活性污泥处于生长旺盛期、有机污染物的负荷或容积负荷较高，曝气时间短，但处理效率低，为了维护系统的运行，必须保证充分的搅拌和曝气。

（5）延时曝气活性污泥法

延时曝气活性污泥法（Extended Aeration Activated Sludge，EAAS）中曝气池内的活性污泥处于内源呼吸期，有机污染物负荷低，曝气反应时间长，水力停留时间为24h以上，污泥龄较长，生物固体停留时间为20～30d。本工艺对进水水质和水量变化适应能力强，不需设置初沉池，但曝气池池体容积大，基建和运行费用较高。

(6) 吸附再生活性污泥法

吸附再生活性污泥法(Contact Stabilization Activated Sludge, CSAS)是20世纪40年代后，美国某污水处理厂面临处理水量大扩建后研究出来的一种方法。污水和活性污泥在吸附池内吸附时间较短，为30～60min，吸附池容积小；再生池内是已经排出剩余污泥的回流污泥，且活性污泥浓度较高，再生池容积也较小。本法具有一定的抗冲击负荷的能力，且再生池内的活性污泥可以用作吸附池内污泥的补充污泥；但由于吸附池内吸附接触时间短，限制了有机物的降解和氨氮的硝化，处理效果较差。

(7) 完全混合活性污泥法

完全混合活性污泥法(Competely Mixed Activated Sludge, CMAS)是指污水与活性污泥进入曝气池后，立即与池内有待泥水分离的混合液充分混合，被混合液稀释、均化，较好地适应入流冲击负荷；污水在曝气池内分布均匀，各处负荷相同、微生物群体的组成和数量相同、需氧量均衡，有机污染物的降解情况也几近相同。

(8) 吸附—生物降解活性污泥法(AB法)

吸附—生物降解活性污泥法(Adsorption-Biodegration, AB法)是指吸附段(A级)由吸附池和中间沉淀池组成，以高负荷或超高负荷运行，曝气停留时间短；生物降解段(B级)由曝气池和二沉池组成，以低负荷运行，曝气停留时间较长。吸附段和生物降解段拥有各自独立的污泥回流系统，培育适合各种水质的微生物类群，处理效果稳定。

(9) 序批式活性污泥法(SBR)

序批式活性污泥法(Sequencing Batch Reactor, SBR)是一种按间歇曝气方式来运行的活性污泥污水处理技术。主要特征是在运行上的有序、间歇操作。序批式活性污泥法的核心是SBR反应池，该池集均化、初沉、生物降解、二沉等功能于一池，无污泥回流系统。

(10) 循环活性污泥法(CASS或CAST)

循环活性污泥法(Cyclic Activated Sludge System, CASS或Cyclic Activated Sludge Technology, CAST)是序批式活性污泥法的一种变形，曝气池内分为生物选择区、兼性区和主体反应区三个区域，三者的体积比大致为1∶5∶20，混合液由主体反应区回流至生物选择区，回流比大约为20%，在生物选择区内，活性污泥与新鲜污水接触、混合，创造微生物在高负荷环境下竞争生存的条件，从而选择出适合整个系统的微生物种群，并抑制丝状菌过分繁殖，避免污泥膨胀现象发生。

生物选择区在高污泥浓度和新鲜污水存在的条件下，具有释放磷的作用；兼性区可以促进磷的吸收和反硝化作用；在主体反应区可以设计为缺氧、厌氧和好氧三个部分，进一步脱氮除磷。

(11) 氧化沟

氧化沟又称连续循环反应器(Continuous Loop Reactor)是20世纪50年代开发的延时曝气活性污泥法的一种特殊形式，通过曝气和搅拌，使活性污泥处于悬浮状态，池体的曝气、搅拌设备布置均有利于廊道内混合液单向流动，混合液对进水进行稀释20～30倍。采用圆形或椭圆形廊道，廊道内水流呈推流式，混合液在5～15min内完成一次循环，但动力学反应类似于完全混合式活性污泥法。当污水离开曝气池后，溶解氧浓度降低，可能会发生反硝化反应。

活性污泥法不仅用于处理生活污水，而且在印染、炼油、石油化工、农药、造纸和炸药等许多工业废水处理中，都取得很好的净化效果。活性污泥法最大的弱点是产生大量的剩余污泥，剩余污泥已成为亟待解决的疑难问题，研究开发从源头上不产生或少产生污泥的污水处理技术也已成为研究的热点。

1.3.2 生物膜法

生物膜法和活性污泥法一样都是利用微生物来去除废水中有机物的方法。生物膜是微生物高度密集的物质，是由好氧菌、厌氧菌、兼性菌、真菌、原生动物等组成的生态系统，主要用于去除废水中呈溶解的和胶体状有机污染物。

根据不同的处理装置，又分为生物滤池法、生物转盘法、生物接触氧化法等。

(1) 生物滤池法

在19世纪末，生物滤池就发展起来了，是生物膜法的传统工艺。早期，普通生物滤池水力负荷和有机负荷很低，虽然净化效果较好，但占地面积大，易堵塞。后来，逐渐开发出采用处理水回流、水力负荷和有机负荷都比较高的高负荷生物滤池，污水、生物膜和空气三者能够充分接触的塔式生物滤池和曝气生物滤池。

生物滤池法由初沉池、生物滤池、二沉池组成。污水经过初沉池等预处理，去除悬浮物。油脂等易堵塞滤池滤料的物质，均一、稳定后进入生物滤池进行生物处理。影响生物滤池运行效果的因素包括滤池高度、污水负荷、出水回流量和供氧量等。

(2) 生物转盘法

1914年，德国建立第一座生物转盘，随后在欧洲发展迅速。我国于20世纪70年代开始了生物转盘的运行研究。

将生物转盘的圆盘浸没于污水中，污水中的有机物被圆盘上的微生物吸附，当圆盘离开污水后，盘片表面形成一层水膜。水膜从空气中吸收氧气并降解被吸附的污水中的有机污染物。圆盘每转动一周，完成一次吸附—吸氧—氧化分解过程，圆盘不断转动，污水得以净化，圆盘上的生物膜也不断生长、增厚，老化的生物膜依靠圆盘转动时产生的剪切力脱落，生物膜得以更新。

生物转盘法的主要优点是能耗低、抗冲击负荷能力强，不需要污泥回流装置、运行起来较方便。为了进一步降低生物转盘的运行能耗和投资费用，近些年研究出来驱动式生物转盘、与沉淀池合建的生物转盘和与曝气池合建的生物转盘等。

(3) 生物接触氧化法

在19世纪末期，就开始了生物接触氧化法的研究工作。1912年，德国获得了第一个专利，随后生物接触氧化法在欧洲、美国、日本等地区开始广泛应用。1975年，我国开始了生物接触氧化法的研究，1977年后我国的生物接触氧化法的试验研究和工程实践都有了一定的发展。

生物接触氧化法介于活性污泥法和生物滤池之间，池内设置填料，填料淹没在污水中，填料上长满生物膜，污水与生物膜接触过程中，污水中的有机污染物被微生物吸附、氧化分解和转化为新的生物膜。从填料上脱落的生物膜，随出水流到二沉池后去除，污水得以净化。生物接触氧池内充氧条件良好、不会发生污泥膨胀，且对进水负荷适应能力强。

生物膜法主要优点是不存在污泥膨胀问题、对废水水质、水量的变化有较好的适应性、剩余污泥量少和运行管理方便等，广泛应用于石油、印染、造纸、农药、食品等工业废水的处理。随着污水生物处理技术研究的深入，近些年研发出许多生物膜法新型工艺，如生物膜-活性污泥联合处理法、生物脱氮除磷工艺及生物膜反应器等。

1.3.3 厌氧生物处理法

厌氧生物处理法，是在厌氧细菌或兼性细菌的作用下，将有机物降解转化为甲烷和二氧化碳等是有经济价值的能源性气体。传统的厌氧生物处理法存在有机负荷低、水力停留时间长等问题，在过去很长一段时间内，仅限于处理污水处理厂的污泥或粪便等。在污水生物处理方面，大多采用好氧生物处理法，近些年来，随着能源问题的突出，新的厌氧生物处理法不断被开发，新工艺克服传统工艺的种种缺点，又可以获得良好的效果和经济效益而逐渐被重视。

最早的厌氧生物处理反应器是化粪池，近年来开发了改良的 SBR 工艺、Linpor 工艺、好氧颗粒污泥法、新型曝气生物滤池工艺（BIOPUR® 工艺、BIOSTYR® 工艺）、移动床生物膜反应器（Moving-Bed Biofilm Reactor，MBBR）、两相厌氧工艺等。同时也开发了许多新型高效的反应器，如序批式生物膜反应器、移动床生物膜反应器、UASB 反应器、EGSB 厌氧反应器、IC 厌氧反应器、厌氧序批式反应器、厌氧迁移式污泥床反应器、厌氧膜生物反应器等。

1.3.4 污水处理新技术

1. 活性污泥法好氧生物处理新技术

（1）序批式活性污泥法

序批式活性污泥法，即 SBR 工艺是一种间歇运行的活性污泥法，通过对系统时间和空间上的控制调节，使调节、曝气、初沉、二沉、生物脱氮等过程集中于一池。其工艺流程简单，运行方式灵活，兼具完全混合式活性污泥法和推流式活性污泥法的特征，在时间上属于完全混合式，在空间流态上属于推流式。与传统活性污泥法系统相比，序批式活性污泥法处理系统具有节省设备及能耗、生化反应推动力大、有机物降解速率大、出水水质好、可处理有毒有害或高浓度有机废水、不易产生污泥膨胀、可在单一反应器内实现脱氮除磷、自动化控制等优点。

（2）间歇循环延时曝气活性污泥法

间歇循环延时曝气活性污泥法（Intermittent Cyclic Extended Aeration System，ICEAS）是 20 世纪 80 年代初澳大利亚 UNSW 与美国 ABJ 公司合作开发的 SBR 变形工艺，其最大的特点是：新增了小体积的预反应区，连续进水，间歇曝气，周期排水，无明显的反应阶段和闲置阶段。连续进水可提供主反应区缺氧反硝化所需碳源，简化了 ICEAS 工艺的运行操作。

（3）CAST 工艺

CAST 工艺将预反应区与好氧区合并为主反应区，是 ICEAS 工艺的改进。反应池通常分为三个反应区：生物选择区、预反应区和好氧区。CAST 工艺不仅具有 SBR 工艺的优点，而且还能实现污水的脱氮除磷，尤其适用于含有较多工业废水的城市污水，近年来被广泛应用于我国各种规模的城镇污水及工业废水处理设施中。最大的特点是可以在 CAST 系统中可实现同步硝化反硝化且无需设置缺氧区和内回流系统。

（4）DAT-IAT 工艺

DAT-IAT 工艺（Demand Aerobic Tank-Intermittent Aerobic Tank）的主体是由需氧池（Demand Aerobic Tank，DAT）和间歇曝气池（Intermittent Aerobic Tank，IAT）构成

的。主要解决了传统SBR工艺的间歇曝气导致曝气阶段反应池利用率低、能耗高，间歇进水导致相关设备（如进水闸阀、自控系统）的安装较复杂，高浓度难降解有机废水的反应时间较长等问题。

（5）改良型序批式活性污泥法

改良型序批式活性污泥法（Modified Sequencing Batch Reactor，MSBR）是20世纪80年代初期发展起来的污水处理工艺。实质是由A^2/O工艺与SBR工艺串联组成的一种新型工艺，集合了多种脱氮除磷工艺的原理，可实现多种不同的运行模式，增加了运行管理的灵活性和出水水质的稳定性，在去除污水中有机污染物的同时能够实现脱氮除磷。

（6）UNITANK®工艺

UNITANK®工艺是比利时SEGHERS公司提出的一种工艺，作为一种在SBR工艺的基础上发展形成的新型工艺，与传统活性污泥法相比，一体化活性污泥法不设二次沉淀池，无需污泥回流系统和刮泥设备，节省投资成本和运行费用；工艺简单可靠，采用计算机程序自动化控制，运行管理简单；可以动态地实现厌氧、缺氧和好氧条件，使系统内活性污泥能够交替再生吸附，适宜进行脱氮除磷。

（7）UniFed SBR工艺

UniFed SBR工艺是澳大利亚“废水管理和污染控制合作研究中心”（CRCWMPCL）和昆士兰大学（University of Queensland）的Jurg Keller教授等人开发的一种新型的SBR工艺运行方法，与传统脱氮除磷工艺相比，UniFed SBR工艺不设额外的池子或隔板分区，既无循环流，也不需要添加额外的化学试剂，在单一的池子中即可实现高效的脱氮除磷，具有基建费用、运行费用低，运行操作灵活，不易受水质水量波动的干扰，出水水质好等优点，且应用范围广泛。

（8）Linpor工艺

Linpor工艺是德国林德公司在传统工艺上开发出的一种在曝气池中投加一定数量的多孔、泡沫塑料颗粒作为活性生物的载体材料的工艺。其反应器实际上是传统活性污泥法和生物膜法相结合而组成的双生物组分生物反应器。其最大的优势在于改善了微生物的生长条件以提高反应器的生物量和处理效果；缩小了反应器容积，对超负荷运行的传统工艺进行改造以稳定处理效果。

（9）颗粒污泥法

颗粒污泥是指在污水生物处理体系中，微生物在适当的环境条件下，自凝聚而形成的密度、体积较大，沉降性能良好的颗粒状微生物聚集体。与传统处理工艺相比，具有以下的优势：良好的沉降性能，可有效提高反应器的污泥浓度、容积负荷及耐冲击性负荷能力；启动期短，且可在常温下良好运行；颗粒污泥结构密实、生物量大，具有很强的抗冲击负荷以及抵抗有毒有害物质的能力，有利于提高处理系统的处理能力稳定性；具有较强的脱氮除磷能力，对于高浓度有机废水也有很高的去除率。

2. 生物膜法好氧生物处理新技术

（1）曝气生物滤池

曝气生物滤池（Biological Aerated Filter，BAF）在20世纪80年代中后期经历了一个快速发展时期，先后出现了BIOCARBON、BIOFOR®、BIOSTYR®等工艺形式。其主要工艺特点为：用比表面积较大粒状滤料作为生物载体，可在滤料表面保持较高的生物量，易于挂膜且稳定运行；生物相复杂，菌群结构合理，反应器内具有明显的空间梯度特征，能耐受较高的有机和水力冲击负荷；具有较高的氧转移率，曝气量低，运行能耗较低，硝化和反硝化效率高；不需再设二次沉淀池；预处理要求较高，一般要对原水进行预处理以降低进水的水质中悬浮物（Suspended Substance，SS）；需定期进行反冲洗，清洗滤池中截留的悬浮固体，同时更新生物膜。

（2）生物接触氧化法

生物接触氧化法（Biological Contact Oxidation）是生物滤池与活性污泥的组合工艺。生物接触氧化法的核心主要包括两方面：在氧化池内设有人工曝气装置，池内供氧并起到搅拌和混合作用；在接触氧化池内装填载体或填料。该工艺兼有活性污泥法的特点，同时体积负荷高处理时间短，并且出水水质好且稳定。现在已经建成的一些示范工程表明，生物接触氧化法投资和运行费用均较低，对出水水质有着明显的改善，是一种经济有效的水处理技术，值得推广应用。

（3）序批式生物膜反应器

序批式生物膜反应器（Sequencing Batch Biofilm Reator，SBBR）是一种将生物膜与活性污泥法进行有机结合的新型的复合式生物膜反应器。与传统的工艺相比，其间歇式的进水可以提高系统的抗冲击负荷的能力；同时生物膜能保证世代较长的微生物生存，利于有机物的吸收与分解；另一方面生物膜载体从表面到内部存在溶解氧浓度的梯度现象，相应有好氧、兼氧和缺氧区共存的状态，为直接脱氮提供了良好的环境，可以实现同步硝化反硝化技术。

（4）移动床生物膜反应器

移动床生物膜反应器（Moving-Bed Biofilm Reactor，MBBR）产生于20世纪80年代末90年代初，由挪威KMT公司和挪威科技工业研究院合作开发并申请专利，是一种结合传统生物流化床和生物接触氧化法的优点的高效污水处理方法。该工艺最大的特点在于反应器内的生物量由悬浮生物量和附着态生物量组成，生物量高，生物量损耗低，能承受高有机负荷，处理效果好，运行稳定，而且不存在堵塞等多数生物膜法时常出现的问题；反应器正常运行受低温影响不大；在连续流工艺条件下，无需特别的操作循环以控制生物膜的厚度；所需工程量小，工程投资低，经济实用，属优选工艺。

3. 污水厌氧生物处理新技术

（1）升流式厌氧污泥床

升流式厌氧污泥床（Upflow Anaerobic Sludges Bed，UASB）是第二代废水厌氧生物处理反应器中典型的一种，是由荷兰瓦赫宁根（Wageningen）农业大学Lettinga等人于1972～1978年间开发研制成功的一项厌氧生物技术。UASB反应器的污泥颗粒化是该反应器的一个主要的特征。工艺的稳定性和高效性很大程度上取决于颗粒污泥的形成。除了污泥颗粒化外，UASB反应器还具有以下特点：反应器内污泥浓度高；有机负荷高，水力停留时间短；反应器内设三相分离器；无混合搅拌设备；污泥床内不填载体，节省造价及避免堵塞问题；反应器中污泥泥龄长，污泥表观产率低，所排出的污泥数量极少，从而降低了污泥处理的费用。在高浓度制糖废水、土豆加工废水、淀粉废水、啤酒废水、酒精废水、乳品废水、屠宰废水、造纸废水中有广泛应用。

（2）厌氧膨胀颗粒床

厌氧膨胀颗粒床（Expanded Granular Sludge Bed，EGSB）反应器是对UASB反应器的改进，与UASB反应器相比，它们最大的区别在于反应器内液体上升流速的不同。与废水的好氧生物法相比，厌氧法具有负荷高、产泥少、能耗低、回收部分生物能等优点。与UASB反应器相比：截面积相对小，对布水要求较低；产气量大，三相分离器设计要求高但相对工作稳定；处理范围更广；对于低温低浓度的污水及高浓度有毒性工业废水方面有优势。

（3）内循环厌氧反应器

内循环厌氧反应器（Internal Circulation，IC）是一种具备特有的内循环系统，利用自身产生的沼气膨胀做功，在无需外加能源的条件下实现了内循环污泥回流的新型工艺。其主要的优点如下：污泥可以大量保留；具有很高的容积负荷；沼气提升实现内循环，不必外加动力；抗冲击负荷能力强，运行稳定；出水稳定性好，系统启动快；基建投资省，占地面积小。已经成功应用于土豆加工、啤酒、酒精、造纸、柠檬酸、果汁、猪粪等废水处理中。

（4）厌氧序批式反应器

厌氧序批式反应器（Anaerobic Sequecing Batch Reactor，ASBR）是20世纪90年代美国爱荷华州立大学Dague教授等人将好氧生物处理中的SBR法用于厌氧处理中从而开发出的一种新型高效厌氧反应器。具有生物污泥颗粒化、耐冲击负荷、适应性广和受温度影响小等优点。近十年来，以美国Dague教授为首的团体对ASBR法的设计方法操作要点、工艺特性、颗粒污泥的微观结构及各种影响因素等进行了研究，取得了一些研究成果。对于流量、水质波动大的废水及一些特殊废水，如苯酚废水、煤转化废水等，ASBR法取得了很好的处理效果。

（5）厌氧迁移式污泥床反应器（Anaerobic Migrating Blanket Reactor，AMBR）是一种新型高效处理工艺，可以用来处理工业废水和城市污水，它融合了UASB与ASBR的优点，属于多格室串联反应器。反应器运行方式灵活、结构简单，不需要气固分离系统和配水系统；同时反应器内水流方向周期性改变，有利于污泥的迁移，防止污泥在最后隔室积累，还可防止VFA在进水室中积累。除此之外，反应器为产甲烷创造有利条件，反应过程不需投加缓冲液或出水循环。系统工艺不需要预酸化，不会出现污泥膨胀和污泥上浮现象；且工艺耐冲击负荷能力强，对有机物的去除效果好。

（6）厌氧膜生物反应器

厌氧膜生物反应器（Abstract Anaerobic Membrane Bioreactor，AnMBR）可以简单定义为膜分离技术和厌氧生物处理单元相结合的废水处理技术。在保留厌氧生物处理技术投资省、能耗低、可回收利用沼气能源、负荷高、产泥少、耐冲击负荷等诸多优点的基础上，由于引入膜组件，还带来了一系列优点：实现了污泥停留时间（Sludge Retention Time，SRT）和水力停留时间（Hydranlic Retention Time，HRT）的有效分离，因而AnMBR可以有更高的有机负荷和容积负荷；膜的截留作用使得浊度、细菌和病毒等物质得到大幅度去除，提高了出水水质；膜分离作用可以使产酸反应器中的产酸细菌浓度增加，提高水解发酵的能力并使系统保持较高的酸化率；显著改善反应器固液分离效果，在处理生物难降解的有机物和高浓度有机废水方面有很好的应用前景。

4. 膜法污水生物处理新技术

膜法污水生物处理新技术主要是指膜生物反应器（Membrane Bioreactor，MBR），这是一种由膜过滤取代传统生物处理技术中二次沉淀池或者深度处理中的砂滤池的水处理技术。1966年，美国的Dorr-oliver公司首先将MBR用于废水处理的研究。1968年，美国工程师等将好氧活性污泥法与超滤膜相结合的MBR用于处理城市污水，该工艺具有减少活性污泥产量、保持较高活性污泥浓度、减少污水处理厂占地等优点；20世纪70年代后，日本由于污水再生利用的需要，MBR的研究工作有了较快的进展，日本1985年开始的“水综合再生利用系统90年代计划”把MBR研究污水处理对象与规模都大大推进了一步。

膜生物反应器已广泛应用于美国、德国、法国和埃及等很多个国家或地区，是膜分离技术与生物处理技术有机结合之新型态废水处理系统。在MBR反应池里包括微生物菌落、膜组件、集水系统、出水系统、曝气系统。核心部分是膜组件，可以代替传统生物处理技术末端二沉池，在生物反应器中保持高活性污泥浓度，提高生物处理有机负荷，从而减少污水处理设施占地面积，并通过保持低污泥负荷减少剩余污泥量。主要利用膜分离设备截留水中的活性污泥与大分子有机物。

5. 新型脱氮除磷工艺

20世纪80年代以前，污水生物处理主要针对污水中的有机污染物，随着排放水体的富营养化的加剧和排放要求的不断提高，在最近几十年，才加深了对于污水脱氮除磷工艺的研究。

（1）新型生物脱氮工艺

长期以来，污水生物脱氮理论认为要实现污水生物脱氮，就必须使NH_4^+经历典型的硝化和反硝化过程，称为全程硝化反硝化生物脱氮，这就要求生物脱氮工艺必须同时具备好氧区和缺氧区。

在长期的研究和应用过程中，发现利用微生物进行生物脱氮的过程中，会出现一些有异于传统认识的新现象。如亚硝酸型硝化、某些微生物可以在好氧条件下进行反硝化作用等，有些研究者甚至发现在厌氧条件下，氨氮也会减少。随着相关研究的深入逐渐出现了中温亚硝化（SHARON）工艺、厌氧氨氧化（ANAMMOX）工艺和同步硝化反硝化（SND）工艺等。

1）SHARON工艺

SHARON（Single reactor for High activity Ammonia Removal Over Nitrite）工艺是由荷兰代尔夫特（Delft）技术大学开发的，基本原理是将氨氮氧化控制在亚硝化阶段，然后进行反硝化。SHARON工艺的关键是利用在较高温（30～35℃）下，硝酸菌和亚硝酸菌具有不同生长速率，即亚硝酸菌的生长速率明显高于硝酸菌的生长率，亚硝酸菌的最小停留时间小于硝酸菌的特性，通过控制系统内水力停留时间使其介于硝酸菌和亚硝酸菌最小停留时间之间，从而使亚硝酸菌具有较高的浓度而硝酸菌被自然淘汰，维持稳定的亚硝酸积累。在SHARON工艺中，通过提高反应器中的温度，使在较高温度下，增长速率较快的亚硝化细菌占优势，所以应严格控制温度和水力停留时间（HRT）的值。

2）ANMMOX工艺

ANMMOX（Anaerobic Am-monium Oxidation）工艺是1990年由荷兰代尔夫特（Delft）技术大学Kluyver生物技术实验室开发的。研究发现，在厌氧条件下，以NO_3^-或NO_2^-作为最终电子受体，可以将氨氮转化为氮气。而且，NO^{2-}是其中较为关键的最终电子受体，又因为促进这一反应的细菌是自养菌，而不需要再添加有机物来维持反硝化进行脱氮。发生的反应为

$$5NH_4^+ + 3NO_3^- = 4N_2 + 9H_2O + 2H^+ \quad \Delta G = -297kJ/mol\ NH_4^+ \qquad ①$$

$$NH_4^+ + NO_2^- = N_2 + 2H_2O \quad \Delta G = -358kJ/mol\ NH_4^+ \qquad ②$$

根据化学热力学原理，上述两个反应的吉布斯自由能 $\Delta G<0$，说明反应可以自发进行，厌氧氨氮化过程的总反应是一个产生能量的反应。从理论上讲，可以提供能量供微生物生长。因此，厌氧反应器中存在微生物，可以利用氨作为电子供体还原硝酸盐，或者说可以利用硝酸盐作为最终电子受体来氧化氨。因此，ANAMMOX 工艺是一种将氨的氧化与 NO_2^- 的还原相偶联，利用微生物的生化反应原理，开发出来的切实可行的生物脱氮新工艺。

3）SND 工艺

近年来，随着研究的深入，逐渐发现了好氧反硝化菌、厌氧氨氧化细菌等微生物的存在，为同时硝化反硝化（Simultaneous Nitrification and Denitrification，SND）奠定了理论基础。当好氧环境与缺氧环境同时在一个反应器中存在，硝化和反硝化两个反应就可以在同一个反应器中同时进行，这样的过程称为同时硝化反硝化。同时硝化反硝化可以发生在流化床、曝气生物滤池、生物转盘等生物膜反应器中，也可以发生在曝气池、氧化沟等活性污泥系统中。与传统生物脱氮工艺相比，SND 工艺具有明显的优越性，如同步硝化反硝化过程会产生碱度，无需外添加碱，就可以有效地保持反应器中 pH 值稳定。而且，在相同的操作条件下，硝化反硝化同时进行，对于连续运行的 SND 工艺污水处理厂，可以省去缺氧池，减少投资费用。

（2）新型生物除磷工艺

传统的生物除磷原理，是在厌氧-好氧或厌氧-缺氧交替运行的系统中，利用聚磷菌（PAOs）具有厌氧失磷及好氧（或缺氧）超量吸磷的特性，使好氧或缺氧段中混合液磷的浓度大量降低，最终通过排放含有大量磷的污泥而达到从污水中除磷的目的，这就要求生物除磷工艺必须同时具备厌氧区和好氧区。

近些年，研究发现了反硝化除磷细菌（DPB）。反硝化除磷细菌（DPB）与聚磷菌（PAOs）有着极为相似的除磷原理，只是在氧化细胞内储存的聚羟基脂肪酸酯（PHA）时，最终电子受体不同。DPB 可以在缺氧环境下摄磷，这使得摄磷和反硝化（脱氮）两个不同的生物过程借助同一种细菌，在同一个环境中完成。比较典型的反硝化除磷工艺包括硝化和反硝化除磷双污泥回流系统（DEPHANOX）工艺和生物-化学除磷脱氮工艺（BCFS®）等。

1.3.5 未来污水处理技术发展趋势和展望

随着“可持续发展”的概念不断深化，发展污水的处理技术将污水变废为宝无疑是未来污水处理发展的目标。在新的形势下，我国传统污水处理工艺路线面临的挑战，很多传统工艺和技术距离“可持续发展”的道路越来越远。针对各自实际情况，欧美发达国家或地区分别就再生水回用、污水生物质能利用、氮磷回收等领域展开不同侧重的研究，而我国目前就污水处理技术在未来可持续发展方向上还没有特别明确的讨论和思考。传统污水集中处理高能耗和系统脆弱性的模式没有彻底改变。低碳的、资源回收利用的、零排放的系统，才是未来污水处理系统的最佳定位，同时也具有相当大的挑战。现在对于污水处理技术的研究主要应该主要放在以下几个方面：

① 在降低处理污水所需要的能源消耗上面，节约能源，尽量运用光和生物这样的生态能源。

② 在改善污水净化后的水质上面，提高污水净化后的水质使水中的污染物减少到最小，同时要注意脱氮脱磷。

③ 研究减少污泥量的方法，减少污泥的排出。

④ 同时净化污泥，使污泥可以变废为宝等，这些都是接下来污水处理技术中应该重点研究的问题。

最受大众看好的生物处理污水工艺技术的发展趋势，主要的就是厌氧处理技术以及生物膜法处理技术。

(1) 厌氧处理技术

厌氧处理方法在处理城市生活污水过程中展现了一系列的优势，不论是反应体积、消耗还是操作过程方面，都有着非常好的表现，多级厌氧处理技术越来越成为人们应对生活污水处理的技术之一。但是在应用的过程中也出现一些问题，在今后的探索中，应该在现阶段的理论与经验累积中进行改进与创新。

(2) 生物膜法处理技术

生物膜法处理技术多被应用于生活污水中的深水之上。如果氧气充足，生物膜法处理技术能够对生活污水中的有机物和氧化物进行迅速的处理。所以生物膜法污水处理技术的应用前景也较为广阔。

(3) 生态处理与生态修复

运用生态学原理，采用生态工程与环境工程相结合的手段对污水进行治理与水资源利用，主要包括土地处理系统、稳定塘处理系统、人工湿地、活机器、蚯蚓生态滤池等。与传统环境工程相比，生态工程是一项低能耗、多效益、无二次污染、可持续的工程体系，在治理污染的同时，可以取得生态环境效益、经济效益和社会效益的统一，尤其适用于面源污染治理和受污染水体的生态修复。

第 2 章　污水生物处理微生物原理与过程

2.1　概述

污水生物处理，是指微生物在酶的催化作用下，利用微生物的新陈代谢功能，对污水中的污染物质进行分解和转化，去除污水中有机污染物的一种方法，亦称生化处理。根据参与代谢活动的微生物对溶解氧的需求不同，污水生物处理技术分为好氧生物处理、缺氧生物处理和厌氧生物处理；根据微生物的生长方式的不同，可将污水生物处理技术分为悬浮生物处理和生物膜处理。

在污水生物处理构筑物中，微生物与污染物发生接触，通过微生物分泌的胞外酶或胞内酶的作用，将复杂的有机物质分解为简单的无机物，将有毒有害的物质转化为无毒无害的物质。微生物对有机物的转化，是分解与合成相互统一的过程，为微生物提供原生质合成和生命活动提供需要，即将一部分分解产物用于合成微生物细胞原生质和细胞内的贮藏物，另一部分变为代谢产物排出体外并释放出能量。所以，微生物不断地进行着生长繁殖活动，不断地转化污水中的有机物，使污水得以净化。污水生物处理的原理是在微生物酶的作用下，将污水中的污染物氧化分解。在好氧条件下，污染物最终被分解为 CO_2 和 H_2O；在厌氧条件下，污染物最终转化为 CH_4、H_2S、N_2、H_2 和水以及有机酸、醇等物质。污水生物处理过程，一般包括四个连续进行的阶段：絮凝作用、吸附作用、氧化作用和沉淀作用。

在污水生物处理装置中，微生物主要以活性污泥和生物膜的形式存在，也有一些微生物以颗粒污泥的形式存在，如在 UASB 反应器中。微生物具有超强的吸附和氧化分解有机物的能力，且具有良好的沉降性能，经处理后的污水可以很好地进行泥水分离，将处理后的清水排走，实现污水的净化。

2.2　污水微生物处理微生物学过程

2.2.1　污水好氧生物处理微生物学过程

污水好氧生物处理是好氧微生物在氧气充足的条件下，对污水中的污染物质进行分解代谢的过程。好氧生物处理构筑物为曝气池，一般情况下，是利用鼓风机等设备向曝气池中连续充入压缩空气，有时也会利用氧气发生设备向曝气池中充入纯净氧气，并使之溶于曝气池中的污水。此外，还要利用机械搅拌器等方法将污水中的活性污泥与污水中的有机物充分接触混合。

污水好氧生物处理微生物学过程如图 2-1 所示。

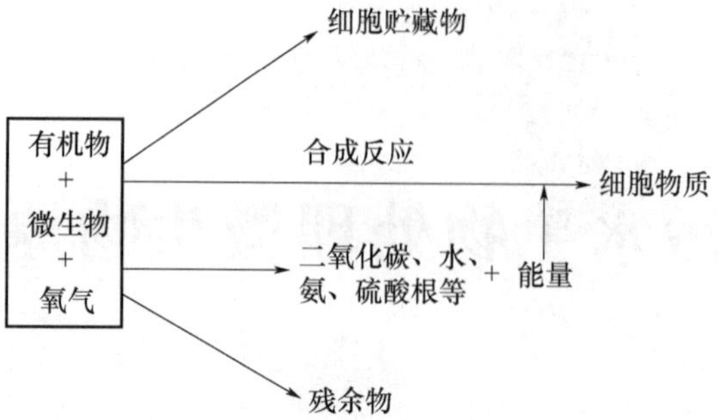

图 2-1　污水好氧生物处理微生物学过程

在氧气充足的条件下，好氧微生物能够将污水中的有机污染物彻底氧化成最终氧化产物二氧化碳和水。污水中的糖类、脂类和蛋白质等三大有机物以及其他复杂有机化合物，在各类微生物存在的条件下，主要经历糖酵解（EMP）途径、β-氧化和 TCA 循环等代谢途径进行好氧代谢，分解为二氧化碳和水。不同类型的污水水质差异大，有机污染物类型不同，则代谢所需的微生物种类和数量各异。然而，对于各类污水的好氧生物处理过程，细菌是主要的微生物类群。

1. 好氧活性污泥处理法

好氧活性污泥法又称曝气法，是一种污水的好氧生物处理法。其中活性污泥是由多种多样的好氧微生物、兼性厌氧微生物以及少量其他生物与吸附态有机物或无机物交织在一起而形成的絮体。好氧活性污泥处理法中的活性污泥结构和功能的中心是由细菌形成的、能起絮凝作用的团块，即菌胶团。在菌胶团上面生长着其他微生物，包括酵母菌、霉菌、放线菌、藻类、原生动物和某些微型后生动物。曝气池内的活性污泥以污水中的有机污染物作为培养基，在有氧条件下，通过凝聚、吸附、氧化分解、沉淀等过程去除污水中的有机污染物。

（1）凝聚作用

污水进入曝气池后，污水中的产荚膜细菌分泌出粘液性物质，并相互聚集在一起，形成菌胶团；纤毛类原生动物还可以分泌出多糖及粘蛋白，促进菌胶团的形成。菌胶团进一步聚集，就可以絮凝成为活性污泥。

（2）吸附作用

污水中的细菌表面，一般带有负电荷，污水中的有机颗粒很多带有正电荷，所以二者之间有很强的吸引作用。活性污泥的表面积有 2000～10000m^2/m^3，其表面的粘性物质，对污水中的有机颗粒、胶体物质有较大的吸附能力，对溶解性的有机物具有较小的吸附能力。除此之外，活性污泥大约可以吸附污水中 30%～90%的重金属离子，如铁、铜、铬和铅。吸附作用是一种物理化学作用，有其最大吸附量。在吸附初期，吸附速度最大，随着时间的推移，吸附速度越来越小，达到吸附极限时吸附作用结束。

（3）氧化分解作用

污水生物处理过程中，在微生物胞外酶的作用下，吸附于活性污泥表面的大分子有机污染物，会水解为可溶性的有机小分子物质，而后透过细胞膜进入微生物细胞内。在微生物的细胞内，被吸收的小分子有机物，作为微生物的营养物物质，经过一系列氧化、分解作用，进行生物化学代谢，被氧化为无机物 CO_2 和 H_2O 等，并释放出大量能量；同时，微生物利用氧化、分解作用产生的一些中间产物和呼吸作用释放的能量，合成细胞物质。在微生物吸附有机物的过程中，会有一小部分有机物发生分解反应，剩余的大部分被吸附的有机物需要更长的时间来进行氧化、分解。

（4）沉淀作用

污水中的有机污染物在活性污泥的氧化分解作用下无机化处理后，水大多排放于自然水体，这就需要排放前进行泥水分离。活性污泥一般具有良好的沉降性能，泥水分离后，澄清水排走，污泥沉降至池底。否则，将会对环境造成二次污染。

2. 好氧生物膜处理法

好氧生物膜处理法是指污水流过生长在支撑介质表面上的生物膜，利用生物氧化作用和各相之间的物质交换，降解污水中有机污染物的方法。根据功能的不同，生物膜中的微生物类群可分为生物膜生物、生物膜面生物及滤池扫除生物。生物膜生物以菌胶团细菌为主，以浮游球衣菌、藻类等为辅，可以净化污水；生物膜面生物主要由固着型纤毛虫及游泳型纤毛虫组成，能够提高净化速度、增加净化效率；滤池扫除生物主要包括轮虫、纤毛虫、寡毛虫等，用来扫除滤池污泥、防止污泥集聚和堵塞。在有氧条件下，生物膜通过吸附、氧化分解、分化、脱落再生等过程完成污水中有机污染物的降解。

（1）吸附作用

生物膜具有很大的表面积，对于污水具有吸附能力，在生物膜表面会吸持着一层薄薄的污水，称为附着水层或结合水层，其外是自由流动的水层，称为运动水层。在水层中，吸附着污水中的有机污染物。

（2）氧化分解作用

附着水层中的有机污染物，会在生物膜的微生物氧化、分解作用下首先完成氧化分解。运动水层中的高浓度有机污染物会向附着水层方向转移，依次逐渐被微生物氧化分解。微生物需要的氧气沿空气→运动水层→附着水层途径进入生物膜，生物膜内微生物分解有机物的产物则沿相反方向移出膜外。

（3）分化作用

随着有机污染物的降解，生物膜逐渐变厚，氧气的扩散受到了抑制，生物膜出现分化，形成了外部的好氧层、内部的厌氧层以及两者之间的兼性层。生物膜的分化有利于多种微生物的共存。

（4）脱落再生作用

随着生物膜不断增厚，附着于载体一面的厌氧区逐渐扩大，微生物获得营养也越来越难，最终导致生物膜老化、脱落，从而完成泥水分离，澄清水排放于自然水体等过程，与此同时，开始生物膜的再生过程。

好氧生物膜处理法，如图 2-2 所示。

在供氧充足的条件下，好氧微生物会在载体表面迅速繁殖，形成生物膜，并进一步吸附、降解污水中呈悬浮、胶体和溶解状态的有机物。在微生物降解有机物的同时，微生物也在不断地增长和繁殖，使生物膜厚度不断增加。

由于生物膜的吸附作用，在其表面往往吸附一层薄薄的水层，称为附着水。附着水中的有机物首先被生物膜中的微生物降解，使得污水中的有机物浓度有所降低。随后，运动的污水转入附着水层中，

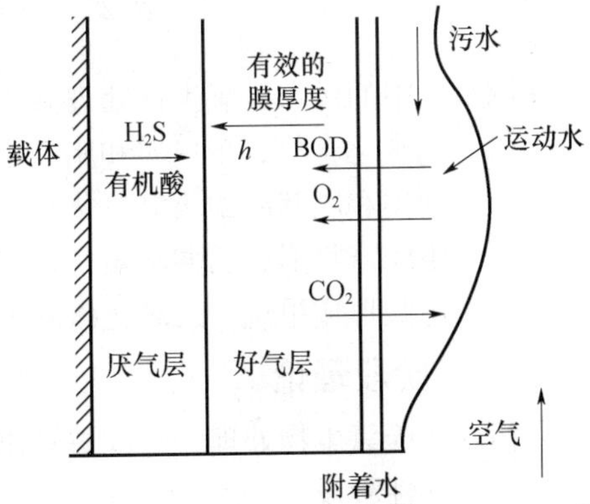

图 2-2　好氧生物膜处理法

并进一步被微生物降解。与此同时，空气中的氧气经过污水进入生物膜，被好氧微生物降解有机物时利用，而有机物氧化分解所产生的二氧化碳等气体沿着相反方向，从生物膜经过附着水，进入运动的污水及空气中。

当生物膜较厚时，氧很快被表层生物膜消耗，靠近载体表面的生物膜因得不到充足的氧，使得生物膜分为两层，分别为靠近载体表面的厌氧层与厌氧层外、接触污水的好氧层。厌氧层会有大量的兼性厌氧微生物繁殖，并且产生有机酸、氮气、二氧化碳和硫化氢等代谢产物，扩散到污水中影响污水的处理效果。因此，生物膜要使污水得到良好的净化效果，就要保证空气的流通，才有可能不产生厌氧层。当生物膜上的微生物老化或死亡，在水流的冲刷作用下，生物膜就会从载体表面脱落下来，随后随污水流走。好氧生物膜法的运行法则为：① 减缓生物膜的老化进程；② 控制厌氧膜的厚度；③ 加快好氧膜的更新；④ 防止生物膜集中脱落。

2.2.2 污水厌氧生物处理微生物学过程

在污水的厌氧生物处理过程中，污水中的复杂有机物经大量微生物的共同作用，最终被转化为甲烷、二氧化碳、水、硫化氢和氨等物质。在这一系列过程中，不同的微生物代谢过程相互影响和制约，形成了复杂的生态系统。所谓复杂有机物，是指污水中难降解的高分子有机物，高分子有机物因其相对分子质量巨大，不能透过细胞膜而无法被微生物直接利用，因而它们首先被细菌胞外酶分解为小分子，如淀粉被淀粉酶水解为麦芽糖和葡萄糖，蛋白质被蛋白酶水解为短肽和氨基酸。这些小分子物质可以溶于水、透过细菌细胞膜，在被酸化细菌的细胞内转化为挥发性脂肪酸、醇类、乳酸、二氧化碳、氢气和硫化氢等更为简单的物质。随后，上述简单物质进一步转化为乙酸、氢气、碳酸及新的细胞物质。最后，乙酸、氢气、碳酸、甲酸和甲醇等均被转化为甲烷和二氧化碳。

污水厌氧生物处理微生物学过程，如图 2-3 所示。

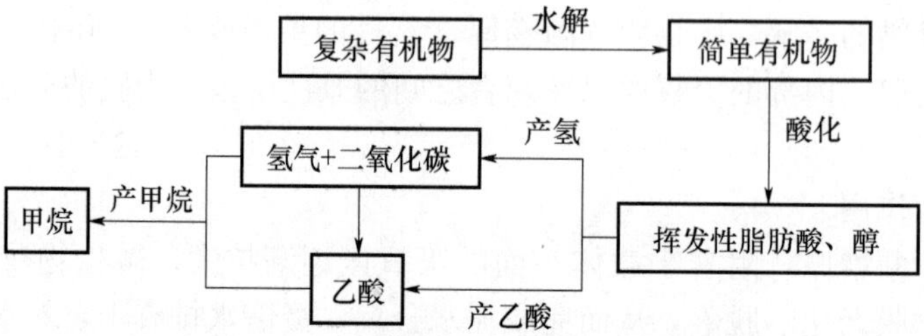

图 2-3 污水厌氧生物处理微生物学过程

图 2-3 中的污水厌氧生物处理微生物学过程还包含 4 个阶段：

（1）碳水化合物、蛋白质和脂类水解；

（2）糖类和氨基酸的厌氧氧化和较高级脂肪酸与醇类的厌氧氧化；

（3）中间产物形成乙酸和氢气、二氧化碳和氢气形成乙酸；

（4）乙酸形成甲烷、二氧化碳和氢气形成甲烷。

1. 二阶段理论

污水的厌氧生物处理，一度被看作由酸性和碱性两个阶段组成，称为二阶段理论。

（1）酸性阶段

复杂的有机物，如脂类、糖类、纤维素和蛋白质等高分子化合物在产酸菌（厌氧和兼性厌氧菌）作用下，被降解为低分子的中间产物，如有机酸和醇类，并产生 H_2、CO_2、NH_4^+、H_2S 等。在这一阶段中，有大量脂肪酸产生，使发酵液的 pH 降低，故称该阶段为酸性发酵阶段。

（2）碱性阶段

在第二阶段，专性厌氧性产甲烷菌将第一阶段产生的中间产物继续分解，生成 CH_4 和 CO_2。该阶段不会产生有机酸和 CO_2，却伴有 NH_4^+ 的存在，使得发酵液中 pH 升高，故称为碱性发酵阶段，亦称为产甲烷阶段。

2. 三阶段理论

从有机物质厌氧消化到形成甲烷，是一个非常复杂的过程，不是一种细菌所能完成的，而是由很多微生物参与联合作用的结果。1979 年美国伊利诺伊大学（University of Illinois）微生物学家伯力特（M. P. Bryant）依据对产甲烷菌、产氢菌及产乙酸菌的研究成果，提出了三阶段理论，如图 2-4 所示。

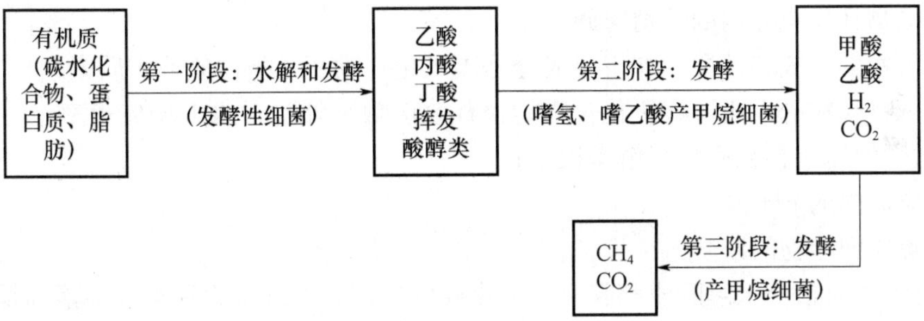

图 2-4　污水厌氧生物处理的三个阶段

（1）水解发酵阶段

碳水化合物、蛋白质和脂肪等复杂有机污染物，在淀粉分解菌、纤维素分解菌、脂肪分解菌、蛋白质分解菌、丙酸产生菌、丁酸产生菌、乳酸产生菌、酒精产生菌等合成的水解酶的作用下，将纤维素、淀粉类物质降解为纤维二糖、葡萄糖，脂类物质水解为脂肪酸和甘油，蛋白质类物质水解为简单的氨基酸。随后，这些简单的有机物会在产酸菌作用下，经过发酵和氧化，转化为相应的有机酸，如丙酸、乙酸和丁酸等脂肪酸，最终被微生物吸收利用。

（2）产氢产乙酸阶段

产氢产乙酸细菌会对水解发酵产物继续分解，将含偶数碳的脂肪酸降解为乙酸和氢气，将含奇数碳的脂肪酸降解为乙酸、丙酸和氢气，如沃氏互营杆菌将丙酸进一步降解为乙酸。产氢产乙酸细菌的繁殖时间为 2～6 天，生长速度慢于产甲烷菌，故在厌氧处理过程中，产氢产乙酸反应是限速阶段。

（3）产甲烷阶段

在厌氧环境下，通过产甲烷细菌的作用，将第一、第二两个阶段所产生的乙酸、甲酸、氢和 CO_2 进一步转化，生成甲烷。其中，第三阶段产生的甲烷主要分为两种方式：

1）由乙酸的甲基形成甲烷

$$CH_3COOH \longrightarrow CH_4 + CO_2$$

2）由 CO_2 和 H_2 形成甲烷

$$CO_2+4H_2 \longrightarrow CH_4+2H_2O$$

3. 四阶段理论

随着人们研究的深入，发现了一类能直接把 CO_2、H_2 转化为 CH_3COOH，再通过乙酸产甲烷途径生成甲烷的细菌。人们将该类菌称为同型产乙酸菌，并将这一生物转化过程称为厌氧生物处理的第四阶段，从而形成了四阶段理论，即水解酸化阶段、产氢产乙酸阶段、产甲烷阶段和同型产乙酸阶段。

（1）水解酸化阶段

水解是指复杂的非溶解性聚合物转化为简单的溶解性单体或二聚体的过程。水解过程一般比较缓慢，所以被认为是含高分子有机物或悬浮物污水厌氧降解的限速阶段。主要的影响因素包括：

1）水解温度；

2）有机物在反应器内的停留时间；

3）有机物的组成和性质，如组成成分是碳水化合物还是蛋白质或木质素；

4）有机物颗粒的大小，有机化合物能否有效接触胞外酶对水解反应速率也有很大的影响，一般大颗粒比小颗粒底物降解慢很多；

5）反应器内的 pH 值；

6）水解代谢产物的浓度。

各影响因素对整个水解阶段都起着至关重要的作用，如纤维素和半纤维素都是可以生物降解的化合物，但木质素不易降解，当植物中的木质素包围在纤维素和半纤维素的表面时，酶无法接触到植物的纤维素和半纤维素，导致植物物料的生物降解性极大程度地降低。

水解速度大小可以由以下动力学方程式表示：

$$d\rho/dt=-K_h \cdot \rho$$

式中 ρ——可降解的非溶解性底物浓度（g/L）；

K_h——水解常数（d^{-1}）。

① 对于间歇反应，上式积分之后可以写为：

$$\rho=\rho_0 \cdot e^{-K_h \cdot t}$$

式中 ρ_0——非溶解性底物的初始浓度（g/L）。

② 对于连续反应，可以写为：

$$\rho=\rho_0/(1+K_h \cdot T)$$

式中 T——反应器内底物的停留时间（d）。

其中，水解速率常数 K_h 的大小与很多影响因素有关，且其大小只适用于某种条件下的某一特定底物。

酸化阶段是大量的、多类型的发酵细菌将溶解性有机物生物降解为挥发性脂肪酸为主的简单物质的过程，其主要微生物类群包括梭状芽孢杆菌和拟杆菌。梭状芽孢杆菌是产芽孢的厌氧杆菌，可以在很恶劣的环境条件中生存，尤其适宜生活在有机物种类丰富的环境之中，可以分解碳水化合物、氨基酸类等有机物。上述细菌基本为严格厌氧菌，但通常有极少量的兼性厌氧菌存在于厌氧环境中，以保护甲烷菌等严格厌氧菌免受氧的损害和抑制。

酸化阶段的产物类型主要取决于厌氧降解的底物种类、微生物类群，以及酸化条件。如酸化阶段在一个单独的反应器内进行，以葡萄糖为底物，则产物为丁酸、乙酸、丙酸、乙醇、二氧化碳和氢气；然而，同样以葡萄糖为底物，当酸化阶段与后面的产甲烷阶段均在同一个反应器内进行，则产物主要为乙酸、二氧化碳和氢气，且只能检测到乙酸和二氧化碳，这是因为氢气可以被产甲烷菌利用。

在酸化阶段，酸化细菌对酸的耐受力必须加以考虑，pH 值降低到 4 时，酸化反应仍可进行，但过低的 pH 值会严重影响后面产甲烷阶段的产气量，一般认为产甲烷阶段的最佳 pH 值为 6.5～7.5。pH 值过低会减少甲烷生成的同时还会降低氢的消耗，但却增加了丙酸的生成，产乙酸菌无法将其转化。与此同时，产甲烷菌活性降低进一步加剧酸积累，使得 pH 值继续降低，严重时会完全终止甲烷的生成。

（2）产氢产乙酸阶段

水解酸化阶段的产物在产氢产乙酸阶段被转化为氢气、乙酸和二氧化碳。pH＝7，T＝25℃，P＝101MPa 条件下，部分产乙酸反应及其反应的标准吉布斯自由能大小见表 2-1。

表 2-1　产乙酸反应的自由能

部分产乙酸反应	自由能（J/mol）
$CH_3CHOHCOOH+2H_2O \longrightarrow CH_3COO^-+HCO_3^-+H^++2H_2$	−4.2
$CH_3CH_2OH+H_2O \longrightarrow CH_3COO^-+H^++2H_2$	+9.6
$CH_3(CH_2)_2COOH+2H_2O \longrightarrow 2CH_3COO^-+H^++2H_2$	+48.1
$CH_3CH_2COOH+3H_2O \longrightarrow CH_3COO^-+HCO_3^-+H^++3H_2$	+76.1
$CH_3OH+2CO_2 \longrightarrow 3CH_3COO^-+H^++2H_2$	−2.9
$2HCO_3^-+H^++4H_2 \longrightarrow CH_3COO^-+4H_2O$	−70.3

由表 2-1 可以看出，标准状态下乙醇、丁酸和丙酸不会被降解，因为这些反应的自由能为正值，但当氢气浓度降低时可以把这些反应转为正导向。在运转良好的反应器中，氢的分压一般不超过 10Pa，平均值约为 0.1Pa。当作为反应物之一的氢气分压很低时，乙醇、丁酸和丙酮的降解可以产生能，即反应的实际自由能值变为负值。因而，只有在产氢产乙酸菌产生的氢气被可以利用氢气产甲烷的产甲烷菌有效利用时，系统中的氢才可以维持在很低的分压，这也就说明了此生化反应需要各类细菌的密切共生。一般情况下，在厌氧颗粒污泥存在的微生态系统中，产氢乙酸菌靠近利用氢的细菌生长，氢可以很容易被消耗掉，使得产氢产乙酸反应顺利进行。

（3）产甲烷阶段

在厌氧反应器中，所产甲烷中的 70％由乙酸歧化菌利用乙酸形成，另外 30％是由嗜氢甲烷菌利用氢气和二氧化碳所形成。乙酸歧化菌可以使羧基从乙酸分子中分离后转化为二氧化碳，甲基最终转化为甲烷。目前，发现利用乙酸产甲烷的产甲烷菌有索氏甲烷丝菌和巴氏甲烷八叠球菌，二者生长速率差别较大。一般情况下，其他环境因素不变时，细菌生长速率主要取决于底物浓度，这一关系可以用以下方程表示：

$$V=(V_{max} \cdot \rho)/(K_S+\rho)$$

式中 V——细菌生长率，mg·(L·h)$^{-1}$COD；

V_{max}——细菌最大生长率，mg·(L·h)$^{-1}$COD；

ρ——底物浓度，mg·L^{-1}COD；

K_S——半饱和常数或底物亲和力常数，mg·L^{-1}COD。

K_S可以定义为细菌生长率为最大生长率一半时的底物浓度。索氏甲烷丝菌的K_S值远低于巴氏甲烷八叠球菌，因而在乙酸浓度很低时，索氏甲烷丝菌有更大的生长优势。原因可能是：索氏甲烷丝菌对底物有更大的亲和力，且有利于品质良好的活性污泥的形成，这均可以使污水中的有机物有较高的去除率。

(4) 同型产乙酸阶段

同型产乙酸菌可以将氢气和二氧化碳通过氧化还原反应转化为乙酸，使系统中保持较低的氢分压，从而利于厌氧发酵过程的顺利进行。有时也把同型产乙酸阶段并入产氢产乙酸阶段，将厌氧生物处理过程分为前面所说的三阶段。

2.3 污水生物处理过程的物质转化

2.3.1 碳的转化

1. 好氧生物处理

向曝气池中不断通入压缩空气，以提供充足的氧气，并使活性污泥在混合液中保持悬浮状态，且与污水充分接触混合。多糖、脂类、蛋白质和木质素等有机物，在有氧环境中，经历糖酵解（Embden-Meyerhof-Parnas pathway，EMP）、脂肪酸β-氧化、三羧酸循环（Tricarboxylic Acid Cycle，TCA）等途径，利用氧气作为有机物质分解的最终电子受体，通过呼吸作用，形成最高氧化状态的产物CO_2。在好氧环境中，污水生物处理过程中碳的转化途径如图2-5所示。

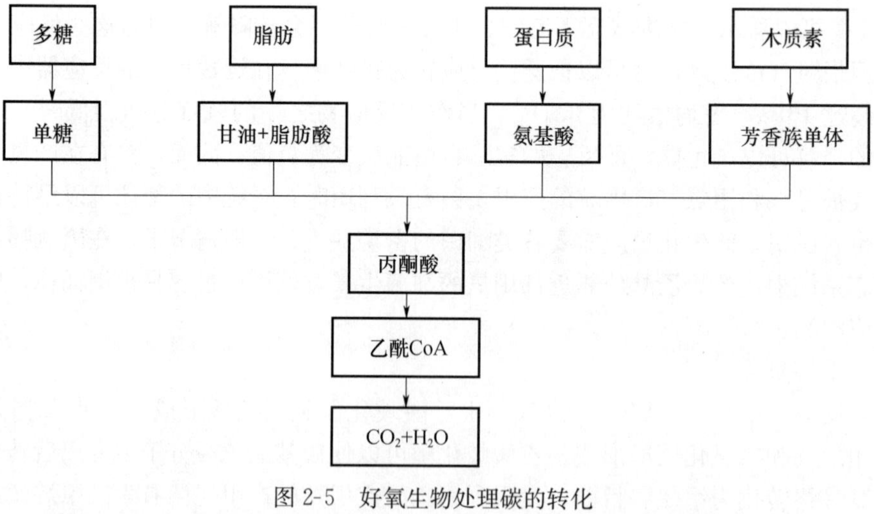

图2-5 好氧生物处理碳的转化

在有氧条件下，各类复杂有机物首先变为简单的单体，即多糖转化为单糖、脂肪转化为甘油和脂肪酸、蛋白质转化为氨基酸、木质素转化为芳香族单体。随后，这些单体化合物经历EMP途径生产中间代谢产物丙酮酸，又由丙酮酸经历β-氧化途径转化为乙酰辅酶 A（CoA），最后由 CoA 经历 TCA 循环转化为最终产物二氧化碳和水，并产生大量能量。

2. 缺氧或厌氧生物处理

在缺氧或厌氧环境中，厌氧微生物联合作用，可把含氧化合物用作最终电子受体，通过缺氧呼吸，形成最高氧化状态的产物 CO_2，也可把代谢中间产物用作最终电子受体，通过发酵，形成最高氧化状态的产物 CO_2 和各种还原产物。缺氧或厌氧处理过程实际上是有机物质内部的氧化与还原过程，一部分有机物质被氧化为二氧化碳，另一部分则因充当电子受体而被还原，即在缺氧或厌氧环境中，通过多种微生物的协同作用，可把有机物中的碳素转化为二氧化碳和甲烷，转化途径如图 2-6 所示。

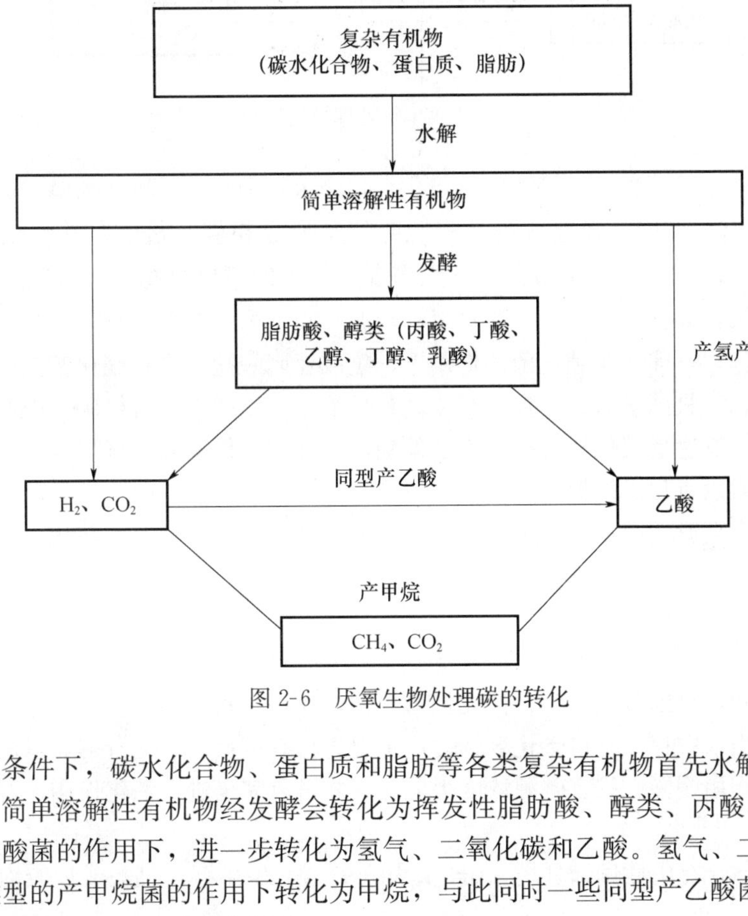

图 2-6　厌氧生物处理碳的转化

在厌氧条件下，碳水化合物、蛋白质和脂肪等各类复杂有机物首先水解酸化为简单溶解性有机物，简单溶解性有机物经发酵会转化为挥发性脂肪酸、醇类、丙酸、丁酸、乳酸等，在产氢产乙酸菌的作用下，进一步转化为氢气、二氧化碳和乙酸。氢气、二氧化碳和乙酸分别在不同类型的产甲烷菌的作用下转化为甲烷，与此同时一些同型产乙酸菌会利用氢气和二氧化碳，将其转化为乙酸后再产甲烷。

2.3.2　氮的转化

污水生物处理系统中，有机氮化物或蛋白质会在厌氧条件下转化为氨，氨在好氧条件下转化为亚硝酸盐和硝酸盐，硝酸盐在缺氧条件下转化为氮气，才可以完成氮的转化作用。如前所述，氮的转化作用由脱氮微生物来进行，它们是一系列能够用氧又能够用硝酸盐来氧化有机物的化能异养菌。但一般情况下，脱氮微生物优先选择氧气作为电子受体，直到氧气消耗完毕，再利用硝酸盐作为电子受体，将其转化为氮气，完成脱氮作用。

污水生物处理，氮的转化途径如图 2-7 所示。

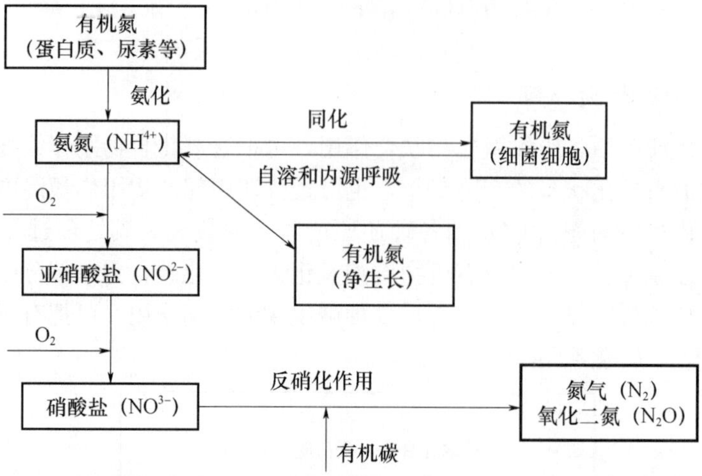

图 2-7　污水生物处理氮的转化

在微生物的作用下，蛋白质等含氮有机化合物会水解为多肽，进而水解成为氨基酸。氨基酸可被摄入微生物细胞，经过多种途径脱除氨基形成相应有机酸，并释放氨气，形成NH_4^+。一部分NH_4^+进行同化作用合成微生物细胞所需的有机氮物质，有机氮物质中部分用于微生物净生长，部分用于细菌细胞自溶和内源呼吸；另一部分NH_4^+则在充足的氧气条件下，发生硝化作用，即在亚硝化菌的作用下，生成亚硝酸盐，再在硝化细菌的作用下，生成硝酸盐。微生物吸收硝酸盐后，在厌氧或缺氧环境中，以污水中有机碳为能源，以硝酸盐为最终电子受体，发生反硝化作用。在中性偏酸性条件下，氮素以氮气形式释放；在中性偏碱性环境中，氮素以氧化二氮形式释放。

许多环境因素会影响硝化细菌和反硝化细菌的活性，从而影响氮的转化。主要包括以下影响因素：

（1）硝化作用

① 碳源浓度

亚硝化细菌和硝化细菌大多为专性无机营养型，而在污水生物处理中常存在大量兼性有机营养型细菌，当水中存在有机碳化合物时，主要进行有机物的氧化分解，以获得更多的能量来源，但消化作用缓慢。只有碳源浓度很低时，才可以完全进行消化作用。

② pH 值

硝化细菌最适合在中性偏碱环境（pH 值为 7～7.5）中生存，过酸或过碱均会影响硝化速率。

③ 温度

硝化细菌属于中温性自养型细菌，最适温度为 30℃，低于 5℃或高于 40℃时活性均很低。

④ 氧浓度

硝化作用对氧的需求很高。有关资料显示，硝化作用耗氧量是有机物氧化耗氧的 3 倍以上，28g 氮需要 128g 氧才能完成硝化作用。

（2）反硝化作用

① 氧气

氧气可以抑制硝酸盐还原作用，能阻碍硝酸盐还原酶的形成，或者充当电子受体，从而竞争性地抑制了硝酸盐的还原。反硝化系统内的溶解氧浓度不应高于 0.5mg/L，否则会影响反硝化的进行。

② 温度

温度对反硝化的影响很大，低于 5℃或高于 40℃时，反硝化作用几乎停止。

③ pH 值

反硝化作用的最适 pH 值范围是 7.5～9.2，pH 值还会影响反硝化的最终产物，当 pH 值为 7.3 时，终产物为氮气，低于 7.3 时，终产物为 N_2O。

④ 碳源浓度

反硝化作用的适宜碳氮比为（3～5）：1，若碳源浓度低，则需外加碳源以保证反硝化作用的顺利进行。此外，活性污泥中的微生物死亡自溶后释放出来的碳也可以作为反硝化作用的碳源。

⑤ 毒物

当亚硝酸盐氮浓度高于 30mg/L、镍浓度大于 5mg/L，以及盐度高于 63%时，反硝化作用均会受到影响。

2.3.3　磷的转化

污水中的磷化物除极少部分用于生物合成外，大部分以磷酸盐的形式存在，是藻类生长的丰富营养来源，但易造成水体富营养化，给水产养殖、饮用水质量安全造成隐患。根据微生物代谢磷的生理生化特点，利用微生物完成磷的转化，从而达到操作简便，无二次污染，除磷效率高的效果。

污水生物处理磷的转化途径如图 2-8 所示。

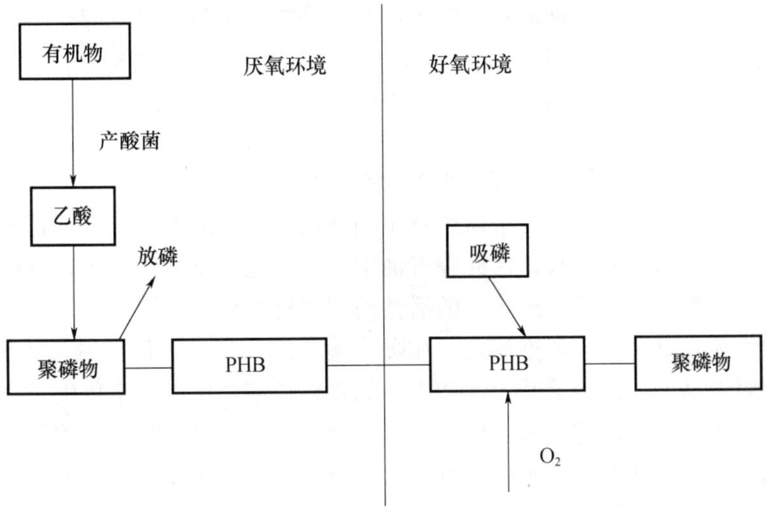

图 2-8　污水生物处理磷的转化

在厌氧环境中，污水中的有机物经产酸菌作用形成乙酸；聚磷菌在此条件下，将聚磷物分解，释放出的能量一部分供自身生存需要，另一部分用于吸收乙酸、H^+ 和电子，使之以 PHB 形式贮存于细胞内，并将无机磷释放于体外，主要存在于上清液中。在好氧条件下，聚磷菌分解 PHB 释放出能量，一部分用于自身生长繁殖，另一部分用于吸收磷，形成聚磷物贮存在细胞内，即富集于活性污泥中。

2.4 污水生物处理常用工艺及其影响因素

2.4.1 污水好氧生物处理

1. 活性污泥法

活性污泥法是应用较为广泛的一种传统生物处理方法，该方法对水质水量适应性强，运行方式灵活多样，通过设置厌氧或缺氧区，达到生物脱氮和除磷功能。

(1) 常用工艺

1) 传统推流式活性污泥法

污水经过沉砂、初沉一级处理，去除了大部分悬浮物和部分BOD后进入曝气池，进行好氧处理。传统推流式活性污泥法工艺流程如图2-9所示。

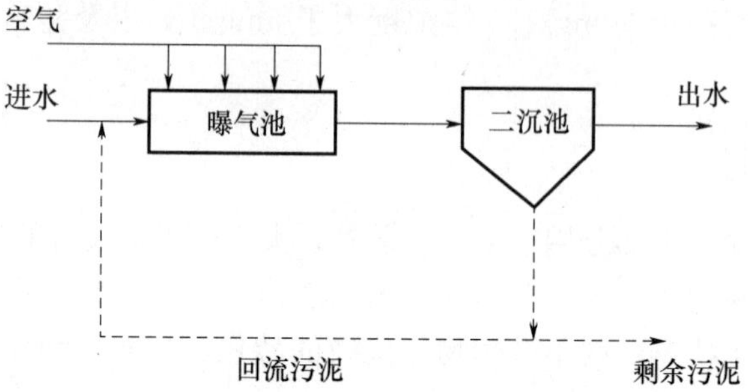

图2-9 传统推流式活性污泥法的工艺流程

污水在曝气池停留一段时间后，污水中的有机物绝大多数被曝气池中的微生物吸附、氧化降解，随后进入二沉池。在沉淀池中，成絮状的微生物絮体-活性污泥下沉，处理后的出水上清液即可溢流而被排放。为了保持曝气池内高的反应速率，必须使曝气池内维持足够高的活性污泥微生物浓度。为此，沉淀后的活性污泥又回流至曝气池前端，使之与进入曝气池的污水接触，以重复吸附、氧化分解污水中的有机物。

在连续进水条件下，活性污泥中微生物不断利用污水中的有机物进行新陈代谢，由于合成作用，活性污泥数量不断增长，因此曝气池中活性污泥的量越积越多，当超过一定的浓度时，应适当排放一部分，这部分被排去的活性污泥被称作剩余污泥。

曝气池中水流是纵向混合的推流式。在曝气池前端，活性污泥同刚进入的污水相接触，有机物浓度相对较高，即供给活性污泥微生物的食料较多，所以微生物生长一般处于生长曲线的对数生长期后期或稳定期。由于传统推流式活性污泥法曝气时间比较长，当活性污泥继续向前推进到曝气池末端时，污水中有机物已几乎被耗尽，污泥微生物进入内源代谢期，它的活动能力也相应减弱，因此，在沉淀池中容易沉淀，出水中残剩的有机物数量较少。处于饥饿状态的污泥回流入曝气池后又能够强烈吸附和氧化有机物，所以传统推流式活性污泥法的BOD和悬浮物去除率均较高。

传统推流式活性污泥法的不足之处在于对水质变化的适应能力不强，所供的氧不能充分利用。因为在曝气池前端污水水质浓度高、污泥负荷高、需氧量大，而后端则相反，但空气往往沿池长均匀分布，这就造成前端供氧量不足、后端供氧量过剩的情况。因此，在处理同样水量时，同其他类型的活性污泥法相比，曝气池相对庞大，占地多，能耗费用高。

2）完全混合活性污泥法

完全混合活性污泥法的流程和传统推流式活性污泥法相似，最大的特点是污水和回流污泥进入曝气池时，立即与池内原存在的混合液进行充分混合。依构筑物的曝气池和沉淀池合建或分建的不同可分成两种类型。

完全混合活性污泥法流程如图 2-10 所示。

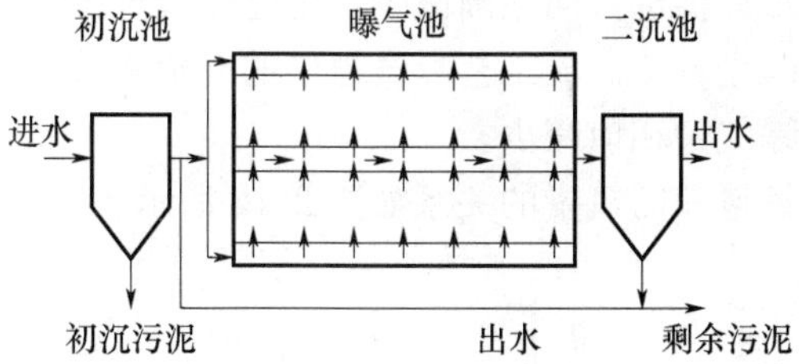

(a) 采用扩散空气曝气器的完全混合活性污泥法工艺流程

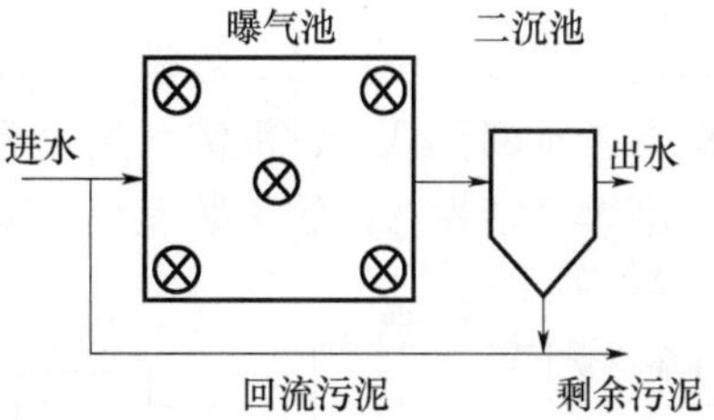

(b) 采用机械曝气器的完全混合活性污泥法工艺流程

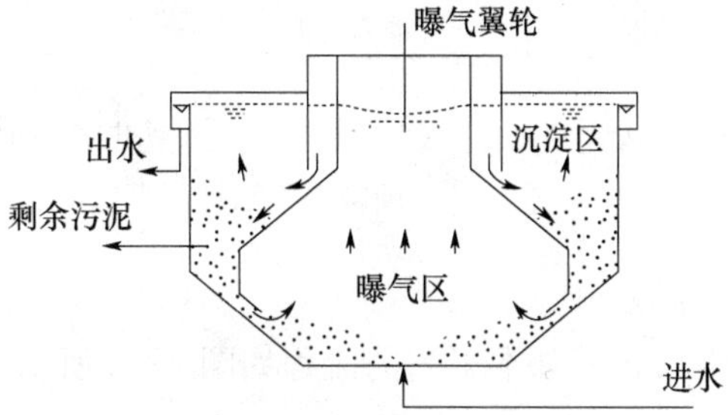

(c) 合建式圆形曝气沉淀池

图 2-10　完全混合活性污泥法

此法主要特点是可以方便地通过对污泥负荷（F/M）的调节，使反应器内的有机物降解反应控制在最佳状态；有一定的抗冲击负荷能力；适合处理较高浓度的有机工业污水。

3）阶段曝气法

阶段曝气法也称为分段进水活性污泥法或多点进水活性污泥法，主要特点是污水沿池长分段注入曝气池，改善了供氧速率与需氧速率间的矛盾，有利于降低能耗。同时，提高了曝气池对冲击负荷的适应能力。

阶段曝气法的工艺流程如图 2-11 所示。

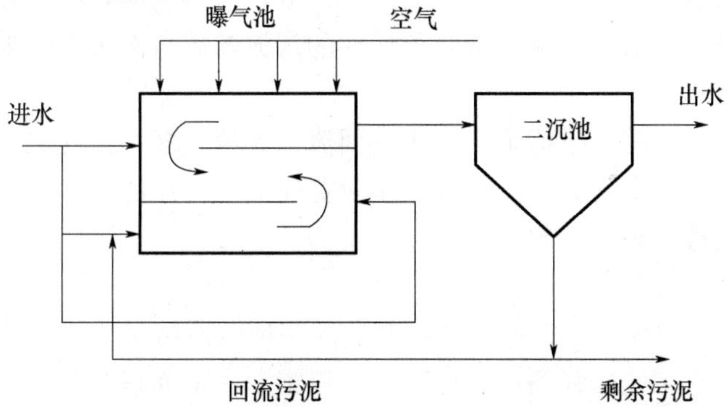

图 2-11　阶段曝气法的工艺流程

从图 2-11 中可知，阶段曝气法中污水沿池长多点进入，这样使有机物在曝气池中的分配较为均匀，从而避免了前端缺氧、后端氧过剩的弊病，提高了空气的利用效率和曝气池的工作能力。由于容易改变各个进水口的水量，在运行上也有较大的灵活性。实践证明，此法的曝气池容积同普通活性污泥法比较可以缩小 30%左右。

4）渐减曝气活性污泥法

渐减曝气活性污泥法将曝气池的供氧沿活性污泥推进方向逐渐减少，是克服传统推流式活性污泥法曝气池中供氧、需氧不平衡的另一个改进方法。该工艺曝气池中的有机物浓度随着向前推进不断降低，污泥需氧量也不断下降，曝气量相应减少。

渐减曝气活性污泥法工艺流程及曝气池中供氧量和需氧量的关系如图 2-12 所示。

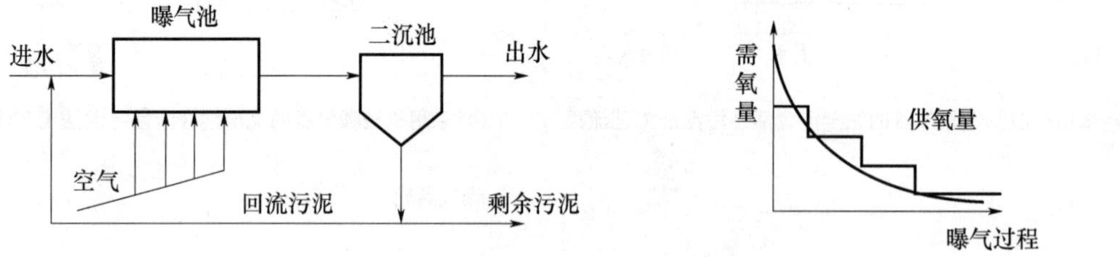

(a) 工艺流程　　(b) 曝气池中供氧量和需氧量之间的关系

图 2-12　渐减曝气活性污泥法

5）吸附-再生活性污泥法

该法又称为生物吸附法。其基本工艺的流程如图 2-13 所示。

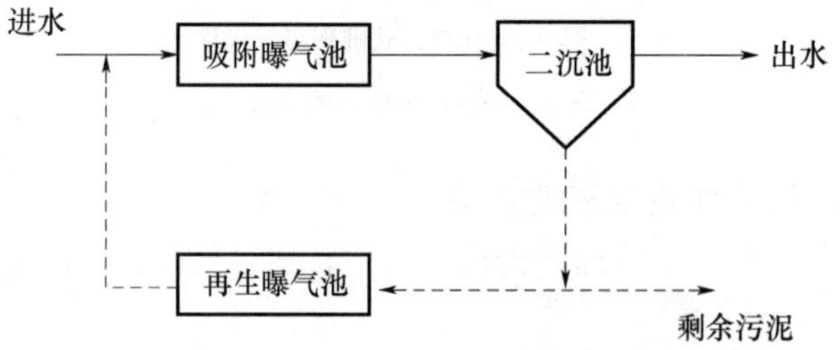

图 2-13　吸附-再生活性污泥法的工艺流程

曝气池被一分为二，污水在曝气池的一部分——吸附池内停留数十分钟，活性污泥同污水充分接触，污水中有机物被污泥所吸附，随后进入二沉池，此时，出水已达很高的净化程度。泥水分离后的回流污泥再进入曝气池的另一部分——再生池，池中曝气但不进水，使污泥中吸附的有机物进一步氧化分解。恢复了活性的污泥随后再次进入吸附池与新进入的污水接触，并重复以上过程。

该方法减少了占地、降低了造价；由于其回流污泥量较多，又使之具有较强的调节平衡能力，以适应进水负荷的变化。缺点是去除率较普通活性污泥法低，尤其是对溶解性有机物较多的工业污水，处理效果不理想。

6）序批式活性污泥法

序批式活性污泥法（SBR）是近年来新开发的一种活性污泥工艺，其特点是将曝气池和沉淀池合二为一，具有工艺流程简单、处理效果稳定、占地面积小等优点，生化反应分批进行，基本工作周期可由进水、反应、沉降、排水和闲置五个阶段组成，如图 2-14 所示。

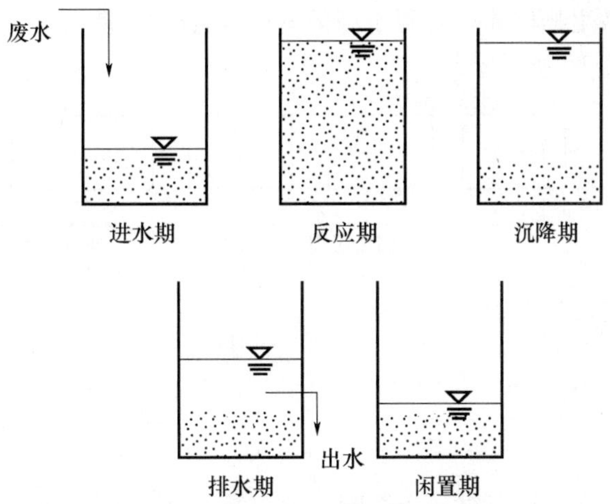

图 2-14　序批式活性污泥法运行周期

进水期是指反应器从开始进水至达到反应器最大体积的一段时间，这时同时进行着生物降解反应。在反应期，反应器不再进水，污水处理逐渐达到预期的效果。进入沉降期时，活性污泥沉降，固、液分离，上清液即为处理后的水，并于排水期外排。这以后的一段时期直至下一批污水进入之前即为闲置期，活性污泥在此阶段进行内源呼吸，反硝化细菌也可利用内源碳进行反硝化脱氮。

7）延时曝气活性污泥法

该法又称为完全氧化活性污泥法，主要特点是曝气时间很长，达 24h 甚至更长，污泥泥龄长；处理出水水质稳定性较好，对污水冲击负荷有较强的适应性；有机负荷非常低，污泥持续处于内源代谢状态，剩余污泥少且稳定，无须再进行处理可直接排放。主要缺点有：池体容积大、建设费用和运行费用都较高；占地面积大。一般适用于小型污水处理系统，处理水质要求高的城镇污水和工业污水。

8）高负荷曝气活性污泥法

有些污水厂只需要部分处理，因此产生了高负荷曝气法。曝气池中的混合液悬浮液浓度（Mined Liquor Suspended Solids，MLSS），约 300～500mg/L，曝气的时间比较短，约 2～3h，处理效率约 65％左右，有别于传统的活性污泥法，故常称不完全处理活性污泥法。

9）纯氧曝气活性污泥法

该方法是以纯氧代替空气，其特点是氧的纯度较高（90％以上），氧溶解的推动力也随着提高，氧传递速率增加，因而处理效果好。缺点是装置复杂，运转管理较麻烦，运行过程要适时排气和进行 pH 值的调节。

10）深井曝气活性污泥法

一般平面呈圆形，直径介于 1～6m，深度一般为 50～150m。主要特点是氧转移率高，动力效率高，占地少，易于维护运行；耐冲击负荷，产泥量少；一般可以不建初次沉淀池，但受地质条件的限制。

11）吸附-生物降解法（AB 法）

吸附-生物降解法是由德国联邦亚琛大学 B. Bohnke 教授在 20 世纪 70 年代提出的，简称 AB 法。AB 法的主要特点有：在预处理阶段只设格栅、沉砂等设备，不设初沉池；A 阶段由吸附池和中间沉淀池组成，B 阶段由曝气池和二沉池组成；A、B 阶段各有独立的污泥回流系统和各自独特的微生物群体，有利于高效发挥各自的功能。

其工艺流程如图 2-15 所示。

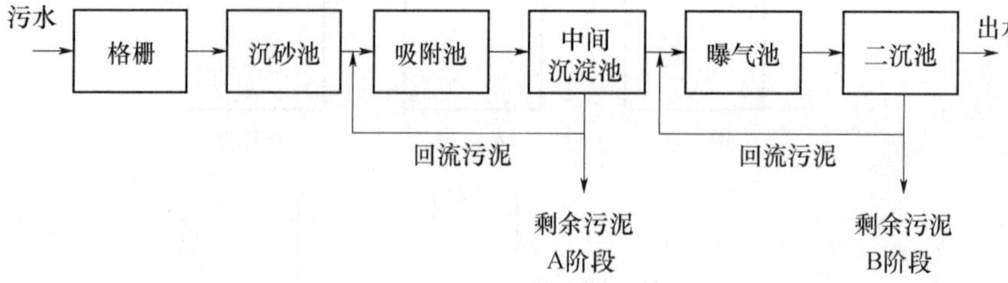

图 2-15 AB 法工艺流程

12）氧化沟

氧化沟也称为氧化渠，属于循环混合曝气池，是活性污泥法的一种变形。氧化沟一般呈环形沟渠状，平面多呈椭圆形或圆形，池体狭长，总长可达数十米甚至数百米。其同时具完全混合式与推流式两种流态的特征，有利于强化活性污泥的生物凝聚作用，且可以将整个氧化沟内区分为富氧区和缺氧区，保证在氧化沟内实现硝化和反硝化作用，在去除有机物的同时，还具有生物脱氮功能。

其主要优点是出水水质可以达到较高的水平，而且很稳定；剩余污泥产量低、稳定性较好，可直接进行脱水处理；运行管理简单易行，所需机械设备较少，维护与维修简单。

（2）影响活性污泥法处理效果的因素

1）污泥负荷

一般将有机物（BOD）与活性污泥的重量比值（F/M），称为污泥负荷，又分为重量负荷和容积负荷。重量负荷是指单位重量活性污泥在单位时间内能承受的 BOD 量，单位为 $kgBOD \cdot kg^{-1}MLSS \cdot d^{-1}$，用 N_S 表示；容积负荷是曝气池单位有效容积在单位时间内所承受的 BOD 量，单位为 $kgBOD \cdot m^{-3} \cdot d^{-1}$，用 N_V 表示。

污泥负荷的计算公式：

$$N_S = \frac{QS_0}{VX} \quad N_V = \frac{QS_0}{V}$$

式中 Q——污水的处理量（$m^3 \cdot d^{-1}$）；

V——曝气池的有效容积（m^3）；

S_0——进水 BOD 浓度（$kg \cdot m^{-3}$）；

X——活性污泥浓度（$kgMLSS \cdot m^{-3}$）。

为了表示有机物的去除情况，也采用去除负荷 N_r，即单位重量活性污泥在单位时间所去除的有机物重量。

$$N_r = \frac{Q(S_0 - S_e)}{VX}$$

式中 N_r——去除负荷（$kgBOD \cdot kg^{-1}MLSS \cdot d^{-1}$）；

S_e——出水 BOD 浓度（$kg \cdot m^{-3}$）。

污泥负荷与污水处理效率、活性污泥特性、污泥生成量、氧的消耗量有很大关系，是活性污泥法的主要设计参数。一般在高负荷时选择在 1.5～2.0$kgBOD \cdot kg^{-1}MLSS \cdot d^{-1}$范围内，中负荷时为 0.2～0.4kgBOD・$kg^{-1}$MLSS・$d^{-1}$，低负荷时为 0.03～0.05kgBOD・$kg^{-1}$MLSS・$d^{-1}$。

2）污泥龄和水力停留时间

污泥龄（Sludge Retention Time，SRT）是活性污泥在曝气池内的平均停留时间，也称为污泥停留时间，即曝气池内活性污泥的总量与每日排放污泥量之比，污泥龄是活性污泥系统设计与运行管理的重要参数，它能够直接影响曝气池内活性污泥的性能和功能。

水力停留时间（Hydraulic Retention Time，HRT），是指待处理污水在反应器内的平均停留时间，也就是污水与生物反应器内微生物作用的平均反应时间。

3）溶解氧（Dissolved Oxygen，DO）

活性污泥法的供氧量一般用混合液溶解氧的浓度表示。活性污泥絮凝体的大小不同，所需要的最小溶解氧浓度也就不一样。絮凝体越小，与污水的接触面积越大，也越利于对氧的摄取，所需要的溶解氧浓度就越小；絮凝体越大，所需的溶解氧浓度就越大。为了取得沉降分离性能良好、较大的絮凝体的效果，溶解氧浓度宜在 2mg・mL^{-1}左右。

4）营养物

在活性污泥系统里，微生物的代谢需要一定比例的营养物，除碳源（BOD）以外，还需要氮、磷和其他微量元素。一般认为好氧生物处理系统对 BOD、氮、磷的需要应满足以下比例，即 BOD∶N∶P＝100∶5∶1。

5）pH 值

对于好氧生物处理，pH 值一般以 6.5～9.0 为宜。pH 值低于 6.5，真菌即开始与细菌竞争，降低到 4.5 时，真菌将占优势，严重影响沉降分离；pH 值超过 9.0 时，代谢速度受到阻碍。

6）水温

在微生物酶系统不受变性影响的温度范围内，水温上升就会使微生物活动旺盛，能够提高反应速度。水温上升还有利于混合、搅拌、沉降等物理过程，但不利于氧的转移。对于生化过程，一般认为水温在 20～30℃时效果最好，35℃以上和 10℃以下时净化效果会降低。

7）有毒物质

对生物处理有毒害作用的物质很多，大致可分为重金属、H_2S 等无机物质和酚类等有机物质。这些物质对细菌的毒害作用，或是破坏细菌细胞某些必要的生理结构，或是抑制细菌的代谢进程。毒物的毒害作用还与 pH 值、水温、溶解氧、有无其他毒物及微生物的数量或是否驯化等有很大关系。

8）污泥回流比

污泥回流比是指回流污泥的流量与曝气池进水流量的比值，一般用百分数表示，符号为 R。污泥回流量的大小直接影响曝气池污泥的浓度和二次沉淀池的沉降状况，所以应适当选择，一般在 20％～50％之间。

2. 生物膜法

生物膜法与活性污泥法同属于好氧生物处理方法，但不同的是，生物膜法主要依靠固着于载体表面的微生物来净化有机物。

（1）常用工艺

1）生物滤池

生物滤池的基本工艺如图 2-16 所示。

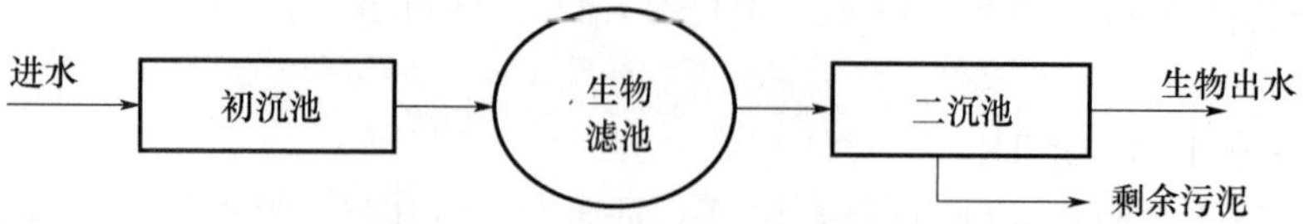

图 2-16 生物滤池基本工艺流程

生物滤池的主要特征是池内滤料是固定的，污水自上而下流过滤料层。由于和不同层面微生物接触的污水水质不同，因而微生物组成也不同，微生物的食物链长，产生污泥量少。当负荷低时，出水水质可高度硝化。进入生物滤池的污水需经过预处理，去除悬浮物等可能堵塞滤料的污染物，并使水质均化，在生物滤池后设二沉池，以截留污水中脱落的生物膜，保证出水水质。在实际应用中，主要有三种生物滤池形式，即普通生物滤池、高负荷生物滤池和塔式生物滤池。

A. 普通生物滤池

普通生物滤池又称滴滤池，是生物滤池早期的类型。普通生物滤池由池体、滤床、布水装置和排水系统等部分组成，其构造如图 2-17 所示。

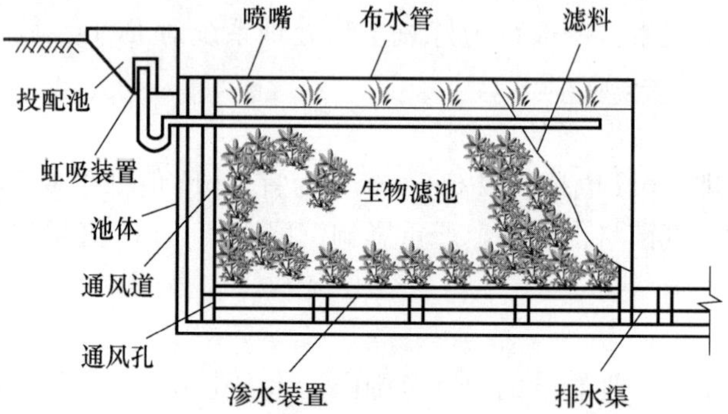

图 2-17 普通生物滤池构造示意图

a. 滤床：滤床由滤料组成，滤料对生物滤池的工作有很大的影响，对污水起净化作用的微生物就是生长在滤料表面上。滤料应采用强度高、耐腐蚀、质轻、颗粒均匀、比表面积大、孔隙率高的材料。滤床一般分成工作层和承托层两层：工作层粒径为 25～40mm，厚度为 1.3～1.8m；承托层粒径为 60～100mm，厚度为 0.2m。

b. 池体：滤池池体的平面形状多为方形、矩形和圆形。池壁一般采用砖砌或混凝土建造，有的池壁上带有小孔，用以促进滤层的内部通风，为防止风吹而影响污水的均匀分布，池壁顶应高出滤层表面 0.4～0.5m，滤池壁下部通风孔总面积不应小于滤池表面积的 1%。

c. 布水装置：布水装置的作用是将污水均匀分配到整个滤池表面，并应具有适应水量变化、不易堵塞和易于清通等特点。生物滤池的布水设备分为两类：旋转布水器和固定布水器系统。

d. 排水系统：排水系统由池底、排水假底和集水沟组成，具有收集滤床流出的污水与生物膜、保证通风和支承滤料等作用。

普通生物滤池的优点是处理效果好，BOD_5 的去除率可达 95%以上，运行稳定、易于管理、节省能源。主要缺点是负荷低、占地面积大、处理水量小、滤池易堵塞、卫生条件差等。一般适用于处理每日污水量不高于 $1000m^3$ 的小城镇污水和工业有机污水。

B. 高负荷生物滤池

高负荷生物滤池是为解决普通生物滤池在净化功能和运行中存在的实际负荷低、易堵塞等问题而开发出来的。高负荷生物滤池是通过限制进水 BOD_5 值和在运行上采取处理水回流等技术来提高有机负荷率和水力负荷率，其负荷率分别为普通生物滤池的 6～8 倍和 10 倍。

高负荷生物滤池的工艺流程设计主要采用处理水回流技术来保证进入的 BOD_5 值低于 $200mg \cdot L^{-1}$。处理水回流后具有下列作用：均化与稳定进水水质；加大水力负荷，及时冲刷过厚和老化的生物膜，加速生物膜的更新，抑制厌氧层发育，使生物膜保持较高的活性；抑制池蝇的滋长；减轻臭味的散发。

单池高负荷生物滤池和二阶段高负荷生物滤池中有代表性的工艺流程分别如图 2-18 和图 2-19 所示。

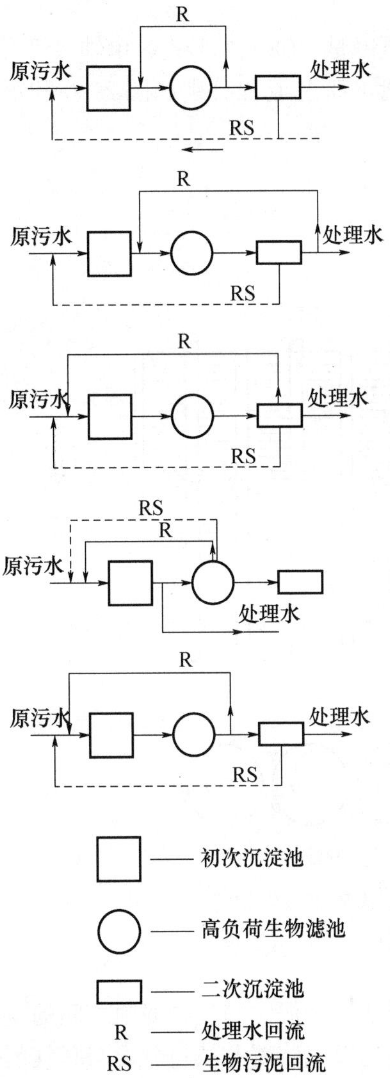

图 2-18　单池高负荷生物滤池流程

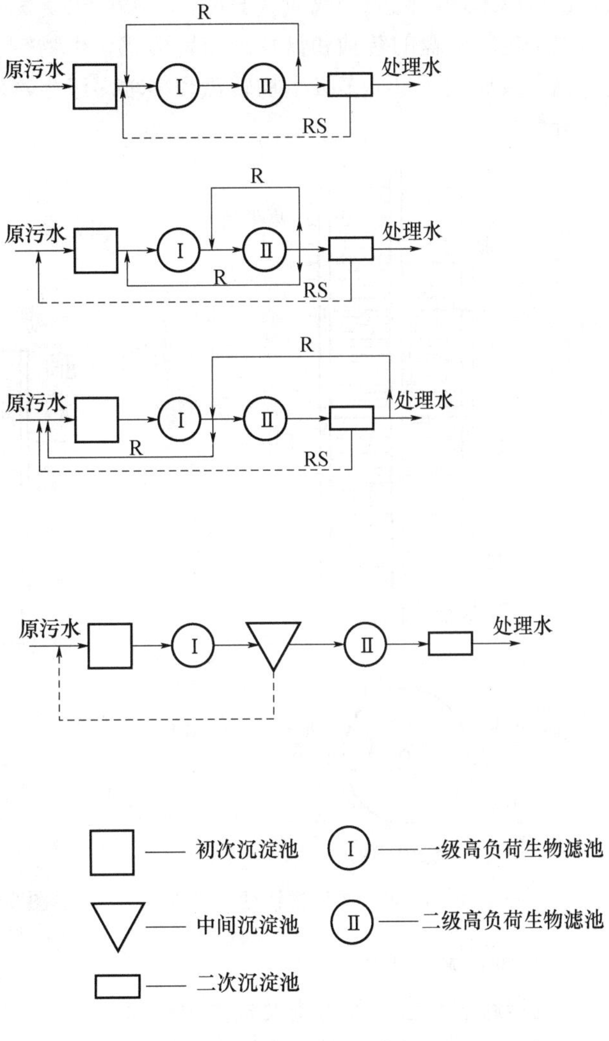

图 2-19　二阶段高负荷生物滤池流程

C. 塔式生物滤池

塔式生物滤池是根据化学工程中气体洗涤塔的原理设计的，一般高达 8～24m，直径1～

4m。由于滤池高如塔，使池内部形成拔风状态，因而改善了通风。当污水自上而下滴落时，产生强烈紊动，使污水、空气和生物膜三者接触更加充分，可大大提高传质速度和滤池的净化能力。与普通滤池相比，塔式生物滤池具有处理负荷高、生物相分层明显、滤床堵塞可能性小等特点。塔式生物滤池宜采用轻质塑料滤料。此工艺优点为占地面积，能适应水质水量变化，缺点为污水提升费用高、管理不便等。

2）生物转盘

生物转盘是在生物滤池基础上发展起来的一种高效、经济的污水生物处理设备，由固定在一根轴上的许多间距很小的圆盘或多角形盘片组成。盘片是生物转盘的主体，氧化槽位于转盘的正下方，一般采用钢板或钢筋混凝土制成与盘片外形基本吻合的半圆形，在氧化槽的两端设有进出水设备，槽底有放空管。驱动装置通常采用有减速装置的电动机，根据具体情况，也可以采用水轮驱动或空气驱动。

根据生物转盘的转轴和盘片的布置形式，生物转盘可以是单轴单级形式、单轴多级形式或多轴多级形式。单轴多级生物转盘和多轴多级生物转盘的工艺流程分别如图 2-20 和图 2-21 所示。

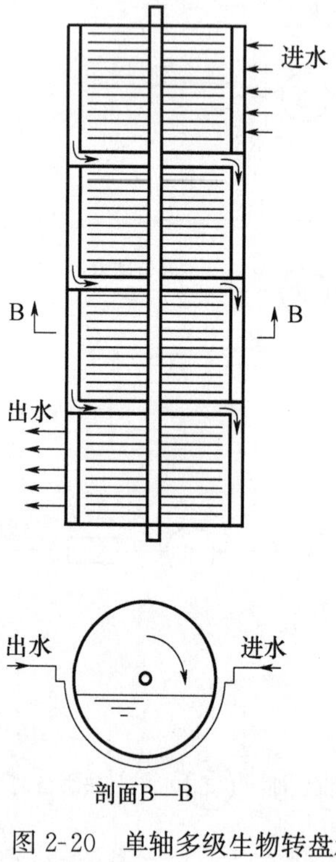

图 2-20　单轴多级生物转盘示意图

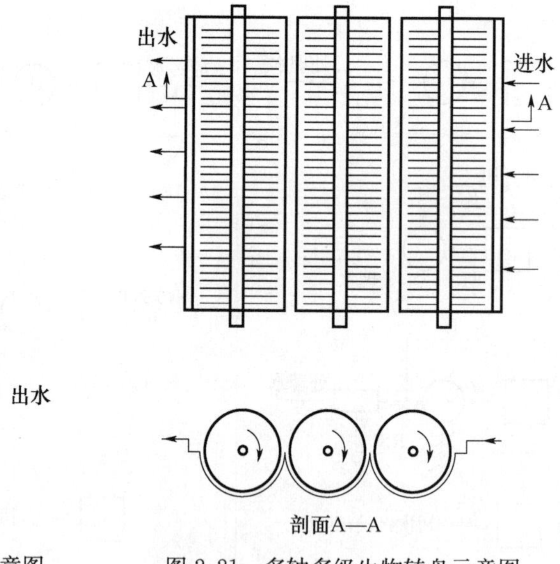

图 2-21　多轴多级生物转盘示意图

3）生物接触氧化法

生物接触氧化法又称为淹没式生物滤池，是一种介于活性污泥法与生物滤池之间的生物膜法处理工艺。根据曝气装置和填料的相对位置，可以分为曝气装置和填料分设与曝气装置直接安设在填料底部两类，分别形成分流式接触氧化池和直接式接触氧化池，如图 2-22 和图 2-23 所示。

生物接触氧化法的优点是生物接触氧化池内的填料比表面积大，池内的充氧条件良好，且具有较高的容积负荷；不需要污泥回流，无污泥膨胀问题，运行管理简单；对水量水质的波动有较强的适应能力；污泥产量略低于活性污泥法。

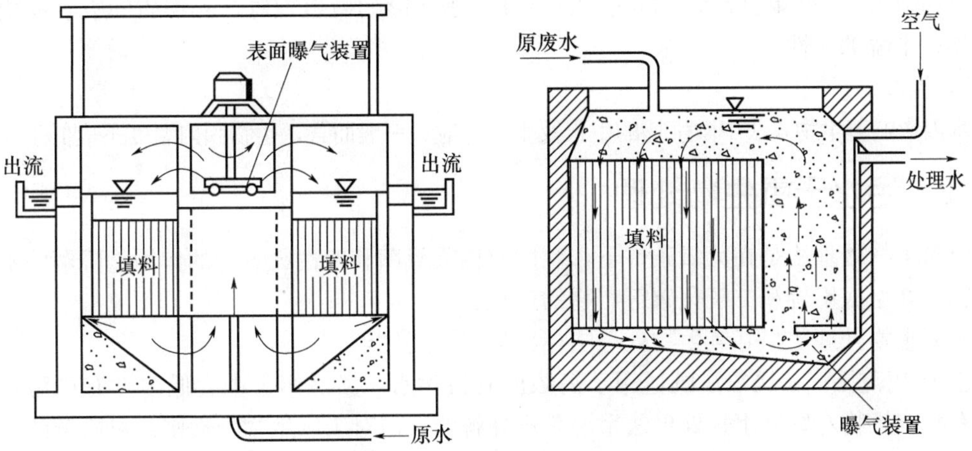

图 2-22　分流式接触氧化池

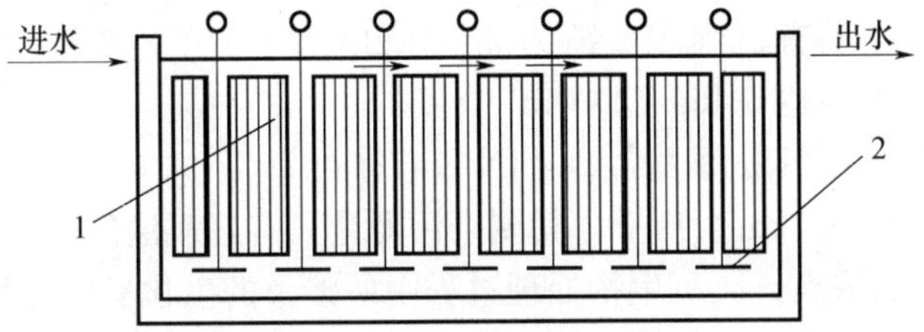

图 2-23　直接式接触氧化池

1—填料；2—曝气器

（2）影响生物膜法污水处理效果的因素

1）有机负荷和水力负荷

生物膜法所能达到的有机负荷和滤料关系较大，如采用比表面积大、孔隙率高的滤料，加上供氧良好，则负荷可提高。对于有机负荷高的生物滤池，生物膜增长较快，需增加水力冲刷的强度，以利于生物膜增厚后能适时脱落，此时应采用较高的水力负荷。适宜的水力负荷是保证生物滤池不堵的关键因素。

2）营养物质

在处理生活污水时，一般不需要额外投加碳源、氮源或磷源等。但在工业污水中，营养元素往往不全，营养组分也不符合要求的比例，有时需要额外添加营养物质。

3）溶解氧

对于好氧生物膜来说，必须有足够的溶解氧供给好氧微生物利用。如果供氧不足，好氧微生物的活性受到影响，处理效果下降；但供氧过高，不仅造成能量浪费，而且微生物新陈代谢增强，营养供应不足而使生物膜自身发生氧化，处理效果降低。

4）进水底物的组分和浓度

底物浓度的改变会导致生物膜的特性的变化，直接影响到出水水质。

5）生物膜量

生物膜的厚度与污水中有机物的浓度成正比，有机物浓度越高，有机物能扩散的深度越大，生物膜的厚度也就越大。水力搅拌也可促进生物膜的更新。

6）pH 值

pH 值的改变可能引起细胞膜电荷的变化，进而影响微生物对营养物质的吸收和微生物代谢过程中酶的活性。

7）温度

水温影响着生物膜法中微生物的生长及生化反应。一般而言，生物膜内温度不应低于 5℃。

2.4.2 污水厌氧生物处理

厌氧生物处理法是在无氧条件下，利用兼性厌氧菌和专性厌氧菌的作用，降解污水中的有机物，并生成甲烷和二氧化碳等产物的过程。

厌氧生物处理法与好氧生物处理法相比具有下列优点。

① 应用范围广：厌氧法既适用于高浓度有机污水，又适用于中、低浓度有机污水。另外，有些有机物对好氧生物处理法来说是难降解的，但对厌氧生物处理则是可降解的。

② 能耗低：好氧法需要消耗大量能量供氧，曝气费用随着有机物浓度的增加而增大，而厌氧法不需要供氧，而且产生的沼气可作为能源。厌氧法的动力消耗约为活性污泥法的 10%。

③ 负荷高：好氧法的有机容积负荷为 2～4kgBOD • m^{-3} • d^{-1}，而厌氧法为 2～10kg COD • m^{-3} • d^{-1}，有的高达 50kgCOD • m^{-3} • d^{-1}。

④ 剩余污泥量少：好氧法每去除 1kg COD 将产生 0.4～0.6 kg 生物量，而厌氧法去除 1kg COD 只产生 0.02～0.1kg 生物量，其剩余污泥量只有好氧法的 5%～20%。

厌氧生物处理法的缺点：厌氧生物处理过程中所涉及的生化反应过程较为复杂，在运行过程中需要较高的技术要求；厌氧微生物增殖缓慢，因而厌氧设备启动和处理时间比好氧设备长；处理后的出水水质差，往往需进一步处理才能达标排放。

（1）常用工艺

按微生物生长状态分为厌氧活性污泥法和厌氧生物膜法；按投料、出料及运行方式分为分批式、连续式和半连续式。厌氧活性污泥法包括普通厌氧消化池、厌氧接触法、升流式厌氧污泥床反应器等；厌氧生物膜法包括厌氧滤池、厌氧流化床、厌氧生物转盘等。

1）普通厌氧消化池

普通消化池常用密闭的圆柱形池。污水定期或连续进入池中，经消化的污泥和污水分别由消化池底和上部排出，所产沼气从顶部排出。池体直径从几米至三、四十米不等，池体部分的高度约为直径的 1/2，池底呈圆锥形，以利排泥。为使进水与微生物尽快接触，需要一定的搅拌。常用搅拌方式有三种：池内机械搅拌、沼气搅拌和循环消化液搅拌。

螺旋桨搅拌的普通厌氧消化池的结构如图 2-24 所示。

普通厌氧消化池的特点是可以直接处理悬浮固体含量较高或颗粒较大的料液；厌氧消化反应与固液分离在同一个池内实现，结构较为简单；对无搅拌的消化器，料液的分层现象严重，微生物不能与料液均匀接触；温度不均匀，消化效率低。

普通厌氧消化池主要应用于处理城市污水厂的污泥，也可应用于处理固体含量很高的有机污水。

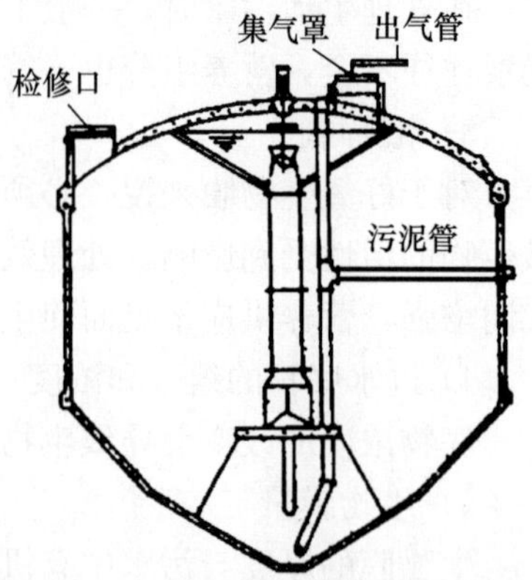

图 2-24 螺旋桨搅拌的普通厌氧消化池

2）厌氧生物滤池

厌氧生物滤池中装有填料，厌氧微生物以生物膜的形态生长在滤料的表面，污水通过淹没滤料，在生物膜的吸附和微生物的代谢以及滤料的截留三种作用下，污水中的有机污染物被去除。

根据污水在厌氧生物滤池中的流向不同，可分为升流式厌氧生物滤池、降流式厌氧生物滤池和升流混合式厌氧生物滤池三种，具体结构如图 2-25 所示。

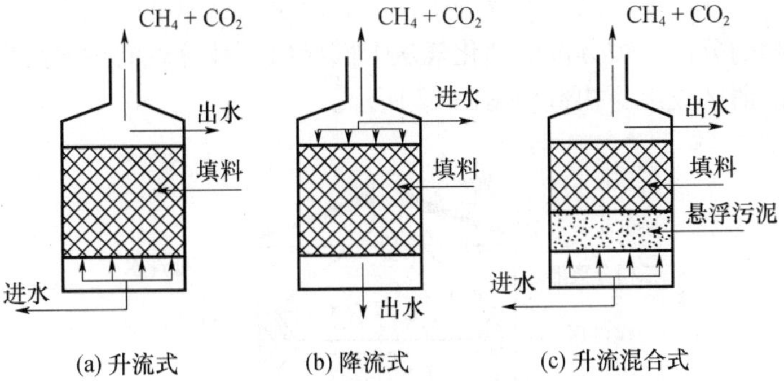

图 2-25　厌氧生物滤池结构

在升流式厌氧生物滤池中，污水由反应器底部进入，向上流动通过滤料层，微生物大部分以生物膜的形式附着在滤料表面，少部分以厌氧活性污泥的形式存在于滤料的间隙中，其生物总量比降流式厌氧生物滤池高，因此效率高。但升流式生物滤池有下列缺点：底部易于堵塞；污泥沿深度分布不均匀。

降流式厌氧生物滤池布水装置在滤料层上部，发生堵塞的可能性比升流式小。

升流混合式厌氧生物滤池在池底的布水系统与滤料层之间留有一定空间，以便悬浮状的颗粒污泥能在其中生长、累积。与升流厌氧生物滤池相比，减小了滤料层厚度，与升流式厌氧污泥床相比省去了三相分离器。可增加反应器中总的生物固体量，并减少滤池被堵塞的可能性。

3）厌氧接触法

厌氧接触法可用于处理悬浮固体较高的有机污水。污水先进入混合接触池与回流的厌氧污泥相混合，然后经真空脱气器流入沉淀池，其工艺流程如图 2-26 所示。

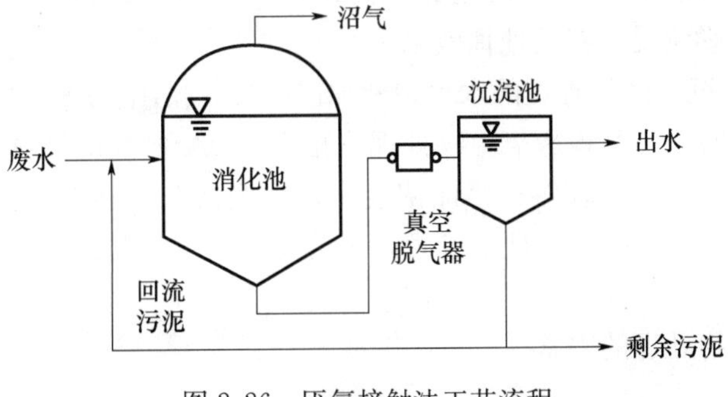

图 2-26　厌氧接触法工艺流程

厌氧接触法的主要特点是在厌氧反应器后设沉淀池，使污泥回流，保证厌氧反应器内能够维持较高的污泥浓度，水力停留时间降低，并具有一定的耐冲击负荷能力。

该工艺可能存在的问题有：厌氧反应器排出混合液中的污泥由于附着大量的气泡，在沉淀池中易上浮到水面而被出水带走；进入沉淀池的污泥仍有产甲烷菌在活动，并产生沼气，使已沉下的污泥上翻，影响出水水质、降低回流污泥的浓度。

4）升流式厌氧污泥床（UASB）

升流式厌氧污泥床是污水自下而上地通过厌氧污泥床反应器。在反应器的底部有一个高浓度、高活性的污泥层，大部分有机物在这里被转化为甲烷和二氧化碳。由于气态产物的搅动和气泡粘附污泥，在污泥层之上形成一个污泥悬浮层。反应器的上部设有三相分离器，完成气、液、固三相的分离。被分离的消化气从上部导出，被分离的污泥则自动滑落到悬浮污泥层，出水则从澄清区流出。构造如图 2-27 所示。

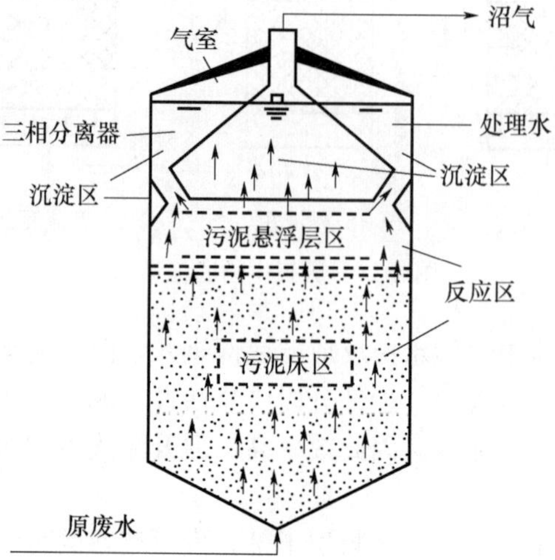

图 2-27　升流式厌氧污泥床

升流式厌氧污泥床的反应器主要由以下几部分组成：

a. 进水配水系统：该系统的形式有树枝管、穿孔管以及多点多管三种形式，其功能是保证配水均匀和水力搅拌。

b. 反应区：包括颗粒污泥区和悬浮污泥区，是 UASB 的主要部位，有机物主要在这里被分解。

c. 三相分离器：由沉淀区、回流缝和气封组成，其功能是将气体、固体和液体分开，它的分离效果将直接影响反应器的处理效果。

d. 出水系统：把沉淀区处理过的水均匀地加以收集，排出反应器，常用出水堰结构。

在处理有机污水时，与其他厌氧生物处理法相比，UASB 反应器具有如下特点：具有很高的容积负荷，所需的 HRT 较短；污泥浓度高，污泥龄长；适合处理多种污水；设备简单，不需要填料和机械搅拌装置，便于管理，不会发生堵塞问题；集生物反应器和沉淀分离于一体，出水水质好。

（2）影响厌氧生物处理的因素

1）温度

温度对厌氧微生物及厌氧消化的影响较为显著。根据微生物生长的温度范围，习惯上将微生物分为嗜冷微生物（5～20℃）、嗜温微生物（20～42℃）和嗜热微生物（42～75℃）三类，相应地厌氧污水处理也分为低温、中温和高温三类。在工程运用中，中温工艺中以30～

40 ℃最为常见，其最佳处理温度在35～40℃；高温工艺以50～60 ℃最为常见，最佳温度为55℃。在上述范围里，温度的微小波动（例如1～3℃）对厌氧工艺不会有明显的影响，但如果温度下降幅度过大，则由于微生物活力下降，反应器的负荷也将降低。

2）pH值

产甲烷菌对pH值变化适应性很差，其最适范围为6.8～7.2，超出该范围，厌氧消化细菌会受到抑制。

3）氧化还原电位

厌氧环境是产甲烷菌进行正常活动的基本条件，产甲烷菌的最适氧化还原电位为－150～－400mV，培养甲烷菌的初期，氧化还原电位不能高于－330mV。

4）营养

厌氧微生物对碳、氮等营养物质的要求略低于好氧微生物，需要专门补充的营养物质有钾、钠、钙等金属盐类，它们是形成细胞或非细胞的金属络合物所需要的物质，同时也应加入镍、铝、钴、钼等微量金属，以提高若干酶的活性。

5）有机负荷

在厌氧消化技术中，有机负荷通常指容积有机负荷，是影响厌氧消化效率的一个重要因素，直接影响产气量处理效率。在一定范围内，随着有机负荷的提高，产气率趋向下降，但反应器容积产气量升高。然而，有机负荷过高会使消化系统中污泥的流失速率大于增长速率而降低消化效率；相反，若有机负荷过低，物料产气率虽然可以提高，但容积产生率降低，反应器容积将增大，使消化设备的利用效率降低，而增加投资和运行费用。有机负荷值因工艺类型、运行条件以及污水废物的种类及其浓度而异。在通常的情况下，采用常规厌氧消化工艺，中温处理高浓度工业污水的有机负荷为2～3kg COD·m^{-3}·d^{-1}，在高温下为4～6kg COD·m^{-3}·d^{-1}。

6）有毒物质

厌氧系统中的有毒物质会不同程度地对消化过程产生抑制作用，通常包括有毒有机物、重金属离子和一些阴离子等。有机物主要抑制产乙酸和产甲烷细菌的活动。重金属被认为是使反应器失效的最普通及最主要的因素。金属离子对产甲烷菌的影响按铬、铜、锌、镍等顺序减小。氨是厌氧过程中的营养物和缓冲剂，但高浓度时也产生抑制作用，主要是影响产甲烷阶段。

第3章　污水好氧生物处理新技术

1921年，我国第一座污水处理厂在上海建成，标志着我国污水处理事业的起步。随着国家经济的发展和人们对环境问题的重视，我国污水处理事业正在迅速发展。以活性污泥法为核心的好氧生物处理工艺是国内污水处理中使用最多的方法。我国污水处理采用的好氧生物工艺主要有以下几种：传统活性污泥工艺、A/O及A^2/O工艺、SBR及其改良工艺、氧化沟工艺、AB工艺、曝气生物滤池（BAF）工艺、生物接触氧化工艺等。本章将从活性污泥法好氧生物处理新技术和生物膜法好氧生物处理新技术两方面，选择性地介绍一些国内外已经出现并投入工程使用的好氧生物处理新工艺。

3.1　活性污泥法好氧生物处理新技术

3.1.1　序批式活性污泥法（SBR）

20世纪70年代初，美国诺特丹大学（Notre Dame）大学的Irvine教授及其同事对间歇进水、间歇排水的序批式活性污泥法进行了系统性的研究，并将此工艺命名为序批式活性污泥法（Sequencing Batch Reactor，SBR）。

通过对SBR工艺发展历程的研究可以发现，它并非是一种“全新”的污水处理技术。早在1898年，英国工程师Sir Thomas Wardle进行了世界上第一个序批式污水处理实验，它可以看作是SBR工艺的最初形式，人们将之称为充排式反应器（Fill & Draw Reactor）。然而，受制于当时的技术条件，SBR工艺无法实现自动化控制，繁琐的运行方式易导致曝气装置堵塞，设备利用率不高，致使SBR工艺发展缓慢。

1. 序批式活性污泥法工作原理

SBR工艺是一种间歇运行的活性污泥法，通过对系统时间和空间上的控制调节，使调节、曝气、初沉、二沉、生物脱氮等过程集中于一池。由于污水大多集中于同一时段连续排放，且流量波动较大（如城市生活污水、化工废水等），SBR工艺至少需要两个池子交替进水，才能保证污水连续流入反应器内。单个SBR池按周期运行，共分为进水、反应、沉淀、排水、闲置五个阶段，如图3-1所示。

（1）进水期（Fill）

污水在该时段内连续进入反应器，直至达到最高运行液位，并通过池底搅拌器使污水与反应器内残存的高浓度活性污泥混合液充分混合。此阶段有限制曝气、非限制曝气和半限制曝气三种运行方式，运行方式的选择取决于污水性质和处理要求。若进行限制曝气，则反应器起到均质调节池的作用，适用于无毒性、低浓度的污水。若反应器同时进水曝气，即非限制曝气，则可对高浓度污水起到缓冲调节作用，使系统耐冲击负荷。半限制曝气则指在进水后期进行曝气。

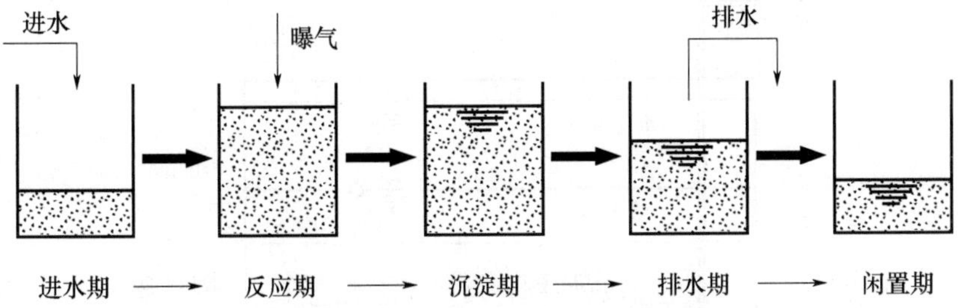

图 3-1　序批式活性污泥法单元池周期运行示意图

(2) 反应期（React）

此阶段以曝气和混合搅拌为主，通过控制好氧、缺氧、厌氧的交替环境条件，达到不同的污水处理目的（COD、BOD 的去除、氮的硝化反硝化、磷的吸收及释放）。通过在好氧条件下增大曝气量、反应时间及污泥龄，可强化有机污染物的降解、氮的硝化反应及聚磷菌的吸磷作用。通过在缺氧条件下充水（投加少量原污水）或添加碳源，以帮助反硝化反应顺利完成。通过池底搅拌器维持厌氧条件，实现聚磷菌厌氧释磷。

(3) 沉淀期（Settle）

沉淀期停止曝气、搅拌，使混合液静置沉淀，实现活性污泥混合液的泥水分离。本工序的静止沉淀效果要好于动态沉淀，沉淀时间一般为 1～2h。

(4) 排水期（Decant）

经静置沉淀后的上清液由滗水器排出，滗水器工作时间和排出水量以最低水位为准，剩余处理水作循环水和稀释水使用。剩余污泥通过底部污泥泵排出，大部分沉降活性污泥留作下一周期使用。

(5) 闲置期（Idle）

反应器处于闲置状态，时间长短根据系统进水水质水量的变化情况而定。此阶段可通过搅拌、曝气、静置保证活性污泥的活性，有时需要排放一定量的剩余污泥以防止污泥老化。

2. 序批式活性污泥法工艺特点

SBR 工艺流程简单，运行方式灵活，兼具完全混合式活性污泥法和推流式活性污泥法的特征，在时间上属于完全混合式，在空间流态上属于推流式。与传统活性污泥法系统相比，序批式活性污泥法处理系统具有以下特点：① 不需二沉池和污泥回流，节省设备及能耗；② 生化反应推动力大，有机物降解速率大，效率高，出水水质好；③ 非限制曝气方式提高系统耐冲击负荷能力强，可处理有毒有害或高浓度有机废水；④ 间歇曝气抑制丝状菌的繁殖，不易产生污泥膨胀；⑤ 通过运行方式的调节控制，可在单一反应器内实现脱氮除磷；⑥ 滗水器、pH、DO、氧化还原电位（Oxidation-Reduction Potential，ORP）等在线自控仪表的应用，实现了工艺完全自动化控制。

3. 序批式活性污泥反应器结构

序批式活性污泥反应器结构，如图 3-2 所示。一般为矩形池外形，包括进水装置、曝气装置、搅拌装置、出水装置（滗水器）、排泥装置等基本部件。其中，曝气装置和出水装置是工艺运行成功的关键。

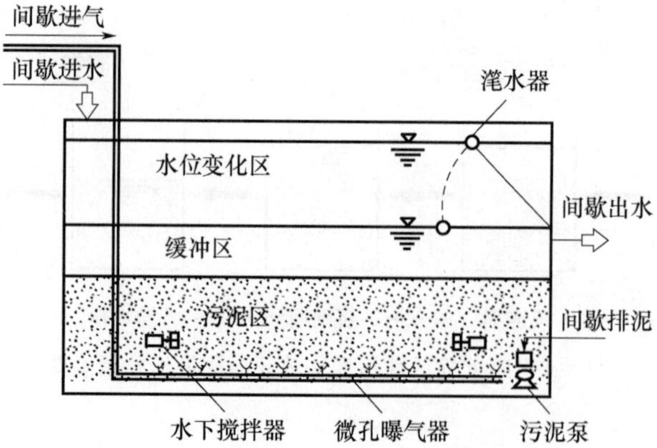

图 3-2　序批式活性污泥反应器结构图

序批式活性污泥反应器常用的曝气装置是微孔曝气器或射流曝气器。微孔曝气器具有较强的充氧能力，但需单独设置搅拌装置。新型同相射流曝气器的研发，使曝气器同时具有曝气和搅拌的功能，无需单独设置搅拌装置。

序批式活性污泥反应器常用的出水装置是滗水器。由于 SBR 工艺采用间歇排水的方式运行，排水时间短、流量大，这就要求出水装置能够在短时间内大量排水，且对反应器内的污泥不造成扰动，因此需要特别的排水装置——滗水器。滗水器是一种能够随水位变化而调节出水口高度的出水堰，其出水口通常淹没在水面下一定深度。它的形式多种多样，从传动形式上可分为机械式、自动式；从运行方式上可分为虹吸式、浮筒式、套筒式、旋转式；从出水堰口形式上可分为直堰式和弧堰式。不同形式的滗水器应用的场合不同，大型污水处理厂多使用组合式滗水器，而小规模的污水处理厂则通常使用自动式滗水器。下表 3-1 为各种滗水器的性能比较表。

表 3-1　各种滗水器的性能比较

类型	优点	缺点
虹吸式滗水器	结构简单，运行可靠，造价及运行维护费用低	滗水深度难调整且深度低
浮筒式滗水器	结构简单，运行时不耗能，易维护	滗水量调节困难，影响滗水效果
套筒式滗水器	滗水负荷大，深度较大	结构较复杂，造价较高，套管可能卡阻而不能正常工作
旋转式滗水器	运行可靠，滗水负荷大，深度大，易自控	结构复杂，造价及维护费用高

3.1.2　ICEAS 工艺

1. ICEAS 工艺工作原理

间歇循环延时曝气活性污泥法，即 ICEAS 工艺是 20 世纪 80 年代初澳大利亚新南威尔士大学（UNSW）与美国 ABJ 公司合作开发的 SBR 变形工艺，其最大的特点是新增了小体积的预反应区，连续进水，间歇曝气，周期排水，无明显的反应阶段和闲置阶段。

ICEAS 反应器主要由两个部分构成，预反应区和主反应区，其中主反应区一般占总池容积 85%～90%。经过预处理的污水连续进入反应器前端的预反应区，预反应区底部设置有大气泡扩散器和搅拌装置（必要时），可根据污水性质和处理要求进行好氧曝气或厌氧、缺氧搅拌。预反应区内的污水从反应区分隔墙下部的进水孔低速（0.03～0.05m/min）进入主反应区。在主反应区内，周期性地进行曝气（或搅拌）、沉淀、滗水、排泥等过程。整个系统存在缺氧、厌氧、好氧条件的交替，通过运行方式的调控，能够在一定程度上实现污水脱氮除磷。ICEAS反应器的基本结构如图3-3所示。

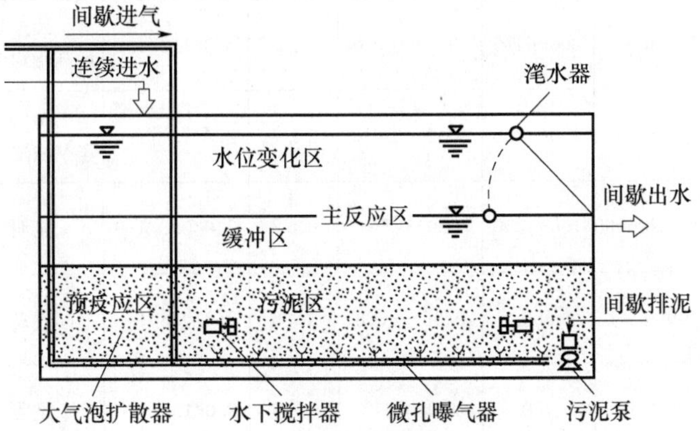

图3-3　ICEAS反应器基本结构

2. ICEAS工艺特点

与传统SBR工艺相比，ICEAS工艺具有以下优点：① 连续进水可提供主反应区缺氧反硝化所需碳源；② 连续进水简化了ICEAS工艺的运行操作；③ 传统SBR工艺可较容易地改造成ICEAS工艺。

ICEAS工艺的主要缺点：① 连续进水会对沉淀期主反应区底部造成水力紊流，破坏静止沉淀的条件，影响泥水分离效果；② 连续进水使得ICEAS工艺降解有机物的推动力不及传统SBR工艺；③ 连续进水使反应器趋向于完全混合式，污泥沉降降低，易发生污泥膨胀；④ ICEAS工艺强调延时曝气，设计污泥负荷较低，一般为0.04～0.05kg/（kg·d），处理单位水量所需的容积较大，有效容积利用率较低，占地面积不占优势。

对于ICEAS工艺的主要缺点，可通过下述两种方法弥补：① 控制进水流量，将反应器长宽比设计为2∶1～4∶1，缓解进水的水力扰动；② 维持与反应器厌氧或缺氧条件，改善污泥沉降性能，避免发生污泥膨胀。

3. ICEAS工艺应用实例

目前，全世界已有550多个ICEAS工艺的应用实例，由于经济成本低、处理效果显著，被广泛应用于国外的生活污水和工业废水的处理，例如小型城镇、啤酒加工厂、食品加工厂等。我国于20世纪初首次引进ICEAS工艺，并以每年3～5个厂家的增幅逐步推广。我国的云南、安徽、辽宁、山东等地的污水处理厂均采用ICEAS工艺。另外，ICEAS工艺还被广泛应用于住宅小区的污水处理中。表3-2为ICEAS工艺在国内外的应用实例。

表3-2　ICEAS工艺的应用实例

序号	处理对象	设计规模（m^3/d）	进水COD（mg/L）	污泥负荷（$kgBOD_5$/kg MLSS·d）	水力停留时间（h）	正常周期（曝气/沉淀/滗水）（h）	国家/地区	备注
1	生活污水	10000～15000	200～1500	0.08～0.12	21.5	2.0/1.0/1.0	美国田纳西州	塔拉霍马城市污水处理厂

续表

序号	处理对象	设计规模 (m^3/d)	进水 COD (mg/L)	污泥负荷 ($kgBOD_5/kg$ MLSS·d)	水力停留时间 (h)	正常周期 (曝气/沉淀/滗水) (h)	国家/地区	备注
2	生活污水	10000	300～450	0.1～0.15	22.0	2.0/1.0/1.0	美国 加利福尼亚州	SALIDA 污水处理厂
3	生活污水	20000～25000	150～200	0.1～0.15	14.7	2.0/1.0/1.0	美国 宾夕法尼亚州	HOLLIDAYSBUGE 污水处理厂
4	生活污水	150000～200000	150～250	0.05～1.0	13.7	3.0/0.8/1.0	昆明	第三污水处理厂
5	生活污水	50000	550	0.06～0.08	15.5	3.0/0.8/1.2	青岛	某污水处理厂
6	住宅小区污水	1200	250	0.053	14.5	2.0/1.0/1.0	昆明	高新区污水处理站
7	住宅小区污水	6000	452	0.1～0.15	12.2	2.0/1.0/1.0	上海 宝山区	宝山区江杨居住区污水处理站
8	餐饮污水	120	1500～2000	0.25～0.45	15.3	1.0/1.5/1.5	广州	某餐饮污水处理厂

3.1.3 CAST 工艺

CAST 反应池通常分为三个反应区：生物选择区、预反应区和好氧区，其中，生物选择区设置在系统进水端，预反应区和好氧区为主反应区。污水首先进入生物选择区，与来自主反应区的回流污泥混合，回流量一般为 20%～30%，水力停留时间为 0.5～1h，容积约为整个池子的 10%。预反应区一般为厌氧或兼氧条件，可辅助进行生物选择，并对进水水质水量有缓冲的作用。主反应区是去除有机物、脱氮除磷的主要场所，设有曝气装置、污泥回流泵、滗水器、排泥装置等。在运行过程中，通过控制主反应区的曝气强度，使污泥絮体外部处于好氧状态，内部处于缺氧状态，从而使主反应区完成有机物的降解、磷的释放及氮的同步硝化反硝化。在处理生活污水时，生物选择区、预反应区、好氧区的容积比一般为 1∶2∶17。CAST 反应器基本结构如图 3-4 所示。

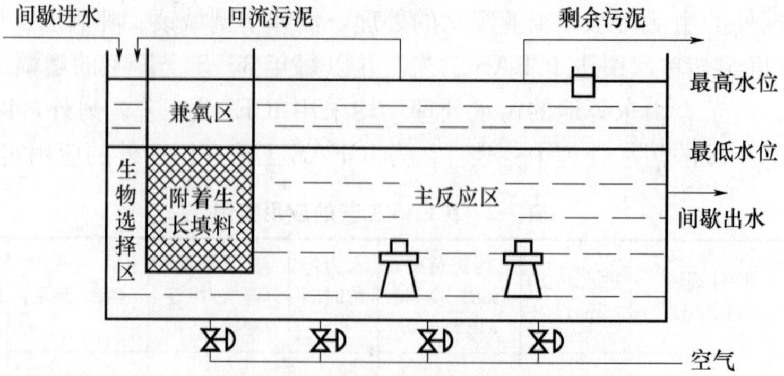

图 3-4　CAST 反应器基本结构

值得注意的是，CASS工艺与CAST工艺存在一定的差别，主要在于：CASS工艺将预反应区与好氧区合并为主反应区，可以将ICEAS工艺看作CASS工艺的前身，而CAST工艺则是CASS工艺的改进。CASS工艺主反应区的运行模式与CAST工艺基本相同。

1. CAST工艺的运行方式

CAST工艺采用周期运行方式，每个循环过程包括四个阶段，依时间排序为进水曝气阶段、沉淀阶段、排水阶段、闲置阶段（图3-5）。与传统SBR工艺不同，CAST工艺将进水阶段与反应阶段合并为进水曝气阶段。CAST工艺运行周期一般为4h，其中进水曝气阶段2h，沉淀、排水阶段各1h。

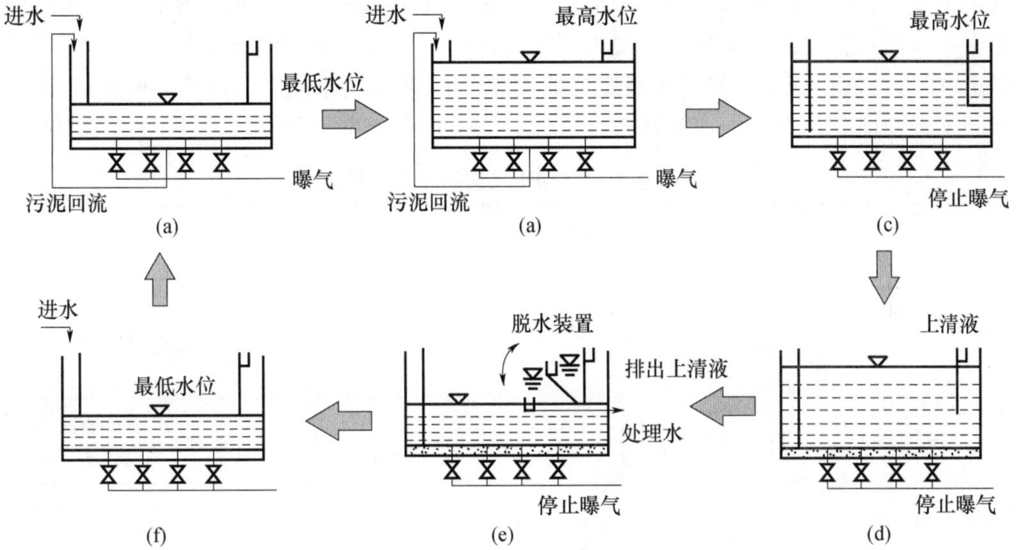

图3-5　CAST工艺基本循环过程

CAST工艺的基本循环过程如下：

一般情况下，进水曝气阶段以进水曝气的方式运行，同时，也可根据进水水质、处理要求等不同情况，选择不同的运行方式，如无反应进水（进水时不曝气也不搅拌）、无曝气进水混合、不进水曝气等。运行过程中，反应器内的水位随进水逐渐由最低设计水位上升至最高设计水位，使得反应器有效容积逐渐增加。进水曝气阶段结束后，系统停止曝气，静置沉淀至泥水分离。沉淀阶段结束后，上清液通过滗水器以处理水排出，直至水位恢复最低设计水位。在滗水阶段，污泥回流系统照常运行，以保证生物选择区和预反应区的污泥浓度。由于CAST工艺在运行过程中的最低水位和最高水位是确定的，因此滗水阶段的污泥回流并不会影响出水水质。闲置阶段一般用于恢复活性污泥的吸附能力，此阶段污泥回流系统照常运行。上述四个阶段即为CAST工艺的一个运行周期。

2. CAST工艺的特征

（1）生物选择区的设置：在厌氧条件下，生物选择区可保证聚磷菌优势繁殖及充分释磷，为高效吸磷创造条件，增强系统脱氮除磷的能力。另外，难降解大分子有机物在生物选择区内易发生水解反应，对提高有机物的去除有一定的促进作用。主反应区的污泥回流至生物选择区，有利于系统内絮凝细菌的生长，在提高污泥活性的同时，可有效抑制丝状菌过量繁殖，防止污泥膨胀，提高系统的稳定性。

（2）同步硝化反硝化（Simultaneous Nitrification Denitrification，SND）：在 CAST 系统中可实现同步硝化反硝化。在 CAST 工艺运行中，通过对曝气强度和溶解氧含量的控制，可使污泥絮体内部形成微缺氧环境，发生反硝化作用，污泥絮体外部则形成好氧环境，发生硝化作用。硝化和反硝化作用的同时发生使 CAST 工艺无需设置缺氧区和内回流系统。

（3）CAST 工艺流程简单，反应器结构不复杂，占地面积少，操作控制灵活，运行费用低，运行能耗少，出水水质好。

3. CAST 工艺应用实例

CAST 工艺不仅具有 SBR 工艺的优点，而且还能实现污水的脱氮除磷，尤其适用于含有较多工业废水的城市污水，近年来被广泛应用于我国各种规模的城镇污水及工业废水处理设施中。目前，在美国、加拿大、澳大利亚等国已有 270 多家污水处理厂使用 CAST 工艺，其中 70 多家污水厂用于处理工业废水，将 CAST 工艺应用于制药、印染、啤酒废水等行业废水的工程及研究也在国内得到逐步推广。表 3-3 为 CAST 工艺在国内外的应用实例。

表 3-3　CAST 工艺的应用实例

序号	处理对象	设计规模 (m^3/d)	进水 COD (mg/L)	污泥负荷 ($kgBOD_5$/kg MLSS・d)	硝化速率 (g/kg・h)	好氧反硝化速率 (g/kg・h)	国家/地区	备注
1	生活污水	10 万人口当量	300～500	0.1～0.15	0.8～1.1	0.6～0.8	澳大利亚	Quakers Hill 污水处理厂
2	生活污水	21082	300～500	0.25～0.35	1.1	0.85	德国	Potsdam 污水处理厂
3	啤酒废水	20000～25000	3184	0.20～0.30	—	—	辽宁	阜新啤酒厂污水处理厂
4	滑雪场废水	5000～8000	680	—	0.91	0.75	德国	某滑雪场污水处理厂
5	生活污水	7200	70～80	0.02～0.03	—	—	北京	航天城污水处理厂

3.1.4　DAT-IAT 工艺

传统 SBR 工艺存在间歇曝气导致曝气阶段反应池利用率低、能耗高；间歇进水导致相关设备（如进水闸阀、自控系统）的安装较复杂；高浓度难降解有机废水的反应时间较长等问题。由此，DAT-IAT 工艺应运而生。DAT-IAT 工艺的主体是由需氧池（Demand Aerobic Tank，DAT）和间歇曝气池（Intermittent Aerobic Tank，IAT）构成的。DAT 池和 IAT 池串联组成 DAT-IAT 工艺，其中 DAT 池连续进水、连续曝气，出水连续进入 IAT 池，并完成间歇曝气、沉淀、滗水、排泥等工序。其典型工艺流程如图 3-6 所示。

1. DAT-IAT 工艺的操作过程

与传统 SBR 工艺类似，DAT-IAT 工艺的运行周期同样由进水、反应、沉淀、排水、闲置五个阶段组成。

（1）进水阶段：污水连续进入 DAT 池，经连续曝气后以低流速进入 IAT 池。

（2）反应阶段：DAT 池连续曝气，池内污水呈完全混合流态，大部分有机物在此被降

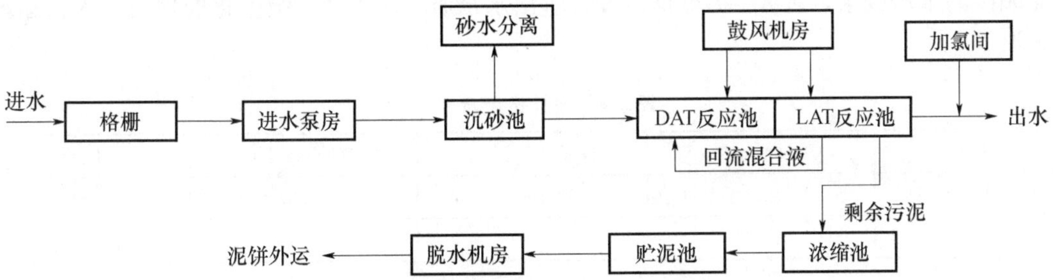

图 3-6　DAT-IAT 工艺流程图

解。IAT 池间歇曝气，进一步去除有机物，并脱氮除磷，使出水满足处理要求。

（3）沉淀阶段：ITA 池停止曝气、搅拌，活性污泥在此静态沉淀和上清液分离。IAT 池的沉淀阶段相当于传统活性污泥法中的沉淀池，由于 DAT 池流入 IAT 池的混合液流速很低，几乎不产生水力扰动，因而此阶段沉淀效率显著高于一般二沉池的动态沉淀。

（4）排水阶段：排水采用滗水器进行，上清液作为处理水从 IAT 池中排出。IAT 池底部沉降的活性污泥，部分作为剩余污泥引入污泥处理系统，部分留作下个循环周期使用。

（5）闲置阶段：滗水完成后，IAT 池处于闲置状态，可根据进水水质和处理要求进行曝气或搅拌操作。通过搅拌维持 IAT 池的厌氧状态，可保持污泥活性，并抑制丝状菌繁殖。

2. DAT-IAT 工艺的特征

（1）工艺稳定性高。污水连续进入 DAT 池并连续曝气，对整个系统起到了水力均衡的作用，显著提高了系统的稳定性。特别是在处理高浓度有机废水时，连续曝气加强了对难降解有机物的降解效率，缩短了运行周期。

（2）容积利用率高。DAT-IAT 工艺属曝气池和二沉池合建的污水处理构筑物，在不影响沉淀效果的前提下尽可能提高曝气池的容积比，可以减少池容，降低基建投资。DAT-IAT 工艺具有很高的曝气容积比（60%～70%），高于传统 SBR 工艺（50%～60%）。因此，DAT-IAT 工艺是一种节省基建投资的工艺。

（3）设备利用率高。DAT 池的连续进水可通过普通污水泵完成，无需复杂的顺序进水闸阀及自控系统，简化了运行管理。连续曝气使系统的曝气强度较均衡，减少了鼓风曝气所需的风量和功率，提高了曝气装置的利用率。

（4）工艺灵活，可脱氮除磷。根据进水水质水量和处理要求，可灵活调整 DAT 池和 ITA 池的工作状态及 IAT 池的运行周期，使其处于最佳工况，同时调整曝气时间，创造厌氧、缺氧交替环境，以实现脱氮除磷。

DAT-IAT 工艺的缺点也非常明显。为了保持 DAT 池内的活性污泥的浓度和较长的泥龄，系统回流污泥量较大，能耗高；DAT 池过高的 BOD 去除率会对后续脱氮除磷效果产生不利影响；较短的厌氧条件持续时间（仅在滗水阶段末期）和 IAT 池中残留的溶解氧、硝态氮对磷的释放有较大的影响。

3. DAT-IAT 工艺应用实例

（1）天津经济技术开发区污水处理厂

天津经济技术开发区污水处理厂是开发区的重点环保工程，设计规模 10×10^4t/d，该厂在国内首次采用了连续进水、双池串联的 DAT-IAT 工艺。污水主要来源于区内生活污水和工业园区的生产废水，表 3-4 为该厂的设计进出水水质，污水经二级生化处理后排入蓟运河口入海。

表 3-4　设计进出水水质

项目	COD (mg/L)	BOD_5 (mg/L)	SS (mg/L)	NH_3-N (mg/L)
进水	400	150	200	—
出水	≤120	≤30	≤30	≤10

DAT-IAT 系统共设 6 座池，每座池容为 11000m^3，池长 80m，池宽 32m，有效水深 4.3m，反应池最低水位时水深为 3.75m，最高水位时水深为 4.30m，污泥负荷 0.053kgBOD_5/(kgMLSS·d)，混合液浓度为 5000mg/L，曝气、沉淀、滗水各 1h 构成整个运行周期。每组反应池中 DAT 和 IAT 相同，各长 40m，中间设置两道导流墙。污水从 DAT 首段进入，在 DAT 中与回流混合液和原池混合液充分混合，经过导流墙进入 IAT。

每座 DAT 池进气总管上设电动蝶阀和空气流量计，每池的供气量为 5000m^3/h，根据设定的运行周期自动定时开关曝气系统，并根据溶氧仪反馈的测定值自动调节曝气量。6 座 IAT 池中的 2 座同时曝气，供气量为 6600m^3/h，同样在进气总管上设置电动蝶阀和空气流量计，根据设定的运行周期自动定时开关曝气系统，并根据溶氧仪反馈的测定值自动调节曝气量。

滗水器是 SBR 工艺最常用的排水澄清设备，是 DAT-IAT 工艺出水水质的保障。该厂选用虹吸式滗水器，每池布设 3 台，每台滗水能力为 700m^3/h，滗水器的开停根据池中水位的高低控制。

(2) 抚顺三宝屯污水处理厂

抚顺三宝屯污水处理厂属于大型 DAT-IAT 工艺，主要接纳抚顺城市生活污水（占 70%）和大部分工业废水（占 30%）。该水厂自 2002 年试运行以来，处理效果稳定，设计规模为 $25\times10^4 m^3/d$，表 3-5 为该厂的进出水水质。

表 3-5　设计进出水水质

项目	COD (mg/L)	BOD_5 (mg/L)	SS (mg/L)	NH_3-N (mg/L)
进水	450	190	204	30
出水	≤100	≤25	≤25	≤15

该厂共设置 9 座 DAT-IAT 反应池，每 3 座为 1 组，每座反应池的平面尺寸为 83.7m×40.7m，水深为 5.11～6.0m。每个运行周期为 3h，分为曝气、沉淀、滗水 3 个阶段，每个阶段均运行 1h。每座 DAT-IAT 反应池设计水量为 $2.78\times10^4 m^3/d$，设计水力停留时间为 16.59h，污泥负荷 0.085kg BOD_5/(kgMLSS·d)，IAT 池向 DAT 池回流的活性污泥混合液最大回流比为 200%，DAT-IAT 池的设计污泥龄为 20d，全厂每天产生剩余污泥总量 31t，剩余污泥含水率为 99.4%。

抚顺三宝屯污水处理厂运行结果表明，DAT-IAT 工艺对于大水量的城市混合污水有较好的处理效果，COD 去除率一般保持在 80%以上，BOD_5 和 SS 的去除率在 90%以上，出水指标达到我国城市污水处理厂一级排放标准。因此，应用 DAT-IAT 工艺处理北方寒冷地区的城市生活污水和工业废水的混合污水不失为一种可行的手段。

3.1.5 MSBR 工艺

改良型序批式活性污泥法（Modified Sequencing Batch Reactor，MSBR）工艺是 20 世纪 80 年代初期发展起来的污水处理工艺。该工艺首先在委内瑞拉等南美国家使用，经过不断发展，现在普遍采用的是 7 池 MSBR 工艺。该工艺的实质是由 A^2/O 工艺与 SBR 工艺串联组成的一种新型工艺，在去除污水中有机污染物的同时能够实现脱氮除磷。MSBR 工艺具有工艺流程简单、运行调控灵活、占地面积小等优点，能够实现恒水位连续进水，被认为是目前集约化程度最高的污水处理技术之一。

1. MSBR 工艺流程

最初的 MSBR 工艺主要由曝气池和 2 个 SBR 池组成，该工艺结合了传统活性污泥法和 SBR 工艺的的特点，其工艺布置如图 3-7 所示。工艺中曝气池连续曝气硝化并去除有机物，其中一个 SBR 池澄清出水，另一个 SBR 池则起到好氧氧化、缺氧反硝化、静置沉淀的作用。最初的 MSBR 工艺仅能够去除污水中的有机物和氨氮，对磷几乎没有去除效果。为了弥补这一缺陷，许多研究者对 MSBR 工艺进行了改进，发展出了 5 池、6 池、7 池、9 池 MSBR 工艺，能够满足不同的进水水质和出水要求。加拿大 Saktchewan 和 Estevan 污水处理厂采用了具有厌氧池、缺氧池、好氧池和 2 个 SBR 池的 5 池 MSBR 工艺，具有较好的脱氮除磷效果。同济大学顾国维教授课题组与留美博士杨企星合作，综合 Bardenpho、A^2/O、氧化沟及 CAST 等除磷脱氮工艺的特点，开发出了 6 池 MSBR 工艺（工艺布置如图 3-8 所示）。韩国仁川新国际机场的污水回用工程采用了具有 2 个厌氧池、2 个缺氧池、3 个好氧池和 2 个 SBR 池的 9 池 MSBR 工艺。

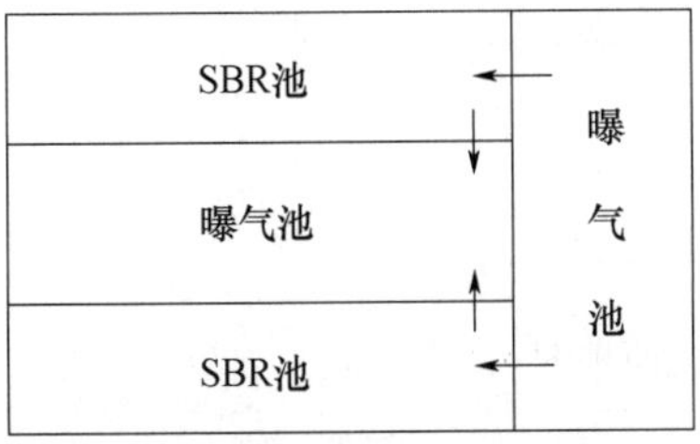

图 3-7　初级 MSBR 工艺布置图

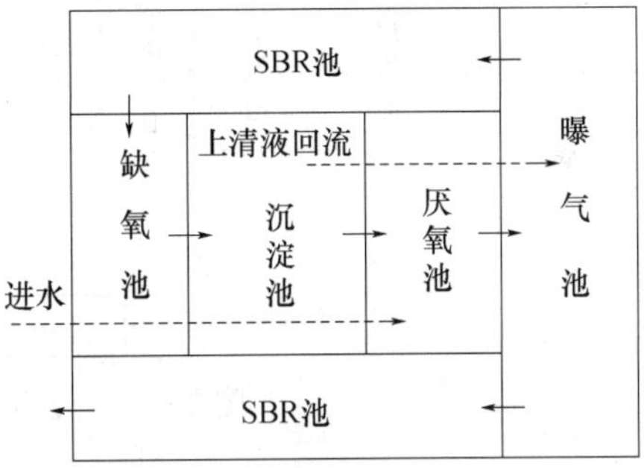

图 3-8　6 池 MSBR 工艺布置图

目前国内外使用较多为 7 池 MSBR 工艺，它通过调节污泥浓缩池的位置解决了 6 池 MSBR 工艺的污泥上浮问题，强化了工艺的脱氮除磷效果。现就目前国内外常用的 7 池 MSBR 工艺做简单介绍。7 池 MSBR 工艺布置如图 3-9 所示，主要由厌氧池、预缺氧池、缺氧池、好氧池、污泥浓缩池和两个序批式反应池（SBR_1 池和 SBR_2 池）组成。

7 池 MSBR 工艺原理如图 3-10 所示。经过预处理后的污水首先进入厌氧池，聚磷污泥在厌氧条件下充分释磷，以便在好氧池内吸磷。随后泥水混合液交替进入缺氧池和好氧池，在缺氧池内发生反硝化脱氮，在好氧池内发生有机物的降解及聚磷污泥的吸磷作用，最后进入一侧的 SBR_1 池中沉淀出水。好氧池内部分混合液回流至缺氧池（回流量为 1.5Q）进行反硝化脱氮，部分混合液进入另一侧的 SBR_2 池（回流量为 1.5Q）进行硝化、反硝化、静置沉淀。在 SBR_2 池曝气阶段，池内的混合液将回流至污泥浓缩池进行泥水分离，富含硝酸盐的上清液进入好氧池，浓缩污泥则进入预缺氧池进行反硝化，之后污泥通过回流泵回流至厌氧池，形成整个MSBR系统的污泥混合液和浓缩污泥循环。

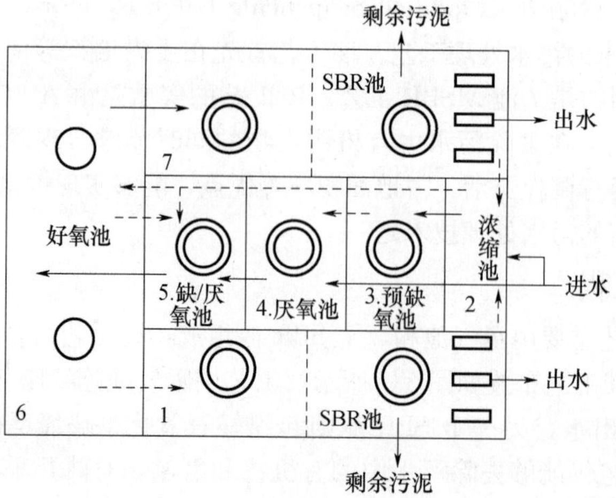

图3-9　7池MSBR工艺布置图

1—SBR_1池；2—污泥浓缩池；3—预缺氧池；4—厌氧池；5—缺/厌氧池；6—好氧池；7—SBR_2池

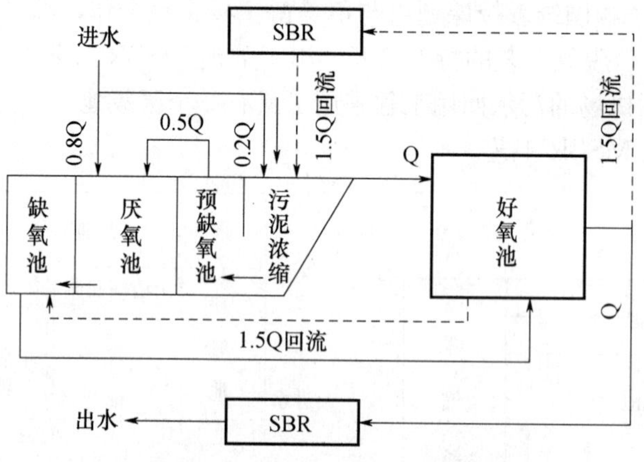

图3-10　7池MSBR工艺原理图

2. MSBR工艺的运行模式

上述7池MSBR的运行模式被称为MUCT运行模式，其特点是在厌氧池前设置了污泥浓缩池和预缺氧池，具有如下的优点：① 混合液经过浓缩可提高回流污泥的浓度，节省了回流的能耗及系统的抗冲击负荷强度；② 由SBR_2池回流而来的混合液中含有较高含量的硝酸盐，一部分通过污泥浓度池上清液进入好氧池而被分离，剩余部分则在预缺氧池内反硝化脱氮去除，从而避免了硝酸盐对厌氧池内释磷的影响。

若在运行时停用好氧池至缺氧池的回流泵，将缺氧池作厌氧池使用，此时的运行模式被称为倒置A^2/O运行模式，反硝化反应主要在预缺氧池内进行。MSBR系统可采用两点进水方式：80%进入厌氧池，20%进入污泥浓缩池，则转变为改良A^2/O运行模式，预缺氧池和污泥浓缩池内充足碳源，可保证系统的脱氮效果。当SBR池以缺氧-好氧的方式交替运行时，MSBR系统会形成厌氧-缺氧-好氧-缺氧-好氧的五段式运行模式，使得整个工艺的脱氮除磷效果得到提升。可见，MSBR 工艺集合了多种脱氮除磷工艺的原理，可实现多种不同的运行模式，增加了运行管理的灵活性和出水水质的稳定性。

3. MSBR 工艺存在的问题

根据第 2 章污水中氮、磷的转化所述，传统脱氮除磷理论存在着明显的缺陷：脱氮除磷所需的条件不同，氮的硝化要求好氧条件、长污泥龄，反硝化需要缺氧条件、短污泥龄和碳源，聚磷菌的释磷则需要厌氧条件、短污泥龄和碳源。当进水中挥发性有机物较少时，反硝化菌由于泥龄较短占据竞争优势，争夺了聚磷菌释磷所需的碳源，影响系统除磷效果。同时，进水中存在的硝酸盐容易影响厌氧段聚磷菌的释磷效率。因此，传统工艺中的脱氮除磷实际上是相互矛盾的。7 池 MSBR 工艺是在传统生物脱氮和生物除磷的原理上发展起来的脱氮除磷工艺，多以后置反硝化模式运行，但存在反硝化阶段碳源不足而使反硝化进行不完全，影响脱氮效果的问题。目前，常见的解决此问题的方法有两种：一是采用改良 A^2/O 运行模式，通过两点进水的改进措施可补充预缺氧池和污泥浓缩池内的碳源。但系统两点进水会使污水分流，导致厌氧池内的碳源不足，聚磷菌在厌氧条件下不能充分释磷，影响好氧吸磷速率，进而降低系统除磷效果。另一种方法是在污水处理过程中添加外加碳源。此方法一般作为污水处理厂在碳源不足情况下的临时调控措施，需要消耗大量的有机碳源，增加了运行费用。

反硝化除磷理论的提出为解决 7 池 MSBR 工艺存在的反硝化碳源不足问题提供了新的方法。反硝化除磷菌（Denitrifying Phosphorous removing Bacteria，DPB）是能够在缺氧条件下，氧化 PHB 获得能量并利用硝酸盐作为电子受体进行过量吸磷，同时将硝态氮还原成 N_2 的一类微生物。实际上 7 池 MSBR 工艺存在的厌氧、缺氧、好氧环境的交替，为筛选出以 NO_3^- 作为电子受体的 DPB 提供了良好的生态环境。大量研究表明，MSBR 系统中存在着反硝化除磷菌，但国内对于 MSBR 工艺中存在的反硝化除磷现象的深入研究和解释较少。宋丹等设计了 DNP-SMBR 反硝化除磷试验装置，分析了进水 C/P、序批区 DO、曝气时间、沉淀时间对工艺除磷的影响，发现保证进水 COD 在 250～350mg/L 之间、C/P 为 25～50、序批区 DO 在 3～4mg/L 之间、沉淀时间为 1h、曝气时间为 1h 时，可以使得 DNP-MSBR 工艺中缺氧区取得较好的反硝化除磷效果。然而，目前 MSBR 工艺的反硝化除磷技术在实际工程中的应用还不够成熟，其脱氮除磷效果的影响因素、工艺的运行调控等还有待进一步的研究。

3.1.6 UNITANK® 工艺

20 世纪 90 年代初，比利时 SEGHERS 环境工程集团公司的 INTERBREW 与 K. U. Leuven 两人在三沟式氧化沟的基础上合作发明了一体化活性污泥法专利技术，即 UNITANK® 工艺，又称交替式生物处理系统。UNITANK® 工艺作为一种在 SBR 工艺的基础上发展形成的新型工艺，融合了 SBR 系统和传统活性污泥法的优点，因其简单、高效、节能的特点，被广泛应用于城市污水和各类工业废水处理中。

1. UNITANK® 工艺构造

单段式 UNITANK® 工艺构造如图 3-11 所示。单段式 UNITANK® 工艺构造为矩形构造，由 A、B、C 三个单元池（或区）组成，相邻格区的公共墙开孔，以保证三者在水力上相通。三个反应池均设有曝气系统和搅拌装置，其中 A 单元池与 B 单元池两个边池设有固定出水堰及污泥排放装置。A单元池与C单元池作沉淀池和反应池使用，可交替进行缺氧、厌氧、好氧和沉淀工况，B单元池只作曝气池使用，进行好氧或缺氧、好氧交替工况。

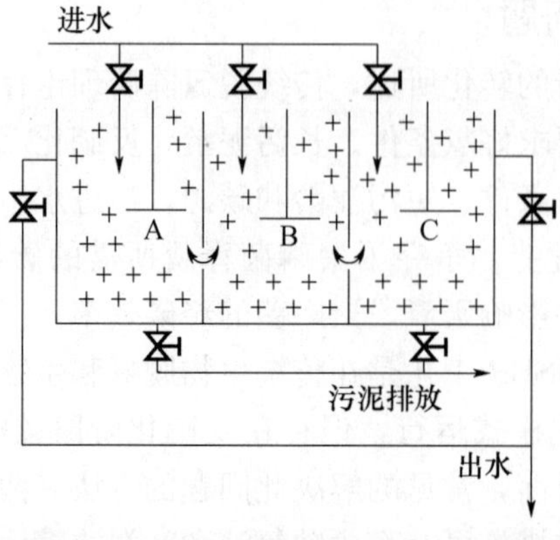

图3-11　单段式UNITANK®工艺构造

2. UNITANK®工艺的特点

一体化活性污泥法是基于SBR工艺发展而成的新型工艺，同时具备了传统活性污泥法和SBR工艺去除效率高、出水水质好、占地面积小的优点，其具体特点如下：

（1）一体化活性污泥法采用一体化设计，结构紧凑，池体共用池壁建设而成，节省土建费用和工程建设用地。一体化活性污泥法比传统活性污泥法节省50%的占地面积，可使土建费用降低15%～20%；

（2）与传统活性污泥法相比，一体化活性污泥法不设二次沉淀池，无需污泥回流系统和刮泥设备，节省投资成本和运行费用；

（3）工艺简单可靠，采用计算机程序自动化控制，运行管理简单；

（4）整个系统连续运行，采用固定出水堰出水，不设浮式滗水器，不设闲置阶段，反应池内有效容积能够得到连续使用，池中大部分设备同时运行，设备利用率高；

（5）整个系统可根据进水水质和出水水质的要求，调整曝气设备的供氧方式及搅拌器的开闭情况，动态地实现厌氧、缺氧和好氧条件，使系统内活性污泥能够交替再生吸附，适宜进行脱氮除磷。

3. UNITANK®工艺的运行方式

（1）单级好氧运行方式

UNITANK®工艺以连续进出水、间歇排泥、周期交替的方式运行，每个运行周期包括两个主要运行阶段和两个次要过渡阶段。每个主要运行阶段均有两个池子处于曝气状态，且有一边池处于污泥沉降状态。每个次要过渡阶段，两边池同时作为沉淀池使用，B单元池则作为中间进水池使用。具体运行方式如图3-12所示。

1）废水从A单元池（即左侧矩形曝气池）进入系统，其中的部分有机污染物被池中高浓度的活性污泥初期吸附和部分降解去除；

2）废水经由公共墙开孔流入B单元池（即中间矩形曝气池），污水中的有机污染物在B单元池内得到进一步降解；

3）混合污水经过A、B单元池的处理后进入C单元池（即右侧矩形沉淀池），在此处进行泥水分离，处理后的出水通过固定出水堰排放，剩余污泥由污泥排放装置排出。

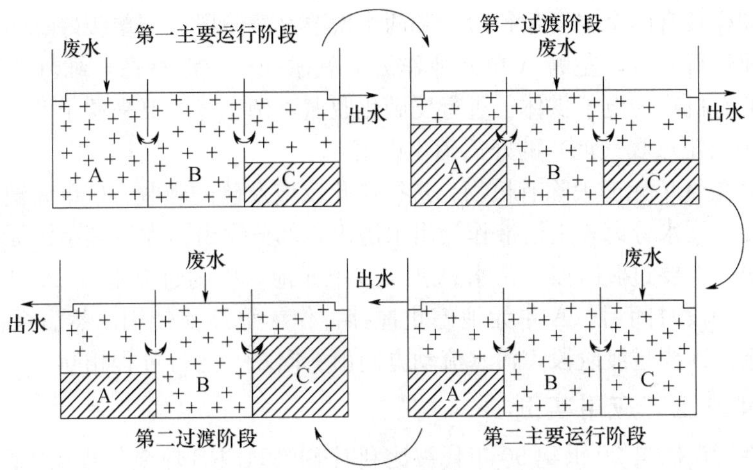

图 3-12　UNITANK®工艺运行方式

4）A单元池进水闸门关闭，第一过渡阶段废水改由通过B单元池（即中间矩形曝气池）进入系统。此阶段为次要过渡阶段，其作用是完成A单元池从曝气池向沉淀池的转换，防止A单元池和B单元池内的活性污泥被进水带离系统，同时继续完成C单元池内剩余污泥的排出；

5）次要过渡阶段较为短暂（图3-12中不体现），之后系统进入第二主要运行阶段，此时B单元池（即中间矩形曝气池）的进水闸门被关闭，污水改由C单元池（即右侧曝气池）进入系统，A单元池则作为左侧沉淀池使用，水流方向从左进右出改为右进左出，如此完成一个运行周期。第二主要运行阶段和第二过渡阶段仅水流方向发生180°的改变，其流程和原理完全同于第一主要运行阶段和第一过渡阶段。在整个运行周期内，A单元池（或C单元池）作为上个阶段的沉淀池，其内积累了大量经过吸附、再生的高浓度活性污泥，这些污泥随着混合污水的推流，在整个系统内得到重新分配。

（2）脱氮除磷运行方式

通过对UNITANK®工艺系统氧化还原电位（OPR）、溶解氧（DO）、运行时间、运行方式等的监测与控制，适当地增大水力停留时间，可达到脱氮除磷的污水处理要求，其运行方式如图3-13所示。

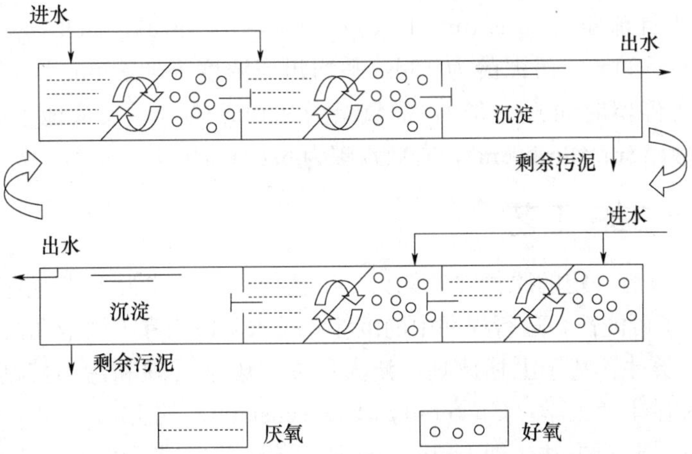

图 3-13　UNITANK®工艺脱氮除磷的运行方式

在此运行方式下，UNITANK®系统仍保持连续进出水、间歇排泥、周期交替的运行方式，每个周期同样具有两个主要运行阶段和两个次要过渡阶段。与单级好氧运行方式的差别在于：第一主要运行阶段，左侧 A 单元池作为缺氧搅拌反应池存在，维持缺氧条件，使兼性菌以污水中的有机物为电子供体，进行反硝化脱氮。硝态氮主要来源于上一个主要运行阶段 B 单元池（中间矩形曝气池）的好氧硝化作用。

随后，污水在 B 单元池去除有机物、进行硝化反应及磷的吸收。C 单元池（右侧矩形沉淀池）进行沉淀、泥水分离，上清液作为出水溢出，部分含磷污泥以剩余污泥的形式排出系统。系统进入第一次要过渡阶段，污水只进入 B 单元池（中间过渡池），A 单元池尽可能完成反硝化反应。一段时间后，A 单元池停止搅拌，作为沉淀池使用。然后系统进入第二主要运行阶段和第二次要过渡阶段，污水流动方向由右向左，运行过程相同。

4. UNITANK® 工艺应用实例

一体化活性污泥法自 20 世纪 90 年代被比利时 SEGHERS 环境工程集团公司推出以来，发展至今已经历二十多年，世界各地已有上百个工程成功运用了 MSBR 工艺，如佛山大沥污水处理厂。

大沥污水处理厂位于佛山南海区大沥钟边胜唐村，规划建设总规模为 $3\times10^4 m^3/d$，首期建设规模为 $1.5\times10^4 m^3/d$，采用增设厌氧池的 UNITANK® 工艺，工艺流程如图 3-14 所示。

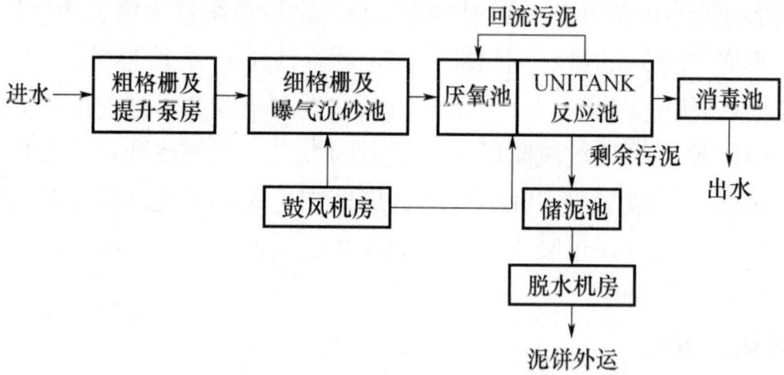

图 3-14　大沥污水处理厂一期工艺流程

UNITANK® 池设计参数：为提高除磷效果，在 UNITANK® 池前端设置了厌氧池。UNITANK® 池的设计流量为 $0.174m^3/d$，污泥负荷为 0.0973kg BOD_5/（kg MLSS · d），污泥回流比为 30%～50%，污泥龄为 13d，平均污泥浓度为 4000mg/L，水力停留时间为 13.7h（厌氧池水力停留时间为 1.3h），需氧量为 290kg O_2/h，反应池平面尺寸为 42m×34m（厌氧池尺寸为 18m×8m×6m），有效水深为 6.0m。

3.1.7　UniFed SBR 工艺

传统 SBR 工艺具有一定的脱氮除磷能力，工艺的运行方式为系统创造缺氧、厌氧、好氧的交替条件提供了可能性，运行周期中的沉淀和排水阶段为在上清液和污泥层中产生缺氧或厌氧环境创造了条件。基于上述原理，澳大利亚“废水管理和污染控制合作研究中心”（CRCWMPCL）和昆士兰大学（University of Queensland）的 Jurg Keller 教授等人开发了一种新型的 SBR 工艺运行方法，即 UniFed SBR 工艺，并申请了国际专利（国际专利号为：5525231）。UniFed SBR 工艺能够在单一的 SBR 池中实现高效率的脱氮除磷，不需要对反应池进行物理分区或污泥回流。

1. UniFed SBR 工艺工作原理

一个典型的 UniFed SBR 工艺运行周期包括：进水/排水阶段、曝气阶段、沉淀阶段，如图 3-15 所示。其工艺的具体运行过程如下：

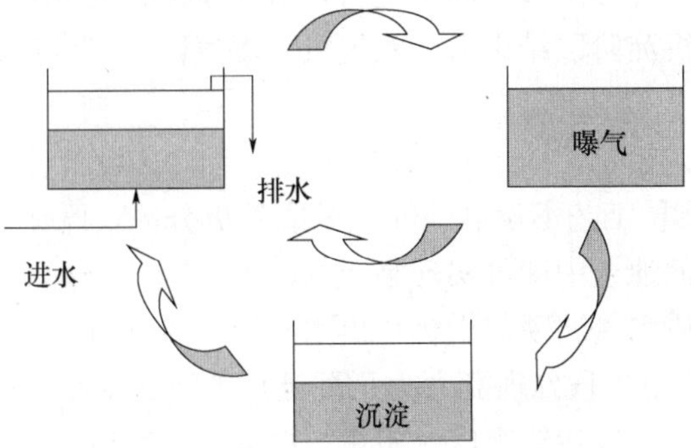

图 3-15　UniFed SBR 工艺流程示意图

（1）进水/排水阶段：在上一个周期曝气阶段结束后，系统进入污泥沉淀阶段的同时开始本周期的进水和排水过程。污水通过设置在反应器底部的布水装置，以较小的流速被缓慢引入反应器底部，并逐渐均匀穿过污泥沉淀层，泥水不产生大的机械混合，层状上升进水将沉淀层上部的澄清水推顶至反应器顶部，通过溢流装置或滗水器完成出水。

（2）曝气阶段：在完成上述沉淀、进水、出水工序后，反应器开始好氧曝气，绝大部分有机物在此阶段被去除。

（3）沉淀阶段：完成曝气后系统根据实际情况进入下一个周期或闲置阶段。若系统进入沉淀阶段，则同时进行下个周期的进水、排水工序，完成一个周期循环。闲置阶段的有无、持续时间的长短，可根据实际需要或系统的自控程度来灵活控制和掌握。

2. UniFed SBR 工艺脱氮除磷原理

UniFed SBR 工艺具有很强的脱氮除磷能力，其主要原因如下：

（1）在进水、排水、沉淀阶段，系统不曝气，反应器内形成氮的反硝化所必需的缺氧环境。反应器污泥沉淀层中存在的硝态氮在缺氧环境下被迅速反硝化，进水中的有机物和活性污泥吸附的有机物提供了充足的碳源。

（2）污泥沉淀层中的硝态氮被反硝化完全后，反应器底部形成的严格厌氧环境，以及进水中充足的溶解性 COD 为磷的释放提供了有利的条件。反应器顶部上清液中含有一定浓度的硝态氮，但由于不与污泥层接触，所以并不会影响反应器底部的厌氧环境。

（3）反应器底部污泥负荷（F/M）很高，可使絮凝体细菌对有机物快速生物吸附，厌氧条件下发酵产生的小分子易降解有机物有利于聚磷菌的内碳源（如 PHB）积累，并为好氧条件下的吸磷提供能量，促进磷的去除。

（4）进水、排水、沉淀阶段，大部分活性污泥聚集于反应器底部，同时系统也是从底部进水，所以每一个运行周期污水中所含的高浓度有机物都能够和大部分活性污泥密切接触，使得反应器底部成为“接触选择区”，既能抑制丝状菌繁殖生长，筛选絮凝体细菌，改善活性污泥的沉降性能，又能有效、彻底地完成 SBR 运行的全过程。

3. UniFed SBR 工艺特点及适用范围

与传统 SBR 工艺相比，UniFed SBR 工艺的主要特点在于进水方式和运行方式：

（1）污泥沉淀、浓缩阶段，进水通过布水器引入池底，均匀布水至污泥沉淀层，泥、水不产生大的机械混合，处理后的出水被进水推顶至反应器上部，依靠溢流装置或滗水器排出。控制较小的进水流速是实现进水与出水高效分离的关键。

（2）进水、排水、沉淀三阶段可同时进行，节约了工作时间，缩短了工作周期。

（3）进水、排水、沉淀阶段结束后，系统进入曝气阶段。之后系统进入闲置阶段，等待下一周期的运行。

与传统脱氮除磷工艺相比，UniFed SBR 工艺具有许多设计优点：由于独特的进水方式和运行方式，UniFed SBR 工艺不设额外的池子或隔板分区，既无循环流，也不需要添加额外的化学试剂，在单一的池子中即可实现高效的脱氮除磷，具有基建费用、运行费用低，运行操作灵活，不易受水质水量波动的干扰，出水水质好等优点。

UniFed SBR 工艺适用于日处理能力为几百至几千吨的中小型污水处理工程，可用于市政污水、工业废水的处理，包括纺织厂、旅馆、办公室、医院、食品和啤酒等行业产生的废水，未来还可能应用于炼油、化工产品和矿物工艺产生的废水。UniFed SBR 工艺可根据城市的发展规划分阶段建造，也可在现有污水处理厂的基础上进行规划改造。

3.1.8 Linpor 工艺

Linpor 工艺是 20 世纪 80 年代，德国 LINDE 公司在传统活性污泥法的基础上研究开发的工艺。它的最大特点是在传统工艺曝气池中投加一定数量的多孔、泡沫塑料颗粒作为活性生物的载体材料。因此，其反应器实际上是传统活性污泥法和生物膜法相结合而组成的双生物组分生物反应器。

1. Linpor 工艺工作原理

采用 Linpor 工艺处理污水或对传统曝气池进行改造时，需要在曝气池中投加一定数量的多孔特殊填料，经过工艺改造后的曝气池被称为 Linpor 反应池。反应器运行之初，填料由于密度小于水而处于悬浮态，部分活性污泥微生物附着生长于其上，呈悬浮生长状态，此生长状态使得活性污泥与污水接触的比表面积增大。随着反应器运行时间的增长，微生物附着填料生长，填料密度略大于水，因此需通过曝气搅拌使之呈流化态，并保证微生物有充足的氧。Linpor 工艺通常采用设置在池底的胶膜式微孔曝气器曝气。由于 Linpor 反应池在运行时填料处于悬浮状态，因此为防止其随出水而流失，需在反应池出水区一段设置一道专门设计的穿孔不锈钢格栅。同时，为防止填料堵塞格栅，通常要求在出水区的格栅处进行鼓泡曝气。此外，对窄长形的 Linpor 反应器而言，为防止填料在出水区的过多积聚，也需用气体泵将部分填料从出水区回送至进水区。在 Linpor 反应器运行的初期，可分批将填料投入曝气池，使之形成一层悬浮层并得到润湿，微生物在曝气池表面生长并在水中呈淹没状，最终呈流化态。

2. Linpor 工艺特点

Linpor 工艺的最大特点是在传统活性污泥法曝气池中投加一定数量的特殊填料，此特殊填料（堆积体积）通常占反应池有效容积的 10%～30%。Linpor 工艺投加的填料材料需要满足严格的要求：比表面积大、多孔而均匀、具有良好的湿润性、机械性、化学性和生物稳定性。目前，可用作此载体的材料仅有几种，而多孔性泡沫海绵或泡沫塑料是其中最常用的两种，其大小为 12～15mm、空隙率为 90%。泡沫填料的比表面积为（1～5）$\times 10^3$，远高于普通生物滤池填料的比表面积（1～2）$\times 10^2$。同时，填料的孔径利于细菌和原生动物进入其空隙，并在其中以附着生长和悬浮生长的状态存在。

Linpor 工艺的主要优点是：改善微生物的生长条件以提高反应器的生物量和处理效果；缩小了反应器容积，对超负荷运行的传统工艺进行改造以稳定处理效果；可根据处理要求，通过运行方式或参数的改变而实现高效脱氮除磷，对二级出水实现良好的深度处理。

3. Linpor 工艺的运行方式

Linpor 工艺共有三种不同的运行方式：Linpor-C 工艺、Linpor-C/N 工艺、Linpor-N 工艺，其工艺流程与传统活性污泥法类似，如图 3-16 所示，以 Linpor-C/N 工艺为例，具体的区别在于：

（1）通过添加多孔填料，在不增加池容的条件下，Linpor-C 工艺对污水的处理量提高了一倍，且出水水质较传统活性污泥法有所改善，适用于超负荷运行的城市污水和工业废水。

（2）相对于 Linpor-C 工艺，Linpor-C/N 工艺的设计污泥负荷与容积负荷较低，池容较大。Linpor-C/N 反应器内存在着大量附着生长的硝化细菌，由于其在反应器中停留时间较长，因此在较高的进水负荷下仍可取得良好的硝化效果。

（3）Linpor-N 工艺中几乎所有的生物体均附着在反应器中生长，因此运行过程中无需污泥的沉淀与回流。该工艺可在极低或不存在有机底物的情况下对废水实现良好的脱氮效果，适用于生活污水和工业废水二级出水的深度处理。

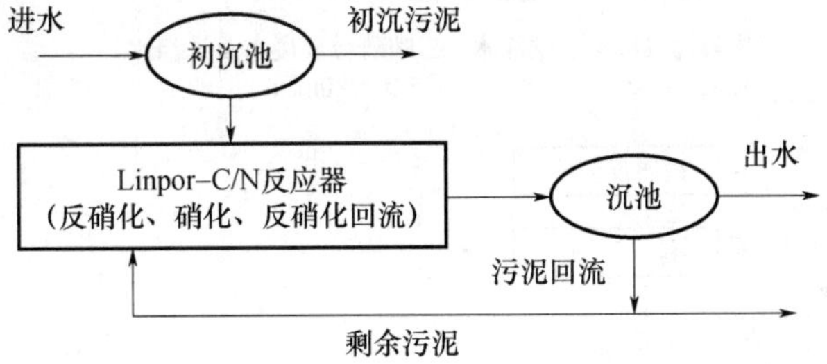

图 3-16　Linpor-C/N 工艺流程

4. Linpor 工艺的应用实例

（1）大连春柳河污水处理厂改造工程

大连春柳河污水处理厂于 1982 年完成设计并开工建设。由于污水处理设备、监测仪表、自控系统的可靠性较差，该厂决定采用德国 Linpor 工艺对其进行改造，将生化系统中的曝气池改造为 Linpor 反应池。

大连春柳河污水处理厂原采用传统活性污泥法，工艺主体共有四组生化池：每组长 40.22m（包括进、出水），宽 20m，深 4.5m。每组池有四个廊道，每个廊道宽 5m，每个廊道有七格，每格长 5.2m，每组生化池池容为 3276m^3，平均流量下（原污水厂设计流量为 6 万 t/d）停留时间为 3.9h；峰值流量下停留时间为 3h。采用 Linpor 工艺改造后，每组生化池的四个廊道改为各自独立进、出水。每组生化池仅有一条廊道采用 Linpor 工艺，其他三条廊道不加填料；四条廊道每条廊道容积均为 820m^3，其中采用 Linpor 工艺的廊道要填入 205m^{3}滤料，四组生化池的滤料总计为 820m^3。

改造后的污水处理厂日处理量为 8 万 t，出水水质好，满足排放标准，生化池的污泥负荷为 0.236kg BOD_5/（kgMLSS·d），每组生化池平均流量为 833m^3/h，三个普通廊道的平均流量为167m³/h，Linpor廊道的平均流量为334m³/h，由自控系统通过进水蝶阀控制其进水量，曝气装置采用德国制造GVA微孔曝气器。

（2）某公司制药废水处理工程

该公司废水主要来源于生产有机磷农药为主的生产废水、洗涤废水和冷却水等。废水中的污染物主要包括苯唑醇、盐酸苯肼、乙基氯化物、三唑磷等，有机物浓度高、成分复杂、污染物浓度高、处理难度大。废水水质及水量见表3-6。

表3-6 废水水质及水量

项目		水质指标					水量（吨/吨三唑磷）
		COD（mg/L）	BOD_5（mg/L）	pH	氨氮（mg/L）	总磷（mg/L）	
1	苯唑醇合成洗涤水	85000	28000	2.5	56000		2.0～3.0
2	三唑磷合成洗涤水	41000	16000	8.5	19.6	1070	0.5～1.5
3	综合废水	52000	18000		27000	280	7.2～8.7

三唑磷合成与苯唑醇合成所产生的高浓度废水排放量为25～30m³/d，高浓度废水先经预处理后，再用冷却水稀释，生化处理规模为500m³/d。对该综合废水中的高浓度废水采用“铁屑氧化、碱性水解”等工艺预处理后，与冷却水混合稀释，再采用以“厌氧水解＋Linpor工艺”处理单元为主，“混凝沉磷＋BAF曝气生物滤池＋氧化塘”处理为辅的工艺，实现废水处理达标排放。废水处理工艺流程如图3-17所示。

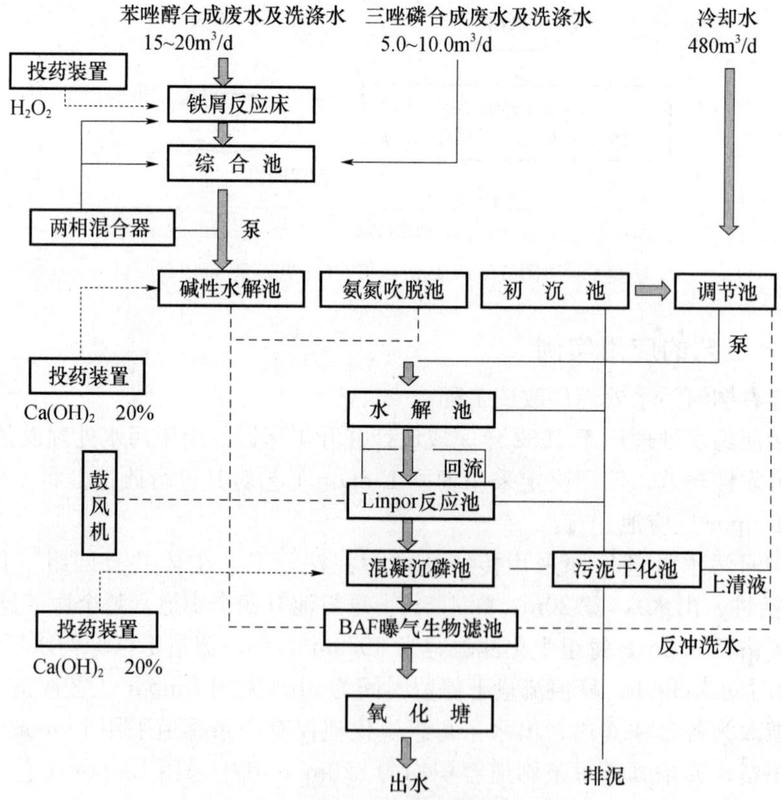

图3-17 废水处理工艺流程

该工程通过污泥的接种、驯化，并比较曝气时间的长短对污泥生长及水质的处理效果，调试3个多月后，废水处理系统进入正常运行。经当地环境监测站对该废水处理系统的每个处理单元进行采样监测，废水监测结果表明出水水质达到《污水综合排放标准》（GB 8978—1996）一级标准。废水监测结果见表3-7。

表3-7 废水监测数据

	混合池	综合池	氨氮吹脱池	调节池	Linpor反应池	BAF曝气生物滤池	氧化塘出口
pH	2	5.52	13	11.53	8.29	8.26	7.58
COD（mg/L）	48000	32928	15025	838.5	214	130.3	88.4
BOD_5（mg/L）	25000	12938	7500	439	48.8	24.4	14.5
处理效率（%）	—	31.4	54.3	—	74.5	39.1	32.1

3.1.9 好氧颗粒污泥

颗粒污泥是指在污水生物处理体系中，微生物在适当的环境条件下，自凝聚而形成的密度、体积较大，沉降性能良好的颗粒状微生物聚集体。颗粒污泥的研究起源于20世纪80年代，并首次应用于升流式厌氧污泥床反应器（Up-flow Anaerobic Sludge Blanket，UASB）。随后颗粒污泥表现出了极强的有机废水处理能力，被运用于制糖废水、酒精蒸馏废水、啤酒废水、畜禽养殖业废水处理等各个行业。但厌氧颗粒污泥存在启动时间长、操作温度高以及脱氮除磷能力有限等缺陷。为了解决厌氧颗粒污泥存在的上述问题，好氧颗粒污泥开始受到国内外研究者的关注。

1. 好氧颗粒污泥反应器

在生物处理系统中，污染物去除效率的高低取决于反应器内的微生物特性，反应物内微生物量越大、污泥活性越高、沉降性能越好，反应器的处理效率则越高。传统的悬浮式生物处理系统，活性污泥由于悬浮生长，结构松散，致使二沉池体积较大。附着式生物处理系统，如曝气生物滤池工艺和生物接触氧化工艺，生物膜负荷难以提高，且反应器容积也较大。好氧颗粒污泥具有密度、体积大，生物量大，沉降性能良好等特性，它的出现弥补了传统悬浮式生物处理系统和附着式生物处理系统的缺陷，为在好氧生物反应系统中实现污泥颗粒化的研究发展提供了理论基础。目前，关于好氧颗粒污泥的形成机理、微生物特性等仍有待深入研究，好氧颗粒污泥反应器的稳定化、工业化应用将是未来研究发展的重点方向。

与传统处理工艺相比，基于好氧颗粒污泥的生物处理工艺具有以下优势：

（1）好氧颗粒污泥具有良好的沉降性能，可有效提高反应器的污泥浓度、容积负荷及耐冲击性负荷能力；

（2）相比于厌氧颗粒污泥反应器，好氧颗粒污泥反应器的启动期短，且可在常温下良好运行；

（3）颗粒污泥结构密实、生物量大，具有很强的抗冲击负荷以及抵抗有毒有害物质的能力，有利于提高处理系统的稳定性；

（4）好氧颗粒污泥反应器具有较强的脱氮除磷能力，对于高浓度有机废水也有很高的去除率。

2. 好氧颗粒污泥形成的影响因素

连续流反应器和SBR反应器都可用于好氧颗粒污泥的培养。目前，连续流反应器主要用于培养硝化颗粒污泥，而绝大多数好氧颗粒污泥都是利用有机基质在SBR反应器中培养。

好氧条件下的污泥颗粒化是由絮状污泥逐渐形成颗粒污泥的复杂过程，受到很多因素的影响，包括接种污泥种类、底物成分、有机负荷、反应器的结构、运行时的剪切力、沉淀时间、运行周期、进水模式、微生物饥饿期、溶解氧、温度、pH值等。

（1）接种污泥

接种污泥的种类对好氧颗粒污泥的颗粒化过程影响较大。一般情况下，城市污水处理厂的活性污泥会被用作接种污泥。城市污水处理厂活性污泥中的疏水性微生物种群占据优势，其对污泥絮体的黏附能力要高于亲水性微生物种群，有助于活性污泥的颗粒化。有研究表明，接种污泥中疏水性微生物越多，活性污泥的颗粒化进程越快，并且形成的颗粒污泥具有良好的沉降性能。

（2）底物成分

葡萄糖、乙酸钠、乙醇、淀粉等均可作为培养颗粒污泥的底物。然而，有研究表明，当以葡萄糖为底物时，极易引起反应体系污泥膨胀、颗粒污泥解体而导致反应器运行失败。因此，近年来的研究多以乙酸钠等其他碳源培养好氧颗粒污泥。

（3）有机负荷

与厌氧颗粒污泥相比，好氧颗粒污泥对有机负荷的要求更低，一般可在负荷1.5～15 $kg/m^3 \cdot d$下形成。不同的有机负荷会对好氧颗粒污泥的性质和稳定性产生很大的影响。一般地，当有机负荷增大时，颗粒污泥粒径会逐渐增大。有研究表明，当有机负荷从3$kg/m^3 \cdot d$增加至9$kg/m^3 \cdot d$时，污泥的平均粒径会由1.6mm增加至1.9mm。过高的有机负荷可能会导致颗粒污泥因污泥膨胀而解体。因此，为了增强好氧颗粒污泥的稳定性，系统有机负荷一般控制在2～4$kg/m^3 \cdot d$。

（4）反应器

总结近年来国内外的研究成果，好氧颗粒污泥几乎都是在序批式活性污泥反应器，即SBR反应器中被培养出来的。因此，反应器的结构、运行时的剪切力、沉淀时间、运行周期、进水模式、微生物饥饿期均会对污泥颗粒化造成关联性的影响。SBR反应器在运行过程中，其曝气阶段分为底物降解期和好氧饥饿期两个时期。研究发现，较长的微生物饥饿期会导致颗粒污泥逐渐失稳而解体，而较短的微生物饥饿期会促进污泥颗粒化并使之趋于稳定。

（5）环境条件

影响微生物颗粒化的环境条件包括溶解氧、温度、pH值等。好氧颗粒污泥内部的溶解氧浓度梯度，使得其中的微生物对水中的溶解氧浓度非常敏感。较低的溶解氧不利于好氧颗粒污泥的培养，一方面是因为颗粒内部供氧不足会导致丝状菌占优势，另一方面则会延长底物降解期，加快微生物生长，两者均不利于颗粒污泥结构的稳定性。稳定的污水处理体系因对温度的波动具有一定的适应能力，较低的培养启动温度（低于10℃）不利于好氧颗粒污泥的形成，这是因为微生物无法在低温下完成底物降解期和好氧饥饿期的交替。pH值对于污泥颗粒化有重要的影响，低pH有利于好氧颗粒污泥的形成。有研究表明，当pH为4时，污泥颗粒的平均粒径达到了7mm，污泥结构不稳定，而当pH升至8时，平均粒径则为4.8mm，稳定性明显增加。

3. 好氧颗粒污泥的应用实例

（1）生活污水的脱氮除磷

目前，人们对于好氧颗粒污泥的应用主要集中在生活污水的脱氮除磷方面。其中，氮的去除可通过同步硝化反硝化完成，磷的去除则需要严格控制系统的 pH 值和 SRT。

利用好氧颗粒污泥进行氮的同步硝化反硝化是现在的研究重点。好氧颗粒污泥内部存在传质和传氧的限制，易于在颗粒污泥内形成具有溶解氧梯度的层状结构，从而保持颗粒污泥表面好氧、内部缺氧、核心厌氧的环境，如图 3-18 所示。好氧颗粒污泥的这种溶解氧梯度环境保证了反硝化细菌、硝化细菌及异养菌等在各自适宜的环境中生长，保持了较高的代谢活性和生长速率，从而通过微生物的协同作用实现氮的同步去除。

在好氧颗粒污泥除磷体系中，要严格控制反应器 pH 在 6.8～7.5 之间。同时，还需严格控制 SRT，因为聚磷菌经过往复的释磷、吸磷会在其细胞内富集大量的磷，当聚磷菌体内磷含量达到一定浓度后，聚磷菌对磷的吸收能力会下降。一般将系统 SRT 控制在 25～30d。

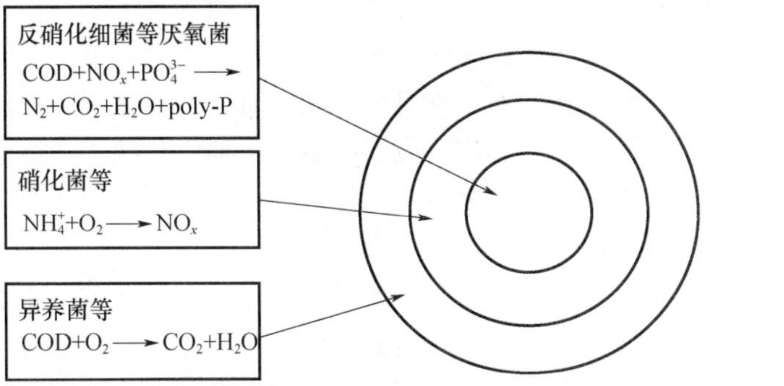

图 3-18　好氧颗粒污泥的层状结构

（2）高浓度有机废水的处理

好氧颗粒污泥能够有效地提高反应器内的污泥浓度，增强反应器的处理能力，但实际有机废水中有机物种类多，成分复杂，浓度较高，会对好氧颗粒污泥的生物降解能力产生抑制。因此，目前应用好氧颗粒污泥处理高浓度有机废水的工程还较少，关于处理高浓度有机废水的研究大部分发生在实验室研究阶段。有研究表明，当进水 COD 为 800～2000mg/L，有机负荷为 2～4kg/（m^3·d）时，好氧颗粒污泥反应器可稳定运行，该条件下的污泥颗粒能稳定保持在 1～2mm，反应器内污泥浓度在 2000～8000mg/L，COD 去除率可达 95%以上，出水 COD 保持在 100mg/L 以下。但当有机负荷提升至 6～9kg/（m^3·d）时，污泥颗粒会变得不再稳定，丝状菌占据优势而导致污泥膨胀，膨胀后的污泥颗粒粒径可达 10mm。同时，污泥颗粒会在膨胀过程中解体，而被冲出反应器。汪善全等人的研究表明，好氧颗粒污泥能够有效处理高含盐废水并具有很好的抗盐度冲击能力。当进水盐度小于 10g/L NaCl 且进水基质为葡萄糖时，出水总有机碳（Total Organic Carbon，TOC）去除率达 70.3%～97.6%；当进水盐度达到 35g/L NaCl 且进水基质为难降解废水时，出水 TOC 去除率达 70%，同时试验得到的好氧颗粒污泥粒径为 0.5～3mm。

好氧颗粒污泥降解有机污染物的能力要低于厌氧颗粒污泥［厌氧颗粒污泥的有机负荷一般为 10～15kg/（m^3·d）］，主要有以下几方面原因：首先，微生物通过好氧呼吸的生长速率要大于厌氧呼吸，即在相同有机负荷下，好氧颗粒污泥的生长速率要大于厌氧颗粒污泥。因此，为了达到颗粒稳定，好氧颗粒对体系中的剪切要高于厌氧颗粒；其次，好氧和厌氧颗粒体系的剪切作用方式不同。好氧颗粒体系的剪切力由人工曝气提供，不会随负荷变化而改变；而厌氧颗粒的剪切力是利用基质降解产生的 CO_2 和 CH_4 等气体，剪切力会随负荷的提高而增强。因此，厌氧颗粒在高负荷下比好氧颗粒更易达到生长与剪切脱附的平衡，从而更加稳定；再次，厌氧颗粒内部的细菌也能参与基质降解，而好氧颗粒中参与基质降解的细菌集中在颗粒表面至150～200μm的外层，所以好氧颗粒的细菌利用率要比厌氧颗粒小；最后，厌氧颗粒污泥在反应器内累积的浓度可达31～60g/L，远高于好氧颗粒反应中的2～8g/L。

除上述两方面应用外，国内外的研究者还集中于利用好氧颗粒污泥处理有毒有机物废水（如苯酚、吡啶及其衍生物等）、乳制品废水、含重金属废水、染料废水及放射性核废料等方面的研究，均取得了一定的成果。

3.2 生物膜法好氧生物处理新技术

活性污泥法是当今世界范围内应用最广泛的一种生物处理工艺，但存在基建与运行费用高、能耗大、管理复杂、易出现污泥膨胀和污泥上浮等问题，对氮、磷等营养性物质去除效果有限。因而研究者们在对活性污泥法本身改进的同时，又致力于寻找活性污泥法的替代工艺或革新处理技术。按照污水处理生物反应器中微生物的生长状态，污水生物处理可划分为悬浮生长工艺和附着生长工艺，前者以活性污泥法为代表，微生物在曝气池内以活性污泥的形式呈悬浮状态，而后者则以生物膜法为代表。

生物膜是由微生物附着在载体表面而形成的黏状物，是由高度密集的好氧菌、厌氧菌、兼性菌、真菌、原生动物以及较高等动物组成的较小的生态系统。生物膜主要由3个不同厚度的层组成，其形成可分为三个阶段：初期定殖阶段、附着生长阶段、稳定生长阶段。第一阶段，大分子物质率先被吸附在固体表面上。第二阶段，微生物细胞吸附在这个表面上，但不能形成均一厚度的密闭层，而是形成一些小的附着菌落。此阶段微生物能够以最大速率生长繁殖。该过程产生的有机分子能够在胞外酶的催化作用下扩散穿过细胞壁，形成胞外聚合物（Extracellular Polymeric Substance，EPS），该物质是形成稳定生物膜必须的物质。第三阶段，生物膜中富含微生物和EPS，其厚度与微生物的生长速率有关，稳定性与培养器内水流剪切力有关。在生物膜反应器中，生物膜内的微生物共同生长，底物和氧气等物质通过扩散和对流传输进入生物膜，产物则被输送至膜外，由此实现污水的净化处理。

生物膜法好氧生物处理技术具有以下特点：

（1）载体有利于微生物的附着生长，并能形成较稳定的生物膜；生物膜内生物量大，生物相较丰富，形成较长的食物链；由于载体能固定微生物，因此有利于世代时间较长微生物的积累，为微生物的繁衍、增殖提供条件，提高生物量，使工艺具有较高的处理效率。

（2）由于生物膜附着在载体上，无需污泥回流即能达到污泥龄与水力停留时间的完全分离。

（3）污泥产量少，沉降性能好，易于分离，无污泥膨胀的问题，运行管理方便。

（4）具有较强的抗负荷能力，对运行工况的变动有较强的适应能力。

3.2.1 曝气生物滤池

曝气生物滤池（Biological Aerated Filter，BAF）最早由法国的CGE（Compaguine Generele des Eanx）公司所属的OTV（L. Omnium de Fraitements et de Valori sation）公司开发。与其他生物膜方法不同，曝气生物滤池将生物氧化过程与固液分离集于一体，在同一个单元反应器中完成碳源去除、固体过滤和硝化过程，并且对池结构进行改造后增加了厌氧区的生物滤池，还可以进行反硝化脱氮和除磷。曝气生物滤池在20世纪80年代中后期经历了一个快速发展时期，先后出现了BIOCARBON、BIOFOR®、BIOSTYR®等工艺形式。20世纪90年代以来，曝气生物滤池技术方法、工艺流程不断完善，在填料的选择、反冲洗技术的改进以及提高滤速等方面的研究都取得了一定的进展。这些曝气生物滤池被广泛地用于生活污水、生活杂排水、食品加工、水果蔬菜罐头、鱼肉制品、酿造及造纸等工业废水处理中。

1. 曝气生物滤池原理

曝气生物滤池处理污水的原理，是利用生长在反应器内滤料上的生物膜中微生物的氧化分解作用、滤料及生物膜的吸附截留作用、沿水流方向形成的食物链分级捕食作用以及生物膜内部微环境和缺氧环境的反硝化作用。在曝气生物滤池中，污染物、溶解氧及各种必需的营养物质首先要经过液相扩散到生物膜表面，进而到生物膜内部，不但维持了膜上生物群的生长，而且扩散到生物膜表面或内部的污染物也有机会被生物膜生物所分解、转化，最终形成各种代谢产物。

曝气生物滤池的过滤作用表现为，滤料本身就具有机械的截留作用和吸附作用，由于采用均质的小颗粒滤料，滤料呈压实状，挂膜时期，滤料上生长有大量微生物，利用滤料粒径较小的特点及生物膜的生物絮凝、吸附作用，截留污水中的大量悬浮物，并保证脱落的生物膜等不会被出水带走。运行一定时间后，生物量和滤料中截留的杂质将会增加，从而导致水头损失的增加，水位上升，需对滤池进行反冲洗，以释放截留的悬浮物并更新生物膜。

2. 曝气生物滤池特点

曝气生物滤池充分借鉴了污水处理接触氧化法和给水快滤池的设计思路，集曝气、高滤速、截留悬浮物、定期反冲洗等特点于一体。其主要工艺特点有：(1) 用比表面积较大粒状滤料作为生物载体，如陶粒、瓷粒、焦炭、石英砂、活性炭、聚苯乙烯滤料等，可在滤料表面保持较高的生物量，易于挂膜且运行稳定，但滤料密度的选择不慎或运行时参数不合适会造成滤料随出水或反冲洗出水流失；(2) 生物相复杂，菌群结构合理，反应器内具有明显的空间梯度特征，能耐受较高的有机和水力冲击负荷，不同的污染物可以在同一反应器被渐次去除，同步发挥生物氧化作用、生物吸附絮凝和物理截留作用，出水水质好，可满足回用要求。由于大量的微生物附着生长在粗糙多孔的粒状滤料内部和表面，可以保持一定的微生物活性，处理设施可间歇启动运行，有利于系统的恢复启动；(3) 区别于一般生物滤池及生物滤塔，在去除BOD、氨氮时需进行曝气，由于粒状滤料层具有较高的氧转移率，曝气量低，运行能耗较低，硝化和反硝化效率高；(4) 高的生物膜活性具有生物氧化降解和截留悬浮固体的双重功能，生物处理单元之后不需再设二次沉淀池；(5) 预处理要求较高，一般要对原水进行预处理以降低进水的SS，这样就需要如隔栅、沉砂池、初沉池这样的设施。尤其滤池在二级处理的情况下，往往要投加药剂才能达到降低SS的要求，这样不仅增加了运行费用，而且降低水的碱度，影响反硝化效果；(6) 需定期进行反冲洗，清洗滤池中截留的悬浮固体，同时更新生物膜。

3. 两种曝气生物滤池

(1) BIOPUR®工艺

BIOPUR®是瑞士VA TA TECH WABAG Winterthur（原苏尔寿环境技术部）研发的一种新型曝气生物滤池，其填料采用规整波纹板和颗粒载体，并可根据污水类型和进、出水指标结合不同的填料类型组合成不同的工艺。BIOPUR® 工艺可以处理城市污水和工业废水，也可用于废水的深度处理（硝化、脱氮、除磷）。

BIOPUR® 工艺的运行流程如图 3-19 所示，进水水流由 BIOPUR®-DN 上部经过波纹板填料之后进入 BIOPUR®-NK 的底部，污水在经过陶粒填料处理后，利用自然水头由 BIOPUR®-NK 上部出水系统收集到出水渠进入集水池后排放。同时，空气从 BIOPUR®-DN 和 BIOPUR®-NK 池的底部通入。延长空气和污水的接触时间利于氧转移，一方面有利于发挥滤料表面生物膜的氧化降解作用，另一方面有利于整个生物池的储存污泥能力，延长反冲洗周期。BIOPUR®-NK 池的污水由下向上流动与污水中的悬浮物和脱落的生物膜形成逆流，更加有利于悬浮物和脱落的生物膜被截留在陶粒中，完成固液分离的过程。由于生物膜生长快，并固着在比表面积较大、规整、水气分布均匀的填料表面上，这就使得池中微生物量大、生物活性高、传质速度快，从而在容积负荷高、停留时间短的同时又可使滤池在较低的污泥负荷下运行，为进一步降解污水中难降解的有机污染物和严格控制出水水质提供了可靠的保证。当生物滤池运行到一定时期，随着生物量和填料中截留杂质的增加，填料中水头损失增大，水位上升，需对填料进行气、水联合反冲洗。反冲洗废水通过排水管回流到初沉池。BIOPUR® 工艺的运行参数见表 3-8。

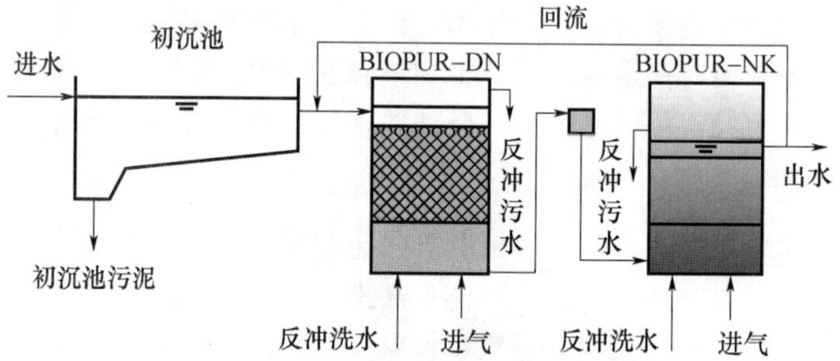

图 3-19　BIOPUR® 工艺运行示意图

表 3-8　BIOPUR® 工艺的运行参数

参　数	指　标	参　数	指　标
BOD 处理负荷	2～10kg/（m^3·d）	运行操作	可自控
停留时间	0.5～1.0h	对周围环境影响	噪声小、臭味小
气水比	（2～3）：1（城市污水）	维修管理	简单
除磷脱氧	强	施工难易	简单
反应器体积	是活性污泥工艺的 1/20	水质适应性	水质变化适应性强
出水水质	稳定性高	污泥量	3～5kg/m^3

（2）BIOSTYR® 工艺

法国 OTV 公司近年来开发了一种名为 BIOSTYR® 的新型曝气生物滤池处理技术。BIOSTYR® 曝气生物滤池由其所采用的新型轻质悬浮填料——biostyrene（主要成分是聚苯乙烯，且比重小于 1g/cm^3）而得名。BIOSTYR® 曝气生物滤池结构示意如图 3-20 所示，经预处理的污水与经硝化的滤池出水按一定回流比混合后进入滤池底部，在滤池中间进行曝气，根据反硝化程度的不同将滤池分为不同体积的好氧和缺氧部分。在缺氧区，一方面，反硝化菌利用进水中的有机物作为碳源，将滤池中的 NO_3^--N 转化为 N_2，实现反硝化；另一方面，滤料上的微生物利用进水中的溶解氧和反硝化产生的氧降解 BOD。同时，一部分 SS 被截留在滤床内，这样便减轻了好氧段的固体负荷。经过缺氧段处理的污水进入好氧段，微生物在此利用气泡转移到水中的溶解氧进一步降解 BOD，硝化菌将 NH_4^+-N 氧化为 NO_3^--N，滤床继续截留在缺氧段未被去除的 SS。流出滤层的水经上部滤头排出滤池，出水按需求分为：(1) 排出处理系统；(2) 按回流比与原水混合进行反硝化；(3) 用作反冲洗水。

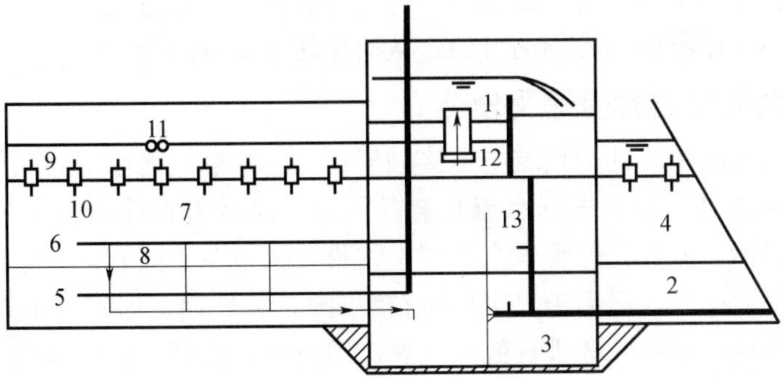

图 3-20 BIOSTYR® 工艺结构示意图

1—配水廊道；2—滤池进水和排泥管；3—反冲洗循环闸门；4—填料；5—反冲洗气管；6—空气管；7—好氧区；8—缺氧区；9—挡板；10—出水滤头；11—处理后水的储存和排出；12—回流泵；13—进水管

目前，BIOSTYR® 工艺在欧美国家得到普遍应用，而且许多工程集中在污水处理设施用地紧张，出水水质要求高的地方。BIOSTYR® 工艺可以在去除 SS 和 COD 的同时，实现硝化、反硝化脱氮功能。表 3-9 为 BIOSTYR® 工艺在丹麦的应用实例。

表 3-9 BIOSTYR® 工艺在丹麦的应用实例

污水处理厂		Nyborg	Hobro	Frederikshavn
处理目的		硝化-反硝化	硝化-反硝化	硝化 Biostyr-反硝化
污水性质		城市污水（含 50%工业废水）	城市污水（含 40%工业废水）	城市污水（含 20%工业废水）
流量 (m^3/d)		13000	9100	10100
滤速 (m/h)		1.1	2.2	1
COD 负荷 [kg/ (m^3 · d)]		2.4	2.2	2.3
滤池面积 (m^2)		504	168	441
好氧区高度，缺氧区高度 (m)		1.5，1.0	2.4，0.6	2.1，0.9
回流比 (%)		300	100	200
反硝化碳源		甲醇	乙醇-甲醇	甲醇
NH_3-N		1.8	0.35	0.9
NO_2^--N/NO_3^--N		4.6	—	3.9
出水水质 (mg/L)	TN	6.5	6.34	—
	TP	0.8	0.06	—
	COD	7 (BOD_5)	38	58.5
	SS	11	7	5.9

3.2.2 生物接触氧化法

生物接触氧化法（Biological Contact Oxidation，BCO）又称淹没式生物滤池法，最早始于20世纪60年代，是生物滤池与活性污泥的组合工艺。生物接触氧化法的核心主要包括两方面：（1）在氧化池内设有人工曝气装置向池内供氧并起到搅拌和混合作用；（2）在接触氧化池内装填载体或填料。生物接触氧化法中的填料为微生物生长繁殖提供场所，填料浸没在污水中，生物膜布满填料，污水经过填料与生物膜接触，通过生物膜上微生物的新陈代谢作用，达到去除污水中有机污染物的目的，从而使污水得到净化。

1. 生物接触氧化池的构造及分类

生物接触氧化法的中心处理构筑物是接触氧化池。接触氧化池主要由池体、填料、布水装置和曝气系统4部分组成。根据水流状态的不同，接触氧化池可分为分流式（池内循环式）和直流式。所谓分流式，即废水充氧与生物膜接触是在不同的格内进行。废水充氧后在池内进行单向和双向循环，适用于BOD负荷较小的三级处理，国外废水处理工程中较常采用；直流式就是直接在填料底部进行鼓风充氧，国内废水处理工程中多采用直流式。

2. 生物接触氧化工艺流程

生物接触氧化工艺流程包括两大类：一段法和二段法，一段法为一次生物接触氧化，二段法为两次生物接触氧化。

（1）一段法

一段法中，废水先进入调节池，然后经生物接触氧化池，随后经二沉池进行泥水分离。上清液直接排放掉或者进一步处理，污泥则从二次沉淀池中排出。这种工艺流程属于完全混合型，营养物与微生物重量的比值F/M不高，微生物新陈代谢受废水中营养物质的限制较大。

（2）多段法

多段法一般指两到三个接触氧化池相互串联的接触氧化工艺。以二段法为例，废水通过调节池进入一级接触氧化池，后经沉淀池进行泥水分离，上清液先后进入二级接触氧化池，最后由二次沉淀池进行泥水分离，上清液排出，污泥排放。此工艺延长了反应时间，提高了处理效率。多段法中，F/M值较高，微生物的生长不受营养物质的限制，营养物质水平超出了微生物生长所需，所以微生物的生长只受生理机能的影响，微生物生长繁殖较快、生物活性较高、吸附和分解有机物的能力强。

一段法的优点是流程简单，投资较少，而且操作简便，但是在处理效果方面不如多段法好。多段法的处理效果较好，但是也有其缺点，例如增加了处理装置，投资费用较高，而且占地大。一般情况下，当水力负荷较大、有机负荷低的时候宜采用一段法，反之采用多段法比较适合。

3. 生物接触氧化法的特点

生物接触氧化法的优点如下所述：

（1）兼有活性污泥法的特点

生物接触氧化法利用固着在填料上的生物膜吸附水中的有机物，并加以氧化分解，使污水净化。由于填料浸没在水中，固着在填料上的生物膜呈立体结构，一端固着，一端漂浮，上面是发育极好的垂丝状菌胶团以及大量丝状菌，形成密集的生物群体，增加了污水与微生物的接触表面积。由于生物膜浸没在水中，因此也需像活性污泥法一样，设置曝气装置，不断向水中供氧。

（2）体积负荷高处理时间短

一般情况下，以城市污水为例，活性污泥法的容积负荷为1kg BOD_5/（m^3·d），需曝气时间为4～8h；生物滤池的填料容积负荷为1～3kg BOD_5/（m^3·d），$1m^3$填料每天能处理$10m^3$生活污水，相当于停留时间为2.4h，而接触氧化法的填料容积负荷为3～5kg BOD_5/（m^3·d），接触只需0.5～1.5h。由于缩短了处理时间，同样大小的设备体积，处理能力提高了2～8倍，使污水生物处理工艺趋向高效和节省用地。

（3）出水水质好且稳定

生物接触氧化工艺有较好的出水水质，而且当进水浓度短期突变时，出水水质受影响很小；在毒物和pH的冲击下，生物膜受影响小，而且恢复快。这已在国内各地的印染废水处理试验中得到证实。

现在已经建成的一些示范工程表明，生物接触氧化法投资和运行费用均较低，对出水水质有着明显的改善，是一种经济有效的水处理技术，值得推广应用。但是，生物接触氧化法在运行过程也出现了一些值得重视的问题，如脱氮效果不理想、氧化池排泥问题、填料积泥问题、水力负荷合理选择问题、氧化池流态问题。

3.2.3　序批式生物膜反应器

序批式生物膜反应器（Sequencing Batch Biofilm Reator，SBBR）是在序批式活性污泥法SBR的基础上，在反应器内装有不同的填料，使污泥颗粒化（如活性炭），或在反应器中安装填料使活性污泥在填料上形成生物膜（如陶粒、塑料球、组合式填料等），是一种将生物膜与活性污泥法进行有机结合的新型复合式生物膜反应器。

SBBR工艺最早是在1990年由墨西哥国立大学Gonzales教授和德国学者Wilderer提出的。1992年，德国学者Wilderer为解决进水水力负荷波动过大和防止生长速率小的微生物从反应器系统中淘洗出去等问题，同时针对传统活性污泥法不能处理某些工业废水的现状，提出了生物膜反应器的序批式运行模式，即SBBR工艺。SBBR工艺实质上是生物膜法的间歇操作模式，它继承了SBR工艺最成熟的可控制非稳态技术特征，是SBR工艺的改进，间歇式的进水可以提高系统的抗冲击负荷的能力，同时生物膜能保证世代较长的微生物生存，利于有机物的吸收与分解。另一方面生物膜载体从表面到内部存在溶解氧浓度的梯度现象，相应有好氧、兼氧和缺氧区共存的状态，为直接脱氮提供了良好的环境。目前，利用SBBR作为处理反应器已成为国内外污水生物脱氮除磷和有机物去除工艺的研究热点。

1. SBBR工艺的工作原理

SBBR工艺是在序批式活性污泥法基础上发展起来的一种改良工艺，遵循SBR工艺的操作方式，即在每个运行周期均包括进水、反应、沉淀、出水、闲置五个阶段，兼具SBR工艺与生物膜法的优点。由于SBBR工艺可根据不同水质选择不同的填充固定填料、流化填料或微孔膜（图3-21），从而在微生物环境、微生物群体的优势组分及活性等方面具有传统活性污泥法、SBR工艺不可比拟的优势，可实现不同类型废水的高效去除。

2. SBBR工艺的特点

SBBR除了具有传统序批式活性污泥法的特点外，还具有以下特点：

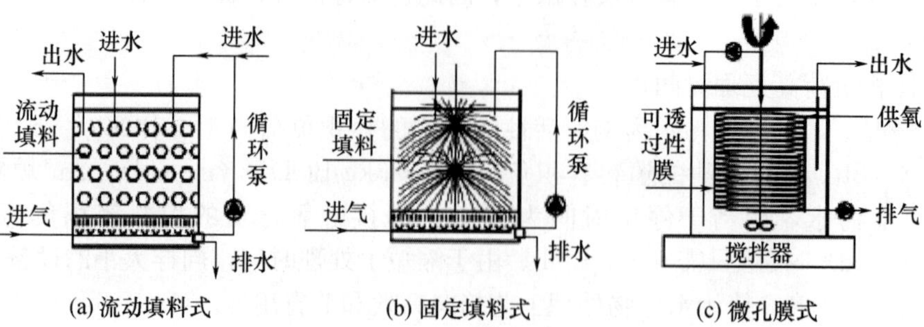

图 3-21　SBBR 工艺结构示意图

（1）生物膜微生物量高，生物相多样化，处理能力强，动力消耗少

系统生物膜固定在填料表面，生物膜含水率低，为微生物的繁衍、增殖及生长创造了稳定的环境条件。单位体积内的生物量是 SBR 的 5～20 倍，生物膜内生物相丰富，系统内能够存有栖息增殖速度慢、世代时间长的细菌和较高级的微生物（如硝化细菌），因此工艺脱氮能力强，反应器具有较高的容积负荷。同时，由于填料的剪切作用，提高了氧的传输效率，故一般动力消耗较 SBR 工艺小。

（2）污泥沉降性能良好，易于固液分离，剩余污泥产量少

生物膜上脱落下来的污泥，因所含动物成分多、比重较大，因而具有良好的污泥沉降性能。SBBR 工艺的生物膜上栖息着较多高级营养水平的生物，食物链较 SBR 工艺的长，剩余污泥量较 SBR 工艺少。此外，与传统工艺相比，利用 SND 脱氮时，硝化过程产生的污泥可减少 33%～35%，反硝化过程中产生的污泥可减少 55%。

（3）同步硝化反硝化节约成本

利用传统工艺处理低浓度污水时，容易因为曝气阶段过量消耗 COD 而导致反硝化碳源不足。SBBR 工艺的硝化、反硝化过程在同一反应器中进行，不但可以解决上述碳源不足的问题，而且在反硝化阶段还可以减少 40%的有机碳源。因此，利用 SND 脱氮原理，不仅可以解决传统工艺中碳源不足的问题，减少外加碳源量，而且还可以降低曝气量，减少工艺能耗，从而节约成本。

3. SBBR 工艺脱氮除磷的影响因素

（1）水温

在生物除氮过程中，氮的去除需要通过硝化反应和反硝化反应，而水温对硝化反应和反硝化反应存在重要的影响。其中，硝化反应的适宜水温为 20～30℃，当水温在 15℃以下时，硝化反应速率减小，5℃时完全停止；反硝化反应的适宜水温为 20～40℃，当水温在 15℃以下时，反硝化速率下降。研究表明，当水温为 21～35℃时，SBBR 反应器中能有效实现亚硝酸型同步硝化反硝化。当水温在 21～31℃时，随着水温的升高，TN 的去除速率加快；当水温在 31～35℃时，随着水温的升高，亚硝酸菌部分蛋白质发生变性，TN 的去除速率减缓。在水温为 31℃时，TN 去除效果最好。同时，废水中去除有机物的好氧反应对水温也有着一定的要求。当水温在 25℃左右时，好氧反应的反应效率最大，废水中的有机物的去除效果最好。因此，水温对系统处理废水的效果有着十分重要的影响。SBBR 反应器的最佳水温应为 21～31℃。

(2) C/N

有机碳源可作为微生物的能源物质，支持微生物的生长并对废水进行脱氮除磷。如果废水中的有机碳源过多，可能导致出水中的COD浓度过高，不能达到废水的排放标准；但是当废水中的有机碳源不足时，反硝化细菌和聚磷菌的活性会由于缺少碳源而受到影响，从而影响到出水中总氮和总磷的浓度。

肖静等人通过研究不同的C/N对废水中同步硝化反硝化的影响时发现，当C/N为2.95时，硝化反应速率和反硝化反应速率最大；此时，总氮和氨氮的去除率最大，分别为47.4%和54.7%。张立秋等人研究SBBR反应器在常温下短程同步硝化反硝化时，废水中的总氮浓度为25.6～32.1mg/L，氨氮浓度为22.37～29.08mg/L。通过调整废水中的COD浓度来改变C/N，当C/N为5～8时，处理效果较好，总氮的去除率可达到80%以上。Yunxiao Jin等人采用SBBR工艺处理综合城市废水时发现，在C/N分别为10.0、5.0和3.3时，废水中的COD浓度为309.50mg/L，总磷浓度为5.16mg/L，经SBBR反应器处理后，COD的平均去除率分别为87.7%、92.3%和97.6%，总磷的去除率分别为97.6%、95.0%和97.0%。

综上所述，SBBR反应器在处理不同的废水时，不同废水的最佳C/N范围随废水的特点而不同，实际应用中需根据进水水质和处理要求合理调整C/N。

(3) 曝气时间

反应周期包括进水时间、曝气时间、沉淀时间和出水时间。曝气时间的长短会影响工艺脱氮除磷的效果。曝气时间过短，硝化反应不彻底，导致反硝化过程底物不足，进而使整个脱氮过程受阻；同时，聚磷菌新陈代谢功能也不能完全展开，体内储存的聚-β-羟丁酸不能充分氧化，从而抑制聚磷菌充分过量吸磷。研究表明，曝气时间在4h以下时，聚磷菌体内储存的聚-β-羟丁酸不能充分氧化，延长曝气时间，氨氮转化彻底，有利于同步硝化反硝化反应，提高脱氮率。但长时间曝气也会造成聚磷菌聚磷能力的下降，曝气时间越长，对同步硝化反硝化越有益，提高了脱氮效率，但是却抑制了聚磷菌聚磷。同时，通过研究发现，采用SBBR反应器进行废水处理，当曝气时间达到12h时，废水中硝化反应完成，此时立刻停止曝气，可以降低出水中的总氮浓度，并实现节能。因此，为保证获得较好的出水水质，曝气时间应该控制在4～12h。

(4) 溶解氧

溶解氧是影响脱氮除磷效果的关键。研究表明，在较低的溶解氧浓度下，生物膜中才能形成适于同步硝化反硝化发生的缺氧、好氧微环境。同时，提高反应器的曝气量可以提高氧的转移效率，增加反应器内溶解氧浓度，加快聚磷菌的好氧吸磷速率，缩短好氧反应时间。文献表明，当废水中溶解氧浓度在2.8～4.0mg/L时，废水处理中的同步硝化反硝化可以顺利进行，取得较好的处理效果。

4. SBBR工艺的工程应用实例

由于SBBR工艺对废水中的有机物和有毒物质具有良好的去除效果，因此，SBBR工艺通常被应用于处理城市生活废水、传统工业废水及各种高浓度难降解有机废水中。

(1) 处理一般工业废水

传统工业废水中COD、BOD、色度、总氮、总磷含量很高，可生化性一般，采用一般的物理、化学或生物处理方法都很难使出水达到国家排放标准。相关研究表明，采用SBBR工艺处理传统工业废水，如屠宰废水、肉类制品处理厂产生的废水、印染废水，能够得到较好的出水水质。当采用 SBBR 工艺处理屠宰废水时，COD、BOD、总氮、油脂的去除效率可分别达到 97%、99%、92%、82%，出水可达到国家二级排放标准。采用 SBBR 工艺处理肉类制品处理厂废水时，COD、BOD 的去除效果良好，且氨氮的平均去除率可到 90.6%。当采用 SBBR 工艺处理印染废水时，同样可以得到稳定达标的出水水质。目前，SBBR 工艺已经被广泛应用到港口化学品污水、混合化工废水等各个工业废水处理中，并取得了良好的效果。

（2）处理焦化废水

焦化废水是煤高温炼焦、煤气净化、炼焦产品回收及精制过程中产生的工业废水，其组分复杂，除含有大量挥发酚、COD、毒性物质氰化物、硫化物外，还有高浓度的氨氮及许多难降解的稠环芳烃与杂环化合物。由于我国焦化废水产生量大，不但会对环境造成严重污染，同时也会直接威胁到人类的身体健康。因为生产工艺、原材料的不同，焦化废水的性质也不尽相同，一般而言，COD 浓度为 2500～4500mg/L，氨氮浓度为 400～1000mg/L，是典型的高浓度难降解有机废水，生化性较差。

国内大多数焦化厂废水处理不能达标，出水氨氮严重超标。采用 SBBR 工艺处理焦化废水能够保证出水达标并降低处理成本。已有的试验研究表明，厌氧-SBBR 工艺联合处理焦化废水能够得到较好的出水水质。于晓丹等人采用此工艺进行了焦化废水的处理试验，使得出水 COD 和氨氮的去除率分别为 87.4%和 64.7%，比单一的 SBBR 系统分别提高了 9.9%和 17.2%。张莉珍通过实验考察了 SBBR 系统对 COD 去除效果的稳定性，结果表明：当采用 SBBR 工艺处理焦化废水时，进水 COD 浓度在 1000～3500mg/L，系统具有较好的稳定性。

采用 SBBR 工艺处理焦化废水具有成本低、系统稳定性好、处理效率高的优点，但在目前焦化废水的处理中仍应用较少，其具体的工程应用还有待推广开发。

3.2.4　移动床生物膜反应器（MBBR 工艺）

移动床生物膜反应器（Moving Bed Biofilm Reactor，MBBR）产生于 20 世纪 80 年代末 90 年代初，由挪威 KMT 公司和挪威科技工业研究院合作开发并申请专利。移动床生物膜反应器，又称悬浮填料移动床工艺，其设计初衷是在北欧寒冷的气候条件下，为不增加占地面积，同时保证曝气池中的生物量处于较高水平，提高污染物的处理效率。它吸收了传统生物流化床和生物接触氧化法的优点，是一种高效污水处理方法。

1. 移动床生物膜反应器的工作原理

在 MBBR 工艺中，比重接近于水的悬浮填料被直接投加入圆柱型或矩形结构的反应器内作为微生物生长附着的载体。根据是否曝气，MBBR 工艺可分为好氧移动床生物膜反应器和厌氧移动床生物膜反应器两类，在好氧系统中通过曝气作用使填料处于移动状态，在厌氧或缺氧系统中则是在机械搅拌的作用下实现。反应器内，循环水流和填料碰撞对生物膜产生剪切力，使老化的生物膜脱落以实现其新老代谢和生长控制，保持生物膜的活性始终处于高水平。MBBR 工艺能够连续运行，不发生堵塞，无需反冲洗，水头损失较小且具有较大的比表面积，反应器中的水流基本上为紊流状态，有利于液相主体中的营养物质和气相主体中的氧对生物膜的传质作用，促进污染物的生物降解利用。好氧移动床生物膜反应器如图 3-22 所示。

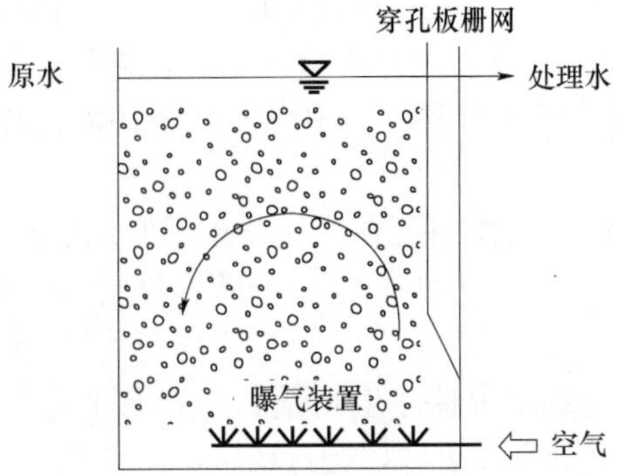

图 3-22 好氧移动床生物膜反应器

2. 移动床生物膜反应器的填料

MBBR 工艺的核心设计在于微生物附着的移动床填料，填料的性能直接影响到生物膜的形成、生物量的多少和处理效率的高低。填料在反应器中的运动形式非常复杂，是三维空间运动的复合，并且随着时间的推移而变化。填料大体上由内部和外部两部分组成，由于外部对内部的保护作用，微生物多附着于内部，外部则受到来自水流、气流和填料相互碰撞等多种作用，微生物不易附着，生物膜分布较少。为了使填料能够在反应器内形成良好的流化，其密度一般要求略小于 $1g/cm^3$。可用于制备填料的原料种类较多，例如聚乙烯、聚氨酯、颗粒活性炭、硅藻土等。高分子聚合物具有性质稳定、耐腐蚀、密度接近于 $1g/cm^3$ 等特点，在填料的制备上有着广泛的应用。表 3-10 为几种常见的 MBBR 填料。

表 3-10 常见移动床生物膜反应器填料性能

填料	KMT 填料（K1）	KMT 填料（K2）	ATW 填料	ANOX 填料
填料量（个/L）	900～1000	150～180	200～220	20～25
总比表面积（m^2/m^3）	690～700	500～550	450～500	200～250
有效比表面积（m^2/m^3）	480～500	300～350	300～350	180～200

反应器中生物膜比表面积由载体投加数量来控制，装填容积可高达空床反应器容积的 70%，相应地反应器内生物膜比表面积可高达 400～500m^2/m^3。但由于填料外侧表面比免受强烈水力冲刷的内表面生物膜量少得多，实际可供微生物生长的最大比表面积约为 350m^2/m^3。在实际运行中，移动床生物膜反应器既不需要反冲洗，也不需要污泥回流，通过反应器的水头损失亦不大。由于填料的密度略小于水，所以悬浮填料在不曝气时浮于水的表面，无须固定支架支撑，这使反应池的安装和维修变得很方便。当曝气时，生长生物膜的填料密度因与水相同，在反应池中随水流化，由此产生的气、水、填料三者间的充分接触和碰撞，一方面使氧的利用率、水中有机污染物的传质效率等大为提高，另一方面使老化的生物膜易于从填料表面脱落，便于膜的更新，使膜保持活性。另外，由于填料较轻，其流化所需的动力消耗也并不很高，一般满足供氧的气量即能起到良好的搅拌作用，这就使得悬浮载体生物膜法成为处理污水的一种合适方法。

3. 移动床生物膜反应器的特点

MBBR 兼具生物膜法和活性污泥法的优点，而不具有其缺点与不足，是一种基于生物膜法的生物处理工艺。按照工艺对氧需求量的不同，可分为好氧、缺氧和厌氧 MBBR 三种类型；按照运行操作方式的不同，可分为连续流 MBBR 和序批式 MBBR（Sequencing Batch Moving Bed Biofilm Reactor，SBMBBR）。与传统的活性污泥法和大多数典型的生物膜法相比，具有以下一些特点：

（1）填料在曝气或机械搅拌的作用下在反应器中不断地运动，使得 MBBR 能有效地利用整个反应器空间。填料在运动过程中与污水中的营养物质和中小气泡充分接触，在良好的传质作用下，生物膜高效地降解污染物，促进了微生物的生长代谢。

（2）MBBR 反应器内的生物量由悬浮生物量和附着态生物量组成，生物量高，生物量损耗低，能承受高有机负荷，处理效果好，运行稳定，而且不存在堵塞等多数生物膜法时常出现的问题。具有操作简单容易，日常管理方便，水头损失小，污水处理能耗低，反应器正常运行受低温影响不大等诸多优点。

（3）MBBR 在连续流工艺条件下，无需特别的操作循环以控制生物膜的厚度。因悬浮态生物量所占比重较少，并且有脱落的生物膜形成悬浮污泥以补充流失的生物量，故无需污泥回流便能使反应器内的生物量保持在一个相对稳定的水平，确保 MBBR 的正常高效运行。

（4）泥水分离的方法更加灵活，具有更大的可选择性。MBBR 反应器的出水，其固液分离可通过二次沉淀法、溶解吸附法、压载絮凝法、粒状载体过滤、滤布过滤和膜滤（超滤或微滤）等多种方法实现。

（5）MBBR 工艺用于污水处理厂的新建或者原有污水厂的提标改造。只需向曝气池中投加一定量的移动床填料便可完成升级，较大幅度地提高污水厂的处理效率，所需工程量小，工程投资低，经济实用，属优选工艺。

4. 移动床生物膜反应器的工程应用实例

迄今为止，国外已应用 MBBR 工艺进行处理生活污水、脱氮、处理某些工业废水的小试、中试及生产性试验研究，均取得较好的效果。移动床生物膜反应器适合应用于中、小型生活污水和工业有机废水处理。

（1）纸浆和造纸废水处理

挪威工程师 Rusten 等应用 MBBR 来处理几个不同水质的造纸厂废水。在 Stora Papyrus Grycksbo AB 造纸厂出水的平均 COD 去除率从化学处理的 45％上升到生物化学处理的 78％，出水 BOD 从平均 60g BOD/m^3 降低至小于 10g BOD/m^3，最大值不超过 25g BOD/m^3。在 Stora Cell Industri AB 造纸厂重要的是氯酸盐的去除，结果显示，氯酸盐在厌氧反应器中去除率达 90％。

（2）农药废水处理

农药废水有毒有害，常有深浓的颜色和难闻的气味，可生化性低，能抑制微生物的生长，不易被微生物降解。研究者发现，物化和生物方法适于处理农药废水。采用 MBBR 工艺处理农药废水时，需先通过高级氧化将难生物降解的有机物转化，提高可生化性，然后进入生物处理环节。采用 Fenton 法和 MBBR 工艺结合处理农药废水时，废水首先经 Fenton 处理以提高其可生化性，之后通过 MBBR 反应器，出水 COD 去除率可达 80％以上。多位研究者的研究试验结果表明，在利用 MBBR 工艺处理农药废水时，反应器内附着于填料上的生物量可达 7000～8000mg/L，甚至 10000mg/L 以上，高浓度的生物量确保了 COD 的高去除率和反应器的稳定运行。

（3）垃圾渗滤液处理

产生于垃圾填埋场的渗滤液其性质难以确定，受到多种因素的影响。垃圾渗滤液中含有高浓度有机污染物和无机污染物，如COD、金属离子和氨氮的浓度均很高。厌氧和好氧组合MBBR系统可用于垃圾渗滤液的处理，能够同时去除COD和氨氮；COD去除主要发生在厌氧反应器中，有机物通过酸化和甲烷化等作用，被转化为甲烷等气体排出水体；厌氧出水进入好氧反应器后，剩余的COD被进一步降解，氨氮的去除主要在好氧条件下完成。

第 4 章 污水厌氧生物处理新技术

4.1 概述

厌氧生物处理，又被称为厌氧消化、厌氧发酵，是指在厌氧条件下由厌氧或兼性微生物的共同作用，使有机物分解并产生甲烷和二氧化碳的过程。最初的厌氧处理工艺仅被应用于生活污水的处理，之后又被应用于污泥消化分解，进而应用于工业废水的处理，并且发展了很多效果良好的厌氧生物处理工艺。传统厌氧生物处理技术具有水力停留时间长、有机负荷低、池容大等的缺点，制约了厌氧生物处理技术的推广和应用。

随着对全球能源短缺和温室效应等问题的关注，可再生能源的重要性日益显现，而厌氧生物处理技术可将污废水转化为乙酸、甲烷、氢气等可再生能源，既能实现资源化、能源化利用，又能减轻环境污染。因此，对于厌氧处理技术、厌氧反应器的开发研究也变得越来越多。随着对厌氧消化机理研究的不断深入和各种高效厌氧反应器的飞速发展，污废水的生物处理技术已经成为资源和环境保护的核心技术之一。同时，污水厌氧生物处理技术以其成本低廉、稳定高效等特点，在高浓度有机废水、难降解有机废水的处理领域中得到了广泛的应用。

4.2 厌氧生物处理工艺的发展

4.2.1 第一代厌氧反应器

早在 19 世纪，人们就利用厌氧工艺处理废水废物。1881 年，法国工程师 Louis Mouras 发明了用以处理污水污泥的“自动净化器”，从而开始了人类利用厌氧生物过程处理废水废物的历程。1896 年英国出现了第一座用于处理生活污水的厌氧消化池，产生的沼气用于照明。1904 年德国的工程师 Imhoff 将其发展成为 Imhoff 双层沉淀池（即腐化池），这一工艺至今仍然在有效地利用。1912 年英国的伯明翰市建立了第一个用土堤围成的露天敞开式消化池。至 1914 年，美国有 14 座城市建立了厌氧消化池。1925 年至 1926 年，美国、德国相继建成了较为标准的消化池。二战结束后，厌氧处理技术的发展又掀起了一个高潮，高效的、可加温和搅拌的消化池得到了发展，厌氧污泥与废水的加温、搅拌提高了处理效率。但从本质上，反应器中的微生物（即厌氧污泥）与废水或废料是完全混合在一起的，污泥在反应器里的停留时间（SRT）与废水的停留时间（HRT）是相同的，因此污泥在反应器里浓度低，废水在反应器里要停留几天到几十天之久，处理效果差。此时的厌氧处理技术主要用于污泥与粪肥的消化，它尚不能经济地用于工业废水的处理。直至 1955 年，Schroefer 开发了用以处理食品包装废水的厌氧接触反应器（AC 法），取得了良好的效果。如图 4-1 所示，这种反应器是在出水沉淀池中增设了污泥回流装置，增大了厌氧反应器中的污泥浓度，处理负荷和效率显著提高。上述反应器被称为第一代厌氧反应器，由于厌氧微生物生长缓慢，世代时间长，而厌氧消化池无法将水力停留时间和污泥停留时间分离，由此造成水力停留时间必须较长。一般来讲，第一代厌氧反应器处理废水的停留时间至少需要 20～30d。

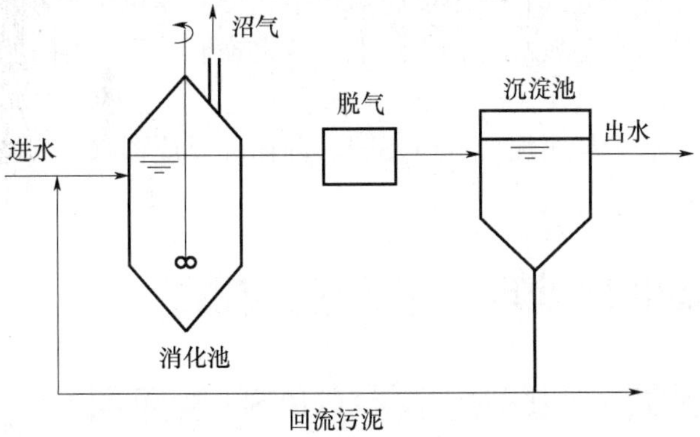

图 4-1　第一代厌氧生物反应器——厌氧接触工艺

4.2.2　第二代厌氧反应器

随着生物发酵工程中固定化技术的发展，人们认识到提高反应器中污泥浓度的重要性，于是，基于微生物固定化原理的高效厌氧生物反应器得以发展。第二代高效厌氧生物反应器必须满足以下两个条件：（1）系统内能够保持大量的活性厌氧污泥；（2）反应器进水应与污泥保持良好的接触。依据这一原则，20 世纪 60 年代末，第一个基于微生物固定化原理的高速厌氧反应器——厌氧滤池诞生。它的成功之处在于，在反应器中加入固体填料（如沙砾等），微生物由于附着生长在填料的表面，免于水力冲刷而得到保留，巧妙地将平均水力停留时间与生物固体停留时间相分离，其固体停留时间可以长达上百天，这就使得厌氧处理高浓度污水的停留时间从过去的几天或几十天缩短到几小时或几天。在相同的温度下，厌氧滤池的负荷高出厌氧接触工艺 2～3 倍，同时有很高的 COD 去除率，而且反应器内易于培养出适应有毒物质的厌氧污泥。1974 年，荷兰研究和开发了 UASB 反应器技术，其最大特点是反应器内颗粒污泥保证了高浓度的厌氧污泥，标志着厌氧反应器的研究进入了新的时代。随后，研究者们基于一些厌氧处理经验和厌氧处理所涉及的微生物学、生物化学和生化工程的最新研究成果，开发出的一批厌氧反应器被称为第二代废水厌氧处理反应器，其中比较典型的有：升流式固体厌氧反应器（USR）、升流式厌氧污泥床反应器（UASB）、厌氧滤池（AF）、厌氧流化床（AFB）等。

第二代厌氧反应器解决了厌氧微生物生长缓慢、生物量易随液体流出等无益于反应器高效运转的关键问题，这些反应器的突出优点有：（1）具有较高有机负荷和水力负荷，反应器容积比传统装置减少 90％以上；（2）在低温、冲击负荷、存在抑制物等不利条件下仍可保持良好的稳定性；（3）反应器结构简单，占地面积小，适合各种规模，并可作为运行单元被结合在整体的处理技术中，操作简便，人工管理费用得到降低。然而第二代厌氧反应器的缺陷仍然非常明显：对于进水无法采用高的水力和有机负荷，反应器的应用负荷和产气率受到限制。

4.2.3 第三代厌氧反应器

20 世纪 90 年代初，人们为实现高效厌氧反应器的有效运行，结合第二代反应器的优缺点，研发了第三代厌氧反应器。第三代厌氧反应器具备占地面积小、动力损耗小等特点，微生物均以颗粒污泥固定化的方式存在于反应器当中，反应器单位容积的生物量比以往更高，能承受更高的水力负荷且具备较高的有机污染物净化效果。反应器内的微生物在不同区域内生长，可以与不同区域内的进水充分接触，完成了一定程度上的生物相分离。第三代反应器的主要代表有：厌氧膨胀颗粒污泥床（EGSB）、内循环反应器（IC）、升流式厌氧污泥床过滤器（UBF）等。

4.3 新型厌氧生物处理工艺与反应器

4.3.1 升流式厌氧污泥床反应器（UASB 反应器）

升流式厌氧污泥床（UASB）是第二代废水厌氧生物处理反应器中典型的一种。由于在 UASB 反应器中能形成产甲烷活性高、沉降性能良好的颗粒污泥，因而 UASB 反应器具有很高的有机负荷，近 10 年来得到了最广泛的应用，目前约占全世界正在运行的厌氧反应器中总数的 70%。

1. UASB 反应器的工作原理

UASB 反应器的结构如图 4-2 所示，其主体可分为两个区域，即反应区和气、液、固三相分离区。在反应区下部是大量具有良好沉降性能与生物活性的厌氧颗粒污泥所形成的污泥床，在污泥床上部是浓度较低的悬浮污泥层。当反应器运行时，待处理的废水以一定流速（一般为 0.5～1.5m/h）从污泥床底部进入后与污泥接触，污泥中包含的大量活性厌氧菌起

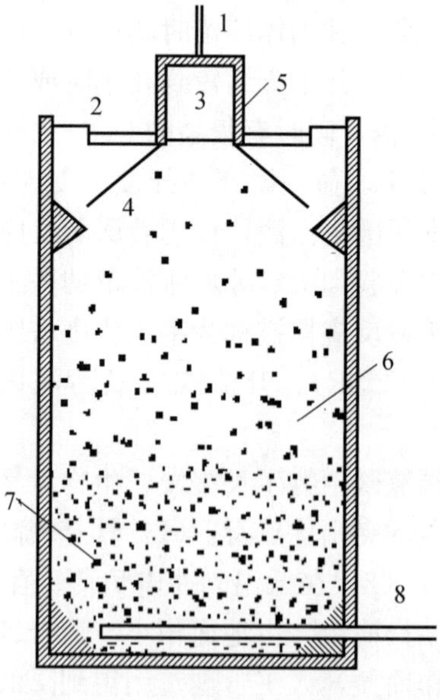

图 4-2 UASB 反应器工作原理示意图

1—沼气管；2—出水堰；3—气室；4—气体反射板；5—三相分离器；6—污泥悬浮层；7—颗粒污泥床；8—进水管

着生物代谢的主要作用，经过酸化与甲烷化两个过程，分解污水中的有机物，产生的沼气以气泡的形式由污泥床区上升，并带动周围混合液产生一定的搅拌作用。经过气体的搅拌，污泥床区的松散污泥被带入污泥悬浮层区，与悬浮污泥碰撞接触，一部分污泥比重加大，沉入污泥床区。悬浮层混合液的污泥松散，颗粒比重小，污泥浓度较低。气、水、泥的混合液上升至三相分离器内，气体受反射板的作用而进入集气室被分离，污泥和水进入沉降室，由于气体已被分离，沉降室的扰动很小，液体的运动趋于层流形态，在重力作用下泥、水分离，污泥沿斜壁返回反应区，上清液从沉淀区上部排走。

2. UASB 反应器的特点

UASB 反应器的污泥颗粒化是该反应器的一个主要的特征。颗粒污泥可以定义为具有自我平衡的微生态系统，其特性特别适宜于升流式废水处理系统的微生物聚集体。这一聚集体在体积上相对较大，与絮状污泥短时间形成的聚集体不同，颗粒污泥物理性状是相对稳定的。UASB 工艺的稳定性和高效性很大程度上取决于颗粒污泥的形成。如果反应器内的污泥以松散的絮状体存在，往往容易出现污泥上浮流失，使反应器不能在高负荷下稳定运行。颗粒污泥具有极好的沉降性能，可以保持 UASB 反应器内高浓度的厌氧污泥。当产气量较高，废水上升速度增加，絮状污泥由于沉降性能差，容易被冲洗出反应器。反应器内气体和水流产生的剪切力也会使得絮状污泥进一步分散，加剧系统厌氧污泥的流失。不同于絮状污泥，颗粒污泥有极好的沉降性能，不易受到气体和水流上升流速的影响。因此，污泥的颗粒化可以使 UASB 反应器有更高的有机物容积负荷和水力负荷。

除了污泥颗粒化外，UASB 反应器还具有以下特点：

（1）反应器内污泥浓度高。一般平均污泥浓度为 30～40g/L，其中底部污泥床污泥浓度达 60～80g/L，悬浮层污泥浓度为 5～7g/L。

（2）有机负荷高，水力停留时间短。

（3）反应器内设三相分离器。被沉淀区分离的污泥能自动回流到反应区，一般无污泥回流设备。

（4）无混合搅拌设备。反应器投产运行正常后，利用自身产生的气体和进水来达到搅拌的目的。

（5）污泥床内不填载体，节省造价及避免堵塞问题。

（6）反应器中污泥泥龄长，污泥表观产率低，所排出的污泥数量极少，从而降低了污泥处理的费用。

3. UASB 反应器的启动

（1）污泥的驯化

UASB 反应器启动的难点是获得大量沉降性能良好的厌氧颗粒污泥。用最好的办法加以驯化，一般需要 3～6 个月，如果靠设备自身积累，投产期最长可长达 1～2 年。实践表明，投加少量的载体，有利于厌氧菌的附着，促进初期颗粒污泥的形成；比重大的絮状污泥比轻的易于颗粒化；比甲烷活性高的厌氧污泥可缩短启动期。

（2）启动操作要点

1）最好一次投加足量的接种污泥；

2）启动初期从污泥床流出的污泥可以不予回流，以使特别轻的和细碎污泥跟悬浮物连续地从污泥床排出体外，使较重的活性污泥在床内积累，并促进其增殖逐步达到颗粒化；

3）启动开始废水 COD 浓度较低时，未必就能让污泥颗粒化速度加快；

4）最初污泥负荷一般在 0.1～0.2kg COD/（kg TSS·d）左右比较合适；

5）污水中原来存在的和厌氧分解出来的多种挥发酚未能有效分解之前，不应随意提高有机容积负荷，这需要跟踪观察和水样化验；

6）可降解 COD 的去除率达到 70%～80%左右时，可以逐步增加有机容积负荷；

7）为促进污泥颗粒化，反应器应采用较高的表面水力负荷，这样有利于小颗粒污泥与污泥絮凝分开，使小颗粒污泥并未形成大颗粒。

4. 厌氧颗粒污泥的性质和形成机理

（1）厌氧颗粒污泥性质

颗粒污泥因所处理废水的组成、操作条件和分析方法等的不同而有所不同。颗粒污泥主要由厌氧菌组成，如共生单胞菌属、甲烷八叠球菌属、甲烷丝状菌属等，但同时还存在一些好氧菌和兼性厌氧菌。颗粒污泥的形成实际上是微生物固定化的一种形式，但与其他类型不同，其形成与存在不依赖于任何惰性生物载体，惰性载体对颗粒污泥的形成和它的稳定性都不是必须的。颗粒污泥的形状有球形、杆形、椭球形，以球形为主。颗粒污泥的颜色为黑色或灰色，还有研究者观察到了白色的颗粒污泥。颗粒污泥有两个重要特性：良好的沉降性能和高比产甲烷活性。在 UASB 反应器中，颗粒污泥的沉降速度为 0.3～0.8m/h，而在清水中，颗粒污泥自由沉降的速率可达 2m/h。颗粒污泥根据其沉降速度可分三类：① 沉降性能差的颗粒污泥，其在 UASB 反应器中的沉降速度小于 20m/h；② 沉降性能一般的颗粒污泥，其在 UASB 反应器中的沉降速度为 20～50m/h；③ 沉降性能良好的颗粒污泥，其在 UASB 反应器中的沉降速度大于 50m/h。

（2）颗粒污泥的形成机理

关于颗粒污泥形成的机理目前还处于研究阶段，研究者提出了种种假说，大多数是根据观察颗粒污泥在形成过程中所出现的现象提出的，以下为几种有代表性的假说：

1）晶核假说。该假说认为颗粒污泥的形成类似于结晶过程，在晶核基础上，颗粒不断发育，直到最后形成成熟的颗粒污泥。晶核来源于接种污泥或在运行过程中产生的无机盐，如 $CaCO_3$ 或其他颗粒物质。

2）不少研究结果表明，在多数成熟的颗粒污泥中很难找到晶核。颗粒污泥的形成可不以晶核为基础而成长，而是完全靠微生物本身形成的，因而又产生了其他的观点：

① 电中和作用。这一假说认为，在厌氧污泥颗粒化过程中，Ca^{2+} 能中和细菌细胞表面的负电荷，减弱细胞间的电荷斥力作用，并通过盐桥作用而促进细胞的凝聚反应；

② 胞外多聚物架桥作用。这是目前比较流行的假说。这一假说认为，颗粒污泥是由于微生物（如细菌）分泌的胞外多糖使细胞粘结在一起而形成的。

新加坡南洋理工大学 Y. G. Yen 等认为污泥颗粒化过程可分成三个阶段，即积累阶段、颗粒化阶段和成熟阶段。大量初始颗粒污泥在反应器的底部形成并开始逐渐增长，这种状态为颗粒初始化。从反应器刚开始启动到颗粒初始化这段时间称为积累阶段。在此阶段中，颗粒化过程进行的很慢。相应地，当用粒径表示的颗粒比生长速率急剧下降时（约为最大生长速率 V_{φ} 的 20%或更低），颗粒成熟，这种状态称为颗粒成熟化。颗粒化阶段介于颗粒初始和颗粒成熟之间。在成熟阶段，尽管颗粒的平均大小仍然变化，但是成熟颗粒污泥较稳定，达到动力学平衡。周孟津等人把 UASB 反应器中颗粒污泥的形成过程分为 5 个时期，即絮凝污泥丝状菌增长期、颗粒污泥亚单位生成期、亚单位聚集期、初生颗粒生长期和颗粒污泥生长和成熟期。因此，颗粒污泥的形成过程通常分为四步：① 细菌向惰性物质或其他菌体表面移动；② 通过理化作用可逆地吸附在一起或惰性物质上；③ 通过微生物附属物的作用将细菌不可逆地粘附一起或惰性物质上；④ 细菌的倍增和颗粒污泥的增大。

5. UASB反应器的应用研究

UASB反应器自1977年实现工业化应用以来，已成功地应用于处理多种不同成分、不同浓度的污水，如高浓度制糖废水、土豆加工废水、淀粉废水、啤酒废水、酒精废水、乳品废水、屠宰废水、造纸废水，表4-1所列为国内外部分UASB反应器的统计设计资料。

表4-1 国内外部分UASB反应器运行情况

	废水类型	设计负荷 [kg COD/ (m³ · d)] (国外)			反应器体积 (m³)	厂家数	设计负荷 [kg COD/ (m³ · d)] (国内)			反应器体积 (m³)	厂家数
		平均	最高	最低			平均	最高	最低		
1	酒精生产	11.6	15.7	7.1	700～5000	7	6.5	20.0	2.0	500～3000	15
2	啤酒厂	9.8	18.8	5.6	1000～5000	80	5.3	8.0	5.0	500～1500	10
3	造酒厂	13.9	18.5	9.9	1000～3400	36	6.4	10.0	4.0	800～3600	8
4	葡萄酒厂	10.2	12.0	8.0	1000～4750	4	—	—	—	—	—
5	小麦淀粉	8.6	10.7	6.6	1100～4400	6	5.5	8.0	5.0	400～3780	12
6	土豆加工	9.5	16.8	4.0	200～3050	24	—	—	—	—	—
7	酵母业	9.8	12.4	6.0	800～2550	16	6.0	6.0	6.0	3200	1
8	柠檬酸生产	8.4	14.3	1.0	2000～3000	3	14.8	20.0	6.5	1230～2500	3
9	味精生产	—	—	—	—	—	3.2	4.0	2.3	1500～2800	2
10	屠宰废水	6.2	6.2	6.2	600	1	3.1	4.0	2.3	300～1300	4
11	制药厂	10.9	33.2	6.3	550～1300	11	5.0	8.0	0.8	600～2450	5
12	垃圾渗滤液	9.9	12.0	7.9	—	7	—	—	—	—	—

USAB工艺在20世纪90年代开始应用于处理生活污水，并已在巴西、墨西哥、哥伦比亚等热带、亚热带国家建设了多座以UASB为主体的城市污水处理厂，运行效果良好。在荷兰已有UASB反应器代替化粪池处理小区居民生活污水的装置。巴西圣保罗市建立了24000m³/d和14500m³/d的城市废水示范处理厂。哥伦比亚于1990年在哥伦比亚布卡拉曼加市建立了大型UASB反应器与兼性氧化塘串联处理生活污水的系统，其中UASB反应器总容积为6600m³。在印度的坎普尔市已建立了一座总容积为1200m³的UASB系统，日处理生活污水5000m³。另外，还有几座大型UASB系统正在建设中，如巴西玛瑙斯市的7200m³ UASB反应器、迪亚德马市的156m³ UASB反应器等。

近年来，国内一些单位已开展了这方面的研究工作。1985年北京环保所成功地应用升流污泥床处理城市污水，处理规模为1500m³/d，COD去除率为43.5%。中国市政工程西南设计院较早地开始了厌氧法处理生活污水的研究，最近又研究了厌氧-好氧系统，其中厌氧采用了加铁屑层作填料的UASB反应器。该系统厌氧段在冬季8～13℃、HTR为3～4h时，总COD去除率为35.9%～50.2%。但总的说来，我国在这方面的研究应用还不多。

4.3.2 厌氧膨胀颗粒床反应器（EGSB）

20世纪80年代后期，Lettinga教授等人在利用UASB反应器处理生活污水时，为了增加污水与污泥的接触，更加有效地利用反应器的容积，优化 UASB 反应器的结构设计和操作参数，使反应器中颗粒污泥床在高的液体表面上升流速下充分膨胀，从而处理效果大大提高，由此形成了早期的厌氧膨胀颗粒床（Expanded Granular Sludge Bed，EGSB）反应器。

1. EGSB 反应器的工作原理

EGSB 反应器是对 UASB 反应器的改进，与 UASB 反应器相比，它们最大的区别在于反应器内液体上升流速的不同。在 UASB 反应器中，水力上升流速 V_{up} 一般小于 1m/h，污泥床更像一个静止床，而 EGSB 反应器通过采用出水循环，其流速 V_{up} 一般可达到 5～10m/h，所以整个颗粒污泥床是膨胀的。EGSB 反应器这种独有的特征使它可以进一步向着空间化方向发展，反应器的高径比可高达 20 或更高。因此对于相同容积的反应器而言，EGSB 反应器的占地面积大为减少。除反应器主体外，EGSB 反应器的主要组成部分有进水分配系统、气、液、固三相分离器以及出水循环部分，其结构示意图如图 4-3 所示。

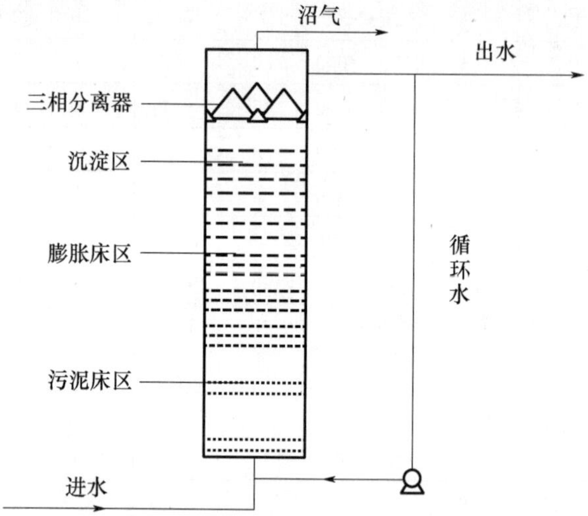

图 4-3　EGSB 反应器结构示意图

EGSB 反应器在运行过程中，待处理废水与被回流的出水混合经反应器底部的进水分配系统均匀进入反应器的反应区。反应区内的泥水混合液及厌氧消化产生的沼气向上流动，部分沉降性能较好的污泥经过膨胀床区后自然回落到污泥床区，沼气及其余的泥水混合液继续向上流动，经三相分离器后，沼气进入集气室，部分污泥经沉淀后返回反应区，液相夹带部分沉降性极差的污泥排出反应器。

进水分配系统的主要作用是将进水均匀地分配到整个反应器的底部，并产生一个均匀的上升流速。与 UASB 反应器相比，EGSB 反应器由于高径比更大，其所需要的配水面积会较小，同时 EGSB 反应器采用了出水循环，其配水孔口的流速会更大，因此系统更容易保证配水均匀。

三相分离器仍然是 EGSB 反应器最关键的构造，其主要作用是将出水、沼气、污泥三相进行有效分离，使污泥在反应器内有效持留。与 UASB 反应器相比，EGSB 反应器内的液体上升流速要大得多，因此必须对三相分离器进行特殊改进。改进可以有以下几种方法：① 增加一个可以旋转的叶片，在三相分离器底部产生一股向下水流，有利于污泥的回流；② 采用筛鼓或细格栅，可以截留细小颗粒污泥；③ 在反应器内设置搅拌器，使气泡与颗粒污泥分离；④ 在出水堰处设置挡板，以截留颗粒污泥。

出水循环部分是 EGSB 反应器不同于 UASB 反应器之处，其主要目的是提高反应器内的液体上升流速，使颗粒污泥床层充分膨胀，污水与微生物之间充分接触，加强传质效果，还可以避免反应器内死角和短流的产生。

2. EGSB 反应器的特点

与废水的好氧生物法相比，厌氧法具有负荷高、产泥少、能耗低、回收部分生物能等优点。EGSB 反应器与 UASB 反应器相比，具有以下的特点（表 4-2）。

表 4-2　UASB 反应器与 EGSB 反应器特点比较

	UASB 反应器	EGSB 反应器
结构设计	高径比较小，多呈矮胖状，占地面积较大	高径比较大（5～10，最高可达 20），占地面积相对较小
	对布水装置要求高，易产生沟流和死角	截面积相对小，对布水要求较低
	三相分离器工作状态和条件难以实现稳定操作	产气量大，三相分离器设计要求高但相对工作稳定
	放大设计时多采用增加截面积的方式	放大设计时多采用固定高径比的方式
运行操作	反应器启动时间较长（4～16 周），负荷提高不宜过快	一般以接种 UASB 颗粒污泥的方式启动，而后逐渐增大回流以提高升流速度
	升流速度通常小于 1m/h	高升流速度，V_{up}多为 2.5～20m/h
	污泥床趋于静态	污泥床膨胀
	负荷较高时易产生污泥流失	污泥颗粒化程度高、活性好、沉降性能好，正常运行后不易流失
	除启动阶段外一般不进行出水回流	采取出水回流，即出水循环部分
适用范围	适合处理高、中浓度有机废水；对含难降解有机物、有毒物质及高悬浮性固体的废水有一定的困难	处理范围更广；对于低温低浓度的污水及高浓度有毒性工业废水方面有优势

3. EGSB 反应器的启动

（1）EGSB 反应器的常规启动

反应器能否快速启动直接影响其应用与推广，因此快速成功地启动 EGSB 反应器成为国内外学者研究的焦点。

EGSB 反应器的启动一般分为三个步骤：

1）启动初期，接种污泥适应期。由于所处环境的改变，接种污泥会经过一段的适应期。此时的水力停留时间一般为 6～10h；

2）启动中期，提高水力负荷，降低停留时间。随着污泥活性的恢复，系统表现为 COD 去除率逐渐上升，此时可逐渐提高水力负荷，将其从初始的 2～3m^3/（m^3・d）提高到 4～6m^3/（m^2・d），水力停留时间降低至 2～4h。通过改变水力负荷，反应器内沉淀性能较差的细小絮状污泥会随水流流出，由此完成颗粒污泥的筛选；

3）启动稳定期。维持进水 COD 容积负荷，反应器出水 COD 去除率较高且稳定，启动过程完成。

清华大学水环境保护研究所左剑恶等人分别将厌氧絮状污泥和颗粒污泥接种到总体积为 12.8L，反应区内径为 72mm，高径比为 25 的反应器 R1，以及总体积为 8.08L，反应区内径为 50mm，高径比为 43 的反应器 R2 中。反应器 R1 运行至 78d，COD 容积负荷达到 4.3kgCOD/（m^3·d），COD 去除率达 66％，反应器的启动完成。R2 反应器启动运行过程中，前 19d 无回流，后 13d 采用出水回流，第 32d 反应器 COD 容积负荷达到 4.1kg COD/（m^3·d），COD 去除率为 95％左右，启动过程完成。

墨西哥国立自治大学工程学院 Noyola 等人通过考察 UASB 反应器中液体上升流速对颗粒污泥形成的影响，发现通过提高液体上升流速形成水动力学压力，可产生纯粹物理絮凝作用，使厌氧絮状污泥能够很快转化为厌氧颗粒污泥。由此得出结论：保持较高的水力负荷，不仅能形成水动力学压力，而且也能在 EGSB 反应器内形成环流，提供理想的水流与微生物作用方式，有利于颗粒污泥的快速形成，从而使反应器较快地成功启动。

（2）EGSB 反应器的快速启动

哈尔滨工业大学贾学斌等人采用 EGSB 反应器处理人工配制的模拟生活污水，对反应器的快速启动进行了详细的研究。EGSB 反应器的快速启动主要分为三步：

1）高流量、低 COD 进水阶段。此阶段运行 27d，进水 COD 为 800mg/L，COD 负荷为 7.68kg/（m^3·d），关键的控制条件是上升流速，在保证出水中不出现较大絮状及小颗粒状污泥的情况下，应适时有计划地增大上升流速，这样不但保证了污泥量的增加，而且还可筛除掉一些不良菌种，为培养沉淀性能良好的颗粒污泥创造条件。

2）低流量、高 COD 进水阶段。此阶段运行 10d，进水 COD 从第一阶段的 800mg/L 提升至 1500mg/L，进水 COD 负荷为 7.2kg/（m^3·d）。通过增加进水 COD 浓度和减小上升流速，能在保留上一阶段大量优良菌种的基础上，在短时间内快速增加污泥浓度。

3）高 COD、高流量进水阶段。在反应器运行处理稳定状态下提高进水 COD 浓度和进水流量及出水回流比。在此阶段提高进水流量的初期，虽有少部分带有绒絮状的颗粒污泥流失，但经过 2～3d 后就恢复正常，抗冲击能力明显加强，达到了后续试验的要求，启动基本完成。

反应器启动 27d 时从反应器底部取样口取泥，发现有大小不均匀颗粒状污泥出现，细小颗粒占多数，粒径多为 0.25mm。38d 时取泥发现有大量颗粒污泥出现，而且从反应器中部取泥也发现有少量颗粒污泥出现，但颗粒污泥大小不均匀，形态不规则，稳定性较差。46d 时反应装置产气明显，取样观察发现污泥变得规则、光滑。54d 时测定污泥量及污泥活性，污泥浓度为 35.4g/L，污泥中挥发性物质的含量 VSS/SS＝0.802（VSS 是挥发性固体悬浮物，SS 是总固体悬浮物），对 COD 的去除率也相应提高到 85.64％，达到了培养要求。

成熟后的颗粒污泥形态如图 4-4 所示，可见成熟颗粒污泥是由一些颗粒状菌和丝状菌组成的。此时进水 COD 负荷达到 20kg/（m^3·d），颗粒污泥也逐渐变得规则、光滑，强度逐渐得到提高。通过显微镜及电镜扫描照片可以明显观察到，以菌胶团或颗粒状形式存在的微生物（其中包括一些杆状菌）被一些丝状菌缠绕，形成颗粒的主要细菌核心，并构成颗粒污泥的骨架。这种丝状菌缠绕细颗粒构成的骨架结构，通过截留游离状的细菌，吸收、分解大分子有机物，共同构成共生体系形成颗粒污泥的初期形态，在逐渐生长的过程中又吸附缠绕了大量丝状菌，形成颗粒状污泥。

膨胀颗粒污泥床反应器能较快启动的重要因素包括三个：① 接种污泥具备厌氧颗粒污泥菌种（颗粒污泥是否解体均可），同时加入的厌氧污泥增加了接种污泥中的生物量，也为反应器很快启动创造了条件；② 反应器在不同阶段下采用不同的运行条件，为反应器成功启动提供了必要的保证。在前两个阶段保证进水 COD 负荷基本不变的条件下，通过改变进水

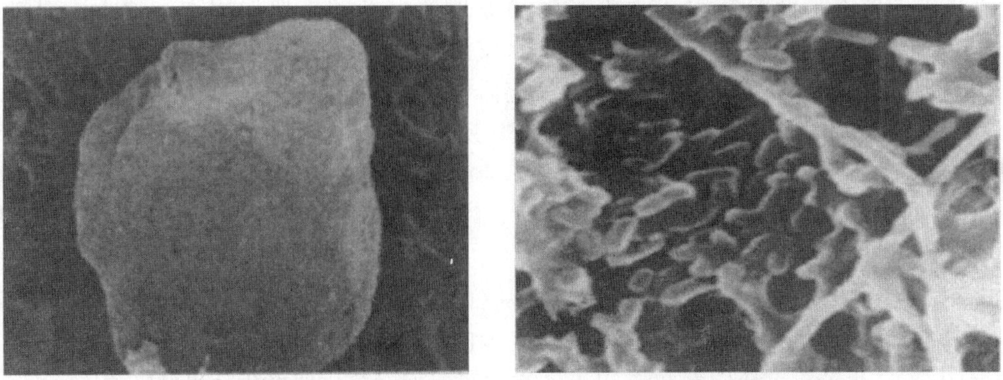

(a) 颗粒污泥的整体形态　　(b) 颗粒污泥电镜扫描照片

图 4-4　颗粒污泥电镜扫描照片

COD 浓度、进水流量和回流量来调控上升流速，第三段以增加负荷的方式，不但筛选了优势菌种，而且加快了微生物量的增长，为稳定运行打下基础；③ 在反应器启动时加入适量的 Fe、Co、Ni 等微量金属营养元素可以提高厌氧微生物的活性，明显加快颗粒污泥的形成速度。

4. EGSB 工艺的工程应用实例

国外对 EGSB 反应器的研究与应用进行的比较多，20 世纪 90 年代以来荷兰 Biothane System 公司推出了一系列工业规模的厌氧 EGSB 反应器（商品名为 Biobed EGSB），其应用领域涉及啤酒、食品、化工等行业。荷兰喜力啤酒公司、丹麦嘉士伯啤酒公司和中国的深圳金威啤酒公司等都是 EGSB 反应器的用户。表 4-3 是国外使用 EGSB 反应器处理不同类型废水的几个实例。目前，国内外对 EGSB 的应用研究主要集中在低温低浓度废水、高浓度有机废水、有毒难降解有机废水处理以及反应器厌氧氨氧化脱氮等方面。

表 4-3　国外 EGSB 处理工程实例

序号	处理对象	COD 负荷 (g COD/L·d)	水力负荷 ($m^3/m^2 \cdot h$)	总 COD 去除率 (%)	反应器容积 (m^3)	国家
1	制药废水	30	7.5	55	4×290	荷兰
2	玉米淀粉	15.5	2.8	87	1314	美国
3	面包酵母	40	8.0	90	95	德国
4	化工废水	10.2	6.3	90	275	荷兰
5	面包酵母	44	10.5	60	2×95	法国
6	啤酒废水	19.2	5.5	60	780	荷兰

（1）EGSB 工艺处理低温低浓度废水

温度低于 20℃ 的厌氧消化称为低温厌氧消化，COD 低于 1000mg/L 或 BOD_5 低于 500mg/L 的污水就可以被视为低浓度废水。由于有研究表明低温条件下（≤20℃）微生物的活性和产甲烷率都很低，厌氧消化是不可行的，因此以前大部分的厌氧消化工程应用和研究主要是针对中温（25～45℃）和高温（45～65℃）进行的。EGSB 反应器采用高达 4～10m·h 的液体上升速度，不仅能使污水与污泥之间充分接触，使传质效率大大提高，而且有利于基质和代谢产物在颗粒污泥内外的扩散、传送，因此 EGSB 反应器在低温低浓度废水处理中可取得良好的效果。对厌氧工艺而言，城市污水属于典型的低温、低浓度污水，尤其是在低温的冬季，低温常常成为废水生物处理效率低的主要原因，不利于厌氧处理。EGSB反应器的研发使得低于15℃下处理污水成为可能。

大连理工大学杨凤林等人采用EGSB反应器与膜联用技术在11～25℃下，处理COD为383～849mg/L的生活污水。结果表明，EGSB反应器反应温度由25℃降到15℃时，COD和TOC的去除率分别为73%～78%和70%～80%。整个工艺对COD和TOC的平均去除率分别为90%和88%。当温度降低到11℃时，随着HRT由3.5h增大到5.7h，COD去除率从76%增加到81%，表明了低温时处理HRT的重要性。河北科技大学环境科学与工程学院李再兴等人研究表明，反应器在温度15～20℃运行时的COD去除效率比30℃时降低8%～10%，但通过对适当减少进水量，降低VLR和增大回流比的运行参数进行调整后，反应器的COD去除率可稳定在80%以上，克服了温度对反应器净化效果的影响。

EGSB反应器在处理生活污水时，高的V_{up}和气泡搅拌力经常会将反应器内的污泥带出，导致出水不达标或者是反应器的崩溃。因此，减少高V_{up}下反应器的污泥流失量是EGSB反应器处理生活污水的关键。除了生活污水以外，大部分的工业废水都是在中温偏低温的条件下排放。荷兰瓦赫宁根大学Salih Rebac等人研究用单个和两个EGSB反应器在低温条件下处理低浓度的人工合成废水和麦芽废水，在有机负荷（OLR）为12kg COD/（m^3·d），水力停留时间为1.6h，温度为10～12℃条件下，当进水COD为500～800mg/L时，单个EGSB反应器的COD去除率可达90%以上。当温度为10～15℃，OLR为2.8～12.3kg COD/（m^3·d），水力停留时间为3.5h时，两个EGSB反应器系统对可溶性COD的去除率可达67%～78%，对挥发性脂肪酸的去除率可达90%～96%。

上述研究都表明，EGSB反应器处理低温低浓度废水是可行的，但是厌氧微生物在低温度和低基质浓度的条件下，生长速度和生物活性都是比较差的，而且启动条件难以控制，因此进一步增加了厌氧反应器启动的时间和难度。另外，产甲烷菌活性大幅降低，导致厌氧反应器只能在较低负荷下运行。因此，总体而言，EGSB低温下运行的甲烷产量和污染物去除效率都较中温（35℃左右）或高温（55℃左右）下要低。

（2）EGSB工艺处理高浓度有机废水

COD的生物降解效率主要取决于反应器内的水利混合条件，EGSB反应器内颗粒污泥床处于膨胀状态，而且在高的上流速度和产气的搅拌作用下，废水与颗粒污泥间的接触更充分，水力停留时间更短，从而可大大提高反应器的有机负荷和处理效率，高负荷有利于颗粒长大，高的剪切力有利于形成更光滑和更密实的生物膜。EGSB反应器的COD有机负荷可高达30kg/（m^3/d），要远高于UASB的10kg/（m^3/d）。因此，与UASB反应器相比，EGSB反应器有较高的处理能力。

荷兰瓦赫宁根大学Jeison等人利用EGSB反应器和UASB反应器分别处理人工配制的乙醇废水（COD约10000mg/L）、速溶咖啡废水（COD为6000～10000mg/L）、稀释的啤酒废水（COD约为30000mg/L），并进行了对比实验。结果发现，两反应器在处理乙醇废水和速溶咖啡废水时的处理效果差别不大。处理乙醇废水时，COD去除率均为80%左右，处理速溶咖啡废水时，EGSB反应器和UASB反应器的COD去除率分别为60%和55%，而EGSB反应器在处理稀释的啤酒废水时更具优势。

（3）EGSB工艺处理有毒、难降解废水

当废水中含有对微生物有毒害作用或某些难降解的物质时，采用传统的厌氧反应器，包括UASB反应器都很难获得良好的处理效果。EGSB反应器由于具有较高的出水循环比，可以将原水中毒性物质进行稀释，降低其对微生物的抑制和毒性，保证反应器中微生物的良好生长环境。同时还由于反应器内水力上升流速大，废水与微生物之间能够充分接触，可以促进微生物降解基质。因此，采用EGSB反应器处理毒性废水可以获得良好的效果。

美国德雷塞尔大学Speece认为要稳定和有效地处理毒性废水，关键在于合适的驯化和长泥龄的保证，由此，他提出了有助于厌氧去除毒物的3个条件：1）毒物浓度远低于其IC50（使厌氧过程污泥产甲烷活性降低50%的有毒物质的质量浓度）值；2）在处理条件下，毒物本身可以生物降解或能被螯合分离；3）生物体对这种毒物能够驯化。中南大学资源加工与生物工程学院周洪波采用EGSB和UASB作对比试验处理含五氯酚（PCP）自配有机废水，结果表明EGSB和UASB中PCP的被测量的拮抗剂的半抑制浓度（Half maximal inhibitory concentration，IC50）值分别为15.4mg/L和7.9mg/L，这说明与UASB相比，EGSB中培养的厌氧颗粒污泥活性对PCP的抑制具有更强的耐受能力。

荷兰某化工厂以甲醇为原材料生产甲醛，所产生的甲醛废水中含有大量的甲醛和甲醇，废水的COD为40000mg/L，甲醛为10000mg/L，甲醇为20000mg/L。该厂采用EGSB反应器处理废水，回流比为30倍，大大降低了甲醇和甲醛的浓度，处理效果较好。反应器在HRT为1.8h，上升流速为9.4m/h，容积负荷为17kg COD/（m^3·d）的运行条件下，COD的去除率在98%以上，出水中甲醇和甲醛的浓度平均为20mg/L，去除率可达99.8%。

（4）EGSB工艺厌氧脱氮

传统的生物脱氮是根据硝化反硝化的原理进行脱氮，此过程需要氧的参与才能完成，因此，厌氧法对氨氮、磷等无机污染物的去除有局限性，厌氧出水往往需要后续处理。20世纪90年代厌氧氨氧化（ANMMOX）脱氮技术的发现为厌氧脱氮的研究开启了大门，厌氧氨氧化是在厌氧条件下以亚硝酸作为电子受体，由自养菌直接将氨转化氮气，因而不必额外投加有机底物。目前，运用厌氧氨氧化脱氮技术在多种厌氧反应器中均有报道。

重庆大学环境科学系祖波等人将好氧污泥接种到EGSB反应器内，经过120d的启动运行后，在进水中投加亚硝酸钠和铵盐，将反应器温度控制在32～35℃，当进水COD为500mg/L，COD有机负荷为4.8kg/（m^3·d），总氮负荷为1.152kg/（m^3·d）时，出水COD达到了80mg/L以下，氨氮、亚硝态氮、总氮去除率分别为35%、99.9%、67%。

但是，ANAMMOX反应对环境条件，如进水基质、pH值、温度等要求较高，而且工艺上对于如何保证亚硝态氮的来源并维持ANAMMOX反应中亚硝态氮与氨氮的浓度比例等都不是很清楚，因此对ANAMMOX的研究目前仍停留于实验室规模，但其应用前景仍颇被人看好。

4.3.3 内循环厌氧反应器（IC）

内循环（IC）厌氧反应器是由荷兰PAQUES公司于20世纪80年代后期，在对升流式厌氧污泥床（UASB）的应用现状及其优缺点进行深入分析的基础上，研究开发成功的第三代高效厌氧反应器。与前两代厌氧反应器相比，IC厌氧反应器主要有以下两个特点：一是在反应器塔体内实现了无需外加动力的内循环，从而使污泥和废水得以充分混合，加强了传质效果，提高了生化反应速率；二是三相分离不在塔体内完成，而是在塔体外的分离包内实现了三相分离，从而增加了反应器的有效容积。

随着对该反应器技术研究的不断深入，其众多优势被人们认识并接受，使其废水处理工程中的应用得到了很大程度的推广和普及。目前，IC厌氧反应器已成功应用于啤酒生产、食品加工、造纸等行业的生产污水处理中。我国于1996年引进该技术用于啤酒废水的处理，并对该技术进行研究。国内自主生产的IC厌氧反应器用于规模较大的废水处理。由于其容积负荷高、能耗低、投资少、占地省、可再生、运行稳定等特点，被视为第三代厌氧生化反应器的代表工艺之一。进一步研究开发IC厌氧反应器，推广其应用范围已成为厌氧废水处理的热点之一。

1. IC厌氧反应器的开发背景

厌氧反应器的处理效率主要取决于反应器所能保有的微生物浓度及其生化反应速率，而传质条件对生化反应速率起着至关重要的作用。依托适宜的营养、水力条件以及利用微生物的自固定化作用培养出的活性和沉降性能俱佳的颗粒污泥，再加上特有的三相分离器结构，UASB成功地使污泥停留时间与水力停留时间相分离，解决了反应器内生物量保持的问题。但UASB的传质过程并不理想，这对进一步提高有机负荷产生负面影响。由于污泥与有机物的传质过程主要依赖于进水与产气的搅动，因此强化传质过程最有效的方法就是提高表面水力负荷和表面产气负荷。但高负荷产生的剧烈搅拌会使UASB反应器中的污泥处于完全膨胀的状态，使原本SRT＞HRT的反应器向SRT＝HRT的方向转变，导致污泥过度流失。为避免出现过高的水力负荷与产气负荷，UASB反应器常常将进水的上升流速控制在1～2m/h以内。传质与微生物生物量保有之间的矛盾，成为UASB进一步提高有机负荷的根本制约因素。为解决这一问题，开发出了以出水回流来提高反应器内水流的上升流速为主要特征的第二代厌氧反应器，即IC厌氧反应器。与普通EGSB反应器的显著差别在于，IC厌氧反应器巧妙地利用特有的内循环系统，利用自身产生的沼气膨胀做功，在无须外加能源的条件下实现了内循环污泥回流。

2. IC厌氧反应器的结构及工作原理

IC厌氧反应器由5个基本部分组成：进液混合—布水区，第一反应区，内循环系统，第二反应区，沉淀出水区，其中内循环系统是IC厌氧反应器的核心构造，由一级三相分离器、沼气提升管、气液分离器、泥水下降管组成。IC厌氧反应器的基本结构示意图如图4-5所示。

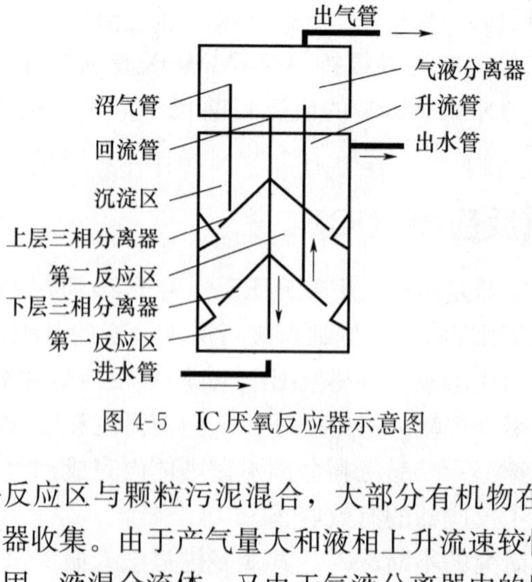

图4-5 IC厌氧反应器示意图

进水由底部进入第一反应区与颗粒污泥混合，大部分有机物在此被降解，产生大量沼气，沼气被一级三相分离器收集。由于产气量大和液相上升流速较快，沼气、废水和污泥不能很好分离，形成了气、固、液混合流体。又由于气液分离器中的压力小于反应区压力，混合液体在沼气的夹带作用下通过沼气提升管进入气液分离器中，在此大部分沼气脱离混合液外排，混合流体的密度变大，在重力作用下通过泥水下降管回到第一反应区的底部，与第一反应区的废水、颗粒污泥混合，从而实现了流体在反应器内部的循环。内循环使得第一反应区的液相上升流速大大增加，可以达到10～20m/h。

第二反应区的液相上升流速小于第一反应区，一般仅为2～10m/h。这个区域除了继续进行生物反应之外，由于上升流速的降低，还充当第一反应区和沉淀出水区之间的缓冲段，对解决跑泥、确保沉淀后出水水质起着重要作用。

3. IC厌氧反应器的特点

基于前面的论述可以知道，IC厌氧反应器具有很多优点，其主要的优点如下：

（1）污泥可以大量保留。① 第二反应区的液相上升流速一般仅为2～10m/h，远小于第一反应区，混合液在此区具有相对长的水力停留时间；② 由于大部分COD在第一反应区已被去除，此区产气量很少，不足以产生很大的水流湍动，混合液接近于推流状态；③ 内循环系统不通过第二反应区，对此区流体的流速几乎无影响。上述三点非常有利于颗粒污泥的沉降和保留，即使在数倍于UASB的进水负荷条件下也是如此，不存在高COD负荷下污泥被冲出系统的问题。由于内循环系统的存在，使得反应器具有SRT＞HRT的特征，实现了“高负荷与污泥流失相分离”的第三代厌氧反应器的设计思想，既保持了污泥的高浓度，又强化了传质过程。同时，由于第二反应区的存在，使得第一反应区与沉淀出水区之间有了缓冲段，也同样防止了高峰负荷时污泥的流失。

（2）具有很高的容积负荷。IC厌氧反应器通过采用内循环技术，提高了第一反应区的液相上升流速，使得混合液处于推流状态，强化了废水中有机物和颗粒污泥的传质，提高了生物处理能力，从而大幅度提高了反应器的容积负荷。容积负荷的提高会导致反应器沼气量的提升，进一步增强了沼气升流对污泥床的湍动和传质效果。通常，IC厌氧反应器的进水负荷可以高出UASB反应器的三倍之多。在采用IC厌氧反应器处理土豆加工废水时，当进水COD为10000～15000mg/L时，进水容积负荷可达35～50kg COD/（m^3·d），当处理啤酒废水时，进水COD为2000～3000mg/L，容积负荷可高达40kg COD/（m^3·d），COD去除率在75％～80％。

（3）沼气提升实现内循环，不必外加动力。IC厌氧反应器实际上是一种特殊的气提式反应器，其工作原理与空气提升液体循环反应器（气体式反应器）十分相似，区别仅在于IC厌氧反应器中的提升动力源自反应器中的自产沼气，而气提式反应器中的提升动力源自反应器外动力提供的空气。因此，与气提式反应器相比，IC厌氧反应器不必通过外力实现强制循环，从而可节省能耗。

（4）抗冲击负荷能力强，运行稳定。内循环的形成使得IC厌氧反应器第一反应区的实际水量远大于进口水量，例如在处理与啤酒废水浓度相当的废水时，循环流量可达进水流量的2～3倍；处理土豆加工废水时，循环流量可达10～20倍。循环水稀释了进水，提高了反应器的抗冲击能力和酸碱调节能力。即使入水中含有一定浓度的有毒有害物质，由于内循环水的稀释作用，其对反应器内的活性污泥生化反应所构成的威胁也将大大减弱。由于内循环水对进水所起到的pH调节的能力，从而大大节约了反应器运行过程中中和剂酸碱的用量。同时，IC厌氧反应器内还有具有缓冲处理作用的第二反应区，因此通常运行相当稳定。

（5）出水稳定性好，系统启动快。IC厌氧反应器相当于两个UASB反应器的串联系统，一般情况下，两级处理系统的出水水质、稳定性高于一级处理系统。IC厌氧反应器内污泥活性高，生物增殖快，为反应器快速启动提供有利条件。IC 厌氧反应器启动周期一般为 1～2 个月，而普通 UASB 启动周期长达 4～6 个月。

（6）基建投资省，占地面积小。在处理相同的废水时，IC 厌氧反应器的容积负荷是普通 UASB 反应器的 4 倍左右，故其所需的反应体积仅为 UASB 反应器的 1/4～1/3，节省了基建投资，加上 IC 厌氧反应器不仅体积小而且有很大的高径比（一般高度可达 16～25m，高径比为 4～8），所以占地面积特别省，非常适用于占地面积紧张的企业。

4. IC 厌氧反应器的工程应用实例

IC 厌氧反应器具有容积负荷率高、抗冲击负荷强、节省占地、运行稳定等优点，已经成功应用于土豆加工、啤酒、酒精、造纸、柠檬酸、果汁、猪粪等废水处理中。

（1）处理土豆加工废水

土豆加工废水是一种典型的高浓度有机废水，含有氨基酸、蛋白质、糖类、酰胺类、钾盐和纤维素等多种化合物，COD 含量高、可生化性强。1985 年荷兰建成的第一个中试 IC 厌氧反应器以及其后建造的 100m^3的 IC 厌氧反应器均用于处理土豆加工废水。土豆加工废水进水 COD 含量上万 mg/L，容积负荷可达 35～50kg COD/（m^3·d），由于传统的 UASB 反应器容积负荷仅为 10～15kg COD/（m^3·d），处理需要十几到几十小时的停留时间，而 IC 厌氧反应器的进水负荷高，停留时间仅为 4～6h，优势明显。

（2）处理啤酒废水

啤酒废水的 COD 约为 1500～3000mg/L，有时可达 4000～5000mg/L，可生化性强，不含明显抑制厌氧微生物生长的物质。用 IC 厌氧反应器处理，容积负荷可达 15～30kg COD/（m^3·d），水力停留时间为 2～4h，COD 去除率在 75%以上；而 UASB 处理啤酒废水，容积负荷一般仅为 4～7kg COD/（m^3·d）。

我国部分啤酒厂采用 IC 工艺处理啤酒废水，比如上海富士达酿酒公司和沈阳华润雪花啤酒有限公司都采用了 IC-CIRCOX 处理工艺。哈尔滨啤酒（沈阳）有限公司采用 200m^3容积的 IC 厌氧反应器＋活性污泥处理工艺，进水 COD 2000～2800mg/L，IC 厌氧反应器的 COD 去除率在 80%以上，整个系统出水 COD 浓度降到 50mg/L，取得了良好的处理效果。

（3）处理造纸废水

IC 厌氧反应器当今用于造纸行业也比较多。用于处理各类废纸制浆的废水达标排放，通过治理后的废水回用，即不同程度的封闭循环，或者完全没有废水排放的零排放，在法国、德国、比利时等欧洲国家的造纸厂都有应用。IC 厌氧反应器的废水负荷约在 20～30kg/（m^3·d），加之后续好氧系统，COD、BOD 去除率分别达到 90%和 99%。

在我国，IC 厌氧反应器也成功用于造纸废水处理。福建南纸股份公司 1999 年从荷兰 PAQUES 公司引进 IC 厌氧＋好氧系统，处理 30000t/d 的 DIP 和 TMP 的高浓混合废水，于 2000 年顺利建成后收到良好的效果。该公司将硫酸盐法（Kp）苇浆稀黑液（COD 为 5800mg/L）与碱性过氧化氢机械浆（APMP）制浆废水（COD 为 11000mg/L）按一定比例混合，用 IC 厌氧反应器（高 24m，直径 11m）进行厌氧处理，在 36℃±1℃，容积负荷为 12～15kgCOD/（m^3·d）时，COD、BOD 的去除率分别为 65%和 85%左右，产气率为 0.40～0.42m^3/kg COD。该废水的成功处理也证明了 IC 厌氧反应器的抗负荷冲击能力强，尽管进水负荷波动很大，出水的 COD 浓度却相对平稳，因其内循环结构可自动调整内循环水量，对高悬浮物浓度也有一定的承受力。

国内外部分 IC 厌氧反应器研究应用情况见表 4-4。

表 4-4　国内外部分 IC 厌氧反应器应用研究情况

废水种类	反应器体积（m^3）	进水 COD 浓度（mg/L）	容积负荷 [kg COD/（m^3·d]）	HRT（h）	沼气产量（m^3/kg）	总 COD 去除率（%）	备注
土豆加工废水	100	3000～8000	30～50	4～6	0.52	80～85	—
啤酒废水	70	4300	25～30	2.5	0.35	80	沈阳华润雪花啤酒有限公司，从 Paques 公司引进的第一套 IC 技术
啤酒废水	200	13000	20～40	—	—	75～80	广州珠江啤酒公司
高浓度酒精废水	4000	35000	15	41	—	88%	安徽某集团酒精厂
造纸废水	385	1510～2920	9～20	—	—	58～74	德国 Wepa 造纸厂
造纸废水中试	—		18	8	0.29	62.8	西安建筑科技大学，张志建
高浓度柠檬酸废水	1560	8200	13.15～15.78	—	—	81	无锡罗氏中亚柠檬酸有限公司
菊苣废水	1100	7900	31	6.1	—	80	荷兰 Roosendaal 某菊苣加工厂
猪粪废水中试	—	3000～15000	6～7	—	3	80%（IC 出水） 95.5%（SBR 出水）	IC-SBR 联合工艺

4.3.4　厌氧序批式反应器（ASBR）

厌氧序批式反应器（Anaerobic Sequecing Batch Reactor，ASBR）是 20 世纪 90 年代美国爱荷华州立大学 Dague 教授等人将好氧生物处理中的 SBR 法用于厌氧处理中，从而开发出的一种新型高效厌氧反应器。这种工艺能克服污泥流失的问题，且在反应器内能培养出沉降好、活性高颗粒污泥，具有较高的污泥停留时间，低的水力停留时间。虽然 ASBR 运行上类似于厌氧接触，但 ASBR 的固液分离在反应器内部进行，不需设澄清池，不需真空脱气设备。另外，ASBR 中不需 UASB 中复杂的三相分器，与其他高效厌氧反应器如 AF、UASB 等相比，ASBR 具有工艺简单、运行方式灵活、生化反应推动力大、耐冲击负荷强等优点。近些年，ASBR 受到世界范围内的广泛关注，已成为厌氧生物处理领域的研究热点之一。

1. ASBR 的运行模式

典型的 ASBR 运行周期包括四个阶段，即进水、反应、沉淀、出水，可以再加一个闲置阶段，闲置是指出水阶段与下一个周期的进水阶段之间的时间间隔，这可以增加进水的灵活性，其运行模式如图 4-6 所示。在多池并联的运行系统中，各个反应器可以按序列进水，但是每个反应器必须在出水阶段完成后，才能开始下一轮的进水。

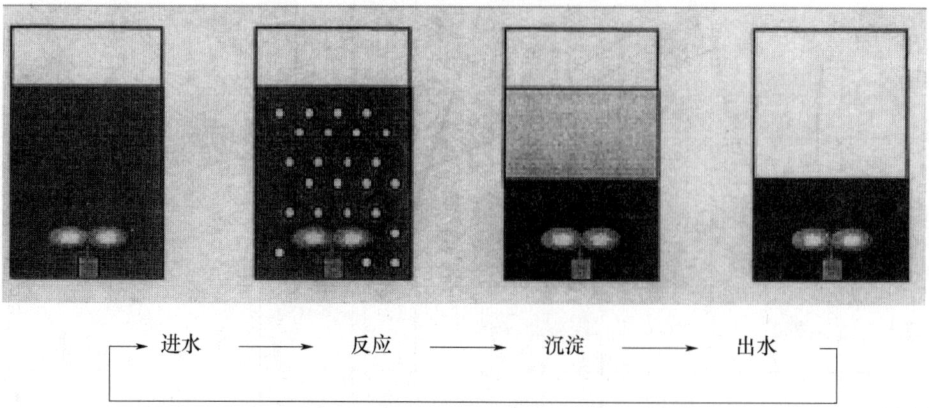

图 4-6　ASBR 运行模式示意图

（1）进水期。废水进入反应器，反应器内基质浓度骤然增高。由莫诺特（Monod）动力学方程可知，在此条件下，微生物获得了进行代谢活动的巨大推动力，基质转化速率高。进水水量由预期的水力停留时间、有机负荷、期待的污泥沉降性能来确定。ASBR 反应器的进水方式有两种：连续进水和集中进水。连续进水就是进水的同时开始搅拌，反应器始终处于反应状态，即进入反应期；集中进水则是将废水进入到预定水位以后再开始搅拌从而进入反应期。

（2）反应期。该阶段是有机物转化为生物气的关键步骤，反应所需时间取决于几个因素，包括废水成分和浓度、要求达到的水质、活性污泥浓度、搅拌效果以及温度。其中，搅拌对于均化环境条件（温度、pH 值、基质浓度等）是很重要的。但是根据其他相关研究发现，过强的搅拌会剪碎污泥絮体，从而导致较差的沉淀效果。

（3）沉降期。停止搅拌混匀，让生物团在静止的条件下沉降，使固液分离，形成低悬浮固体的上清液。反应器此时变成澄清器，沉降时间可根据生物团的沉降特性确定，典型时间在 10～30min 间变化，沉降时间不能过长，否则因生物气继续产出会造成沉降颗粒重新悬浮。混合液悬浮固体浓度（MLSS）、进料量与生物量之比（F/M）是影响生物团沉降速率及排出液清澈程度的重要因素。

（4）出水期。出水阶段是在有效的泥水分离之后进行的。出水阶段所需要的时间是由进水量与出水流速来控制的。出水阶段结束，则下一个周期的进水阶段立即开始。

2. ASBR 反应器的运行特征

厌氧微生物的代谢缓慢，生长速率低，如果出水微生物流失量过大的话会导致传统厌氧工艺的失败，但是这也使厌氧工艺的污泥产率低，减少了污泥的处理费用。在低浓度基质条件下，微生物对基质的利用率低，导致厌氧工艺不适合处理低浓度（COD $<$1000mg/L）废水。同时，传统厌氧工艺需要在较高温度下运行，对外加热源的要求增加了传统厌氧工艺的投资。ASBR 系统污泥沉降性能良好，出水中沉降性能较差污泥的流失有利于 ASBR 反应器中污泥的颗粒化，微生物持留量高，可以在低温条件下处理低浓度废水，有效地克服了传统厌氧工艺的缺点。相对于传统厌氧反应器，ASBR 反应器具有生物污泥颗粒化、耐冲击负荷、适应性广和受温度影响小等主要运行特征。

（1）活性污泥颗粒化。ASBR 反应器排水时将沉淀性能较差的絮体洗出反应器，留下较重的、沉淀性能较好的生物絮凝体，进一步互相吸附成为活性高、沉降性能好的活性污泥颗粒。

（2）耐冲击负荷，适应性广。ASBR反应器是间歇运行的非稳态厌氧生物处理工艺，时间上为推流式反应器，空间上为完全混合式反应器，耐冲击负荷。

（3）受温度影响小。ASBR反应器的工作温度区间为5～65℃。温度较低时，生物的生命活动节奏变慢，对基质的去除率降低，但是ASBR反应器出水中的微生物流失量少使反应器内可保持较高的生物量，同时微生物的衰减也下降，最终提高反应器内污泥的浓度，可以抵消前者对处理效果的影响。

3. ASBR反应器的工程应用实例

目前，ASBR法的研究者很少，绝大部分的研究工作是由美国Dague教授为首的团体完成的，近十年来，他们对ASBR法的设计方法操作要点、工艺特性、颗粒污泥的微观结构及各种影响因素等进行了研究，取得了一些研究成果。

ASBR反应器能够在5～65℃范围内有效操作。斯洛伐克技术大学Bodik等人研究了温度对ASBR的影响：处理COD为500mg/L的废水，在23℃下取得了88%的去除效果，即使温度低至10℃，在10h的水力停留时间下，也还能保持56%的去除效率。Ndon和Dague在常温下处理低浓度废水也得到了近似的结果。由此可见，ABSR适合处理低温废水，尤其是在常温下处理低浓度（COD<1000mg/L）废水。

美国已建立起ASBR反应器中试系统用来处理养猪厂废水，该系统能在5～35℃范围内稳定运行。国内外很多学者将ASBR反应器成功地用于处理垃圾渗滤液、屠宰废水、生活污泥、生活污水等。Bodik等人用ASBR在23℃处理生活污水，HRT 10h；COD_{Cr}和BOD_5去除率达到了88%和96%。应用ASBR法能够处理谷物加工厂、蛋奶食品加工厂、家畜饲养厂、屠宰厂、制药厂等排放的废水。对流量、水质波动大的废水及一些特殊废水，如苯酚废水、煤转化废水等，ASBR法均能取得很好的处理效果。

4.3.5　厌氧迁移式污泥床反应器（AMBR）

厌氧迁移式污泥床反应器（Anaerobic Migrating Blanket Reactor，AMBR）是一种新型高效处理工艺，可以用来处理工业废水和城市污水，它融合了UASB与ASBR的优点，属于多格室串联反应器，在流态上整体呈现推流式，局部则又呈现完全混合式，其对有机物的降解速率和处理效果高于单个完全混合反应器，而且在一定的处理能力下所需的反应器容积也比单个完全混合反应器要小得多，并且无需三相分离器和配水系统，运行方式灵活、结构简单、运行稳定，有较强的耐冲击能力，易于实现自动控制。

1. AMBR工艺的基本构造

如图4-7、图4-8所示，AMBR工艺由三个隔室组成，中间隔室用于在改变进水流向前短时进水防止短流，作为运行过渡区；两侧隔室均设有进水口和出水口（如果左面隔室作为进水口，那么右面隔室则作为出水口），按设定的时间开启不同的进水口。整个反应器的运行由PLC编程控制。

AMBR反应器有两种不同的构造型式。一种是在反应器中间格室底部有一圆形开孔（圆孔尺寸可以调整），底部的小孔可以使底物与污泥充分接触，保证污泥的迁移，同时可防止发生短路循环。当COD负荷增加时，产气量也会增加，从而导致进水室的扰动增大，污泥迁移速率增大，此时增加孔的尺寸可以显著地减小污泥迁移速率。这种型式的反应器水力停留时间通常较长。另外一种是在相邻格室中间设置一系列垂直安装的导流板（导流板间距可调），以减少底物的短路循环。导流板与反应器壁要有足够的距离以防止大的颗粒污泥通过时发生阻塞。该种型式的反应器适用于 HRT 较低的情况，此外在相同的条件下，使用具有导流板的反应器发生短路循环的机会将会大大降低。

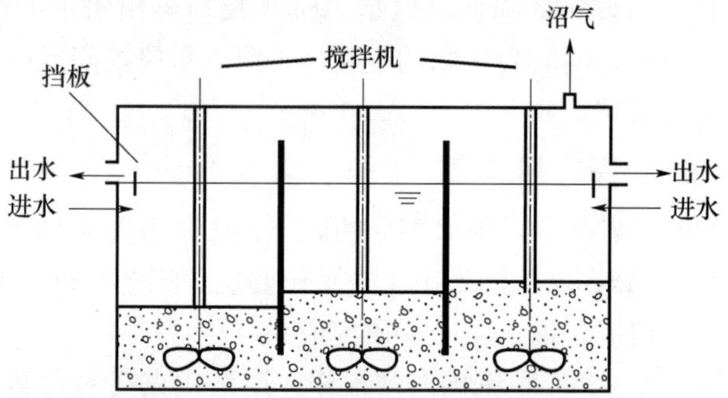

图 4-7　AMBR 工艺结构示意图（底部开孔）

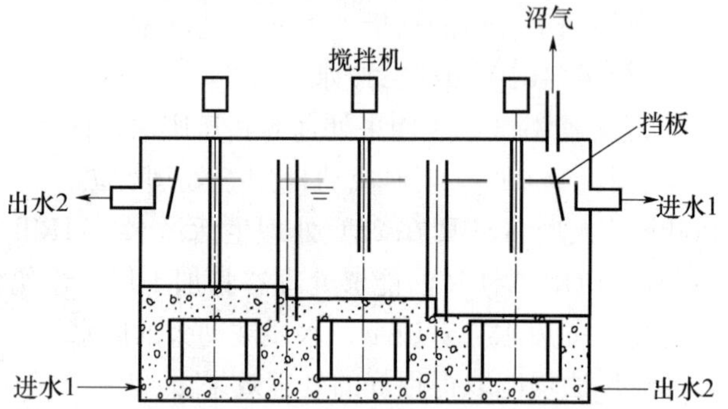

图 4-8　AMBR 工艺结构示意图（带导流板）

2. AMBR 工艺的基本原理

AMBR 反应器是多室串联运行，至少有三个格室，反应器两侧各有进、出水口。运行时进水从反应器的一端水平流入，另一端流出，从整个反应器内的水流状态来看属于推流式，但每个隔室内由于机械混合、产气的搅拌作用表现为完全混合的状态。这种整体上为推流式，局部区域内为完全混合式的多个反应器串联工艺对有机物的降解速率和处理效果无疑高于单个完全混合反应器，而且在一定的处理能力下所需的反应器容积也比单个完全混合低得多。因而出水室中的有机底物浓度最低，生物体对底物的利用效率也最低，产气量小，出水室可作为内部澄清池，起到泥水分离的作用，减少出水中的生物量，防止生物体随出水流失。为了防止微生物在出水室累积，需定期反向运行，使出水室变为进水室，进水室变为出水室。为达到连续进出水的目的，反向运行前有从中间单元室进水的过渡阶段。为促进污泥与污水的充分接触，三个格室中均设置污泥搅拌设施间歇搅拌，系统出水口前设置挡板以防止污泥的流失。

3. AMBR 工艺颗粒污泥的启动

污泥的颗粒化对 AMBR 工艺的性能至关重要，其接种污泥可直接取 UASB 反应器中已经部分颗粒化的污泥或直接用 ASBR 中的颗粒污泥。

美国伊利诺伊大学 Angenent 课题组通过厌氧消化池中的絮状污泥进行接种的步骤：在启动阶段，系统需要在较低的负荷下运行，最后格室不进行搅拌，使微生物能在反应器内生长积累。启动时反应器内的悬浮液挥发性悬浮固体 MLVSS 高达 16g/L，之后在 90d 内逐渐增加反应器内的 COD 负荷至 5.5g/L。研究结果表明：由于絮状酸化菌的积累，污泥的沉淀性能下降，系统中并没有将大量的絮状悬浮污泥分离。为此，从第 100d 开始，启动最后格室中的搅拌器来增加系统的搅动程度，并将进水 COD 负荷降低到 2g/L，提高进水量，此时系统水力停留时间 HRT 缩短 5 倍，足以冲出絮状的生物体。反应器运行到 150d 后，出现了灰白色的颗粒污泥。运行到 175d 后对污泥进行电镜扫描，结果没有发现絮状生物体，此时微生物体比产甲烷活性（单位 VSS 消耗 COD）从原来的 0.18g/（g·d）增加到 1.5g/（g·d）。试验结果说明，AMBR 反应器通过改变水力负荷和有机负荷可选择沉淀性能好的微生物体。

Angenent 课题组还采用 ASBR 反应器中的颗粒污泥进行接种：首先将颗粒污泥在 4℃条件下储存 4 个月，启动时接种颗粒污泥的平均粒径为 0.78mm，MLVSS=6g/L。在启动过程中，由于水力负荷逐渐提高，大的悬浮颗粒污泥不断从反应器中随出水流失，颗粒的平均粒径下降。为防止颗粒污泥的流失，在启动 30d 时在反应器出口处设置挡板，避免颗粒污泥平均粒径的持续下降，但由于絮状污泥仍然积累在最后格室中，运行到 60d 时打开最后隔室的搅拌器，搅拌器的混合作用使得大量絮状污泥从反应器中随出水流失，污泥颗粒的平均粒径逐渐增加，反应器内总生物量也开始逐步增加。试验结束时，颗粒的平均粒径达到 0.74mm，MLVSS=16g/L。

污泥的颗粒化实际上是通过微生物选择和水力选择这两个过程来实现的。底物的类型、浓度以及每个格室中的环境因素决定了微生物的类型（微生物选择过程）。通过改变废水在 AMBR 反应器中的流向即可完成酸化菌与产甲烷细菌的部分分离。当进水室中 pH 高于 6.2 时产甲烷过程即可正常进行，维持 pH 只需改变进水的流向，不需要回流或添加大量的缓冲剂。此外，在进水室变为出水室后，絮状的酸化菌被快速的冲出系统，为产甲烷菌创造了良好的条件。由于沉降特性的差异和搅拌所产生的剪切力，使得絮状生物体与沉降性能良好的生物体分离，从而使污泥颗粒化（水力选择过程）。

4. AMBR 反应器的特点

AMBR 反应器运行方式灵活、结构简单，不需要气固分离系统和配水系统。装置采用隔室结构，废水以推流式运行，出水室中 H_2 分压和 H_2S 水平低，有利于甲烷化反应。废水水平流动，出水室中的有机底物浓度最低，生物体对底物的利用效率也最低，产气量小，出水室可作为内部澄清池。反应器内水流方向周期性改变，有利于污泥的迁移，防止污泥在最后隔室积累，还可防止挥发性脂肪酸（Volatile Fatty Acid，VFA）在进水室中积累。另外可为产甲烷创造有利条件，反应过程不需投加缓冲液或出水循环。系统工艺不需要预酸化，不会出现污泥膨胀和污泥上浮现象，且工艺耐冲击负荷能力强，对有机物的去除效果好。

5. AMBR 反应器的工程应用实例

现阶段对于 AMBR 反应器的研究仍处于小试阶段。国外对于 AMBR 反应器已开展了一些研究，例如 Angenent 课题组对 AMBR 反应器的构型、处理高浓度有机废水及其微生物种群分布进行了研究。

国内关于 AMBR 的研究与开发正处于初步阶段。黄健等人研究了采用两相厌氧生物技术处理环氧树脂生产废水。试验结果表明：AMBR 是可靠有效的酸化反应器，EGSB 反应器的产甲烷作用效果较好，两相厌氧生物系统提高了废水的处理效率和运行稳定性，总的COD去除率达到91%，为后续好氧处理提供了有利条件。在后续工艺SBR处理后，出水的COD值达到260mg/L，出水效果较好。AMBR处理废水时，COD从7214mg/L降至5826mg/L，SS从687mg/L降到325mg/L，pH值由6.80下降至5.86，VFA由1265mg/L升至3862mg/L，废水可生化性提高，为下一步的甲烷化反应提供了有利条件。废水经过EGSB处理后，COD从55826mg/L降低到640mg/L，COD去除率达到89%，SS由325mg/L降低至226mg/L，pH值由5.86升至7.61，VFA从3862mg/L降至206mg/L，总的处理效果较好。

4.3.6 厌氧膜生物反应器（AnMBR）

厌氧膜生物反应器（Abstract Anaerobic Membrane Bioreactor，AnMBR）可以简单定义为膜分离技术和厌氧生物处理单元相结合的废水处理技术。它的提出始于20世纪70年代，至此，这一技术的研究和开发相继展开。20世纪80年代，美国、日本和南非相继开发了AnMBR技术并用于工业和生活污水处理。由于当时膜生产技术不够发达，膜价格昂贵且膜的使用寿命短，膜通量小等原因，这些技术还是主要局限于实验室和中试规模的废水处理应用。20世纪90年代后，随着研究日益增多，针对AnMBR的研究就主要集中在膜材质与膜组件形式的开发与优化、膜污染表征与控制、反应器的配置与构造以及在各种废水处理中的应用等方面。

1. AnMBR反应器的结构配置

厌氧膜生物反应器以膜过滤代替传统活性污泥法中的沉淀池，由于膜的过滤作用，不仅能够将所有的生物固体截留在生物反应器中，而且将大分子污染物也截留在反应器中，实现水力停留时间与污泥龄的彻底分离，消除传统厌氧活性污泥工艺中的污泥膨胀问题，因此厌氧膜生物反应器体现出了明显的技术优势。同时由于厌氧膜生物反应器对污染物去除效率高，膜对微生物有较强截留能力，所以，该反应器对难降解和有毒有害化合物有较好处理效果。采用膜系统易具有良好的水力状态，膜的耐久性、抗堵性较好，膜自身易于优化。另外，还具有出水水质稳定，系统设计和操作简单，基建费用低，便于管理和自动控制，升级改造潜力大等优点。厌氧膜生物反应器系统工艺如图4-9所示。

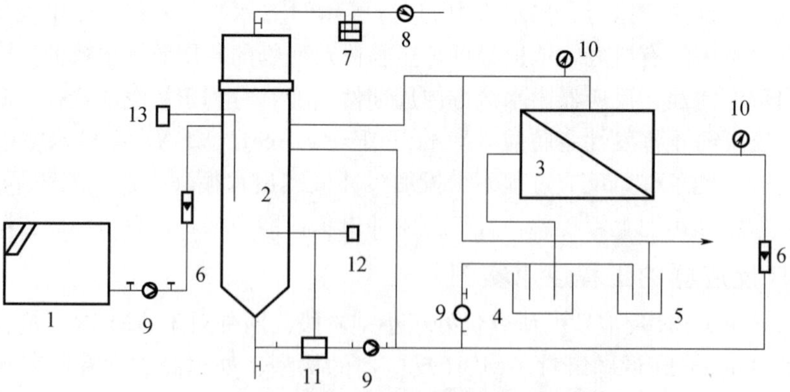

图4-9 厌氧膜生物反应器系统工艺

1—格网贮水池；2—厌氧反应器；3—膜组件；4—清水池；5—化学清洗池；6—流量计；7—水封；8—气体流量计；9—水泵；10—压力表；11—加热器；12—温度控制；13—pH自动控制仪

AnMBR 常用的厌氧系统主要有：升流式厌氧污泥床反应器（UASB）、厌氧颗粒膨胀污泥床（EGSB）、厌氧流动床（FB）、厌氧生物滤池（AF）、折流式厌氧反应器（ABR）等。

AnMBR 的膜组件主要是超滤和微滤膜，在膜组件的配置上主要有两种形式，即外置式和内置式，如图 4-10 所示。主要分为外置式［图 4-10（a）］和内置式［图 4-10（b）、图 4-10（c）］两种。

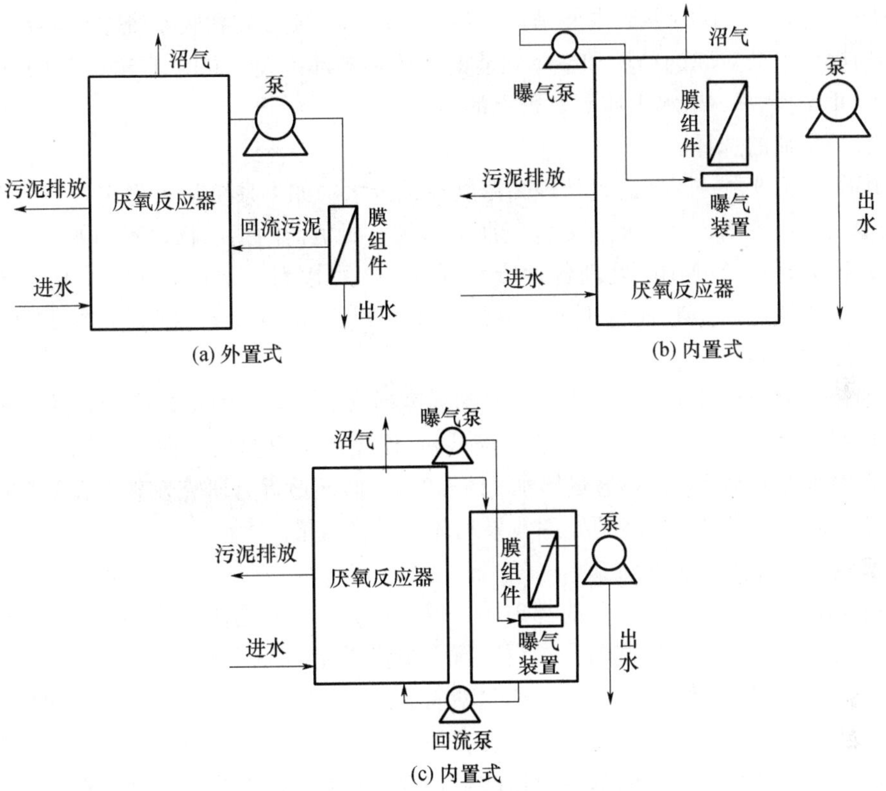

图 4-10　AnMBR 结构配置示意图

2. AnMBR 反应器的工艺设计原理

AnMBR 的启动包含三个过程：驯化阶段、启动阶段和稳定运行阶段。结合上面的任意一个反应器，反应器的大小尺寸要根据实际情况而定，产生的沼气通过集气罩收集并通过泵进行曝气，选择合适的膜组件放置在上部的膜分离区，通过泵的抽吸作用出水，压力计显示膜的跨膜压力（TMP）。上部设有回流泵，将 AnMBR 上部的上清液回流至底部，保证污水和污泥混合均匀。通过向进水中投加 $NaHCO_3$ 以保证反应器的 pH 在 6.8～7.4，pH 自动控制系统控制 pH。通过流量计控制水力负荷，温度由温度控制计控制，选择错流式来代替死端过滤。

驯化阶段的进水负荷不能太高，因为刚刚接种的产甲烷菌活性往往比较低，在工程实践中常常要引入产甲烷活性用来表征接种泥中的甲烷菌的含量，定义为：

$$\text{产甲烷活性}=\left(\frac{dS_{CH_4}}{dt}\right)\cdot\frac{1}{X_{TSS}},\text{单位:kg}(COD_{CH_4})/[\text{kg(TSS)}\cdot\text{d}]$$

式中 S_{CH_4}——甲烷的产生量；

t——时间；

x_{TSS}——总可溶性固体含量。

启动阶段是反应器从一个进水负荷较低的状态发展到进水负荷较高的稳定状态。在启动阶段进水负荷应该缓慢的增加，且每天增加的幅度要根据气体的总产量来确定。

3. AnMBR 反应主要运行参数

AnMBR 反应主要运行参数主要是指生物反应器的主要参数和膜系统主要参数，其中生物反应器的操作参数对膜的结垢和整体效能的发挥影响都很大，同时还与 AnMBR 的性能如膜通量、COD 去除率、出水水质等有很大的关系。

（1）有机负荷的选择

AnMBR 的优势之一就是适宜处理高浓度有机废水。如果系统运行稳定，则挥发性脂肪酸也会保持在一定范围，一般把挥发性脂肪酸作为有机负荷的指示物，不同的有机废水，有机负荷相差很大。从 AnMBR 处理各种废水的效果，可以看出 AnMBR 优良的性能，COD 的去除率一般均超过 90%，而有机负荷可以超过 40kg/（m^3·d），甚至近 70kg/（m^3·d）。

（2）温度的控制

要达到较好的处理效果，AnMBR 的操作温度通常需较高。温度较高时，可以降低溶解性微生物代谢产物（SMP）浓度（粘度也降低），使膜通量也提高。在一定的温度范围与压力条件下，温度每升高 1℃，膜通量增加 1%～2%。然而最近有研究发现，在常温或低温条件下，AnMBR 也能够取得较好的处理效果和较大的膜通量。

（3）膜通量、压力和膜面流速

由于 AnMBR 本身的特点，目前都采用分置式 AnMBR 和错流过滤的方式，压力和膜面流速是很重要的参数，因此对这两个参数进行了很多研究。BeaubienA 等人考察 AnMBR 的最佳操作条件时发现，压力与通量之间的关系明显出现两个截然不同的区域，即高压区和低压区。在低压区，透过流速主要与膜间压力有关；在高压区，水力条件则成为控制因素。在低压力区膜的渗透性和高压区的临界通量的影响因素主要是微生物的浓度。在比较高的错流流速下（大于 3m/s），并没有观察到膜通量的下降。临界通量的确定对于控制膜结垢相当重要，操作压力高于临界通量时结垢严重。在膜过滤器中设置折流板，可以减轻结垢，大幅提高膜通量。

4. AnMBR 反应器的特点

在保留厌氧生物处理技术投资省、能耗低、可回收利用沼气能源、负荷高、产泥少、耐冲击负荷等诸多优点的基础上，由于引入膜组件，还带来了一系列优点：

（1）实现了 SRT 和 HRT 的有效分离，因而 AnMBR 可以有更高的有机负荷和容积负荷。有研究发现，当引入膜组件后，氧反应器的有机负荷率（OLR）从 4kg COD/（m^3·d）提高到 12kg COD/（m^3·d），而处理效果不受影响。

（2）膜的截留作用使得浊度、细菌和病毒等物质得到大幅度去除，提高了出水水质。

（3）膜分离作用还体现在对厌氧反应器的构造和处理效果有特殊的强化作用。

（4）对于两相厌氧 MBR，膜分离作用可以使产酸反应器中的产酸细菌浓度增加，提高水解发酵的能力并使系统保持较高的酸化率。

（5）显著改善反应器固液分离效果，在处理生物难降解的有机物和高浓度有机废水有很好的应用前景。

当然 AnMBR 系统的要想能够有更大发展前景还需要解决以下问题：

（1）膜污染问题

膜污染问题很大程度上决定了 AnMBR 系统的经济性和实用性。AnMBR 中污泥特性与好氧情况有较大改变，膜污染情况往往更复杂。膜污染的影响因素很多，污泥组成、操作条件、膜组件的材料和构造都对膜污染有重要影响，因而研究它们之间的关系对于膜污染控制有重要意义，目前这方面的研究还不多。

（2）能耗的问题

由于目前的 AnMBR 大多数使用的是外置式的，之所以采用外置式是因为反应器中缺少有效的水力条件（水力紊动），所以需要通过水泵来进行液体循环以改善污染状况。这就造成了耗能相对较高。

（3）经验参数缺乏

由于 AnMBR 的研究不多，尤其是在国内，对各种不同行业的废水处理的经验参数缺乏，例如停留时间、有机负荷等，这就要求大量的实验支持。

5. AnMBR 反应器的工程应用实例

目前我国将 AnMBR 系统在处理人工合成废水、食品加工废水、工业废水、含高浓度固体物质的废水、市政污水等方面有很多研究。

在处理人工合成废水方面，有研究表明在固定 OLR 为 2kg COD/（m^3·d）条件下，当 HRT 从 11h 降到 6h 时，COD 去除率相应从 98%降到了 78%；在处理食品加工废水方面，由于有机物浓度高（1000～85000mg/L），可生化性较好，因而厌氧生物处理过程较适合于这类废水的处理。目前世界范围内有大约 76%的商业化的厌氧装置用于食品及相关工业废水处理。AnMBR 同样被广泛应用于食品加工废水处理，在结构配置上，大多数的研究均采用完全混流式反应器结合外置式膜组件的结构；在处理包括造纸废水、化工废水、制药废水、纺织废水及石油工业水等工业废水方面，由于这类废水一般有机物浓度较高，并且含有人工的或天然的化学物质，往往有毒、难以生化降解。对这类废水采用单一的方法难以完全有效治理，而往往需要结合物理、化学和生物的方法综合处理。AnMBR 系统在这类废水的处理中具有独到的优势，因为膜可以完全截留微生物，从而使微生物逐渐适应环境。到目前为止，AnMBR 仅被应用于造纸和纺织废水的处理，AnMBR 用于造纸废水处理已有 5 处相关报道。由于超滤膜的作用，AnMBR 的 OLR 最高可达到 35.5kg BOD/（m^3·d），而相应的去除率>93%。AnMBR 用于纺织废水处理仅有 1 处相关报道，在 OLR 为 15kg COD/（m^3·d）条件下，COD 去除率为 50%，膜组件的作用使污泥浓度加倍，并使得 TOC 去除率从 45%增加到了 90%，油脂的去除率从 33%增加到 99%；在处理主要包括污泥的厌氧消化、肉制品加工废水和畜禽粪便废水等含高浓度固体物质的废水方面，AnMBR 技术已被用于活性污泥、猪粪便废水、鸡养殖场废水的处理，相应的 OLR 为 3～5kg COD/（m^3·d），COD 去除率一般高于 80%。所有的研究均采用完全混流式反应器，引入膜组件，使得 SRT 和 HRT 完全分离；在处理市政污水方面，同一般的好氧处理法和 USAB 法相比，AnMBR 处理的出水固体物质和 COD 含量更低，同时 SRT 可以维持更长（据相关报道 SRT 可达到 150d）。

第 5 章　膜法污水生物处理新技术

5.1　概述

5.1.1　MBR 的定义及其特点

膜生物反应器（Membrane Bioreactor，MBR）是一种由膜过滤取代传统生物处理技术中二次沉淀池或者深度处理中的砂滤池的水处理技术。MBR 是悬浮培养生物处理法（活性污泥法）和膜分离技术相结合而开发出的新型污水处理工艺。用膜分离设备取代传统活性污泥法中的二沉池，可以强化活性污泥与处理水的分离效果。膜生物反应器融合了微生物对污染物的分解和膜的高效分离两个过程。

污水生物处理技术具有诸多优点，但也存在以下问题：

（1）在传统的污水生物处理技术中，出水的固液分离是在二沉池中靠重力作用完成，分离效率依赖于活性污泥的沉降特性、沉淀池中水力条件等因素。

（2）污水生物处理系统在运行过程中产生大量的剩余污泥，其处置费用占污水处理厂运行费用的 25%～40%。

（3）活性污泥法的致命弱点之一是污泥膨胀，导致出水中悬浮固体增加，出水水质变差，严重时系统无法运行。

与传统的污水生物处理技术相比，MBR 具有以下主要特点：

（1）出水水质优良稳定。由于膜的高效截留，出水中悬浮固体的浓度基本为零，膜出水不会受生物反应器中污泥膨胀等因素的影响。

（2）剩余污泥量少。剩余污泥量的减少，可以降低污泥处理费用，简化污水处理工艺操作，特别是对于小型污水处理厂和分散的污水处理设施，其优越性更为突出。

（3）设备紧凑，占地少。由于生物反应器内污泥浓度高，容积负荷可大大提高，而且用膜组件代替了二沉池和过滤设备。因此，与常规生物处理工艺相比，MBR 的占地面积可大为减少。

5.1.2　MBR 的基本术语

（1）膜通量

膜通量（或称透过速率）是膜分离过程的一个重要工艺运行参数，是指单位时间内通过单位膜面积上的流体量，一般以 $m^3/(m^2 \cdot s)$ 或 $L/(m^2 \cdot h)$ 表示。

（2）膜压差（TMP）

跨膜压差也称膜过滤压差（Trans-Membrane Pressure，TMP），是膜系统的运行参数。是指驱动水透过膜所需的压力，为进水压力和过滤压力的差值。孔径较小的膜所需的跨膜压差也较大，在水温较低、通量较高以及发生污染时，跨膜压差也较高。

（3）恒流量、恒压力运行模式

恒流量或恒压力是膜系统在运行时所采用的两种不同的运行模式。恒流量运行模式是指过滤过程中通量保持不变；恒压力运行模式是指过滤过程中跨膜压差保持不变。在目前市政工程领域多采用恒流量运行模式。

（4）膜污染

膜污染是指与膜接触的料液中的微粒、胶体粒子或溶质大分子与膜存在物理、化学、生化作用或机械作用，在膜面或膜孔内吸附、沉积以及微生物在膜水界面的积累，造成膜孔径变小或堵塞，使膜产生透过流量与分离特性大幅度降低的现象。

5.2　MBR分类

目前开发出来的膜生物反应器可以分为三类，它们是膜分离生物反应器（Membrane Separation Bioreactor，MBR），膜曝气生物反应器（Membrane Aeration Bioreactor，MABR）和膜萃取生物反应器（Extractive Membrane Bioreactor，EMBR）。

5.2.1　膜分离生物反应器

通常所说的膜生物反应器即指此种类型的反应器。膜分离生物反应器中的膜组件相当于传统生物处理系统中的二沉池，利用膜组件进行固液分离，截留的污泥回流至生物反应器中，透过水外排。按照膜组件的放置方式膜分离生物反应器可分为分置式（分体式）和浸没式（一体式）MBR，如图5-1所示。分置式MBR将膜组件和生物反应器分开放置。浸没式MBR将膜组件直接浸没于生物反应器内的活性污泥混合液中。

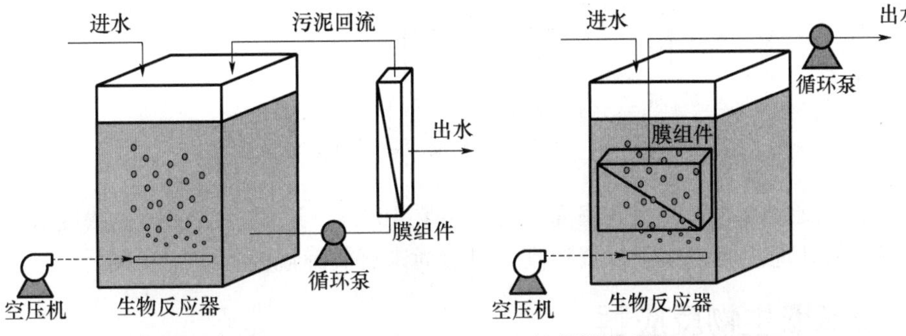

图5-1　分置式和浸没式MBR

分置式膜生物反应器将膜组件和生物反应器分开放置。生物反应器中的混合液经循环泵增压后送至膜组件过滤端，在压力驱动下，混合液中的液体透过膜为系统处理出水，而颗粒物、大分子物质等则被膜截留，随浓缩液回流至生物反应器内。分置式膜生物反应器运行稳定可靠，便于膜组件的清洗、拆卸及增设，膜通量普遍较大。但在一般条件下，为了减少污染物在膜表面的沉积，延长膜的清洗周期，需要用循环泵提供较高的膜面错流流速，致使水流循环量增大、动力费用高，并且泵的高速旋转产生的剪切力会使某些微生物菌体失活。

浸没式膜生物反应器将膜组件直接浸没于生物反应器内的活性污泥混合液中。原水进入生物反应器后，大部分污染物被混合液中的活性污泥降解，然后在抽吸泵或水头压差作用下经膜过滤得到系统处理出水。曝气系统设置在膜组件下方，一方面为微生物分解污染物提供必需的氧气，另一方面促使混合液在膜表面形成循环流速，通过由此产生的剪切力和气泡的冲刷作用，阻碍污染物在膜表面发生沉积。浸没式膜生物反应器由于省去了混合液循环系统，并且靠抽吸或水头压差出水，能耗相对较低，空间布置也比外置式膜生物反应器更为紧凑。

5.2.2 膜曝气生物反应器

膜曝气生物反应器：采用透气性致密膜（如硅橡胶膜）或微孔膜（如疏水性聚合膜），在保持气体分压低于泡点的情况下，可实现向生物反应器的无泡曝气。由于传递的气体含在膜系统中，因此提高了接触时间，极大地提高了传氧效果。

膜曝气生物反应器采用透气性膜作为曝气扩散器，产生无泡曝气，用以提高供氧效率，如图 5-2 所示。同时，膜可以作为生物反应器内微生物附着生长的载体。通过膜两侧氧的供给和营养物的扩散，降解污水中的有机物。由于进行无泡曝气，供氧不能对生物反应器内的混合液产生混合效果，通常通过循环泵、搅拌器等来实现混合液的混合。

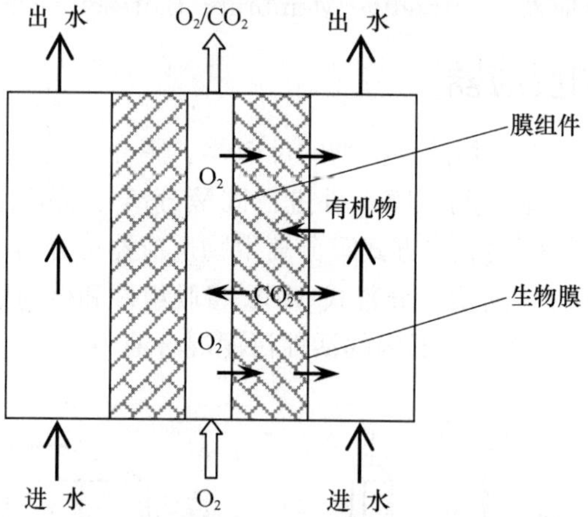

图 5-2 膜曝气生物反应器（MABR）

膜曝气生物反应器的氧利用效率高，可以接近 100%，适用于活性污泥浓度大，对供氧要求高的废水的处理。但是由于投资较高，目前尚未有实际规模的应用实例。

5.2.3 膜萃取生物反应器

膜萃取生物反应器：该工艺是结合膜萃取和生物降解，利用膜将有毒工业废水中有毒的、溶解性差的优先污染物从废水中萃取出来。然后用专性菌对其进行单独的生化降解，从而使专性菌不受废水中离子强度和 pH 值的影响，生物反应器的功能得到优化。

膜萃取生物反应器的概念是从处理低 pH 值、高总溶解性固体有害污水中的含氯有机化合物的过程中发展而来的。膜萃取生物反应器利用膜将废水中的有毒污染物萃取后对其进行单独的生物处理，如图 5-3 所示。膜萃取生物反应器中，废水在膜腔内流动，不与活性污泥直接接触，通过膜选择性地将废水中的有毒污染物萃取并传递到生物反应器内，利用微生物对其吸附降解。生物反应器内的混合液与废水间存在一个浓度梯度，在这个浓度梯度的作用下，污染物不断从废水中透过膜进入生物反应器。

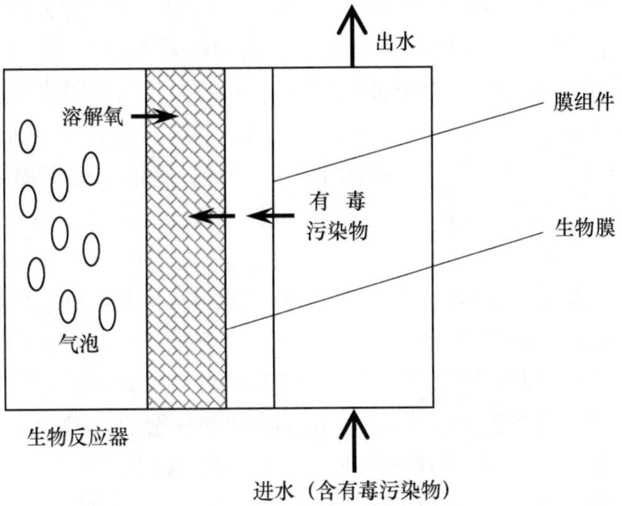

图5-3 膜萃取生物反应器（EMBR）

膜萃取生物反应器适用于萃取和处理废水中的优先污染物，特别适用于酸碱度高或含有有毒污染物，不宜与微生物直接接触的废水的处理。但是由于投资较高，目前尚未有实际规模的应用实例。

膜生物反应器若无特别说明均指膜分离生物反应器，简称为膜生物反应器。

经过几十年的发展，MBR已成为城市污水和工业废水处理与回用领域一种很有吸引力和竞争力的选择，并被视为“最佳可行技术（Best Available Technology）”。目前，全球MBR的市场正在加速成长，工程数量和处理规模不断增加。随着MBR技术的日渐成熟，投资运行费用的不断下降，未来发展空间将会更加广阔。

5.3 MBR的发展历程

MBR技术起源于20世纪60年代的美国，其研究及应用可分为三个阶段（表5-1）：

第一阶段（1966～1980年）：1966年，美国的Dorroliver公司开发了MST工艺（Membrane Sewage Treatment），首先将MBR用于废水处理的研究；1968年，首次将好氧活性污泥法与超滤（UF）膜相结合的MBR用于处理城市污水；1969年美国专利中出现分离式MBR技术；20世纪70年代初期，好氧分离式MBR处理城市污水的试验规模进一步扩大。同时，厌氧MBR研究也相继进行，实验室规模的研究与中试规模的研究均取得了较满意的结果。这一时期MBR的应用由于受当时膜生产技术的限制，直到20世纪70年代后期，大规模好氧MBR才开始在北美应用。

第二阶段（1980～1995年）：20世纪70年代末期，日本由于国土面积小，地面水体因径流距离较短而导致其自净能力差、生态系统脆弱、易受污染。MBR因具有占地面积小和出水水质优良的优势，使其应用有了很快的进展。自1983年到1987年，日本有13家公司使用好氧MBR处理楼宇污水，处理后的水做中水回用，处理规模达50～250m^3/d。日本1985年开始的“水综合再生利用系统90年代计划”把MBR的研究在污水处理对象与规模方面都大大推进了一步。作为参与公司之一，日本Kubota公司研制出平板式膜组件，目前在日本运行（包括在建）的MBR占全球的66%。

第三阶段（1995 年至今）：进入 20 世纪 90 年代中后期，越来越多的欧洲国家将 MBR 用于生活污水和工业废水的处理。目前主要有七家大公司经营 MBR，分别是美国通用电气公司（GE Zenon）公司，日本三菱丽阳（Mitsubishi Rayon）公司、久保田（Kubota）公司、旭化成（Asahi Kasei）公司，新加坡的美能（Memstar）公司，中国的碧水源（OriginWater）公司与膜天膜（MOTIMO）公司。通用电气、三菱丽阳、旭化成、美能、碧水源、膜天膜生产浸没式聚合物中空纤维膜组件，久保田公司生产平板膜组件。Zenon 公司首先推出了超滤管式 MBR，并将其应用于城市污水处理。自 2000 年以来，各膜供应商通过新型膜材料开发、膜组件优化和膜污染控制，进一步提高了 MBR 工艺的竞争力。Mitsubishi Rayon 公司推出了 PVDF 材质膜产品—SADF™。诺芮特（NORITX-Flow）公司开发出分置式气提（Airlift）MBR，通过在膜表面形成的气液两相错流，大大降低了分置式 MBR 的能耗。Zenon 公司于 2001 和 2003 年分别推出了 ZW500c、ZW500d 膜组件，单支膜组件的膜面积分别达到 23.2m^2 和 31.6m^2。2002 年，西门子（SIEMENS）Memcor 公司推出 MemJet® MBR 系统。2011 年，GE Zenon 公司推出新一代 ZeeWeed@MBR：LEAPmbr。作为中国最早从事超、微滤膜及膜组器的研发与生产企业之一的膜天膜公司，是中国以膜产品为主营业务的上市公司，专门为 MBR 开发生产以 FP 系列中空纤维帘式膜组件。作为中国以 MBR 为主营业务的第一个上市公司，经过十余年的努力，碧水源公司从企业创业初期单一的 MBR 工程商角色顺利转型为具有膜材料制造技术、膜组器制造技术和膜法水处理三大核心技术体系的整体方案提供商。

表 5-1 MBR 发展和商业化概要

时 间	事 件
20 世纪 60 年代末	Dorr-Oliver 公司开发出分置式平板 MST 工艺
20 世纪 70 年代	1. ThetfordSystems 公司推出的分置式 Cycle-Let®工艺在美国投入商业化运行 2. 通过与 SankiEngineering 公司的许可协议，MST 工艺进入日本
20 世纪 80 年代	1. TechSep（后来的 NovasepOrelis）的平板 Pleiade®在日本投入商业化运行 2. Dorr-Oliver 公司将膜厌氧反应器 MARS 应用于高浓度食品废水的处理
20 世纪 90 年代	1. WeirEnvig 公司在南非推出厌氧消化超滤工艺 ADUF 2. 日本建设省组织了“水再生 90 年代计划”（AuqaRenaissance'90 Project），作为参与公司之一，Kubota 研制出平板膜组件 3. Yamamoto 等将膜组件浸没到生物反应器内，开创了浸没式 MBR 4. Nitto-Denko 在日本申请了浸没式平板 MBR 的专利 5. Kubota 公司的浸没式平板 MBR 在日本投入商业化运行 6. Zenon 公司收购 ThetfordSystems，其 ZeeWeed 技术在北美和欧洲投入商业化运行 7. Wehrle 的分置式管式 Biomembrat 系统投入商业化运行 8. MitsubishiRayon 基于“Sterapore™”的 MBR 系统投入商业化运行
2000～2010 年	1. Zenon 公司推出了浸没式中空纤维 ZW500 膜组件。2006 年，通用电气公司（GE）以 7.6 亿美元购买 Zenon 环境公司 2. 美净集团（USFilter）推出浸没式中空纤维“MemJet®”系统。2004 年，西门子以 9.93 亿美元从威立雅环境（Veolia Environnement）收购美净集团（US Filter），并组建了水处理技术部 3. Huber 公司的真空旋转平板 MBR 投入商业化运行 4. Puron（2004 年被 Koch 收购）浸没式中空纤维 MBR 投入商业化运行
2010 年～至今	1. NoritX-Flow 公司推出外置管式 AirliftMBR。2011 年，滨特尔（Pentair）以 5.03 亿欧元（约 7.05 亿美元）收购荷兰诺芮特（Norit）公司 Clean Process 2. 2010 年碧水源公司上市，开始全国范围内快速扩张 3. 2011 年，江苏维尔利公司上市，成为中国垃圾渗滤液处理的龙头企业 4. 2011 年，GE 推出新一代 ZeeWeed@MBR：LEAPmbr 5. 2012 年，津膜科技上市，大幅度扩张外埠业务

5.4　MBR在我国的研究及应用过程

5.4.1　我国MBR研究进展

1991年中国环境科学研究院的岑运华介绍了MBR在日本的研究状况；

1993年前后，中国科学院生态环境研究中心的王菊思、樊耀波和清华大学的钱易、黄霞以及天津大学杨造燕、顾平等几乎同时启动了MBR的研究。在早期的研究中，清华大学的研究主要集中于浸没式MBR（依靠泵抽吸出水）；中国科学院生态环境研究中心主要集中于分置式MBR；天津大学的研究主要集中浸没式MBR（依靠重力出水）。

1999年，清华大学与中国科学院生态环境研究中心分别采用浸没式与分置式MBR完成了印染废水的中试研究，日处理能力达到10m^3/d。

2000年左右，清华大学开始尝试使用便宜的无纺布做成膜组件，形成新型的动态MBR，在保证反应器稳定运行的前提下减少造价，节约成本。

随着中国水污染和水资源短缺问题的加重，中国的MBR研究正加快发展。目前，清华大学、天津大学、天津工业大学、同济大学、哈尔滨工业大学、浙江大学、大连理工大学等高校，以及中国科学院生态环境研究中心等研究单位，均致力于MBR的开发与研究工作。

与此同时，中国MBR技术人才的培养工作也随之起步，许多高等院校和科研机构先后开展了以MBR技术为主要方向的膜法水处理高级人才的培养工作。1999年以来，尤其以清华大学、中国科学院生态环境研究中心、哈尔滨工业大学、天津大学、同济大学、大连理工大学等为代表的众多单位先后培养了近百名MBR博士和硕士高级人才，有力地推动了国内MBR的研发活动和技术进步。

5.4.2　我国MBR应用进展

中国对MBR的应用研究起步较晚，但发展非常迅速。在过去几年，中国的MBR技术产业以“井喷”方式发展。中国MBR技术的应用可分为以下几个发展阶段：

1990～2000：实验室阶段，小试、中试、示范工程；

2000～2003：每天百吨级的规模，主要用于小区楼宇、工业等领域；

2003～2005：每天千吨级的规模开始应用，主要用于城市污水和工业污水领域；

2004～2005：每天万吨级的规模工程的可行性研究阶段，并为实施做准备；

2005～2007：每天上万吨级的规模工程的工程设计、建设、运行阶段；

2007至今：每天十万吨级规模工程的工程设计、建设、运行阶段。

未来3～5年，MBR技术的重点推广行业将以大型污水厂改扩建工程、石化、垃圾填埋渗滤液、医院废水为重点推广行业，辅以带动MBR技术在食品、养殖等行业中的水资源再利用技术的进步。

（1）污水厂改扩建工程

北京2008年奥运会的举办为MBR产业带来发展机遇，作为“绿色奥运”项目的一个组成部分，北京北小河污水处理厂采用MBR技术进行改扩建工程。扩建后，北京北小河污水处理厂的日处理污水能力至少是原来的2倍（从40000m^3/d提高到100000 m^3/d），保证奥运公园的补水要求。同时，北京密云再生水厂、温榆河污水厂也相继建成（表 5-2）。

表 5-2　MBR 在 2008 北京奥运的工程应用

项目	膜供应商	处理水量（m^3/d）
北京奥林匹克网羽中心中水回用项目	Toray	200
北京奥林匹克残疾人训练中心中水回用项目	Toray	400
北京奥林匹克游泳中心（水立方）中水回用项目	Toray	300
国家体育总局皮划艇训练中心中水工程	Toray	100
奥林匹克公园网球场中水回用项目	Norit	1000
北小河污水厂改扩建工程	Simeons	60，000

北小河污水处理厂、密云再生水厂、温榆河污水厂采用 MBR 技术的成功经验也鼓舞更多的城市采用 MBR 技术进行大型市政污水处理厂的改扩建工程。2008 年，江苏的无锡市选择 MBR 水处理解决方案来帮助太湖恢复水质。GE、Siemens、碧水源分别签约承担了梅村污水处理厂（30000m^3/d）、新城污水处理厂（30000m^3/d）、无锡硕放水处理厂（20000m^3/d）、无锡城北处理厂（50000m^3/d）的 MBR 升级改造项目。

现有的城市污水处理厂的更新升级，主要是针对出水难以达标或处理流量剧增而占地面积无法扩大的情况。截至 2015 年底，投入运行或在建的 MBR 系统累计处理能力将超过 6000000m^3/d。城市污水处理中采用的绝大多数为运行成本相对较低的沉浸式 MBR。对于城市污水的处理和回用，MBR 已经成为一种很有吸引力和竞争力的选择，并逐渐进入大规模的应用阶段。

（2）高浓度有机废水处理

高浓度有机废水是一种较普遍的点源污染，全国造纸、制糖、酒精、皮革、合成脂肪酸等行业每年高浓度有机物水的排放量很大，这类污水采用常规活性污泥法处理尽管有一定作用，但是出水水质难以达到排放标准的要求。而 MBR 在技术上的优势，决定了它可以对常规方法难以处理的污水进行有效的处理。

近年来国内开始将 MBR 用于垃圾渗滤液的处理，其中德国维尔利公司是国外 MBR 应用最多的厂家，该公司在国外约有 70 个 MBR 处理垃圾渗滤液的工程实例。例如，2002 年德国的 Niersverband 垃圾填埋场采用 MBR＋活性炭工艺处理渗滤液，处理规模 24t/h，出水 COD 小于 40mg/L，NH_3-N 小于 10mg/L。2006 年德国的 Kahlenberg 垃圾综合处理厂采用厌氧＋MBR 工艺处理渗滤液，处理规模 28t/h，出水 COD 小于 50mg/L，NH_3-N 小于 10mg/L。维尔利公司在国内主要应用其自行生产的分置式 MBR＋NF 处理装置。主要工程实例见表 5-3。

目前青岛小涧西垃圾填埋场、北京北神树垃圾填埋场、上海江桥垃圾焚烧厂、佛山高明白石坳填埋场、哈尔滨西南垃圾填埋场等 9 家垃圾处理厂建成 MBR 系统，并已经投入运行，有 7 家采用 MBR＋NF 或 MBR＋NF/RO 工艺（其中 RO 主要是满足部分垃圾场处理水回用的要求），有 2 家采用除渣预处理＋MBR 工艺，处理规模 90～860t/d，其中处理规模较大的为佛山高明白石坳填埋场，处理规模达到 860t/d。

此外，国内也有采用浸没式 MBR 处理垃圾渗滤液的工程实例。例如松江垃圾填埋场采用了厌氧酸化→A/O→浸没式 MBR 工艺处理垃圾渗滤液，出水 COD 415mg/L，SS 114mg/L，NH_3-N 56mg/L，去除率均在 96％以上。

表5-3　MBR在中国垃圾渗滤液处理工程实例

	工程	采用工艺	处理规模（m^3/d）
垃圾填埋场	青岛小涧西垃圾填埋场	MBR+NF	200
	北京北神树垃圾填埋场	MBR+NF/RO	200
	中山中心组团污水处理场	MBR+NF	300
	北京高安屯卫生填埋场	MBR+NF/RO	200
	常州城市生活垃圾填埋场	MBR+NF	210
	佛山高明白石坳填埋场	MBR+NF	860
	哈尔滨西南垃圾填埋场	MBR+NF	200
	武汉阳逻垃圾填埋场	MBR+NF/RO	400
	广州李坑垃圾填埋场	MBR+NF/RO	800
垃圾焚烧发电厂	上海江桥垃圾焚烧厂	MBR	400
	常熟市垃圾焚烧发电厂	MBR	90
	成都洛带垃圾焚烧发电厂	UBF+MBR	300

（3）公共敏感卫生区域废水处理

医院污水、粪便等类型的污水中含有许多细菌、病毒、寄生虫卵和一些有毒有害的物质。如果不经过处理，任其排入环境，就会严重污染水源，传播疾病，危害人民群众的健康，因此必须经过严格处理后才能排放或回用。由于膜实际有效孔径减小的物理作用、沉积层对病毒吸附的化学作用以及沉积层中其他微生物对病毒吞噬的生物作用，MBR技术可去除污水中99%以上的致病病菌和大部分病毒，从而能有效地降低经由污水传播传染疾病的对公众健康的危害。此外MBR技术还能够减少出水中的悬浮物、降低后续消毒单元消毒剂的投加量、减少污泥的产生及气溶胶的排放等。因此，MBR技术在公共敏感卫生区域废水的处理领域具有很大的应用潜力。

长期以来，医院废水的处理一直是中国环境污染防治工作的薄弱环节。医院产生的废水中含有大量的细菌、病毒等致病微生物，具有空间污染、急性传播和潜伏性传染的危险。如果不经妥善处理就排放入天然水体或市政管网，将会导致环境的污染，引发病毒的扩散、变异甚至流行病的爆发。目前全国已有数十个工程（>$100m^3/d$）在医院污水处理系统中运行，最大处理规模为$2000m^3/d$。与传统的医院污水处理工艺相比，MBR可以有效地节约消毒剂，缩短接触时间，降低消毒工艺的运行费用，同时减少消毒剂残留对自然生态环境的影响。现有工程实践表明：MBR工艺能够有效地节约消毒剂，将消毒剂的使用量降低到5%～10%；同时将反应时间缩短为常规工艺的2.5%～5%，这对于降低消毒工艺的运行费用，减少消毒副产物与消毒剂残留，减少生态风险具有积极意义。MBR技术将减少出水中的悬浮物和降低后续消毒单元消毒剂的投加剂量与减少污泥产生及气溶胶的排放结合起来，十分适用于中国医院污水的处理，MBR处理医院污水的相关案例见表5-4。

近年来，中国畜禽养殖业迅猛发展，导致了养殖污染的加剧。畜禽规模养殖过程中产生的大量生物粪肥污染环境的问题，不仅是个棘手的难题，而且也已成为养殖业发展的严重障碍。畜禽屠宰场和养殖场等污水中含有大量的病原微生物，SARS与近年来禽流感疫情的发生，给这些分散点源废水的排放提出了新的公共卫生安全要求。MBR技术将减少出水中的有机物浓度与降低后续消毒单元消毒剂的投加剂量结合起来，十分适用于中国畜禽屠宰场和养殖场等行业的高浓度有机污水处理，在中国畜禽养殖和屠宰行业的污水处理领域具有很大的应用潜力。

表 5-4　MBR 处理医院污水的相关案例

工艺流程	处理规模（m^3/d）	运行时间
海淀某医院	20	2000
北京 402 医院	30	2003
成都印钞公司医院	100	2004
葫芦岛市某医院	140	2004
广东某门诊大楼	200	2002
四川科学城医院	200	2004
厦门海沧医院	400	2005
天津市第一中心医院	500	2003
天津医科大学总医院	1000	2005
北京某医院	2000	2008
郑州大学第二附属医院	2000	2009
徐州医学院附属医院	2700	2011

（4）石化行业的废水处理

石化污水是一种典型的难降解工业废水，具有以下特点：

1）含有大量毒性化合物（如油、酚类、胺类、醚类、氰化物和含硫化合物等）；

2）含难降解污染物（如甲苯、二甲苯烯烃、烷烃、多环芳烃、单环芳烃及其衍生物等）；

3）可生化性差，用传统生化工艺处理该废水普遍存在氨氮和油去除效果差，抗冲击负荷能力弱等缺点；

4）存在一定程度的冲击负荷，对生化处理系统稳定运行十分不利。

目前中国的石化污水生物处理一般多采用两级好氧或 A/O 工艺处理，其出水水质基本上可以满足国家的排放标准，但无法直接回用。而中国的石化企业普遍存在吨油水耗偏大的问题，对新鲜水的需求量很大。企业往往是一边面对着大量排放的污水，一边面对着新鲜水源不足的境况，水资源的短缺，直接制约了企业下一步发展的状况。因此石化企业纷纷尝试使用先进的污水处理与回用技术，以期在更好地保护环境的同时，实现污水的回用与资源化。

5.5　影响 MBR 系统运行的相关因素

城市污水处理厂的流量会随着季节、降雨量、生活习惯或者生产的调整、进水的组成及处理规模的大小等而有所变化，这种流量的变化对 MBR 的运行有较大的影响。在传统活性污泥工艺中，峰值流量超过设计值一般会导致处理效率的下降，但峰值水流一般会顺利地通过沉淀池的出水堰。而 MBR 工艺与此完全不同，MBR 工艺依靠水泵加压或负压抽吸出水，运行时膜存在极限通量，超过这个极限的水就无法通过膜，造成 MBR 工艺难以像传统工艺一样超水量负荷运转。

在 MBR 工艺运行过程中，由于物理、化学、生化作用或机械作用，会造成膜污染，尽管采用水力清洗、在线（维护性）和离线（恢复性）化学清洗可以延缓膜污染的加剧，但膜污染本身是一个不可逆的过程，所以膜通量下降是必然的趋势，膜组件的产水量总体上来说呈现逐步衰减的过程。另一方面，MBR 系统运行几年后（通常 3～5 年），跨膜压差在单个清洗周期内增长迅速，运行中需要缩短离线清洗周期以维持产水量，由于离线清洗时间较长且在清洗期间都无法继续产水，也降低了总体处理能力。

5.5.1　膜污染的机理及其控制

膜污染是影响膜生物反应器推广应用的主要因素之一。膜污染导致膜通量的下降，增加膜组件更换和膜清洗的频率，从而增加膜生物反应器的运行费用。根据国际纯粹和应用化学协会（International Union of Pure and Applied Chemistry，IUPAC）的定义，由于悬浮物或可溶性物质沉积在膜的表面、孔隙和孔隙内壁，从而造成膜通量降低的过程称为膜污染。

广义的膜污染包括：

（1）浓差极化。指由于过滤过程的进行，水的渗透流动使得大分子物质和固态颗粒物质不断在膜表面积累，膜表面的浓度高于料液主体浓度，在膜表面一定厚度层产生稳定的浓度梯度区。过滤开始，浓差极化也就开始；过滤停止后，浓差极化现象也就消除，因此浓差极化是可逆的污染。

（2）膜孔堵塞。指污染物结晶、沉淀、吸附于膜孔内部，造成膜孔不同程度的堵塞，通常难以去除，一般认为是不可逆的污染。

（3）表面沉积。指各种污染物在膜表面沉积形成附着层。附着层包括三类：泥饼层（活性污泥絮体沉积和微生物吸附于膜表面形成）、凝胶层（溶解性大分子有机物发生浓差极化，因吸附或过饱和而沉积在膜表面形成）、无机污染层（溶解性无机物因过饱和沉积在膜表面形成）。泥饼层可以通过曝气等水力清洗去除，凝胶层和无机污染层需要经过碱洗或酸洗等化学清洗才能去除。

造成膜污染的原因主要有三个方面：（1）混合液中的溶解性有机物在膜表面积累造成的浓差极化。（2）胞外聚合物（Extracellular Polymeric Substance，EPS）和胶体物质在膜表面沉积，形成凝胶层。（3）膜表面及内壁附着生长的细菌造成的生物堵塞。其中，胞外聚合物是目前公认的主要污染物。

膜污染通常采用污染阻力来表征。过滤总阻力 R 包括膜本身的固有阻力 R_m、过滤过程中的浓差极化阻力 R_{cp}、膜孔阻塞阻力 R_b、泥饼层阻力 R_c 和凝胶层阻力 R_g。总阻力即各种阻力值的叠加，并符合达西公式（Darcy's Law）：

$$J=\frac{1}{A}\frac{\mathrm{d}V}{\mathrm{d}t}=\frac{\Delta P}{\mu R}=\frac{\Delta P}{\mu(R_m+R_{cp}+R_b+R_c+R_g)}$$

式中　J——膜通量［L/（m^2 · h）］；

A——膜面积（m^2）；

V——出水体积（m^3）；

t——时间（s）；

ΔP——膜两侧的压力差（Pa）；

μ——透过液粘度（Pa · s）；

R——过滤总阻力（m^{-1}）。

影响膜生物反应器膜污染的因素可划分为 3 大类：膜组件（如膜材料、膜孔径和分布、膜组件的构造）、操作条件（如压力、错流速率和紊流）、污泥混合液特性。膜生物反应器处理污水不同于常规的膜过滤污水，因此，探讨膜生物反应器的膜污染机理，不仅需要考虑常规的膜污染过程，而且要考虑到混合悬浮液的生物动力学特性及其与膜过滤的关系。至今，膜生物反应器的膜污染机理尚不完全清楚。根据试验研究结果，某些理论被提出。一种观点认为，剪切力导致污泥颗粒破碎（如污泥颗粒大小从 95～200μm 变为 6～10μm），同时也刺激了胞外物（EPS）的释放，这导致了水力阻力的增加。污泥混合悬浮液中的胶体和可溶性物质是膜生物反应器膜污染的主要影响因素。与上述结论相反，Defrance 等人认为悬浮物、胶体和可溶性物质占膜污染的比例分别是 65%、30% 与 5%，即悬浮物和胶体是膜污染的主要影响因素。Carroll 和 Booker 认为中空纤维膜污染机理和速率与中空纤维膜丝的长度和直径有关，如膜丝的轴向特征在膜污染的初始阶段是关键影响因素，因此，他们调查了中空纤维膜丝长度对膜污染的影响，并建立了一个简单的模型。

有关膜生物反应器膜污染控制对策的研究，主要集中在膜材料改性、膜组件设计、气、水或气水混合反冲洗、临界通量控制、水动力学控制、化学清洗等方面。

（1）临界通量控制

在采用酵母细胞悬浮液进行微滤的试验研究中，Field 在 1995 年提出临界通量（Critical Flux）的概念。目前有三种分别基于颗粒质量平衡、膜操作压力增加和显微直接观测（Direct Observation Through Microscope，DOTM）的临界通量定义，但本质都是膜组件在临界通量下操作，膜污染不会（显著）发生。错流微滤试验表明，根据颗粒质量平衡和膜操作压力增加确定的临界通量，临界通量均随着颗粒的大小增加而增加，随着进水浓度的升高而减少，但不随着膜孔径的大小而变化；而根据 DOTM 确定的临界通量小于其他两者。长期试验表明根据颗粒质量平衡确定临界通量更具现实性。Defrance 通过中试规模的分体式陶瓷膜生物反应器处理污水试验发现，当膜通量设定在临界通量下，膜操作压力维持稳定，并且膜污染是可逆的；当膜通量超过临界通量，膜操作压力不仅增加迅速，而且不稳定。

国内有研究者应用正交试验的方法对一体式 MBR 中膜污染速度与污泥浓度、曝气量和膜通量的关系进行考察，研究结果表明，不同污泥浓度（1g/L、5g/L、10g/L）均存在一个污泥在膜表面大量沉积的临界膜通量，当膜通量小于临界膜通量，膜污染主要由溶解性有机物在膜面的沉积引起；当膜通量大于临界膜通量，膜污染主要由悬浮污泥在膜面的沉积引起。在污泥浓度较低（1g/L）时，曝气强度对膜的污染影响不大；在中（5g/L）、高（10g/L）污泥浓度条件下，增加曝气强度有利于减缓膜污染。

（2）水动力学控制

在分离式膜生物反应器中，膜面流速是一个非常重要的参数，膜面流速的大小直接影响水的动力学状态。当膜面流速较低时，污泥的流动性较低，污泥极易在膜表面沉积，形成一层较厚的凝胶层；随着膜面流速的增加，污泥的流动性增加，混合液的紊动程度增加，在膜表面形成的凝胶层厚度减薄。在一定的污泥浓度下，膜通量均随膜面流速的增加而增加。Tardieu 在分体式膜生物反应器（管式陶瓷超滤膜）的小试规模试验发现，采用恒通量操作方式，在低膜面流速下（0.5 m/s；Re～1200），污泥颗粒沉积在膜表面上形成泥饼层，导致水力阻力迅速增加（$>10^9\ m^{-1}\cdot s^{-1}$）；在常规膜面流速下（4m/s；Re～9000），膜表面上没有污泥颗粒沉积，水力阻力的增加主要由胶体和可溶性物质引起。通过分体式陶瓷膜生物反应器处理污水的小试试验，Tardieu 等人建立了两个膜污染速率的模型，这两个模型说明了在给定的生物学条件下水动力学条件对膜污染速率的影响。清华大学环境科学与工程系邢传宏探讨了污泥粘度 η 与污泥浓度 MLSS 以及给定临界雷诺数时，最小膜面流速 V_{min} 与污泥浓度

MLSS之间的关系。当雷诺数为$4\times10^3\sim2\times10^5$时，水力边界层厚度$\delta$约185～5.9$\mu$m，传质边界层厚度$\delta_c$约18.5～0.59$\mu$m。同济大学环境工程学院进行了分体式错流膜生物反应器的水力清洗试验研究，结果表明，清洗时采用高膜面流速、低操作压力和限制透过液对流传递作用有利于错流膜生物反应器通量的恢复。

在一体式膜生物反应器中，与分离式膜生物反应器中的膜面流速相对应的参数是曝气强度或曝气量，膜表面沉积层的去除效率与曝气强度（曝气量）密切相关。曝气强度（Ug，$m^3/m^2\cdot h$）为曝气量（Qg，m^3/h）与膜组件在平面的投影面积（Ar，m^2）的比值，曝气强度通常是通过提高曝气量或降低膜组件在平面的投影面积来实现。曝气是影响膜通量和膜污染的一个主要因素，但只对膜外部污染（颗粒沉积和浓差极化）有效，而对膜内部污染没有效果。Ueda通过一体式中空纤维膜生物反应器的试验研究发现，当提高曝气强度从1.2到$3.6m^3/m^2_{膜}\cdot h$，可大幅降低膜的水力阻力，增加膜通量。Bouhabila发现在给定的曝气条件下，定期反冲洗可大大减轻膜污染。刘锐采用均匀设计法，以膜过滤阻力上升速率K作为膜污染发展速度的表征指数，建立了膜污染发展速度模型：

$$K=8.933\cdot10^7\cdot\Delta P\cdot MLSS^{0.532}\cdot J^{0.376}U_{Lr}{}^{-3.047}$$

膜过滤阻力上升速率K随膜通量J、操作压力ΔP与污泥浓度$MLSS$（2～20g/L）的增加而增加，随膜间液体上升流速U_{Lr}的增加而减小。桂萍进行的一体式MBR运行条件对膜过滤特性的影响试验表明，缩短抽吸时间或延长暂停时间和增加曝气量均有利于减缓膜污染。顾平在一体式MBR处理生活污水的研究发现，当曝气强度足够大时，MLSS由10g/L变化到35g/L时，MLSS与膜通量没有明显的相关性。

（3）膜组件的优化设计

许多研究者发现，膜组件的优化设计在膜污染控制中起了重要的作用。膜污染的状况与水力形态、中空纤维膜的管径与长度有密切的关系。中空纤维膜组件在膜生物反应器的应用越来越多，常用的方式是把膜组件浸没在生物反应器中，利用重力或抽吸获得膜通量，因此膜周围的曝气状况对泥饼的形成有重要的影响。同时较小的中空纤维膜组件的内径与长度的比值可以防止在压力驱动过滤中纤维被压扁；然而内径和长度比值过低将导致纤维内部产生显著的压降，当膜出水靠压力驱动，显著的压降必然会影响膜的出水量。在小试规模的研究中，由于膜面积小、纤维短，膜组件的几何尺寸对出水量的影响不明显，大规模中空纤维膜生物反应器时发现这些问题不能被忽略，因此如何优化设计中空纤维膜组件就显得非常重要。影响中空纤维膜运行的设计和操作条件一般包括如下因素：气泡的数量和特性；膜丝的放置方向（横向或轴向于气泡流）；膜丝直径、长度、装填密度和松紧度等。Chang在试验中发现：（1）膜丝间存在气液两相流时，曝气能显著提高膜通量，此时膜丝轴向放置优于横向放置；（2）在错流系统中，细膜丝优于粗膜丝；当膜丝长度为0.5～3.0m时，适宜的膜丝内径是0.2～0.35mm；（3）膜污染取决于采用的膜通量和轴向的流量分布。杨大春采用水力计算方法对中空纤维膜组件进行优化设计时发现，膜的几何尺寸对产水量的影响很大，随着长度增加，单位纤维长度的出水量递减，因此在经济允许的条件下应将膜造的尽量短；同时纤维的粘合长度越长，出水量越低，故在膜的制造过程中，在强度允许的条件下应尽量缩短粘合段长度。

5.5.2　膜对微生物的影响及生物反应动力学

由于膜的截留和因曝气或较高的循环流速在膜表面产生的剪切力，膜生物反应器中的污泥特性、微生物群落及其生物动力学特性不同于常规活性污泥法。

1. 污泥特性

同常规活性污泥法中的污泥相比，膜生物反应器中的污泥颗粒小、粘度高、泡沫多、结构疏松、活性低，并且污泥的沉降和脱水性能差。污泥的沉降和脱水性能对后续的污泥处理与处置有较大的影响，因此，在实际应用中，不仅需要考虑膜生物反应器的优点，如优异的污水处理效果，也要考虑其中的污泥特性带来的负面影响。

温度是影响污泥特性的一个重要因素。水温对于有机膜的孔径有一定影响，直接影响膜的阻力和膜的透水量，并影响到污染物在膜表面的垂直迁移速度，水温还影响污泥的粘度。Magara 课题组在不同温度下进行了活性污泥的过滤试验，结果表明，在试验的温度范围与压力条件下，温度升高 1℃可引起膜通量变化 2%，因为在一定范围内，温度每升高 1℃，水的粘度下降 2%。因此他认为这是温度变化引起料液粘度的下降所致。而 Chiemchaisri and Yamamoto 的研究表明，提高温度不仅降低温度混合液的粘度，而且还改变膜面上污泥层的厚度与孔径，从而影响膜的过滤性能。

2. 微生物群落

微生物群落决定污泥特性。然而，目前有关膜生物反应器中的微生物群落及其生物动力学特性却知之甚少。同常规活性污泥法相比，膜生物反应器的污泥龄长且污泥负荷低。虽然在常规活性污泥法中较长的污泥龄有助于高一级微型动物（原生和后生动物）的产生，但现有的研究表明，当膜生物反应器长时间不排泥时，污泥中很少或没有原后生动物出现，目前出现这种现象的原因还不清楚。因为膜生物反应器中微生物群落的多样性和复杂性，以及现有的常规研究方法和分析手段的局限，所以非常有必要研究和开发新的方法和手段，以便全面揭示膜生物反应器中的微生物群落及其生物动力学特性。现代新型分析技术（如分子生物技术）为我们进一步了解膜生物反应器中的微生物群落提供了可能，例如采用荧光原位杂交（Fluorescent In Situ Hybridization，FISH）对膜生物反应器中的污泥进行分析，结果表明：膜生物反应器中微生物群落含有的细菌细胞远少于常规活性污泥法，并且膜生物反应器的低污泥产率来自于微生物的内源呼吸而不是生物捕食。此外，FISH 和 DGGE（Denaturing gradient gel electrophoresis）的分析结果也表明：MBR 中的微生物群落和其多样性不同于常规活性污泥法；MBR 适宜于氨氧化菌的生长；MBR 中的硝化菌通常为不同形状（如卵形、圆形）的串状，小颗粒污泥中的硝化菌含量高于其在大颗粒污泥的含量。

3. 生物动力学

在膜生物反应器的生物动力学研究方面，清华大学环境学院桂萍在不同 SRT（5～80d）条件下，用一体式 MBR 处理生活污水得出理论产率系数 Y_G 与衰减系数 b 值随 SRT 的延长而下降。清华大学环境学院刘锐用一体式 MBR 处理生活污水，在 280d 未排泥的条件下运行，发现表观产率系数 Y_b 随运行时间的延长呈明显的降低趋势，Y_b 从运行初期的 0.248kgVSS/kg COD 下降为 0.038kgVSS/kg COD。MBR 的污泥产率见表 5-5。中国科学院生态环境研究中心张绍园根据生态学中物质与能量流通的原理，提出建立高能量级生物体——后生动物蠕虫，以增强 MBR 净化污水功能和减少污泥产量，并设计出二段式 MBR 以适应高能级特种微生物蠕虫的生长需要。当有蠕虫存在时，其污泥产率低于常规活性污泥法污水处理系统；当蠕虫浓度保持 100 个/mL 以上时，污泥产率为 0.1kgSS/（kg 去除 COD），约为常规活性污泥法的 1/4。但该方法还有待进一步的研究，如维持蠕虫在系统内最佳数量，使污泥产率趋向于零，则达到不排放污泥的目的。

表 5-5　MBR 的污泥产率

SRT (d)	Y_b (kg VSS/kg COD)	B (1/d)	SRT (d)	Y_b (kg VSS/kg COD)	B (1/d)
5	0.14	0.32	5	0.38	0.08
10	0.14	0.17	10	0.26～0.30	0.08
20	0.076	0.18	15	0.16～0.17	0.08
40	0.072	0.09	5	0.26	0.05
80	0.056	0.05	10	0.23	0.05
1315	0.038～0.248	0.023	20	0.19	0.05
—	0.04～0.12		50	0.098	0.05

5.6　MBR 的设计

作为一种经济和资源化的技术，膜生物反应器技术在污水处理与回用方面正得到越来越多的应用和重视。相关参数的选择是一个膜生物反应器成功运转的关键因素，因此，必须权衡不同膜生物反应器所需费用以及所产生的效益，从而决定采用一种符合实际、技术经济可行的膜生物反应器设计参数。

5.6.1　生物反应器设计参数的选择

尽管 MBR 工艺是利用膜的高效固液分离功能实现污水最终净化目的的，但是有机污染物的去除仍然以生物处理为主导，必须要依靠合理设计的生物处理段来实现。MBR 工艺生物处理段形式的选择主要应考虑以下几方面：（1）进水水质情况（如难生物降解有机物浓度、碳氮比、碳磷比等）；（2）出水水质要求（尤其是对脱氮除磷的效果要求等）；（3）进水水质水量波动情况；（4）气候条件等。由于目前污水排放标准普遍提高了对脱氮除磷的要求，除极早期的 MBR 项目外，绝大多数 MBR 工艺的生物段均采用了 A^2/O 及其改进型的脱氮除磷工艺，SBR 和氧化沟主要是应用在老厂的升级改造项目中。从应用的工程经验来看，在新建或扩建的市政 MBR 项目中，采用各种改良的 A^2/O 生物段处理技术较多，处理效果稳定可靠，运行管理最为方便。

1. 水力停留时间

膜生物反应器的水力停留时间（*HRT*）计算公式如下：

$$HRT=24\cdot V/Q_i$$

式中　*HRT*——水力停留时间（h）；

V——膜生物反应器容积（m^3）；

Q_i——膜生物反应器的出水流量（m^3/d）。

采用膜生物反应器系统处理生活污水，*HRT*＝2～3h 时就能达到良好的处理效果，考虑到温度的变化对微生物活性的影响，*HRT* 设计范围一般在 4～6h 之间。

2. 污泥浓度

许多研究表明，随着污泥浓度增大，混合液粘度也呈上升趋势，同样的曝气强度对膜面的剪切力减小，对膜表面的滤饼层的去除能力也相应降低，要保持恒定的出水膜通量就必须提高曝气强度，从而造成系统运行能耗的增加；同时随着污泥浓度的升高，相应的传氧速率也急剧下降。

但是，即使在能满足膜生物反应器处理能力的条件下，污泥浓度并不是越小越好，还必须考虑到污泥对膜表面凝胶类物质的分解能力。因此应在生物反应器的处理能力和运行能耗的双重影响之间确定最佳值。根据两年多的运行试验结果表明，对于膜生物反应器而言，5～10g/L 的污泥浓度是比较合适的范围，在这一区间，生物反应器系统对冲击负荷有较好的抵御能力，同时系统的运行能耗也较低。

3. 污泥停留时间

膜生物反应器的污泥停留时间（SRT）计算公式如下：

$$SRT=\frac{V}{Q_o}$$

式中 SRT——污泥停留时间（d）；

V——膜生物反应器容积（m^3）；

Q_o——排出膜生物反应器的污泥量（m^3/d）。

SRT 是生物反应器设计的一个重要参数，由于 MBR 的特点，SRT 可以非常方便的调控，甚至可以无限度的延长。但随 SRT 延长，污泥浓度增加而营养物质相对贫乏，导致内源呼吸加剧和大量微生物死亡，导致上清液中可溶性物代谢产物积累，从而加大了膜的负担，加剧膜的生物污染。生物反应器中微生物浓度 X（即污泥浓度）、SRT 与 HRT 的相关关系如下：

$$X=\frac{Y_0 \cdot SRT}{1+K_d \cdot SRT}\times\frac{24 \cdot (C_i-C_e)}{HRT}$$

式中 C_i——进水 COD 浓度（mg/L）；

C_e——出水 COD 浓度（mg/L）；

Y_0——理论产率系数（mg 微生物/mg 基质）；

K_d——衰减常数（d^{-1}）。

当污水中有机物的浓度比较高，如果膜生物反应器长期不排泥，生物反应器的污泥浓度会保持一个很高的水平，对生物反应器的传氧与膜组件的污染控制都提出了很高的要求。因此应该根据不同的状况对污泥停留时间进行控制，SRT 通常的设计范围为 20～60d。

5.6.2 膜分离系统设计参数的选择

膜分离系统是 MBR 工艺的关键组成单元，是 MBR 系统设计和操作的关键影响因素，它的选择对 MBR 工艺的运行具有决定性的作用，需加以全面、慎重的考虑。研究表明，膜材料、膜组件与膜通量是膜组件设计中最重要的环节。当处理能力一定时，设计选择的膜通量越高，所需的膜面积就越小，膜组件部分的固定投资就越少；但另一方面，MBR 工艺的运行周期也就会越短，从而增加膜组件清洗的次数和费用。因此，在具体的放大设计中应兼顾工艺的运行周期和膜组件的固定投资两个方面。

1. 膜材料的选择

目前各种制备 MBR 膜材料的方法、膜的耐污染性、硬度、强度、通量等指标都不相同，这些关键性指标也直接影响着 MBR 工程的投资和运行费用。MBR 工程应用在国内近十年的迅速发展，也得益于膜材料的不断进步和膜组件的更新。

膜材料决定膜制品的性能及使用寿命。现有的膜材料有有机（聚合物）及无机两类。有机膜包括纤维素类、聚酰胺类、芳香杂环类、聚砜类、聚烯烃硅橡胶类、含氟高分子；无机膜包括陶瓷膜、微孔玻璃、金属膜和碳分子筛膜。有机膜制造成本相对较低，造价便宜，制造工艺较为成熟，膜孔径和形式较为多样，应用广泛，但在运行过程中易污染、寿命较短；无机膜具有耐高温、耐强酸强碱和有机溶剂、耐微生物侵蚀、机械强度高等优点，因此无机膜在水处理中主要的方向主要是一些条件苛刻的工业废水处理。

据统计，目前应用在市政污水领域 MBR 工艺中的膜材料普遍采用经过改性而具有稳定亲水性的有机膜，主要有聚乙烯（PE）、聚醚砜树脂（PES）、聚氯乙烯（PVC）、聚偏氟乙烯（PVDF）等。其中，PVDF 材料由于其在机械强度、化学稳定性、抗氧化性和亲水性等方面的优势，已成为目前膜材料的主流。

2. 膜组件设计

根据膜的形式不同，应用于 MBR 中的膜主要包括有中空纤维膜（HF）和平板膜（FS）两种。中空纤维膜 MBR 在国内市政污水项目中大规模应用较多，其优点是装填密度高、膜池体积小、制作工艺简单、造价较低，缺点是对预处理要求较高、反冲洗次数多、阻力损失较大，主要有帘式、束状、柱状和海藻式等构造形式。平板膜应用较少，其优点是跨膜压差较小、污泥浓度高、抗污堵能力强、对预处理要求较低，缺点是装填密度低、膜池占地相对较大、投资较高，主要有板式和盘式构造形式。相对而言，在高污泥浓度的 MBR 膜池内宜采用帘式膜或板式膜构造。

3. 膜通量的选择

影响一个 MBR 的膜过滤系统运行稳定性的最关键因素是膜通量（或称透过速率），是指单位时间内通过单位膜面积上的流体量，一般以 $m^3/(m^2 \cdot s)$ 或 $L/(m^2 \cdot h)$ 表示。由于水量变化、运行周期设置和清洗方式的不同，需考虑以下几种情况下的膜通量：(1) 平均膜通量；(2) 平均瞬时膜通量；(3) 最大瞬时膜通量；(4) 临界膜通量。通常在 MBR 工程项目正常运转时所采用的是平均瞬时膜通量。平均瞬时膜通量是指在设计处理规模的总产水量下（包括反冲洗水等系统自用水量），实际参与工作的膜面积的通量（需考虑各种膜的控制运行方式，如抽吸泵的工作间隔时间、在线清洗的间隔时间等）。提高设计膜通量，可以减少膜组件的数量，降低投资费用。但是过高的设计膜通量会造成膜清洗系统频繁启动，加速膜系统的老化，减少膜的寿命，间接增加膜的更换成本。

5.7 MBR 在废水处理的应用实例

5.7.1 市政污水处理

1. 无锡市梅村污水处理厂 MBR 工程概况

无锡市梅村污水处理厂位于无锡市新区梅村镇，总服务面积约 76.6km^2，服务人口为

42 万人。污水厂现状规模为 $3\times10^4 m^3/d$，二期工程规模为 $3\times10^4 m^3/d$，远期规模为 $16\times10^4 m^3/d$，二期工程在污水厂现有征地范围内建设，无需新征用地。污水厂主体工艺采用先进的一体化 MBR 工艺。根据无锡市新区的相关规定，新区范围内河道水质将达到《地表水环境质量标准》（GB 3838—2002）类水质。同时，该工程还充分考虑了出水回用要求。二期工程的设计进出水水质见表 5-6。

表 5-6　无锡市梅村污水处理厂设计进水水质

项目	COD	BOD_5	SS	NH_3-N	TP	TN
进水	400	100	300	35	5.6	50
出水	30	6	5	5（8）	0.5	15

（1）工艺流程

梅村污水处理厂原预留二期工程用地部分已被升级改造工程征用，现有用地较少，而处理要求较高，经多方案比选，主体工艺采用先进的一体化 MBR 工艺，出水可实现中水回用。

进厂约 $6\times10^4 m^3/d$ 污水先经粗格栅初步去除大颗粒悬浮物质并由泵房提升后进入细格栅及旋流沉砂池，进一步去除 SS，然后污水分为两股，$3\times10^4 m^3/d$ 污水进入一期工程所建配水井，按一期工程处理工艺处理后排入佳美浜河道；另外 $3\times10^4 m^3/d$ 污水进入二期工程新建构筑物，经膜格栅池处理后进入一体化 MBR 池，完成有机物、N、P 以及 SS 等污染物的去除，出水根据回用要求分为两部分，一部分汇入一期工程出水井排放，另一部分进入清水池及加氯间经加氯消毒，再由中水回用泵提升进入再生水回用管网回用。二期工程工艺流程如图 5-4 所示。

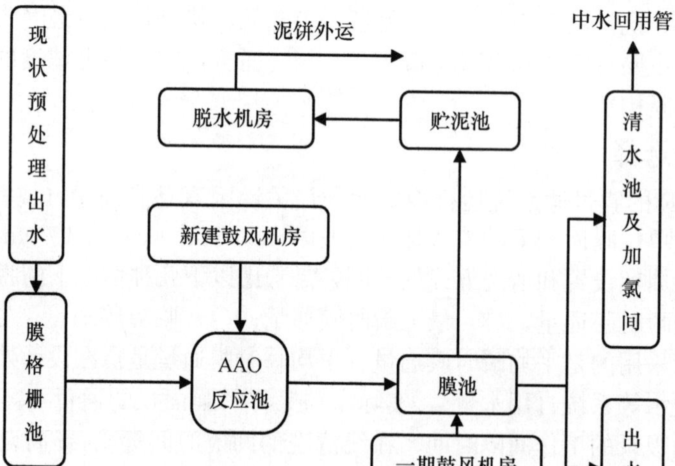

图 5-4　无锡市梅村污水处理厂二期工程工艺流程

（2）工程设计

1）污水处理系统

一期工程实施时进水泵房、贮泥池、污泥脱水机房土建及设备均已按 $6\times10^4 m^3/d$ 规模完成，新建构筑物有膜格栅池、一体化 MBR 池、清水池及加氯间、二期鼓风机房及配电所。

2）细格栅及旋流沉砂池

细格栅与旋流沉砂池土建已由一期工程完成，设备按 $3\times10^4m^3/d$ 安装，二期工程增设2台宽为1000mm、栅距为3mm的阶梯格栅，其中一台替换原有的一台机械回转式格栅，增设旋流沉砂装置、提砂泵和砂水分离器一套。

3）膜格栅池

为了保护膜组件，进一步降低进入一体化MBR池的SS，设膜格栅池1座，设计规模为 $3\times10^4m^3/d$，平面尺寸为13.5m×4.7m，池内设置两道直径为1800mm、滤孔孔径为1mm的膜格栅，并配置中压、高压冲洗系统各一套。

4）一体化MBR池

一体化MBR池1座，设计规模为 $3\times10^4m^3/d$，平面尺寸为66.75m×55.45m，前端为改良式 A^2/O 池，后端为膜池及设备间，集厌氧区、缺氧区、好氧区、膜池、设备间、化学除磷加药区、配电室、控制室于一体，设计参数见表5-7。

表5-7　无锡市梅村污水处理厂一体化MBR池设计参数

项目		设计值
设计流量（$m^3\cdot d$）		3×10^4
污泥负荷/（kg BOD_5/kg MLSS·d）		0.038
容积负荷/（kg COD/$m^3\cdot d$）		0.89
污泥浓度/（g/L）	厌氧区	6～7
	缺氧区	7～8
	好氧区	8～9
污泥龄（d）		22.1
水温（℃）		12
污泥产率系数		0.5
水力停留时间（h）	厌氧区	1.2
	缺氧区	2.5
	好氧区	5.3
回流比（%）	膜池至缺氧区	300
	缺氧区至厌氧区	100
膜组件	型号	ZeeWeed　500
	数量/组	40
	平均孔径/μm	0.04
	材质	PVDF
设计膜通量［L/（$m^2\cdot h$）］	最大通量	30
	平均通量	24

5）水池及加氯间

根据无锡市新区再生水回用规划，梅村污水处理厂再生水规模远期为 $5\times10^4m^3/d$，近期为 $1\times104m^3/d$。为此，二期工程设清水池及加氯间1座，清水池平面尺寸为15.9m×15.9m，池容为 $1500m^3$；加氯间建于清水池上，平面尺寸为16.1m×8.05m，设备规格可根据中水回用规模增设。

（2）运行效果

梅村污水处理厂二期工程于2008年4月初开始施工，12月底完成并投入运行。经过调试，运行效果良好，出水水质完全能达到设计要求。

（3）经济分析

该工程项目总投资为9222.67万元，其中固定资产投资为9144.82万元。主要经济技术指标如下：投资为3074元/m^3，直接运行成本为0.74元/m^3，经营成本为1.10元/m^3。

2. 北京北小河污水处理厂改扩建工程

（1）工程概况

北小河污水处理厂位于朝阳区北小河北岸，建于1990年，处理规模4万m^3/d，采用传统活性污泥工艺，并对污泥进行消化处理，工程占地6.07hm^2。2006年7月北小河污水处理厂改扩建及再生水利用工程开工建设，工程总规模10万m^3/d，总流域面积109.3km^2。工程主要内容分为两部分：① 扩建60000m^3/d污水处理设施采用MBR工艺，出水达到回用要求，其中10000m^3/d的出水再经过RO深度处理后作为高品质再生水，直接供给奥运公园水体补水及场馆杂用水。② 原40000m^3/d污水处理设施改造，出水排入北小河。扩建工程于2008年7月建成投产，根据工期安排，40000m^3/d改造工程的土建部分目前还未实施。

（2）水质状况

1）进水水质（表5-8）

表5-8　北小河污水处理厂扩建工程进水水质

指标	COD/（mg/L）	BOD_5/（mg/L）	SS/（mg/L）	NH_3-N/（mg/L）	TP/（mg/L）	TN/（mg/L）
数值	280	550	340	45	65	10

2）出水水质标准

本工程扩建规模60000m^3/d，其中50000m^3/d出水排入城市再生水管网，执行《城市污水再生利用 城市杂用水水质》标准（GB/T 18920—2002）中车辆冲洗水质要求。另外10000m^3/d出水经RO处理后作为奥运公园高品质用水，由于目前还没有相应的体育场馆再生水水质标准，高品质再生水水质暂参照《地表水环境质量标准》（GB 3838—2002）中Ⅲ类水体的主要标准（除TN外）。设计出水水质见表5-9。

表5-9　北小河污水处理厂扩建工程设计出水水质

指标	浊度/NTU	溶解性总固体/（mg/L）	BOD_5/（mg/L）	NH_3-N/（mg/L）	总余氯/（mg/L）
数值	5	1000	10	10	管网末端≥0.2

（3）工艺流程

改扩建工程的工艺流程如图5-5所示。污水首先进入集水池，经过间隙8mm的格栅后由提升泵提升至曝气沉砂池，然后分别进入40000m^3/d的改造系统及60000m^3/d的扩建系统，再经1mm的细格栅后进入MBR池，经紫外线消毒后其中50000m^3/d进入清水池，臭氧脱色后通过配水泵房输送至厂外再生水利用管网向用户供水，另外10000m^3/d出水进入RO系统，生产的高品质再生水由独立的清水池经水泵提升输送至奥运公园。

（4）设计参数

1）预处理系统

预处理系统主要由提升泵前8mm格栅、曝气沉砂池及筛孔直径1mm转鼓式细格栅组

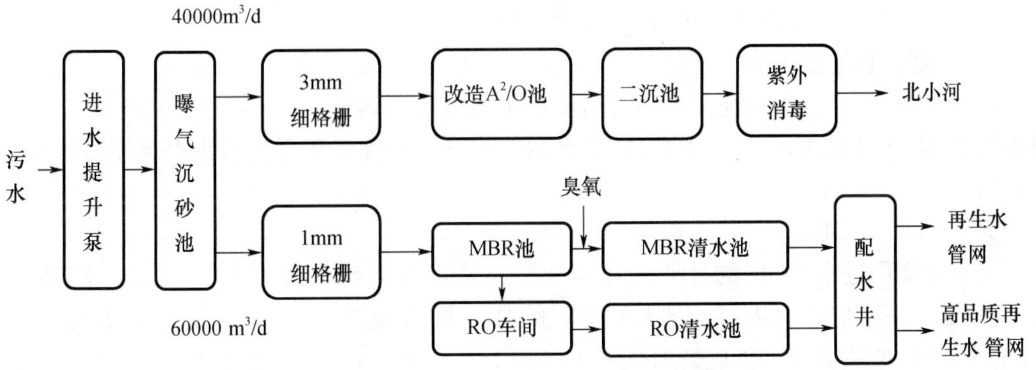

图 5-5　北小河污水处理厂改扩建及再生水利用工程工艺流程

成，拦截污水中较大杂质、砂粒及纤维毛发等，确保后续系统的稳定运行。

2）MBR 生物池

MBR 生物池主要由厌氧池、缺氧池、变化区、好氧池组成。生物池分为 4 系列，每系列均可独立运行。变化区内同时安装潜水推进器和曝气头，可以根据进水水质、处理效果、季节变化以及出水水质需求，转换为缺氧区或好氧区。主要设计参数如下：

① MBR 池停留时间：厌氧段 HRT 1.5h，缺氧段 HRT 3.8h，好氧段（含变化区）HRT 8.6h；总 HRT 13.9h，总 SRT 17d。

② MBR 池污泥负荷 0.067kg BOD_5/（kg MLSS·d）。

③ 回流比：缺氧池至厌氧池 100%，好氧池至缺氧池 500%（变频调节），循环比 500%。

④ 污泥浓度：厌氧段 3650～4200mg/L，缺氧段和变化区 6700～7700mg/L，好氧段 8000～9200mg/L，膜池内 10000～11500mg/L，剩余污泥量 16.5t/d。

3）膜系统

膜系统共设 8 个膜池，每个膜池设计安装 38 个膜组件，预留 4 个膜组件位置。每个膜组件内装 16 个 MEMCOR 的 B30R 膜元件（PVDF 中空纤维膜），单个元件的膜面积为 37.6m^2，设计通量为 14.8L/（m^2·h）。

膜系统运行一段时间后需要进行化学清洗。膜系统的加药装置包括次氯酸钠加药装置、柠檬酸加药装置、亚硫酸氢钠加药装置、氢氧化钠加药装置。化学清洗有两种方式：维护性清洗和恢复性清洗。

维护性清洗（MC）：清洗持续时间较短，采用较低的化学药品浓度、清洗频率较高。其目的在于保持膜的透水性和延长恢复性清洗周期。维护性清洗间隔为 1～2 个星期，清洗采用的药剂为次氯酸钠。

恢复性清洗（CIP）：清洗持续时间比维护性清洗长、采用化学药品浓度较高，清洗频率较低。其目的在于恢复膜的透水性。每 3 个月采用次氯酸钠清洗一次，每 6 个月采用柠檬酸清洗一次。恢复性清洗时产生的废液均输送到中和系统。

维护性清洗和恢复性清洗的周期均可在实际运行中根据膜的污堵情况进行调节。

（5）处理效果评价

扩建工程 2008 年 4 月通水进行试运行，7 月开始正式运行。在调试运行阶段，根据性能测试报告，各种设备运行均达到了技术指标要求，基本没有出现故障。截至 2009 年 1 月，经过 7 个月的运行，系统出水水质良好，达到设计目标。

1）浊度、悬浮性固体

自 2008 年 7 月扩建系统投入运行后，出水浊度月平均值 1.02～2.95 NTU，在线浊度仪检测 MBR 出水浊度＜ 0. 2 NTU；出水 SS 为 5～8mg/L，膜系统对水中悬浮固体有良好的截留效果。

2）BOD_5、COD_{Cr}

污水处理厂进水 BOD_5 的月平均值为 167～291mg/L，出水仅为 2～5mg/L，MBR 系统对 BOD_5 去除率达 96％以上。进水 COD_{Cr} 的月平均值为 361～618mg/L，出水为 20.9～30mg/L，MBR 系统对 COD_{Cr} 去除率达 92％以上。可见，MBR 工艺将膜过滤系统应用于二级生物处理系统，代替沉淀池进行泥水分离，能够提高生物系统的污泥浓度，进一步加强生物处理效果，出水生化指标优于传统活性污泥法。

3）总氮、硝态氮（NH_3-N）

污水处理厂进水凯氏氮（TKN）的月平均值为 47.5～78.5mg/L，出水 TN9.65～15.2mg/L，出水 NH_3-N 0.29～1.32mg/L，出水 TN 平均值为 13.47mg/L，基本可以满足＜15mg/L。但随着水温的下降以及进水 TN 的上升，TN 的去除效果较夏季有比较明显的下降。因此 MBR 系统出水 TN 达标与否受水温、原水碳源、进水 TN 等外部因素影响较大，其中水温对反硝化速率影响较为明显。从统计数据来看，当水温低于 18℃时，MBR 系统脱氮效率降低较明显。MBR 运行期间（包括冬季 11 月～次年 1 月）NH_3-N 出水月均值均低于设计出水水质 1.5mg/L。

4）总磷（TP）

污水处理厂进水 TP 的月平均值为 4.56～8.28mg/L，出水为 0.086～0.37mg/L，去除率达 92％以上。MBR 工艺采用生物除磷辅助化学除磷，采用聚氯化铝（PAC）作为化学除磷药剂。

5）其他

MBR 的膜过滤系统不能去除水中的溶解物质，因此对于色度的去除能力有限，出水色度能够达到 30 度以下标准。但是由于水中的溶解性物质会吸附于水中的颗粒物质上，随着颗粒物质被膜截留，MBR 系统能够去除部分溶解性物质。

（6）运行能耗分析

1）电耗

根据中标设备资料功能保证和 MBR 系统性能测试报告，本工程电耗分析见表 5-10。

表 5-10　北小河污水处理厂改扩建工程电耗分析

项目	电耗［（kW·h）/m³］		备注
	功能保证值	测试值	
MBR 系统	0.75	0.73	自 1mm 细格栅至 MBR 出水，不计配水泵房
RO 系统	0.788	0.64	
UV 系统	0.041	0.039	

2）药剂消耗

药剂消耗主要包括除磷、膜化学清洗、消毒剂投加等，详细分析见表 5-11。

表 5-11 北小河污水处理厂改扩建 MBR 工程药剂消耗分析

工艺段	药剂种类	计算最大用量	一年计算最大用量
MBR 生物池	聚氯化铝（PAC）	2.9t/d	1059t
MBR 膜池	次氯酸钠	217kg/次 MC， 2.1t/次 CIP	144t
	柠檬酸	3.2t/次 CIP	48.5t
	亚硫酸氢钠（还原剂）	276kg/次 MC	8.8t
	氢氧化钠	6.8t/次 CIP	109.4t

5.7.2 医院污水处理

以天津市某医院的 MBR 系统为例。

（1）项目简介

2003 年 SARS 流行期间，天津市某医院为了达到接收 SARS 病人的要求，对污水处理系统进行了 3 方面改造：① 防止医院污水成为病毒的二次传染源；② 确保污水处理系统的安全运行；③ 减轻医院污水对环境的污染。针对医院污水的特点和改造要求，选择 MBR 作为该医院污水处理的主体工艺，并采用负压运行、尾气处理、远程监控等技术确保其安全、稳定地运行。该工程采用浸没式 MBR 工艺，设计处理水量为 $500m^3/d$。

（2）设计概要

1）原水水质（表 5-12）

表 5-12 天津市某医院污水处理项目原水水质

指标	COD（mg/L）	NH_3-N（mg/L）	浊度 NTU	色度度	细菌总数 CPU/（mL）	类大肠菌群 CPU/（L）
数值	103～290	20～60	>100	20～400	4.5×10^8～2.4×10^7	1.1×10^8～3.5×10^7

2）工艺流程

天津市某医院污水处理项目工艺流程如图 5-6 所示。

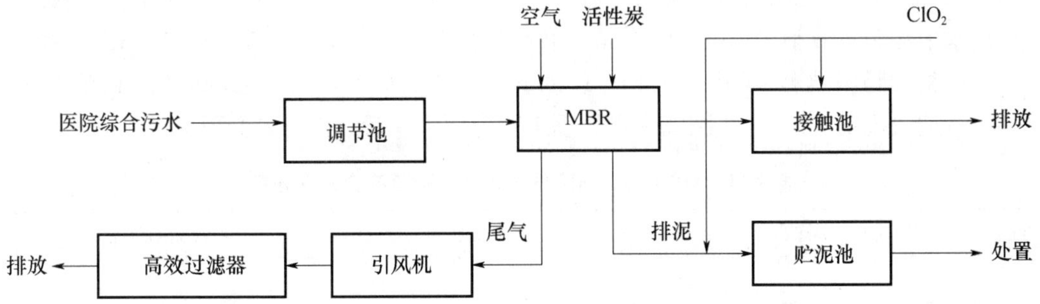

图 5-6 天津市某医院污水处理项目工艺流程

由于医院污水水质特殊，常规好氧生物处理系统无封闭措施，曝气供氧过程产生的气泡扩散形成了大量的气溶胶分子，这些气溶胶大分子表面附着了一些病原微生物，向空气中扩散传播，容易在曝气过程中造成对空气的二次污染，这就为传染性疫病的传播打开了另一条通道。由于 MBR 中充氧曝气会导致部分气溶胶扩散，而污水中的病毒和致病菌也很可能混入气溶胶中，因此反应器本体全部封闭，上部分采用专门的管路收集处理过程产生的尾气，经过高效处理器后排放。同时引风机还可以在MBR形成负压，使曝气尾气不能扩散到室外。

MBR运行参数见表5-13。

表5-13 MBR反应器参数

膜面积（m^2）	膜材料	膜孔径（μm）	膜通量［L/（m^2·h）］	气水比	HRT（h）	SRT（d）
1920	PVDF	0.2	20	24～28	7.0	30

（3）处理效果

MBR对医院污水中有机物的去除效果良好，平均去除率达90%。由于受医院污水水质的影响，MBR出水COD具有一定的波动，介于7.2～49.2mg/L（平均值为25.7mg/L），能够满足《医疗机构水污染物排放标准》（GB 18466—2005）和《城镇污水处理厂污染物排放标准》（GB 18918—2002）中一级B标准的规定（COD≤60mg/L）。MBR对医院污水中NH_3-N的去除效果良好，平均去除率高于95%，且大部分时间MBR出水的NH_3-N质量浓度在1mg/L以下，远低于GB 18466—2005规定的15mg/L。

因微滤膜的高效截留能力，MBR出水的浊度在0.07～0.35 NTU变化。监测期间MBR出水浊度的概率分布：MBR出水的浊度低于0.1NTU的概率约为60%，浊度在0.10～0.30NTU的概率为35%，而浊度在0.30～0.35NTU的概率仅为5%，因而MBR的出水浊度低于0.3NTU的概率为95%。浊度的降低削弱了水中悬浮颗粒物对病原菌和病毒的屏蔽保护作用，可以在消毒过程中大幅减少消毒剂的投加量和接触时间，并减少消毒副产物的生成量，因而排放后对水环境的潜在影响也明显减小。

比较微滤膜公称孔径与微生物的平均尺寸，通过MBR微滤后，水中的细菌和粪大肠杆菌应该几乎完全被去除，但是由于膜孔径的不均匀性、少量膜丝的破损以及生物相沉积层的形成与否等物理原因，以及微生物在不同的生长阶段有机体的大小不同，细菌的可变形性等内在原因，使得MBR出水有部分微生物的残留。而且在工程应用中，还存在不可预见的原因以及膜的质量等问题，使得MBR出水中的残留微生物比理论研究要多。

表5-14统计了MBR出水中细菌总数和粪大肠杆菌浓度的频率分布（$n=80$），可以看出MBR出水中细菌总数小于1000CFU/mL的频率占48.78%，1000～5000CFU/mL的频率占39.02%；粪大肠菌群数小于100CFU/L的频率占11.90%，100～500CFU/L的频率占40.48%。这也说明，MBR在医院污水处理工程应用中，后续消毒是必要的。

表5-14 MBR出水细菌总数和粪大肠菌浓度频率分布

细菌总数（CFU/mL）	频率分布（%）	粪大肠菌浓度（CFU/L）	频率分布（%）
＜100	4.88	＜100	11.90
100～1000	43.90	100～500	40.48
1000～5000	39.02	500～1000	38.10
5000～10000	7.32	1000～5000	4.76
＞10000	4.88	5000～10000	3.81
		＞10000	0.95

(4) 经济分析

天津某医院污水处理系统在2003年建成时的基建投资约为196万元，其中包括：土建费用约20万元、人工费与机械费17万元、材料费145万元、其他费用约14万元MBR系统的装机总容量约为56.67kW，运行功率为20.55kW，运行电耗为0.95kW·h/m³（电费按1元kW·h计），运行费用约为1.32元/m³，其中粉末活性炭费用为0.05元/m³，消毒费为0.32元/m³（二氧化氯原材料费为0.29元/m³，电费为0.03元/m³）。MBR系统运行费用组成如图5-7所示。

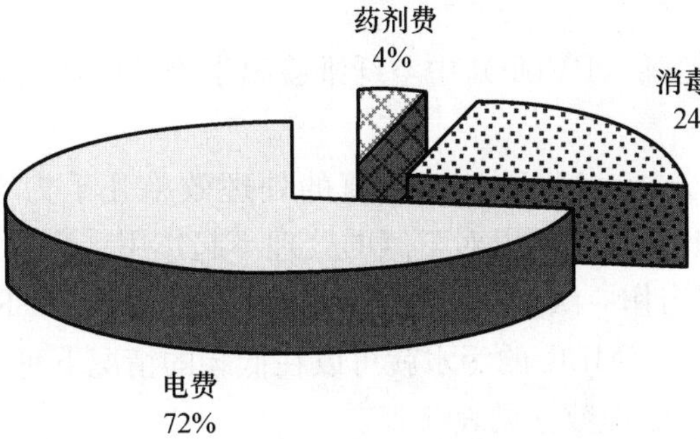

图5-7　天津某医院MBR系统运行费用组成

5.7.3　工业污水处理

以中石化金陵分公司MBR处理炼油污水工程为例。

(1) 工艺流程

金陵分公司净水车间的污水处理过程中引用了MBR污水处理技术，对炼油污水进行处理，并兴建了一座处理量为250m³/h MBR处理装置，工艺流程如图5-8所示。

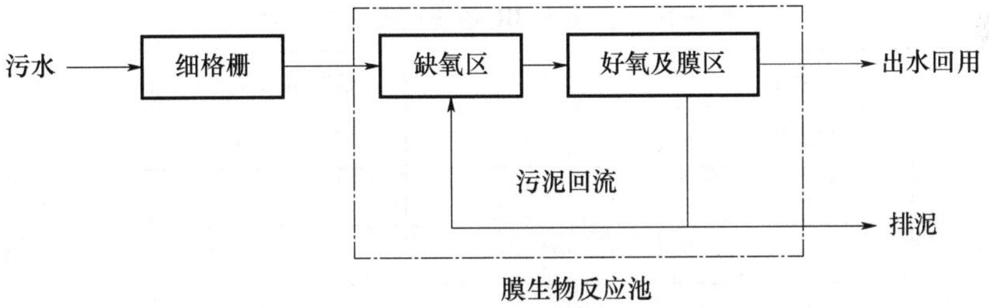

图5-8　金陵炼油污水处理工艺流程图

污水经二级隔油、二级浮选、均质罐后自流进入过滤器，经过滤器将粒径大于112mm的杂物截留，其作用是去除水中大颗粒悬浮杂质，以防止其在曝气池沉积和保护膜表面不受损伤。预过滤器的出水进入混合段，在进水混合段装有潜水推进器，提供缺氧池间不断循环。同时潜水推进器将好氧区回流的混合液与进水充分混合推流进入缺氧区，缺氧区设有潜水搅拌器，保证了混合液在该区内的充分混合，保持悬浮状态不会沉淀。在缺氧区内，大分子量长链有机物分解为易生化的小分子有机物。污水在缺氧池内的水力停留时间为4～6h，然后进入好氧区。好氧池底铺设有曝气装置不间断进行曝气，污水在此池内进行有机物生化降解，去除水中的BOD_5和COD。好氧区末端为膜分离区，简称膜区，膜区内MBR膜件下部还设置有间歇式的曝气装置，定时吹扫抖动膜片，以缓解MBR膜周边的污泥浓度累积。

本工艺膜生物反应器根据生物的工艺要求，建有两个生物反应区，其中一个为好氧区（硝化池），另一个为缺氧区（反硝化池）。因此除了具有有机物降解功能外，还具有硝化和反硝化作用，提高了系统对 NH_3-N 的去除能力。

由于金陵分公司炼油原油品种 70%是进口原油，且含硫量比较高，因此排放的废水中含有大量的有毒有害物质，在废水中所带的一部分难于降解的污染物，加大了炼油废水处理的难度。因此，在生化处理过程中得不到很好的处理，从而增加了很大难度。

（2）膜生物反应器的运行情况

1）运行性能

本工艺采用的聚偏氟乙烯（PVDF）中空纤维膜膜生物反应器（MBR）。

2）处理效果

根据一级处理的情况分析，MBR 池对氨氮的处理效果几乎为零，主要原因是碳源过高，没有硝化反应的条件和环境，所以对氨氮的处理不起作用。为了解决这个问题，利用一个 4000m^3 的推流式生化池当作一级处理，处理后的污水再进入 MBR 池进行处理，这样就可以把大部分的碳源除掉，到 MBR 的污水就可以在低碳的情况下进行硝化反应，然后再进行反硝化，从而去除氨氮，处理数据见表 5-15。

表 5-15　金陵 MBR 系统二级处理数据

时间	油		酚		氨氮		COD	
	进口	出口	进口	出口	进口	出口	进口	出口
2006.4	12.24	3.74	14.65	0.07	34.35	14.0	497.14	75.2
2006.5	9.36	3.72	21.09	0.12	33.73	6.95	570.57	100

4）成本核算（图 5-9）

① 直接成本（表 5-16）

表 5-16　金陵 MBR 系统直接成本统计

项目	数量	单价	总费用（万元）	元/吨污水
电	233kW·h	0.55 元	102.054	0.46
人工费	5 人	5 万	25. 00	0.114
药剂费			47.73	0.22
次氯酸钠	11.3t		1.13	
柠檬酸	5t		3.4	
液碱	360t		43.2	
合计				0.80

② 间接成本

膜的寿命年以 5 年计，每片面积为 12.5m^2 MBR，膜的成本在 2000 元，则每产一吨水，膜更换费用为 0.36 元；

设备系统折旧年限以 10 年计，则每产一吨水折旧费用为 0.418 元；

土建系统折旧年限以 20 年计，则每产一吨水折旧费用为 0.16 元；

以上三项合计：0.36＋0.418＋0.16＝0.938 元/t。

③ 总的费用

直接费用＋间接费用：0.80＋0.938＝1.738元/t

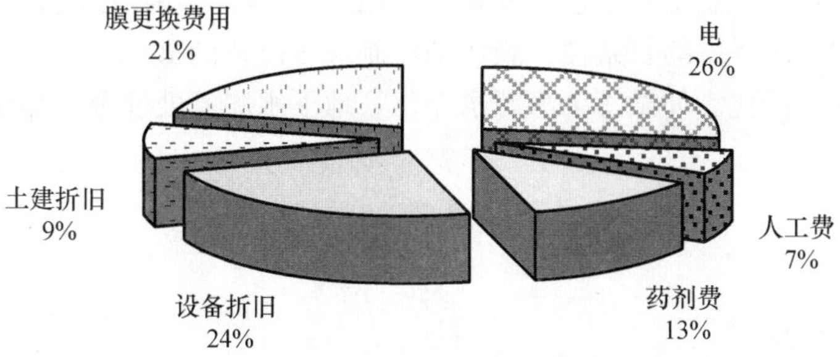

图5-9　金陵MBR系统运行费用组成

5.8　MBR未来发展趋势

总体而言，MBR是水工业发展历程中的一项新技术。相对于传统活性污泥法和SBR等工艺而言，它的投资和运行费用较高一些。但是，MBR工艺能够减少占地面积，并提供更为优良的出水水质，特别是后续接RO等工艺时，由于其出水水质有着更高的保障性，更显示出MBR的优势。

优越的性能使MBR在工程应用中取得了相当大的成绩，但要在应用中进一步提高竞争力和扩大市场份额，仍面临着诸多挑战，主要有：

（1）提升膜材料和膜组件。进一步开发寿命长、强度好、抗污染、价格低的膜材料。膜组件的研究应朝处理能力大、能耗低的方向发展。

（2）膜污染及其控制策略。利用分子生物学、显微可视化方法等深入研究膜污染机理，探索更为有效、简便的方法控制和减缓膜污染的发生与发展。

（3）MBR的经济性。与传统工艺相比，MBR的能耗仍然较高，需要进一步降低，以增强MBR的竞争力。因此需加强对MBR经济性的研究，如能耗、清洗费用、劳动力成本等。

（4）MBR处理规模和应用领域。扩大MBR的处理规模和应用领域，尤其是高浓度污水和难降解废水的处理，解决MBR应用于大规模工程项目中出现的新问题。

除新建项目外，已有MBR污水处理项目中膜组件的更换，将进一步拉动MBR市场的发展。以每年的市场增长率为10%（新建项目），膜组件的平均使用寿命为5年计，膜组件的更换最终将占到每年膜销售量的40%。为进一步降低膜的成本费用，提高MBR工艺的经济性和竞争力，有必要像反渗透（Reverse Osmosis，RO）那样对MBR的膜组件进行标准化设计。

随着更为严格的污水排放标准和减少地下水使用的要求，将污水处理后回用就显得更加重要，而地表及地下水污染带来的饮用水安全问题也逐渐提上日程，MBR工艺为此提供了可靠的技术支持和新思路，这些必将促进MBR的进一步发展：

（1）城市污水回用。MBR在这方面已经有不少工程应用。随着处理规模的进一步扩大，大型MBR的设计、运行经验需要及时总结，应尽快建立MBR处理城市污水标准化设计准则。为了保证出水安全性，MBR对新型化学物质如内分泌干扰素（Endocrine Disrupting Chemicals，EDCs），药物及个人护理品（Pharmacewtical and Personal Care Products，

PPCPs）等的去除，MBR+RO（NF）生产高质量的回用水将会受到更多关注。

（2）工业废水处理与回用。MBR在各种工业废水处理中将会得到了更为广泛的应用。在工业废水处理中，应注意组合工艺的开发和应用，如MBR+物化工艺，高效菌种+MBR工艺等。由于工业废水成份的复杂性，膜污染控制应予以特别重视。

（3）饮用水源水净化。如微污染水源水净化、地下水脱氮处理等，都是今后值得研究的课题。

第 6 章　新型生物脱氮除磷技术

6.1　概述

6.1.1　生态氮的循环

在自然生态系统中，氮元素既是维持生态系统营养物质循环的重要元素之一，也是引起水质恶化、生物多样性降低和生态系统失衡的主要原因。为了更好地控制氮元素引起的水体污染，有必要了解其在自然生态系统循环中的各种存在形式和转化途径。

自然界中的氮元素大多以分子氮和有机氮形式存在，大多数生物不能直接利用，而在微生物、植物和动物三者的协同作用下，可将氮气、无机氮和有机氮相互转化，形成氮循环(Nitrogen Cycle)。大气中的分子氮被根瘤菌固定后可供豆科植物利用，或被固氮菌和固氮蓝藻固定成氨，氨被硝化细菌氧化成硝酸盐，被植物吸收，无机氮就转化成植物蛋白。动、植物的尸体及人和动物的排泄物又被氨化细菌转化成氨，氨又被硝化细菌氧化成硝酸盐，又再次被植物吸收，周而复始。自然界中氮元素循环的基本过程如图 6-1 所示。

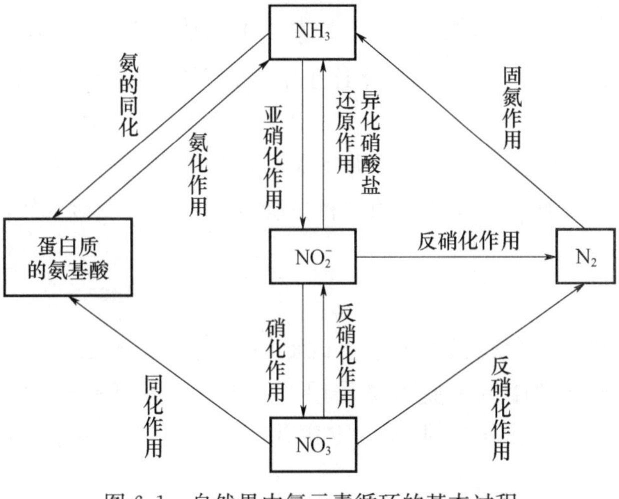

图 6-1　自然界中氮元素循环的基本过程

氮元素循环包括固氮作用、氨化作用、氨的同化作用、硝化作用、反硝化作用和异化硝酸还原作用。影响其循环过程的因素包括环境因素和人类活动因素，例如酸碱度、O_2 浓度、NH_3浓度、根草分泌物、季节变化、施肥施药状态等。

1. 固氮作用

固氮作用（Nitrogen Fixation）是在固氮微生物的固氮酶催化作用下，把分子氮转化为氨，进而合成为有机氮化合物。其基本反应式为：

$$N_2+8e^-+8H^++16ATP \xrightarrow{\text{固氮酶}} 2NH_3+H_2+16ADP+16Pi$$

在固定酶的作用下，微生物固定 N_2 合成 NH_3。分子氮具有高能量三键，需要很大的能量才能打开，ATP 可以来自于光合磷酸化（如蓝细菌）或氧化磷酸化（如进行异养生长的固氮菌属）。在氧化磷酸化情况下，环境中的有机营养物会对固氮起限制作用。固氮酶催化固氮反应时需要能量和电子，不同固氮微生物平均计算：每还原 1mol 氮成为 2mol 氨，需要 24mol 的 ATP，其中 9mol ATP 提供 3 对电子用于还原作用，15mol ATP 用于催化反应。

固氮微生物按生长方式可分为自生型和共生型；按生理生化特性分为好氧型和厌氧型、自养型和异养型等。

陆地环境中，与土壤自生固氮的速率相比，共生固氮微生物的速率要高 2～3 个数量级。例如根瘤菌与苜蓿共生每年可固定 N_2 30 g/m^2 以上，而自生固氮菌可固定的 N_2 量为 0.05～0.25g/m^2。尽管自生固氮微生物在土壤中固定 N_2 的速率相对较低，但是由于这些细菌在土壤中分布广泛，所以这些细菌固定 N_2 的量还是非常可观的。随着研究的不断深入，人们发现了越来越多的自生固氮微生物，具体包括固氮菌属（*Azotobacter*）、拜叶林克菌属（*Beijerinkia*）、着色菌属（*Chromatium*）、红假单胞菌属（*Rhodopseudomonas*）、红螺菌属（*Rhodospirillum*）、红微菌属（*Rhodomicrobium*）、绿假单胞菌属（*Chloropseudomonas*）、绿菌属（*Chlorobium*）、脱硫弧菌属（*Deseulfovibrio*）、脱硫肠状杆菌属（*Desulfotomaculum*）、克雷伯菌属（*Klebsiella*）、芽孢杆菌属（*Bacilus*）、梭状芽孢杆菌属（*Clostridium*）、固氮螺菌属、假单胞菌属（*Pseudomonas*）、弧菌属（*Vibrio*）、硫杆菌属（*Thiobacillus*）、和甲烷芽孢杆菌属（*Methanobacterium*）等。

在水环境中，蓝细菌（*Crynobacteria*）是最重要的固氮菌，如鱼腥藻（*Anabaena*）、念珠藻（*Nostoc*）等。蓝细菌固定 N_2 的速率比土壤中自生固氮菌的固氮速率高出 1～2 个数量级，蓝细菌每年固氮速率大约为 2.2g/m^2。在海洋和淡水环境中，均存在能够固氮的蓝细菌，某些蓝细菌能与其他微生物形成互惠共生关系，如地衣等；还有一些固氮蓝细菌能与植物建立互惠共生关系；也有一些固氮细菌为自生细菌，有些不能形成异形细胞的蓝细菌能够固氮。

2. 氨化作用

活体中的有机物和无生命有机物分子上的氮原子通常以还原态存在，即以氨基形式存在。有机氮化合物在氨化微生物的脱氮基作用下产生氨，即把有机物上的 N 转化成 NH_3，称为氨化作用（*Ammonification*）。脱氨的方式有：氧化脱氨、还原脱氨、水解脱氨、脱水脱氨、脱巯基脱氨等。

氨化作用无论在好氧还是厌氧条件下，中性、碱性还是酸性环境中都能进行，只是作用的微生物种类不同，作用的强弱也不一样。荧光假单胞菌（*Pseudomonas fluorescens*）、灵杆菌和变形杆菌等兼性细菌，巨大芽孢杆菌（*Bacillus megaterium*）、枯草芽孢杆菌（*Bacillus subtilis*）、肠膜芽孢杆菌、蜡状芽孢杆菌（*Bacillus cereus*）等好氧细菌，腐败芽孢杆菌（*Bacillus septicus*）等厌氧菌都具有不同的蛋白质分解能力；细菌中的芽孢杆菌属（*Bacillus*）、核菌属、分枝杆菌属、假单胞细菌属（*Pseudomonas*）、节杆菌属等，真菌中的曲霉（*Aspergillus*）、青霉（*Penicillum*）、镰刀霉（*Fusarium*）等，放线菌中的链霉菌属都能分解核酸；能够分解尿素的微生物主要有尿芽孢八叠球菌（*Sporosaricinaureae*）、巴斯德芽孢杆菌（*Bacillus pasteurianus*）等。

3. 氨的同化作用

在自然界中，无机氮必须同化为有机氮才能被植物吸收，实现这个过程有四种途径：无机氮同化、初级氮同化、光呼吸氨的重新同化和循环 NH_4^+ 同化。以上四种转化途径中，无机氮、初级氮等在转化为有机氮之前都要被还原成 NH_4^+，归根结底还是氨被合成细胞物质，该过程称为氨的同化作用（Ammonia Assimilation）。

微生物细胞中吸收氨的分子主要有 α-酮戊二酸、谷氨酸、丙酮酸、延胡索酸等，同化后生成谷氨酸、丙氨酸、天冬氨酸等。

4. 硝化作用

在有氧条件下，氨经氨氧化细菌和亚硝化细菌的先后作用转化为硝酸，称为硝化作用（Nitrification）。其过程分为两步进行：（1）氨氧化细菌将氨氧化为亚硝酸；（2）亚硝酸盐氧化细菌将亚硝酸氧化为硝酸。其基本过程为：

$$NH_3 \xrightarrow{+H_2O,-2H} NH_2OH \xrightarrow{+H_2O,-4H} HNO_2 \xrightarrow{+H_2O} N(OH)_3 \xrightarrow{-2H} HNO_3$$

根据参与作用的微生物，可以分为自养型硝化作用和异养型硝化作用。

参与硝化作用的亚硝酸菌和硝酸菌都是好氧菌，因此硝化过程是一个绝对需氧过程。亚硝酸菌为革兰氏阴性菌，在硅胶固体培养基上长成细小、稠密的黑色、褐色或淡褐色的菌落，种类包括亚硝酸单胞菌属（*Nitrosomonas*）、亚硝酸球菌属（*Nitrosococcus*）、亚硝酸螺菌属（*Nitrosospira*）、亚硝酸叶菌属（*Nitrosolobus*）和亚硝酸弧菌属（*Nitrosovibrio*）等。至今，所有内陆发现的亚硝酸菌都属于蛋白菌（*Proteobacteria*）的 β 亚纲，海洋中发现的属于蛋白菌的 β 和 γ 亚纲。硝酸菌在琼脂培养基和硅胶固定培养基上长成小的、由淡褐色变成黑色的菌落，种类主要有硝酸杆菌属（*Nitrobacter*）、硝化球菌属（*Nicetrococcus*）等。

硝化过程在土壤中非常重要，因为由 NH_4^+ 转化为 NO_3^- 的过程是由正电荷离子变成负电荷离子的过程，正电荷离子比较容易被土壤中带负电荷的黏土颗粒结合，而带负电荷的离子能在土壤水中自由迁移，所以硝化过程可以被看作土壤氮素的一种流失过程。

5. 反硝化作用

反硝化作用（Denitrification）也称脱氮作用，是反硝化细菌在缺氧条件下，还原硝酸盐，释放出分子态氮（N_2）或一氧化二氮（N_2O）的过程。在自然界中，反硝化作用是氮元素重新返回大气的重要途径，土壤、水体和污水生物处理的构筑物中，硝酸盐在缺氧条件下都会发生反硝化作用。

$$2HNO_3 \longrightarrow 2HNO_2 \longrightarrow 2HNO \longrightarrow N_2$$

硝酸氮向大气氮的转化主要是由反硝化菌在厌氧条件下进行。反硝化菌主要包括：施氏假单胞菌（*Pseudomonas stutzeri*）、脱氮假单胞菌（*Pseudomonas denitrificans*）、荧光假单胞菌（*Pseudomonas fluorescens*）、紫色杆菌（*Chromobacteriumviolaceum*）、脱氮色杆菌（*Chromobacteriumdenireificans*）等。在土壤中，产碱杆菌（*Alcaligenes*）、固氮螺菌（*Azotobacter*）、根瘤菌（*Bhizobium*）、红假单胞菌和丙酸杆菌在某些条件下也会进行反硝化反应。

6. 异化硝酸盐还原作用

在无氧条件下，微生物利用 NO_3^- 作为最终电子受体，通过生成羟氨途径将其还原成氨，称为异化硝酸盐还原作用（Dissimilatory Nitrate Reduction）。

$$NHO_3 \xrightarrow{+2[H]} HNO_2 \xrightarrow{+2[H]} HNO \xrightarrow{+H_2O} HN(OH)_2 \xrightarrow{+2[H]} NH_2OH \xrightarrow{+2[H]} NH_3$$

大多数细菌、放线菌和真菌都能利用硝酸氮为营养，在硝酸还原酶的作用下将硝酸还原成氨，进而合成氨基酸、蛋白质和其他含氮有机物。在这个过程中，硝酸被转化成各种还原性产物，有许多霉包括硝酸还原酶和亚硝酸还原酶参与了这一过程的反应，形成 NH_3 随后便组入生物体中的氨基酸上。由于异化硝酸还原酶不会被氨抑制，所以分泌的氨离子可以达到相当的高度。

能进行异化硝酸盐还原作用的微生物主要有兼性厌氧细菌：产碱杆菌（*Alcaligenes*）、大肠杆菌（*Escherichia coli*）、气单胞菌（*Aeromonas*）、肠杆菌（*Enterbacter*）、芽孢杆菌（*Bacillus*）、黄杆菌（*Flavobacterium*）、诺卡菌（*Nocardia*）、螺旋菌（*Spirillum*）、葡萄球菌（*Stephylococcus*）和弧菌（*Vibriocomma*）等。

6.1.2 传统脱氮除磷技术

近年来，氮、磷元素给环境造成的污染问题日益突出，其危害也逐渐被人们重视。在处理中、低浓度的废水中，生物脱氮除磷技术较其他脱氮技术（如物理法、化学法等）具有工艺简单、成本低廉、较易推广等特点，因而受到越来越多的青睐。

1. 传统生物脱氮技术

目前采用的生物脱氮技术，其理论基础是微生物的硝化作用和反硝化作用。硝化作用是指氨氧化为亚硝酸（盐）和硝酸（盐）的生物反应，主要由自养型硝化细菌进行；反硝化作用是指硝酸（盐）、亚硝酸（盐）以及其他氮氧化物被用作电子受体而还原为氮气的生物反应，可由多种反硝化细菌进行。

（1）硝化反应

从生物学的角度看，硝化过程不仅仅是氨氧化细菌将氨氮氧化成亚硝酸盐、亚硝酸盐氧化细菌将亚硝酸盐进一步氧化成硝酸盐的过程。它涉及多种酶和多种中间产物，并有着复杂的电子（能量）传递。根据已有研究，氨氧化细菌对氨氮的转化过程为：

$$NH_3 \xrightarrow{\text{氨单加氧酶}} NH_2OH \xrightarrow{\text{羟氨氧化酶}} (NOH) \xrightarrow{\text{羟氨氧化酶}} NO_2^-$$

亚硝酸氧化为硝酸的过程中，目前已有的实验尚未检出有中间产物，一般认为该过程是一步完成的，而结合进硝酸的氧来自于水。催化次反应的酶称为亚硝酸氧化酶（NOR），该酶位于细胞的呼吸颗粒上，与膜紧密结合。该过程的反应式可表示为：

$$NO_2^- + H_2O \longrightarrow NO_3^- + 5H^+ + 4e^-$$

（2）反硝化反应

反硝化细菌是所有能以 NO_3^- 为最终电子受体，将 HNO_3 还原为 N_2 的细菌的总称，在种类学上没有专门的类群，分散于 10 个不同的细菌科中，各属反硝化细菌的主要鉴别特性是形态、大小、(G+C)%等。按营养特性可划分为三大类：有机营养型、光能营养型和无机营养型。自然界中最普遍的反硝化细菌是所属的菌属是假单胞菌属（*Pseudomonas*），其次是产碱杆菌（*Alcaligenes*），相对于这两个属而言，其他菌属的出现频率较低。

根据现有研究结果，细菌的反硝化过程基本可表示为：

$$NO_3^- \xrightarrow{\text{硝酸还原酶}} NO_2^- \xrightarrow{\text{亚硝酸还原酶}} NO \xrightarrow{\text{一氯化氮还原酶}} N_2O \xrightarrow{\text{氧化亚氮还原酶}} N_2$$

由 NO_3^- 还原成 NO_2^- 的过程在细胞膜中进行，其他三个过程都在周质中进行。

一般条件下，反硝化细菌都是利用氧气作为电子受体，而在氧含量很低或缺氧条件下，能利用硝酸盐以及亚硝酸盐中的氧进行呼吸，并最终释放 N_2。大多数反硝化细菌是异养型兼性厌氧细菌，能利用各种各样的有机质作为反硝化过程中的电子供体，包括碳水化合物、有机酸类、醇类以及烷烃类、苯酸盐类和其他苯衍生物这些化合物。这些有机化合物在废水处理中显得特别重要：如果废水中存在可作为电子供体的有机物，则可大幅降低氧的消耗；如果废水中没有足够用于反硝化的有机物，则需要另外投加有机物，如甲醇。

传统生物脱氮工艺是三级活性污泥法。工艺设有曝气池、硝化池、反硝化反应池及各自的沉淀池。这个系统的优点是有机物降解菌、硝化菌、反硝化菌分别在各自反应器内生长繁殖，环境条件适宜，而且各自回流在沉淀池分离污泥，反应速度快而且比较彻底。此外还有 A/O 工艺，该工艺是 20 世纪 80 年代初开创的工艺流程，其主要特点是将反硝化反应器放置在系统之首，故又称为前置反硝化生物脱氮系统，这是目前广泛采用的一种脱氮工艺。

传统硝化反硝化工艺在废水脱氮方面起到了一定作用，但仍然存在着许多问题：

1）硝化菌群增殖速度慢，且硝化菌世代长，难以维持较高生物浓度，因此造成系统总水力停留时间较长、有机负荷较低，增加了基建投资和运行费用；

2）传统工艺中的反硝化过程需要一定量的有机物，而废水中的 COD 经过曝气处理后有一大部分被去除，因此反硝化时往往要另外添加碳源，增加运行费用；

3）为中和硝化过程中产生的酸度，需要加碱中和，增加处理成本；

4）氨氮完全硝化需要大量的氧，使动力费用增加；

5）抗冲击能力弱，高浓度氨氮和亚硝酸盐进水会抑制硝化细菌的生长；

6）系统为维持较高的生物浓度及获得良好的脱氮效果，必须同时进行污泥回流和硝化液回流，增加了动力消耗及运行费用；

7）运行条件相对比较复杂。

因此，研究废水处理工艺中的脱氮新思路、新技术及合适的控制条件是有效去除废水中氨氮含量，进而为控制水污染、保护水环境提供科学依据的重要研究课题。

2. 物化法脱氮技术

研究表明高浓度氨氮对生物活性有抑制作用，所以强化生物预处理过程很重要。目前，常用的物理化学方法有吹脱法、膜吸收技术、折点氯化法、化学沉淀法、催化湿式氧化法、硫酸吸收法等。

（1）物理法

1）吹脱法

氨氮在废水中主要以铵离子（NH_4^+）和游离（NH_3）状态存在。两者存在如下平衡：

$$NH_3+H_2O \longrightarrow NH_4^+ +OH^-$$

该平衡受 pH 值的影响：当 pH 值高时，游离氨的比例增大；常温时，当 pH 值为 7 左右时，氨氮大多数以铵根离子状态存在；而 pH<11.5 左右时，游离氨大致占 98%。

吹脱法是通过调节废水的 pH 值将其中的离子态铵（NH_4^+）转化为分子态氨，随后被通入的空气或蒸汽吹出而达到降低废水中氨氮的目的。影响吹脱效率的主要因素包括：pH 值、气液比、水温、布水负荷以及足够的气液分离空间。

在石油化工、化肥、炼钢、有机化工等行业的废水中由于常含有很高浓度的氨，因而适合用蒸汽吹脱法进行处理，回收利用的氨可以部分抵消所耗蒸汽的高费用。由于使用蒸汽比空气更容易控制结垢现象，而用烧碱代替石灰来提高废水的 pH 值也可大大减轻结垢的程度。吹脱法一般采用填料吹脱塔，主要特征是在塔内装置一定高度的填料层，利用较高比表面积的填料层来达到气、水的充分接触，以利于气、水间的传质。常用的填料有拉西环、聚丙烯鲍尔环、聚丙烯多面空心球等。

氨吹脱法的优点在于除氨效果稳定，操作简单，容易控制，通常用于高浓度氨氮废水的预处理。但如何提高吹脱效率、避免二次污染及如何控制生产过程水垢的生成都是氨吹脱法需要考虑和解决的问题。

2）膜吸收技术

传统的膜吸收技术是液膜法，其除氨机理是：NH_3易溶于膜相（油相），它从膜相外高浓度废水所在的外侧，通过膜相的扩散迁移，到达膜相内侧与内相界面，与膜内相中的酸发生解脱反应，生成NH_4^+，利用膜两侧的NH_3分压差作为推动力，使NH_3从废水向吸收液转移，从而达到降低废水中氨氮含量的目的。但防止液膜乳化、富集氨氮的吸收液处理及利用、减少吸收液对废水的有机污染是该技术需要着力研究的内容。

目前随着膜技术的日趋完善，采用膜吸收技术进行高浓度氨氮废水处理成为研究的热点之一。利用疏水性膜将含氨废水与易吸收游离氨的液相隔于膜的两侧。对与不同的吸收液需要选用不同的膜，如采用 H_2SO_4 为吸收液时，必须选用耐酸疏水性固体膜，透过膜的 NH_3 与 H_2SO_4 反应生成 $(NH_4)_2SO_4$ 而被回收，处理后废水中氨氮的浓度理论上可降至零。为了保证较高的通量，一般的微孔膜的膜厚都比较薄，膜两侧的水相在压差的作用下很容易发生渗漏，因此防止膜的渗漏为该工艺的难点。

（2）化学法

化学法主要有折点氯化法、化学沉淀法、催化湿式氧化法、硫酸吸收法等。氨氮去除率较高的为化学沉淀法——MAP 法和催化湿式氧化法。现对各个工艺简要介绍如下。

1）折点加氯法

折点加氯法是将一定量的氯气或次氯酸钠投入到废水中，当投入量达到某一点时，废水中氯含量较低，同时氨氮趋于零；当继续投加氯超过此点时，水中游离氯含量上升，氯气或次氯酸钠与水反应生成 HOCl，HOCl 与水中的 NH_4^+ 发生以下反应：

$$2NH_4^+ + 3HClO \longrightarrow N_2 + 3H_2O + 5H^+ + 3Cl^-$$

处理时所需的实际氯气量，取决于废水 pH 值、温度及氨氮浓度。氧化每 mg 氨氮一般需投加 6～10mg 氯气。虽然氯氧化法反应迅速完全，所需设备投资较少，但液氯成本较高、完全使用和贮存要求高，因而增加了处理成本；若用次氯酸或二氧化氯发生装置代替使用液氯，安全问题和运行费用可以降低，但目前国内最大的发生装置产氯量过低，并且价格昂贵，因此氯氧化法一般仅用于给水处理，将其用来作深度脱氮。对于大水量、高浓度氨氮废水的处理不太适宜。

2）化学沉淀法（MAP法）

目前处理高浓度氨氮废水的方法中，化学沉淀法具有反应时间短、工艺流程简单、去除率高、反应产物磷酸氨镁结晶（$MgNH_4PO_4 \cdot 6H_2O$，简称MAP）作为缓释肥料可以实现氨氮的再利用等优点，而逐渐引起大家的重视。

化学沉淀法是将Mg^{2+}和$PO_4{}^{3+}$投加到含有NH_4^+离子的废水中，使之与NH_4^+生成难溶性的复盐磷酸氨镁，通过沉淀使MAP从废水中分离出来而除去水中氨氮。化学沉淀法一般较适用于处理高浓度氨氮废水，脱氮效率可达到90%以上。若废水中不存在有毒有害物质时，所产生的磷酸氨镁可作为一种良好的缓释复合肥料而应用于农业生产。

化学沉淀法中，Mg∶N摩尔比、P∶N摩尔比、pH值以及初始氨氮浓度为影响氨氮去除率的4个主要影响因素。高健磊等人在对高浓度氨氮废水处理进行研究时发现：pH对氨氮去除率的影响最大，其次为Mg∶N和P∶N的投加比例，而初始氨氮浓度影响较小；对于氯化铵、硫酸铵、氨水以及碳酸氨等四种氨氮废水，当初始氨氮浓度为1500mg/L时，MAP法去除氨氮的最佳工艺条件为：pH值为10.1～10.5，Mg∶N和P∶N的比例分别为1.2～1.4和1.0～1.2，此时各氨氮废水中氨氮的去除率均可达到93%～99%，磷的利用率达到97%以上。

化学沉淀法处理高浓度氨氮废水具有工艺简单、效率高等优点。但处理后废水中残留的氨氮浓度仍较高；另外，药剂的投加量、沉淀物的出路及药剂投加产生的氯离子及磷造成的污染是必须要注意的问题。

3）催化湿式氧化法

湿式催化氧化法（CWO）是20世纪80年代开发的一项水处理技术，主要应用于氨氮废水生化处理的预处理、高浓度难降解有机废水及有毒有害工业废水的处理中，它是在高温、高压和有固体催化剂存在的情况下，利用溶解的分子氧催化氧化废水中有毒有害的物质，最终生成CO_2、H_2O和N_2等小分子。目前国内外对湿式催化氧化法处理氨氮废水及催化剂的制备进行了研究（通常以贵金属为催化剂）。

杜鸿章等研究了焦化废水催化湿式氧化净化技术，并研制了高氧化活性及稳定性的贵金属催化剂用以处理焦化废水，NH_3-N的去除率可达到99%以上。

该法经国外多年应用与实践，已在技术上具备了较强的竞争力，但如何降低成本还是实践应用中有待研究解决的问题。

4）硫酸吸收法

硫酸吸收法主要是充分利用硫酸吸收稳定性较好的特性：用硫酸吸收，在pH为2时，可以生成NH_4HSO_4，反应较容易控制（吸收效率较高）；在pH为3.5～4时，大部分的生成物为$(NH_4)_2SO_4$，较难控制汽提塔和吸收塔之间的闭环循环的平衡。高的pH值可以减少硫酸的耗量。可以利用调节pH和电导率的相互关系，较好地解决高pH值情况下闭环循环的平衡问题。

硫酸吸收法的工作原理如下：在富含氨氮的污水中加入碱液，使得pH被调为12，加热到一定的温度后，NH_3由污水中释放出来，与污水一起由汽提塔顶进入塔内，可循环使用的净化空气由风机推动从汽提塔下部进入塔内，在汽提塔内形成逆向的对流气，气、液相在塔内填料层发生传质，污水中的氨氮被从塔底进入的净化空气所吹脱，并随空气携带着从汽提塔顶排出，进入洗涤塔，使到达汽提塔塔底的污水中氨氮含量大为减少，达到污水排放条件。

3. 传统生物除磷技术

目前普遍认可的生物除磷理论，是聚磷微生物的摄放磷原理：在厌氧区内，聚磷菌把细胞中的聚磷水解为正磷酸盐（PO_4^{3-}-P）释放到细胞外，并从中获取能量。污水中易生物降解的COD被产酸菌和某些聚磷菌酸化分解成乙酸等低分子脂肪酸（VFA）或短链脂肪酸（SCFA），VFA和SCFA不仅适合于聚磷菌利用，而且能诱导激发细胞将其体内积累的高聚合磷分解，释放出磷酸根和键能，聚磷菌通过从三磷酸腺苷（ATP）到二磷酸腺苷（ADP）的转化，以聚β-羟基丁酸盐（PHB）的形式储存在体内。好氧区内，聚磷菌将储存于体内的PHB进行好氧分解，释放出大量能量供聚磷菌增值，在充分利用基质的同时，大量吸收溶解态的正磷酸盐，在细胞内合成并积累多聚磷酸盐，对磷元素的积累可达细胞干重的6%左右，个别能达到8%。聚磷菌以循环的方式经历厌氧、好氧环境后，底物中的磷在好氧条件下以聚磷形式储存在细胞内，最终通过排放富含聚磷菌的剩余污泥的形式实现除磷的目的。

聚磷菌多呈球杆状，其并不是细菌分类学上的分类概念，而是工程上从功能角度出发，对厌氧、好氧环境交替运行，能够实现厌氧释磷、好氧过量吸磷的这类异样细菌的总称。主要包括：不动杆菌属（*Acinetobacter*）、气单胞菌属（*Aeromonas*）、假单胞菌属（*Pseudomonas*）、聚磷小月菌（*Microlunatusphosphovorus*）、俊片菌属（*Lampropedia*）、红环菌属（*Rhodocyclus*）和产碱杆菌属（*Alcaligenes*）等。

此外，反硝化除磷现象的发现进一步丰富了生物除磷机理。反硝化除磷过程是由一类称为反硝化除磷细菌（Denitrifying Phosphorus removing Bacteria，DPB）完成的，在缺氧条件下，DPB以硝酸盐取代氧气作为电子受体进行缺氧摄磷，同时硝酸盐被还原为氮气，实现了同时脱氮和除磷的目的。反硝化除磷菌主要包括：肠杆菌（*Enterobacteriaceae*）、帮杆菌（*Corynebacterium*）、节杆菌（*Arthrobacter*）、链球菌（*Streptococcus*）等。

反硝化除磷理论的出现可以从根本上解决传统工艺中脱氮过程和除磷过程之间的矛盾，实现了一碳两用，同时节省了曝气量，使高效同步脱氮除磷成为可能。

6.2 亚硝酸型硝化反硝化脱氮技术

6.2.1 新技术的提出

长期以来，无论在废水生物脱氮理论还是工程实践当中，都一直认为要实现废水生物脱氮就必须使NH_4^+经历典型的完全硝化反硝化过程才能被去除。在该过程中，NO_3^-的生成不仅延长了脱氮的反应经历，同时也造成了能源和外加碳源的浪费。从氮元素的微生物转化过程来看，氨氮被氧化成硝酸盐是由两类独立的细菌（氨氧化细菌和亚硝化细菌）催化完成的两个不同反应，这两类细菌也有明显的差异。而对于反硝化细菌，无论是NO^{2-}还是NO^{3-}均可以作为最终的受氢体，因而整个生物脱氮过程可以通过$NH_4^+ \rightarrow NO_2^- \rightarrow N_2$的途径完成，人们把经此途径进行脱氮的技术定义为亚硝酸型硝化反硝化（Nitrosification-Denireification），也称为短程硝化反硝化。

1975年，国外专家通过对NO_2^-途径处理高浓度氨氮废水的研究，发现了硝化过程中NO_2^-的积累现象，并首次提出了短程硝化反硝化（Shortcut Nitrification-Denitrification）

生物脱氮的概念。1986 年，再一次证实了经 NO_2^- 途径进行生物脱氮的可能性，同时对推流式前置反硝化活性污泥脱氮系统也进行了经 NO_2^- 途径生物脱氮的研究并取得了成功。

亚硝酸型硝化反硝化脱氮技术的提出，促使人们重新审视传统生物脱氮的过程，并围绕亚硝酸型生物脱氮的可能性进行了大量的实验研究和工程实践。

6.2.2　作用机理

传统废水生物脱氮一般由硝化和反硝化两个过程完成。硝化过程又可分为两个阶段，分别是氨氧化细菌将氨氮（NH_4^+-N）转化为亚硝酸盐氮（NO_2^--N）的亚硝化阶段和亚硝酸氧化菌将亚硝酸盐氮氧化为硝酸盐氮（NO_3^--N）的硝化阶段。这两个反应过程中的微生物利用无机碳化物，如 CO_3^{2-}、HCO_3^- 和 CO_2 作碳源，从 NH_3、NH_4^+ 或 NO_2^- 的氧化反应中获得能量，两步反应均需要在有氧条件下进行。反硝化过程是反硝化细菌在厌氧条件下，以 NO_3^--N 或 NO_2^--N 为电子受体，以有机物（COD）为电子供体，最终转化成 N_2 或有机氮化物。其中，当反硝化以 NO^{3-}-N 作为电子受体时，生物脱氮过程称为全程硝化反硝化过程；而当反硝化以 NO^{2-}-N 作为电子受体时，生物脱氮过程称为亚硝酸型反硝化过程。

亚硝酸型反硝化是指将硝化过程控制在 NO_2^--N 阶段，使其不在进一步氧化成为 NO_3^--N，用 NO_2^--N 直接作为电子最终受氢体进行反硝化。相比传统的硝化反硝化，短程硝化反硝化具有以下优点：耗氧节省约 25%，能耗更低，节省反硝化碳源约 40%，在 C/N 值一定的情况下能提高对 TN 的去除率；减少污泥生成量约 50%；减少硝化过程碱的需求量；反应时间短，可减少反应器容积。短程生物脱氮技术的关键在于如何使硝化反应停止在 NO_2^--N 阶段，出现亚硝酸盐积累后如何维持其长期稳定存在。

6.2.3　亚硝酸型硝化的影响因素

控制硝化反应停止在 HNO_2 阶段是实现亚硝酸型生物脱氮技术的关键，实现亚硝酸型硝化的关键在于将 NH_4^+ 氧化控制在 NO_2^- 阶段，阻止 NO_2^- 的进一步氧化。因此，对硝化反应的控制一定程度上取决于对两种硝化菌的控制。实际上，实现亚硝酸型生物脱氮途径就是控制能对亚硝酸盐氧化菌和氨氧化菌两种硝化菌产生不同作用的微生物生命活动的影响因素，主要包括：温度、pH 值、溶解氧（DO）、游离氨（FA）、有机质和污泥龄等。

1. 温度

关于影响短程硝化温度的说法，目前没有统一的意见。袁林江等人认为，12～14℃下，亚硝酸盐氧化菌活性受到严重影响，出现抑制情况，HNO_2 开始积累；15～30℃的时候，亚硝酸盐可完全被氧化为硝酸盐；温度超过 30℃时，又出现 HNO_2 积累情况。郑平等认为，高于 20℃时，亚硝酸菌的最大比生长就会超过硝酸菌，并且随着温度的升高，相差就越大。因此，温度要控制在 20℃以内，以上就会出现亚硝酸盐的积累。20℃以下，硝酸菌的生产速率大于亚硝酸菌，亚硝酸菌产生的亚硝酸盐很容易被硝酸菌继续氧化成硝酸盐，在这个温度范围运作的传统工艺生物脱氮，只能进行全程硝化反硝化反应。考虑温度升高所需能耗以及高温下影响反应速率，认为操作温度以 30～35℃为宜。

2. pH 值

亚硝化菌对 pH 值特别敏感，pH 值是亚硝酸硝化的一个决定因素。亚硝化菌和硝化菌适宜生长的 pH 值范围有所差异，分别为 7.0～8.5 和 6.5～7.5。混合体系中，亚硝酸菌和硝酸菌 pH 值分别在 8、7 附近，根据亚硝酸菌和硝酸菌适宜 pH 值的差异，分别调控反应系统的 pH 值，可以取得控制硝化类型及硝化产物的效果。

3. 溶解氧

溶解氧（DO）浓度是人们在亚硝酸型硝化工艺中最为关注的指标之一。研究亚硝酸型硝化反硝化生物脱氮的目的本身就是为了节约能耗，如果能在较低的溶解氧条件下，获得较高的氨氮去除率，就意味着可以节约供氧量。许多研究已经表明，在较低的溶解氧条件下，可以获得较高的亚硝酸盐积累。

亚硝酸菌、硝酸菌是好氧菌，在活性污泥和生物膜反应器中，污泥絮体的尺度，膜的厚度较大时，便形成对氧扩散梯度。普遍认为溶解氧浓度在 0.5mg/L 以上时，才能很好地进行硝化作用，不然硝化作用会受到抑制。

荷兰生态研究所 Laanbroek 等人研究表明，由于亚硝酸菌对 DO 的亲和力和耗氧速率均较硝酸菌强，导致低 DO 下亚硝酸菌大量积累，硝酸菌氧饱和常数一般为：1.2～1.5mg/L，亚硝酸菌氧饱和常数一般为：0.2～0.4mg/L。在低 DO 下，两种菌的增殖速率均有不同程度下降，当 DO 为 0.5mg/L 时，硝酸菌不超过正常的 30%，亚硝酸菌增殖速率为正常的 60%。淘汰硝酸菌，可以充分利用这两类菌动力学特性的差异。高大文等在 25～27℃温度下，采用实时控制曝气运行方式，研制开发了一种新型的短程生物脱氮工艺，从而提高了硝化、反硝化速率，达到了降低运行成本的目的。

4. 游离氨

废水中的氨随 pH 值不同分别以分子态和离子态形式存在。分子态游离氨（FA）对硝化作用有明显的抑制作用，硝化杆菌属比亚硝化单胞菌属更容易受到 FA 的抑制，FA 会抑制亚硝酸盐氧化为硝酸盐。

能够抑制硝酸菌和亚硝酸菌的 FA 浓度分别为 0.1～1.0mg/L 和 10～150mg/L。当浓度位于这两者之间时，亚硝酸菌才能够氧化增殖，硝酸菌处于被抑制，这个时间就会产生亚硝酸盐积累。

国内外报道的关于 FA 对硝化、亚硝化的抑制浓度范围很宽。根据 Abeling 和 Seyfried 的报道，当 FA 浓度为 1.0～5.0mg/L，对硝化产生抑制作用，而对亚硝化反应不产生影响。徐冬梅等发现：当 FA 的浓度达到 0.6mg/L 时，几乎可以抑制硝酸菌的活性，阻止 HNO_2 氧化，进而出现 HNO_2 积累；当 FA 的浓度达到 5mg/L 以上时，才会对亚硝酸菌活性产生影响；当 FA 的浓度达到 40mg/L，才会严重抑制亚硝酸的形成。

游离氨浓度与温度、氨氮度、反应体系的 pH 值都有一定的关系。在这些关系中，影响 FA 最为显著的是 pH 值的变化，但在一些实验中得出的结果是，对 FA 所产生的抑制作用硝酸菌会逐渐适应，并且不可逆转。因此，单纯依靠提高 FA 浓度来实现长久稳定的 NO_2^--N 是不可能的，还必须综合其他因素考虑。

5. 污泥龄

亚硝酸菌的世代周期要比硝酸菌的世代周期长，所以通过缩短水力停留时间，亚硝酸菌和硝酸菌的最小停留时间之间是污泥龄，在这个系统中硝酸菌就会逐渐被冲洗掉，亚硝酸菌就是系统优势菌，进一步形成亚硝酸型硝化。

硝化反应控制在亚硝酸化阶段是亚硝酸型脱氮的关键步骤，虽然很多因素会导致硝化过程中亚硝酸积累，但目前对此现象的理论解释还不充分。各种控制因素之间都是相互关联的，如温度、pH 值、DO、氨浓度等的变化都会引起氨氧化菌和亚硝酸氧化菌增长速度的变化，进而引起其最小停留时间的改变。

6. 有害物质

由于硝化菌对周围的环境都比较敏感，废水中的氰及重金属离子、酚等有害物质，将对亚硝酸盐氧化过程有明显的抑制作用。而硝酸菌对环境适应性慢，所以在接触氰、重金属离子和酚等有害物质的初期会受抑制，出现亚硝酸积累。

6.2.4　典型工艺介绍

1. SHARON 工艺

亚硝化脱氮（Single Reactor for High Ammonium Removal Over Nitrite，SHARON）是荷兰 Delft 技术大学开发的一种新型的生物脱氮技术。其基本原理是在同一个反应器内，先在有氧条件下，利用亚硝化细菌将氨氮氧化成 NO_2^-，然后在缺氧条件下，以有机物为电子供体，将亚硝酸盐反硝化，生成氮气。其生化反应式为：

$$NH_4^+ + HCO_3^- + 0.75O_2 \xrightarrow{\text{微生物}} 0.5NH_4^+ + 0.5NO_2^- + CO_2 + 1.5H_2O$$

该工艺的核心是应用了亚硝酸盐氧化菌和氨氧化菌的不同生长速率，氨氧化菌的最小停留时间介于亚硝酸氧化菌和氨氧化菌最小停留时间之间，从而使氨氧化菌具有较高的浓度而亚硝酸盐氧化菌被自然淘汰，从而维持稳定的亚硝酸盐积累。

（1）SHARON 工艺的优点

作为亚硝酸型硝化反硝化的典型工艺，SHARON 工艺与传统的脱氮工艺相比具有以下优点：

1）硝化和反硝化在一个反应器内完成，简化了工艺流程；

2）因为 SHARON 工艺污泥不停留，减少了反应器的体积和污泥处理费用；

3）硝化产生的 H^+ 可以被随后进行的反硝化中和，减少了投加中和剂的费用；

4）硝化阶段可以减少 25%的曝气量，反硝化可以减少 40%的碳源；

5）具有较高的反硝化率，反应时间短，反应器容积可减少 30%～40%；

6）污泥产生量少，其中硝化过程可少产生污泥 33%～35%左右，反硝化过程可减少产生污泥 55%左右。

（2）SHARON 工艺存在的问题

SHARON 工艺主要用来处理城市污水二级处理系统中污泥硝化上清液和垃圾渗滤液等废水，由于这些废水本身温度较高，属高氨高温废水。而对于大量的城市污水来说，一般属于低温低氨污水，要使大量水升温、保持在 30～35℃难以实现。因此，对低温低氨的城市污水如何实现亚硝酸型硝化还需要进一步研究。对于许多 C/N 较低的废水（如焦化废水和石化废水等）的生物脱氮处理来说，基于亚硝酸型硝化反硝化的 SHARON 工艺显然具有重要的现实意义。但是，如果亚硝酸型硝化反硝化反应不完全，形成的亚硝化产物——NO_2^- 本身是致畸、致癌、致突变物质，同时还可与芳香胺等物质反应，生成其他的亚硝化副产物，该类物质对受纳水体和人类健康更有害，所以应尽量彻底去除 NO_2^-。NO_2^- 具有一定的耗氧性，会影响出水 COD 和受纳水体的溶解氧含量。SHARON 工艺是利用在较高温度下的亚硝化菌和硝化菌具有不同的增殖速率来实现亚硝酸型硝化反硝化的。这对于大多数废水来说不太现实，尤其在冬季和低温的北方。

2. OLAND 工艺

OLAND 工艺（Oxygen Limited Autotrophic Nitrification Denitrification），是由比利时 Gent 微生物生态实验室开发的氧限制自养硝化反硝化工艺。该工艺由两个过程组成：第一个过程是在限氧条件下，将废水中的 NH_4^+ 氧化为 NO_2^-；第二个过程是在厌氧条件下，将上一过程中生成的 NO_2^- 与剩余的部分 NH_4^+ 发生 ANAMMOX 反应，以达到氮去除的目的。该工艺的关键是控制溶解氧，研究表明，低溶解氧条件下氨氧化菌增殖速度加快，补偿了由于低氧造成的代谢活动下降，使得整个硝化阶段中氨氧化未受到明显影响。低氧下亚硝酸大量积累是由于氨氧化菌对溶解氧的亲和力较亚硝酸盐氧化菌强。氨氧化菌氧饱和常数一般为 0.2～0.4mg/L，亚硝酸盐氧化菌则为 1.2～1.5mg/L。硝化过程仅进行到 NH_4^+ 氧化为 NO_2^- 阶段时，由于缺乏电子受体，由 NH_4^+ 氧化产生的 NO_2^- 与氧化未反应的 NH_4^+ 形成 N_2。该反应机理为由硝化菌催化的 NO_2^- 的歧化反应。

该工艺硝化阶段的反应式为：

$$0.5NH_4^+ + 0.75O_2 \longrightarrow 0.5NO_2^- + 0.5H_2O + H^+$$

硝化菌群主要由氨氧化菌和亚硝酸氧化菌这两类不同的好氧自养菌组成，氨氧化菌主要包括 Nitrosomonas 和 Nitrosospire 这两类细菌，亚硝酸氧化菌主要包括 Nitrobacter 和 Nitrospira 这两类菌。OLAND 生物脱氮系统中氨氧化菌和亚硝酸氧化菌表现出了完全不同的种群变化规律，其中氨氧化菌种群多样性受溶解氧的影响非常大，而亚硝酸氧化菌的种群多样性比较单一，而且不受溶解氧影响。OLAND 工艺就是利用这两类细菌动力学特性的差异，实现了淘汰亚硝酸盐氧化菌，使亚硝酸大量积累。

目前主要采用两种反应器形式来研究 OLAND 系统：一种是一体化生物膜（RBC）反应系统；另一种是两阶段悬浮式膜生物反应系统（MBR）。一体化生物膜 RBC 反应系统，采用 PVC 圆盘作为微生物载体，通过在转盘上生物膜的不断形成，在转盘上形成了一定的厌氧区和好氧区，微生物在好氧区发生亚硝化反应，厌氧区发生厌氧氨氧化反应，在生物转盘外层的好氧区 NH_4^+ 被部分氧化成 NO_2^-，未反应的 NH_4^+ 和生成的 NO^{2-} 进入内层厌氧区，进一步反应释放出 N_2，同时还有少量 NO_2^- 进一步氧化成 NO_3^-，为微生物的生长提供必须的电子。两阶段悬浮式膜生物反应系统由两个圆柱形的膜生物反应器串联而成，内浸多聚醚砜中空膜，实现 pH 和温度的自动补偿调控。在第一个反应器中通过控制溶解氧达到 0.1～0.3mg/L，来实现部分的 NH_4^+ 被氧化成 NO_2^-，剩余的 NH_4^+ 与生成的 NO_2^- 进入第二个反应器，在严格的厌氧条件下，进一步被还原成氮气。在第一个反应器中发生的是限制氧亚硝化反应，在第二个反应器中发生的是厌氧氨氧化反应。

限氧自养硝化反硝化生物脱氮系统应用了亚硝酸型硝化反硝化途径，由限氧部分硝化作用和厌氧氨氧化作用两部分组成，大大减少了硝化过程中氧气的需要量，避免了反硝化过程中有机碳的加入，限氧自养硝化反硝化生物脱氮系统中起作用的好氧氨氧化菌（主要是亚硝化单胞菌和硝化杆菌）和厌氧自养菌在限氧的条件下，生长都非常缓慢，产生的生物量很少，所以产生的污泥量也很少。OLAND 生物脱氮系统的这些特点都可以大大降低污泥脱氮的运行成本。

目前，与 OLAND 生物脱氮系统类似的反应系统——SHARON/ANAMMOX 反应系统已经在荷兰的 Amsterdam 污水处理厂投入使用，处理效果良好。但是 OLAND 生物脱氮系统与 SHARON/ANAMMOX 反应系统相比更加节约能耗（硝化过程中溶氧消耗比 SHARON/ANAMMOX 结合工艺节省 37.5%），而且在较低的温度下（22～30℃）仍可获得较好的脱氮效果。另外，OLAND 生物脱氮系统的两阶段悬浮式生物膜脱氮系统中内浸式生物膜的加入克服了 SHARON/ANAMMOX 反应系统中生物量流失的缺点，避免了硝化阶段的微生物对厌氧氨氧化阶段微生物的影响，使反应过程更加容易控制，增加了脱氮反映过程的稳定性。

OLAND 工艺存在的问题：

OLAND 工艺是在低氧浓度下实现维持亚硝酸盐积累的，该工艺在悬浮系统低氧条件下，活性污泥易解体和发生丝状膨胀。在实际应用中，由于厌氧氨氧化阶段的生物量生长非常缓慢，同 SHARON/ANAMMOX 反应系统一样，仍然存在着启动时间长的问题(≥100d)因此，低氧对活性污泥的沉降性、污泥膨胀以及对除氮以外的其他污染物去除效果的影响等仍然需要进一步研究。该反应系统的微生物学机理也需进一步进行深入研究，以实现 OLAND 反应系统的快速启动和稳定运行。

6.2.5 亚硝酸型硝化反硝化应用实例

1998 年初，第一个生产规模的 SHARON 工艺在荷兰鹿特丹的 Dokhaven 废水处理厂建成并投入运行。该 SHARON 工艺的进水氨氮质量浓度为 1g/L，进水氨氮的总量为 1200kg/d，氨氮的去除率为 85%。

另外，荷兰的乌得勒支（Utrecht）市和鹿特丹（Rotterdam）市也有两座污水处理厂应用了 SHARON 工艺。

6.2.6 小结

短程硝化反硝化技术处在当前生物脱氮技术的前沿，分别采用低 DO 控制，高氨氮、pH 和温度控制，实时控制模式等手段均可以实现良好的亚硝化效果。虽然大量的试验主要建立在实验室和人工配水条件下实现短程硝化，但是这些短程硝化研究也给我们进一步认识、分析、研究以及最终将短程硝化技术广泛运用到生产实践提供了很大的帮助。

短程硝化反硝化技术应用于含氮污水处理时，在经济上和技术上已经具有一定的可行性，因此迫切需要继续深人研究开发具有较强适应性的短程硝化污水处理工艺，再将其与厌氧氨氧化、反硝化除磷等可持续污水处理新工艺相结合，以实现污水生物脱氮技术的更大进步。

6.3 同步硝化反硝化脱氮技术

6.3.1 新技术的提出

传统脱氮理论认为，实现废水生物脱氮必须使氨氮经历典型的硝化和反硝化过程，即废水中的氨氮首先被氨氧化菌和亚硝酸盐氧化菌在好氧条件下依次氧化为硝酸盐氮，然后硝酸盐氮在缺氧条件下被反硝化细菌还原为氮气。由于硝化细菌和反硝化细菌对环境条件的要求不同，一般认为这两个过程不能同时发生。在这种理论指导下，传统的生物脱氮工艺都是将缺氧区（或厌氧区）与好氧区分开，分别在不同的反应器中运行，形成所谓的前置反硝化或后置反硝化等工艺，或者采用间歇地好氧和厌氧条件来运行。

然而，20 世纪 80 年代以来，研究人员在一些没有明显缺氧及厌氧段的活性污泥法工艺中，多次观察到氮的非同化损失现象，在曝气系统中也多次观察到氮损失，也就是存在氧情况下的反硝化反应、低氧情况下的硝化反应，这些现象被称为同步硝化反硝化（SND）。

6.3.2 新技术的作用机理

到目前为止，人们对同步硝化反硝化的反应机理存在不同的观点，对其机理的探讨还尚未成熟。综合分析近年来一些相关的研究成果和理论，对 SND 生物脱氮的机理已初步形成了 3 种解释，即宏观环境理论、微环境理论和生物学解释。现被大多数学者认同的主要是从物理学、微生物学及生物化学角度对同步硝化反硝化现象进行解释的宏观环境理论和微环境理论。

1. 宏观环境理论

反应器内曝气供氧，由于氧扩散的不均匀，会在反应器内形成相对的好氧区域和缺氧（或厌氧）区域，不同的区域近似看作两个不同的反应单元，进行好氧硝化和厌氧反硝化，从而达到脱氮效果。例如，在生物膜反应器中，生物膜内可以存在缺氧区，硝化在有氧的膜上发生，反硝化同时在缺氧的膜内发生。类似的工艺还有 RBC、SBR 反应器及氧化沟等。

2. 微环境理论

微环境理论是从物理学角度对同步硝化反硝化机理进行解释的，是目前已被普遍接受的一种机理，被认为是 SND 发生的主要原因之一。微环境理论认为：由于微生物个体形态非常微小，影响生物生存的环境也是微小的。而宏观环境的变化往往导致环境的变化或不均匀分布，从而影响微生物群体或类型的活动状况，并在某种程度上出现所谓的表里不一的现象。事实上，由于微生物种群结构、基质分布代谢活动和生物化学反应的不均匀性，以及物质传递的变化等因素的相互作用，在活性污泥菌胶团内部和生物膜内部存在多种多样的微环境类型，而每一种微环境一般只适合某一种微生物生存，对其他微生物则可能是不利的。

活性污泥中影响微环境分布状况的因素有电子受体（DO、NO_3^-）的传递速度、菌胶团结构特征、各类微生物的分布和活动状况等。在宏观环境为好氧状态时，由于氧扩散的限制，使得在微生物絮体内产生 DO 梯度，即从外到内，溶解氧浓度逐渐下降。在微生物絮体的外表面，溶解氧浓度相对较高，等于反应器内混合液的溶解氧浓度；外表面主要以好氧菌和硝化细菌为主，在此发生硝化反应。进入絮体内部，氧传递受阻，并且由于絮体外部氧的大量消耗，使得在微生物絮体内产生缺氧区，此区内反硝化菌占优势，并进行反硝化反应。因此，微生物絮体内的缺氧环境是形成同步硝化反硝化的主要原因，而缺氧环境的形成又依赖于水中溶解氧浓度的大小及生物絮体的结构。因此，DO 以及微生物絮体的形态结构是影响同步硝化反硝化发生的关键因素。

由于好氧工艺中厌氧、缺氧性微环境的存在，使得对于同步硝化反硝化的现象，即使从传统的硝化反硝化理论的角度解释，也是可以理解的。

虽然微环境理论中的活性污泥絮体双氧区模型已经被广泛接受认可，但是该模型存在一个重大的缺陷，即有机碳源问题。有机物既是反硝化细菌的电子供体，又是自养硝化菌的抑制物质，但是在双氧区模型中，污水中有机碳首先在外层好氧区被好氧氧化，处在内层缺氧区的反硝化菌得不到电子供体，影响反硝化速率。此理论缺陷需要新理论的进一步提高。

3. 生物学解释

由于好氧反硝化菌以及好氧反硝化酶系的存在，使得好氧同步硝化反硝化有了生物学的解释。目前已知的部分好氧反硝化菌同时也是异养硝化菌，因能直接把氨转化为最终气态产物逸出，使得在同一反应器内同时完成硝化反硝化成为可能。荷兰代尔夫特理工大学 Robertson 等人认为，在同步反硝化中协同呼吸是一个很重要的原理，协同呼吸意味着分子氧和硝酸盐被同时作为电子受体。在细胞色素 C 和细胞色素 aa3 之间的电子传输链中的“瓶颈”现象就可以被克服，因而也就允许电流能同时传输到反硝化酶以及分子氧中，反硝化反应就可能在好氧环境中发生。德国汉堡大学 Bodd 等人还发现，在低溶解氧的环境中，亚硝化单胞菌 Nitrosomonas europaea 和 Nitrosomonas eutropha 可以同时利用氨氮和分子氧作为电子供体进行硝化和反硝化反应，随着溶解氧浓度的进一步降低，被利用的亚硝态氮将会增多。

6.3.3 同步硝化反硝化的影响因素

1. 溶解氧（DO）

由于氧扩散的限制，在微生物絮体内产生溶解氧梯度，也就形成不同的微生物环境。微生物絮体的外表面溶解氧浓度较高，微生物以好氧菌、硝化菌为主，进行碳化和硝化反应，而在微生物絮体内部，氧传递受阻及氧在外部的大量消耗导致溶解氧浓度降低形成缺氧环境，反硝化菌占优势，反应以反硝化为主。微生物絮体中好氧、缺氧微环境的存在是形成同步硝化反硝化的主要原因，而缺氧环境的形成有赖于溶解氧浓度的高低及絮体结构。溶解氧浓度增加对硝化反应有利，提高了溶解氧对生物絮体的穿透能力，因此可以提高硝化反应效率。对反硝化过程来讲，在低溶解氧的情况下，微生物絮体中缺氧环境占主导地位，好氧微环境所占的比例小，在好氧微环境中发生硝化反应形成的硝酸盐和亚硝酸盐能在缺氧环境中基本被完全利用。随着溶解氧浓度的提高，缺氧微环境比例下降，好氧微环境比例上升，当两种微环境达到平衡时（即在好氧微环境中由于硝化反应产生的硝酸盐和亚硝酸盐恰好能在缺氧环境被反硝化利用），TN 的去除率达到最佳。

对于不同的水质和不同的工艺，实现 SND 的具体 DO 浓度水平需要在实践中确定。但可以确定的是，SND 系统中的 DO 比传统生物脱氮工艺中的 DO 低得多，属于低 DO 下的硝化反硝化脱氮工艺。

2. C/N 比

有机碳源作为异养好氧细菌和反硝化过程的电子供体，起着非常重要的作用。它是细菌代谢必需的物质和能量来源，是反硝化反应得以进行的必备条件。缺乏碳源会导致反硝化过程受阻，同时也会抑制异养菌的增殖。因此在实际的反硝化装置中，常常要加入甲醇等物质作为碳源补充。澳大利亚昆士兰大学 KlangducnPochana 认为当 COD/TKN 为 5～20 时，理论上应可以满足反硝化过程的需要，同时得出添加可溶性有机物（SCOD）可有效地提高同步硝化反硝化的效率。胡宇华认为 C∶N∶P 最佳比例范围为（60～140）∶5∶1。对于 SND 系统，由于有氧环境与缺氧环境的一体化以及硝化和反硝化反应的同时发生，使得有机碳源对整个反应体系的影响尤为严重。有机物浓度过高，异养菌活动旺盛，抑制硝化反应，硝化反应不充分必然会影响反硝化效果；有机物浓度过低，有机物大量消耗，不能提供反硝化所需碳源，同样同步硝化反硝化效果也不佳。因而对于同步硝化反硝化体系来说，存在一个碳源与氮源相对的最佳比例，能够使得 SND 能达到一个较好的效果。

3. 微生物絮体结构

微生物絮体的结构特征即活性污泥絮体粒径的大小及密实程度等，直接影响了 SND 反应。微生物絮体粒径及密实程度的大小一方面直接影响了絮体内部好氧区与缺氧区之间比例的大小，另一方面还影响了絮体内部物质的传质效果，进而影响絮体内部微生物对有机底物及营养物质获取的难易程度。絮体粒径的大小，对特定的反应器系统实现同步硝化反硝化而言，应当有一个最佳粒径范围，才能创造微生物絮体内好氧区与缺氧区的最佳比例。较大粒径的絮体可以导致内部较大缺氧区的存在，并有利于反硝化的进行；但粒径过大、絮体过密，也会导致絮体内物质的传递受阻，进而会影响絮体内微生物的代谢活动；而污泥颗粒粒径过小，污泥微环境中缺氧微环境所占比例就越小，反硝化进行就不完全，在相同溶解氧浓度下 SND 效果就越差。

KIangduen Pochana 等人研究认为微生物絮体粒径大小是影响 SND 过程的重要因素，认为较大粒径的微生物絮体有利于 SND 的进行。当活性污泥絮体平均粒径由 80μm 变为 40μm 时，SND 贡献率由 52%减小为 21%，并测出了 SND 适宜的污泥絮体尺寸为 50～110μm；表明 SND 确实是由于污泥絮体内 DO 扩散的限制造成 DO 浓度梯度而发生一种物理现象。

4. pH 值

pH 值对 SND 的影响表现为 pH 值对硝化菌和反硝化菌的影响。对于硝化过程而言，当 pH 值低于 6 或高于 9.6 时，其硝化反应将停止进行。硝化菌反应的最适 pH 值为 8.0～8.4，而反硝化菌的适宜 pH 值为 6.5～8.0。对于反硝化过程而言，当 pH 值低于 6.5 或高于 9.0 时，反硝化速率将很快下降，而当 pH 值为 7.5 左右时，反硝化将处于最佳状态。

6.3.4 同步硝化反硝化脱氮技术应用实例

目前 SND 在国外已有成功应用，以下就意大利工程师 Collivignavelli C 于 1997 年将 SND 成功地应用于延时曝气活性污泥法中这一实例作一介绍。

当时在意大利，由于出台了更为严格的尾水排放标准，特别是对出水中氮素的含量提出了更高的要求，因此有必要对已有污水脱氮处理工艺进行改进。考虑到采用传统脱氮工艺都需加大反应池体积和新建处理设施，而采用 SND 工艺则可以基本在原有设施条件下进行改造，且运行费用低，因而被认为是一种可行的改进方法。

在改进工艺中，同步硝化反硝化技术主要被用于生活污水的处理设施，平均入流量为 70000m^3/d。该工艺包括机械预处理、3 个圆形的初沉池（3405m^3/个）以及 5 个平行的圆形生物反应池（总体积为 24850m^3），并且配有布气器及搅拌器，最后污水进入 8 个圆形的沉淀池（2200m^3/个）。在第一至第四个生物反应池中（4737m^3/个，采用传统脱氮工艺的反应池），每个生物反应池都采用前置反硝化处理（在冬天没有混合液回流，最主要的目的是获得完全的硝化，使得好氧区扩大而厌氧区缩小；为了获得部分反硝化效果，也不需要回流）；第五个生物反应池（5898m^3，采用同步硝化反硝化脱氮作用的试验反应池）保持在低的溶解氧浓度，目的是检验 SND 的运行情况。

在 1997～1998 年期间，根据不同的运行条件分成两个运行阶段（表 6-1）。第一阶段（1997 年 6～8 月），生物反应池内约有 37%的反应区都处在低氧条件下；第二阶段（1997 年 12 月～1998 年 1 月）低氧区面积占到了生物反应池的 50%。运行试验表明，在最佳的运行参数下：ORP 约为 110mV，DO 约为 0.6mg/L，F/M 比约为 0.1kg BOD/（kg SS・d），总氮的预期去除效果为 50%～60%。同时，水动力试验表明即使在低氧的条件下，也可以得到很好的混合效果。工艺运行试验数据对比见表 6-2。

表 6-1 工艺运行条件（平均值）

运行参数	第一阶段（1997.06.24—1997.08.01）		第二阶段（1997.12.16—1998.01.29）	
	同步硝化反硝化	前置反硝化	同步硝化反硝化	前置反硝化
HRT 总（h）	6.6	8.9	7.2	9.4
HRT 低氧（h）	2.5	2.2	3.6	2.9
F/M [kg COD/（kg SS・d）]	0.23	0.17	0.15	0.15
F/M 低氧 [kg COD/（kg SS・d）]	0.15	0.11	0.09	0.09
SRT（d）	13.8	21.1	19.1	17.6
DO 低氧（mg/L）	0.5	0.2	0.7	0.2
DO 好氧（mg/L）	4.6	4.0	8.6	7.5
ORP 低氧（mV）	81	—	177	—
ORP 好氧（mV）	114	—	180	—
T（℃）				
进水 COD（mg/L）	21.0		11.4	
进水 TN（mg/L）	150		200	
进水氨氮（mg/L）	20.9		19.8	
BOD_5/TKN	5.0		6.5	
COD/BOD_5	1.6		1.7	

表 6-2 工艺运行试验数据对比

运行参数	第一阶段（1997.06.24—1997.08.01）		第二阶段（1997.12.16—1998.01.29）	
	同步硝化反硝化	前置反硝化	同步硝化反硝化	前置反硝化
ηCOD（%）	90	85	84	92
η 硝化（%）	95	98	94	97
η 反硝化（%）	50	43	43	58
ηTN（%）	53	48	49	62
反硝化速率厌氧（20℃）	1.89	2.05	1.51	6.79
硝化速率厌氧（20℃）	0.87	—	2.04	—
反硝化速率好氧（20℃）	1.90	—	1.70	—

从试验第一阶段的结果，可以得出以下结论。

1. 有机物和氨氮的去除效率较高，但总氮的去除率并不高（可能是由于相对较低的反硝化作用)。低氧区的硝化速率比预期的要低，相反，好氧区的硝化速率却处于典型的好氧活性污泥反应器处理生活污水的硝化速率范围内。

2. 实验部分和传统工艺有着相同的硝化效果。反硝化效果和总氮去除效果要比传统工艺高（可能是由于在低氧情况下有着更大的容积）。这意味着处理效果并不是由 DO 浓度来控制而是由进水的水质（缺少可降解的有机物质）来决定。实验中相对较高的有机物去除率与反硝化效率高是相一致的。

3. 在实验的第二阶段，目的是在不降低硝化速率的情况下增大同步硝化反硝化的区域。因此，提高了 DO 浓度，使低氧区占整个反应器面积的 50%。

从收集到的数据可以得出以下结论。

1. 有机物的去除效率非常好，同步氨氮的去除率几乎达 100%，总氮的去除受到反硝化效果的影响和限制。

2. 微氧区的硝化效果有了提高，这和好氧区的记录是相似的。不但如此，微氧区的反硝化速率也达到了一个可观的数值。

3. 与传统的工艺和实验相比，得到了相同的硝化效果。然而，尽管有着比传统工艺更高的反硝化速率，试验中的反硝化效果却比传统工艺的要低，这是由于试验处于一个较低的温度和较高的 DO 浓度下（类似于在微氧区和好氧区测得的 ORP 值）。实验工艺中比传统工艺更低的反硝化效果导致了更低的总氮去除率，低有机物去除率与反硝化效果相一致。

在对 SND 新工艺的应用进行经济效益分析过程中，涉及新处理设施的建设费用、考虑了获得相同处理效果情况下减少了 20%的反应池体积、更低的溶解氧浓度（0.6mg/L 足够)、没有混合液回流、反硝化装置中无需搅拌等因素。以设计规模为 909.2m^3 的处理设施为例，同时硝化反硝化（SND）工艺与传统工艺处理成本对比可知，建成一个 SND 工艺，可以减少 10%的投资；除此之外，运行费用也节约超过 20%。

6.3.5 小结

SND 系统的核心就是利用好氧系统污泥絮体中同时存在的好氧区和缺氧区实现单级生物脱氮。要使这项技术实用化、工业化，今后还需要加强以下几个方面的研究：

（1）影响 SND 的生态因素很多且相互关联，如何根据各种不同废水的水质特点寻找其主要的控制因素，并综合考虑各种因素，使同步硝化反硝化稳定高效，还需深入研究和探索。

（2）好氧颗粒污泥培养时间相当长，形成条件苛刻，阻碍了其在工业生产中的应用。因此应寻找缩短培养及驯化时间的控制条件，加速其形成。

（3）新型固定化微生物技术具有潜在应用价值，但其传质机理与反应动力学的研究还刚刚起步，同时对于固定化细胞长期操作的稳定性还需加以考察。

（4）SND 系统中亚硝酸盐型同步硝化反硝化的控制。导致亚硝酸积累的理论性解释和定量分析还不充分，同时，生活污水多为低温低氨污水，要将其升温保温于 30～35℃（亚硝酸盐型同步硝化反硝化的最佳温度）很困难。因此，低温低氨生活污水如何实现这一过程值得研究。

6.4 厌氧氨氧化技术

厌氧氨氧化技术（ANMMOX）是指在厌氧或缺氧条件下，微生物直接以 NH_4^+ 作为电子供体，以 NO_3^- 或 NO_2^- 作为电子受体，将 NH_4^+、NO_3^- 或 NO_2^- 转变成 N_2 的生物氧化过程。在此过程中，NH_4^+ 的氧化无需分子态氧的参与，而 NO_2^- 的还原也无需有机物的参与。厌氧氨氧化技术是目前已知的最经济的生物脱氮途径，与传统的硝化反硝化技术相比具有需氧量低、运行费用低和不需外加碳源等优点。

6.4.1 新技术的提出

ANMMOX 工艺是在荷兰 Delft 技术大学一个中试规模的反硝化流化床中发现的。该反应器容积为 23L、运行温度为 36℃、pH 值为 7，出水回流使得反应器内的液体上升流速为 30～34m/h，水力停留时间（HRT）为 4.2h。进水为一个处理酵母生产废水的产甲烷反应器的出水，COD 为 550～750mg/L、NH_4^+-N 为 90～130mg/L，流量为 5～6L/h。NO_3^- 溶液是单独加入的，浓度为 75g/h，流量为 450ml/h。在该流化床的长期运行过程中，反应器内除了反硝化作用所致的各反应物的正常消失外，NH_4^+-N 和 NO_3^--N 也能同时消失，并伴随着 N_2 的产生。NH_4^+-N 最大去除率可达 0.4kg N/（m^3 · d），氮与氧化还原剂的平衡表明在厌氧条件下，氨就会被去除了，每氧化 5mol 的 NH_4^+-N 需要消耗 3mol 的 NO_3^--N，形成 4mol 的 N_2，即反应器中发生了如下反应：

$$5NH_4^+ + 3NH_3^- \longrightarrow 4N_2 + 9H_2O + 2H^+$$

在随后的序批式试验中证实，厌氧条件下氨确实可直接作为电子供体而进行反硝化反应，这个生物过程被称为厌氧氨氧化（ANMMOX），并申请获得专利。

厌氧氨氧化反应的发现，不仅丰富了人们的微生物学认识，为研究厌氧氨生物氧化技术提供了理论依据，也为下一阶段对厌氧氨氧化的研究奠定了坚实基础。

6.4.2 新技术的作用机理

厌氧氨氧化是指在厌氧条件下微生物直接以 NH_4^+ 微电子供体，以 NO_3^- 或 NO_2^- 为电子受体，将 NH_4^+、NO_3^- 或 NO_2^- 转变为 N_2 的生物氧化过程。

厌氧氨氧化发生的反应可假定为：

$$5NH_4^+ + 3NO_3^- \longrightarrow 4N_2 + 9H_2O + 2H^+ - 297kJ/mol\ NH_4^+$$

或

$$NH_4^+ + NO_2^- \longrightarrow N_2 + 2H_2O - 358kJ/mol$$

根据化学热力学理论，上述反应的 $\Delta G<0$，说明反应能够自发进行。厌氧氨氧化是一个产生能量的反应，从理论上讲可以提供能量供微生物生长。因此，可以假定厌氧反应器中存在微生物，可以利用氨作为电子供体还原硝酸盐，或者说可利用氨作为电子受体来氧化氨。

荷兰专家 Graaf 等人通过同位素 15N 示踪研究，提出了厌氧氨氧化可能的代谢途径。他们认为在氨被微生物氧化的过程中，NH_2OH 是最有可能的电子受体。而 NH_2OH 本身最可能是从 NO_2^- 分解而来。在氨和 NH_2OH 都过量的序批试验中，有短暂的 N_2H_4 积累现象。假定 N_2H_4 转化为氮气的过程是为了给 NO_2^- 还原为 NH_2OH 的反应提供等量的电子。通过实验研究，他们还提出了厌氧氨氧化两种可能的机理。其一，在细胞质内，一个被膜包围的复杂酶将氨和 NH_2OH 转化为 N_2H_4，N_2H_4 则在细胞质内被氧化为 N_2；在细胞质内负责 N_2H_4 氧化的同一种酶上的不同部位，利用内部 N_2H_4 氧化为氮气时产生的电子把 NO_2^-

还原为 NH_2OH。其二，氨和 NH_2OH 在细胞质内被一种膜包围的复杂酶催化为 N_2H_4。N_2H_4 在细胞质内转化为 N_2，产生的电子通过电子传递链传递给细胞质内的亚硝酸还原酶，NO_2^- 则还原为 NH_2OH。

6.4.3 厌氧氨氧化的影响因素

1. 温度

温度影响微生物酶的活性，进而影响细菌的活性，厌氧氨氧化菌也不例外，温度对其活性有着重要影响。通过污水处理系统中厌氧氨氧化菌的研究，得出其最佳反应温度为 37℃，且随着反应温度的降低，厌氧氨氧化菌活性也降低，在 6℃时仍具有活性。奥尔胡斯大学 Dalsgaar 等人研究斯卡格拉克海峡海底沉积物（环境温度常年为 4～6℃）时，发现其中的厌氧氨氧化菌最佳温度为 15℃，可耐受的最高温度为 37℃；北极科学合作研究员 Rysgaard 等人发现北极海底沉积物（环境温度为－1.7～4℃）中的厌氧氨氧化菌最佳温度为 12℃，且在－1.3℃时活性占其最大活性的 40%。以上研究结果表明，厌氧氨氧化菌在各种温度条件下都可能存在，这可能归结于对环境条件适应的结果。

此外人们还对厌氧氨氧化工艺在中低温条件下脱氮性能进行了研究。日本专家 Isaka 等人研究了中温条件下厌氧生物滤池作为厌氧氨氧化反应器的脱氮性能，当水温从 37℃变为 20～22℃时，脱氮性能仍保持稳定，氮转化速率为 8.1kg N/（m^3·d）。日本熊本大学科学技术研究生院 Yang J 等人研究得出在 23℃时，厌氧氨氧化反应器总氮去除速率仍可达 17.5kg N/（m^3·d）。西班牙巴塞罗那大学 Dosta 等人研究得出厌氧氨氧化工艺在水温从 30℃变为 15℃时，仍能成功运行，但脱氮性能会降低，从而导致出水亚硝酸态氮浓度增加，进一步抑制了厌氧氨氧化菌的活性，最后导致了系统厌氧氨氧化活性丧失。

2. pH 值

微生物的生理活动与环境的酸碱性（氢离子浓度）密切相关，只有在适宜的酸碱度条件下，微生物才能进行正常的生理活动。以 pH 值表示的氢离子浓度能够影响微生物细胞质膜上的电荷性质。电荷性质的改变，微生物细胞吸收营养物质的功能也会发生改变，从而对微生物的生理活动产生不良影响。pH 值过大的偏离适宜数值，微生物酶系统的催化功能就会减弱，甚至消失。

加拿大卡尔加里大学 Strous 等人的研究表明厌氧氨氧化菌的 pH 适宜范围为 6.7～8.3。瑞士专家 Egli 等人对厌氧氨氧化菌富集物进行研究得出厌氧氨氧化菌在 6.5～9.0 范围内有活性，最佳 pH 为 8.0，pH 低于 6.5 时失去活性。以上研究结果的不同可能跟进水亚硝酸氮浓度有关，除了 pH 直接影响厌氧氨氧化菌活性外，pH 还会造成 FNA 与 FA 浓度的变化，也可能影响厌氧氨氧化菌活性，因此需要综合 pH 与进水亚硝酸氮及氨氮浓度来考虑其对厌氧氨氧化工艺脱氮性能的影响。

3. 基质浓度

在厌氧氨氧化处理污水过程中，污水中的氨氮和 NO_x 是厌氧氨氧化菌的食物与能量的主要来源，厌氧氨氧化速率与两者的浓度有关。氨氮和 NO_x 在低浓度时供作基质，但在高浓度时则成为抑制剂，抑制细菌的生长并干扰细菌的代谢。

Strous 等人研究厌氧氨氧化菌生理学特性时发现，100mg/L 的亚硝酸盐氮就会抑制厌氧氨氧化菌，而且这种抑制是可以恢复的。与絮体污泥相比，厌氧氨氧化颗粒污泥受底物传质的影响可以耐受 400mg/L 的亚硝酸盐氮，而同样条件下分散的厌氧氨氧化污泥能够耐受 200mg/L 的亚硝酸盐氮。西班牙工程师 Dapena-Mora 等人通过检测厌氧氨氧化活性发现，350mg/L 的亚硝酸盐氮可以使厌氧氨氧化活性降低 50%。奥地利因斯布鲁克大学 Wett 等人发现 4.8mg/L 的 NO_2^--N 就会导致厌氧氨氧化菌活性的下降。西班牙圣地亚哥德孔波斯特拉大学 Fernande 等人对厌氧氨氧化絮体污泥和厌氧氨氧化生物膜进行了研究，序批式试验结果表明，6.6μg/L 的 HNO_2-N 对厌氧氨氧化生物膜基本无影响，6.6μg/L 的 HNO_2-N 使厌氧氨氧化生物膜活性降低 50%；而 4.4μg/L 的 HNO_2-N 可使厌氧氨氧化絮体污泥活性降低 30%，1.5μg/L 的 HNO_2-N 使得厌氧氨氧化生物膜活性下降且稳定性下降。荷兰代尔伏特理工大学 Lotti 等人通过对一体化厌氧氨氧化颗粒污泥研究发现，当 NO_2^--N 浓度为 400mg/L 时，厌氧氨氧化活性降低 50%，而且这种抑制可以迅速得到恢复，并且认为亚硝酸盐而非游离亚硝酸是真正的抑制剂。综上可以看出，不同的厌氧氨氧化污泥能够耐受的亚硝酸盐浓度是不同的，颗粒污泥比絮体要更能耐受亚硝酸盐；亚硝酸盐浓度越高，抑制时间越长，抑制越严重，但亚硝酸盐的这种抑制是可以恢复的。

NH_3-N 对絮体污泥和生物膜的影响基本相同，38mg/L 的 NH_3-N 使厌氧氨氧化菌活性降低 50%，当 NH_3-N 浓度增至 100mg/L 时，厌氧氨氧化菌活性降低 80%；在连续流试验中 NH_3-N 浓度低于 20mg/L 时，对厌氧氨氧化生物膜活性无影响，当 NH_3-N 浓度增至 30～40mg/L 时，系统去除率下降且变得不稳定。韩国工程师 Jung 等人试验发现游离氨 FA 浓度与厌氧氨氧化活性存在明显的相关性，FA 浓度越高厌氧氨氧化活性越低。基于瑞典皇家理工学院 Martinelle 等人的试验结果，FA 能够穿透细胞膜进入细胞，破坏细胞内 pH，从而对细胞活性产生影响。

4. 无机碳

厌氧氨氧化菌是化能自养菌，利用 CO_2 作为碳源，因此水中具有充足的无机碳是获得高效自养脱氮的条件之一。上海海事大学廖德祥等人在 SBR 反应器中考察了无机碳对厌氧氨氧化活性的影响，当碳酸氢钠浓度从 1.0g/L 增至 1.5g/L 时，厌氧氨氧化活性得到提高，而继续增至 2.0g/L 时，厌氧氨氧化活性受到抑制，当再次降低碳酸氢钠浓度时，厌氧氨氧化活性得到恢复。日本专家 Kimura 等人发现进水无机碳浓度由 50mg-C/L 降至 4mg-C/L 时，厌氧氨氧化活性降低至原来的 80%，当进水无机碳浓度恢复至 50mg-C/L 时，厌氧氨氧化活性迅速得到恢复；同时发现进水 IC/NH_4^+-N 跟厌氧氨氧化的活性相关性更强。

5. 有机质

厌氧氨氧化菌被认为是化能自养菌，不需要有机物就可以将氨氮和亚硝酸盐氮转化为氮气。荷兰专家 Graaf 等人发现在序批式试验或连续流试验中投加甲酸盐、乙酸盐、丙酸盐及葡萄糖都会造成厌氧氨氧化活性的降低。后来土耳其伊斯坦布尔技术大学 Guven 等人研究发现甲醇在 0.5mL 时就会抑制厌氧氨氧化菌，而乙酸盐、丙酸盐等有机酸可以被其利用，甲酸盐及葡萄糖不会抑制厌氧氨氧化菌。日本专家 Isaka 等人序批式试验结果表明，当甲醇为 5mL 时厌氧氨氧化活性降低至原来的 29%，而在连续流试验中发现投加甲醇 80h 后厌氧氨氧化菌活性下降 46%，随后停止投加甲醇后 19d 厌氧氨氧化菌活性未得到恢复，因此认为甲醇对厌氧氨氧化菌的抑制是不可恢复的；同时还发现在厌氧氨氧化菌不发生厌氧氨氧化反应时投加甲醇不会抑制厌氧氨氧化菌。西班牙学者 Molinuevo 等人在研究养猪废水处理时发现厌氧氨氧化反应器进水 COD 为 95mg/L 和 121mg/L 时，氨氮仍可以得到高效去除，但随着进水 COD 浓度的增加会使得厌氧氨氧化菌受到抑制，而异养反硝化菌活性得到提高，当 COD 达到 290mg/L 时，厌氧氨氧化反应停止。浙江大学 Tang 等人发现当进水 COD/NO_2-N 为 2.92 时，异养反硝化菌成为优势菌种，而厌氧氨氧化菌受到抑制，在此条件下长期运行，反应器会使得厌氧氨氧化脱氮性能难以恢复，因为异养反硝化菌比厌氧氨氧化菌更能竞争亚硝酸盐。这些结果表明，甲醇等有机物会抑制厌氧氨氧化菌且这种抑制难以恢复；在厌氧氨氧化处理污水时，有机物浓度的增加会造成异养反硝化菌的迅速增殖，而使厌氧氨氧化菌失去竞争优势，导致厌氧氨氧化脱氮性能下降。

6. 水力停留时间

水力停留时间（HRT）是指待处理污水在反应器内的平均停留时间，也就是污水与生物反应器内微生物作用的平均反应时间。

在厌氧氨氧化过程中，水力停留时间过低（<0.4d），即反应器容积负荷率过大时，厌氧氨氧化反应器的去除能力（微生物的数量与活性）未能同步得到提高。在亚硝酸用作控制参数的情况下，氨去除率明显受到影响，但在水力停留时间较大的情况下，氨氮去除率并未有明显的提高，相反水力停留时间的延长，会增大反应器的容积。

6.4.4 厌氧氨氧化脱氮技术应用实例

根据前期对厌氧氨氧化的研究成果，荷兰的研究者们于 2002 年在实验室小试的基础上，通过数学模型模拟设计出世界上第一个生产型规模的 ANMMOX 反应器，目前该反应器建在荷兰鹿特丹 DOKHAVEN 污水处理厂内，主要用于污泥消化液的脱氮处理。该反应器是利用一废气浓缩池改建而成的，其直径 $\varphi=2.2$m、高度 $H=18$m、$V=70m^3$、流量 $Q=550m^3/d$、HTR=3h，设计符合为 800kg N/d、温度 $T=35$℃、pH=7.5。世界上第一座 ANMMOX 反应塔于 2002 年 6 月投入运行，据估计，该反应器在 7 年内便能收回成本。

厌氧氨氧化工艺从开发到实际应用，研究者们才用了短短十年时间，大大缩短了研究应用的周期，为以后开发更新污水处理技术奠定了良好的基础。

6.4.5 小结

厌氧氨氧化生物脱氮过程，氨氮历经的化学途径最短，有效节约了能源能耗，同时节省基建投资，具有广泛的应用前景。但是由于厌氧氨氧化启动时间较长，一般需要 100～200 d，以及运行条件的相对苛刻，严重制约了厌氧氨氧化在工程实践中的应用。鉴于此，今后需进一步加强对已发现的浮霉菌目的厌氧氨氧化细菌的纯化力度；研究部分生长因子和微量元素对厌氧氨氧化细菌生长的影响，找出厌氧氨氧化细菌的最适宜的生长条件，缩短厌氧氨氧化细菌的代时；高效适宜的厌氧氨氧化工艺反应器的开发，缩短厌氧氨氧化启动的时间和提高厌氧氨氧化运行的稳定性。此外，有文献报道，部分硝化细菌、亚硝化细菌以及假单胞菌也有一定的厌氧氨氧化活性，意味着厌氧氨氧化细菌并不局限于浮霉菌目，因此可以尝试在其他种属中筛选具有高厌氧氨氧化活性的细菌，并进一步研究其反应机理。

6.5 反硝化除磷脱氮技术

6.5.1 反硝化除磷脱氮理论的提出

早在 1978 年，南非开普顿大学 Osborn 和 Nicholls 研究发现兼性反硝化细菌在硝酸盐存在的情况下具有一定的释磷吸磷效果。1985年，比利时布鲁塞尔自由大学的 Hacoet 和 Florentz 在研究中也发现聚磷菌可在缺氧情况下利用硝酸盐作为最终电子受体吸磷。后来，1988年荷兰学者 Vlekke 采用间歇式反应器研究了硝酸盐和氧气分别作为电子受体时的吸磷效果，结果表明单一硝酸盐缺氧吸磷效率要低于氧气作为电子受体时的吸磷效率。Wanner 等人也在 A^2/OSBR 中证明了聚磷菌在缺氧条件下具有反硝化的能力，尽管研究中聚磷菌利用硝酸盐进行反硝化的能力比传统的 A/O 工艺要低很多，可能由于运行条件不是最优所导致。1993年，荷兰 Delft 技术大学的学者 Kuba 利用厌氧-缺氧间歇式反应器（AASBR）富集了兼具反硝化能力和除磷能力的兼性厌氧微生物，该类微生物能利用硝酸盐或氧气为电子受体进行吸磷，且对胞内 PHA 和糖原的代谢作用与传统 A/O 法中的聚磷菌（PAO）相似，因此此类微生物被称为反硝化聚磷菌（DPAOs）。关于反硝化聚磷菌及聚磷菌的关系，主要有两种聚磷菌分类假说，一种认为 PAOs 分为两类，一种只能利用 O_2 作为电子受体，即 PAOs，另一类既能利用 O_2 又能利用 NO_3^- 作为电子受体，即 DPAOs，其在进行吸磷的同时进行反硝化脱氮；另一种认为聚磷菌只有一类，DPAOs 是 PAOs 的一部分，只是 DPAOs 具有一定的反硝化能力，在特定的厌氧或缺氧环境条件下可诱导其体内具有反硝化作用的酶，反硝化能力遂得以强化。

反硝化除磷机理与传统的厌氧或好氧除磷机理基本相似，在厌氧段，DPAOs 利用来自于糖原和聚磷水解的能量，将污水中的 VFAs 转化为胞内碳源物质 PHA 储存起来，同时将磷酸盐释放到水中；好氧段，DPAOs 利用 NO_3^- 代替氧气作为电子受体，氧化内碳源物质 PHA，为自身的细胞生长、磷酸盐吸收、糖原的补充提供能量，完成同时缺氧吸磷并将 NO_3^- 反硝化，在缺氧段实现了碳源同时脱氮和除磷的目的，即“一碳两用”。相对于传统的生物脱氮除磷分开实现的工艺，反硝化除磷工艺可节省50%的碳源需求，降低30%的需氧量，减少50%的剩余污泥产量，同时减少污水处理系统二氧化碳的排放量。因此，反硝化除磷工艺被业内公认为“可持续的生物除磷脱氮工艺”。

6.5.2 典型的反硝化除磷脱氮工艺

BCFS 工艺缺点在于反硝化聚磷菌、硝化细菌和普通的反硝化异养菌共存，共同经历厌氧、缺氧和好氧交替环境，反硝化聚磷菌与其他脱氮除磷功能菌都存在着不同程度的竞争，不占有生态优势。双污泥系统最典型的代表为 Dephanox 工艺和 A^2N 工艺，将硝化细菌和反硝化聚磷菌及普通反硝化异养菌分开培养，避开其竞争和生长的矛盾，提供各自最优的菌群生长条件，最大可能的实现反硝化除磷及脱氮。但相比于单污泥系统，由于增加了污泥沉降系统，增加了一定的运行费用。

1. UCT 工艺

UCT 工艺（University of Cape Town）是由南非开普顿大学基于 A^2/O 工艺基础上，通过改变污泥回流方式，避免硝酸盐对厌氧释磷的影响，从而强化生物除磷效果。其工艺流程如图6-2所示。UCT 工艺的设计并不是基于反硝化除磷原理，而这种工艺流程无意间强化了厌氧缺氧交替的环境，为 DPAOs 的生长提供了有利条件。有学者在 UCT 型的实际污水厂发现约30%左右的磷酸盐是在缺氧段去除的。Kuba 等人在荷兰 Genemuiden 和 Holten 两个 UCT 污水处理厂运行中再次证明了反硝化除磷现象，并发现约50%的磷是由反硝化除磷实现的。另外位于荷兰 Hardenberg 的 UCT 型污水处理厂大约有69%的磷在缺氧段得以去除。因此，UCT 工艺也是一种反硝化除磷工艺。

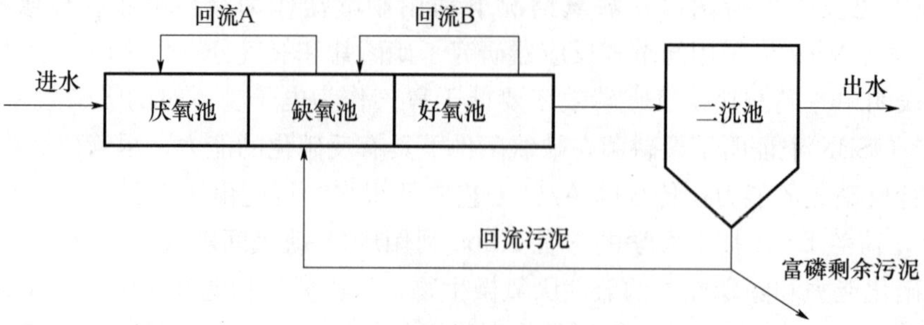

图 6-2　UCT 工艺流程示意图

2. BCFS 工艺

BCFS 工艺（Biologische Chemische Fosfaat Stikst of verwijdering）工艺是荷兰 Delft 工业大学环境生物技术组将 Carrousel 氧化沟与 UCT 工艺有机结合，从工艺角度本身出发，最大程度地提供 DPB 富集条件的一种变型 UCT 工艺。该工艺已经先后在 20 座升级或新建的污水厂中得到应用。BCFS 工艺由 5 个功能独立的反应池和 3 个循环系统组成，工艺流程如图 6-3 所示。该工艺在设计上摒除了回流污泥携带硝酸盐对厌氧释磷的影响，缺氧选择器的设置可吸附厌氧残留的 COD，同时迅速反硝化来自污泥回流中的硝酸盐，因此具有抑制污泥膨胀的作用。后续的氧化沟最大程度地提供了反硝化聚磷菌富集生长的条件，并同时强化同步硝化反硝化效果，保障出水总氮的浓度。此外，在线分离厌氧末端的富磷上清液以离线的方式通过投加铁盐或者镁盐回收磷。实践证明，BCFS 工艺脱氮除磷效率均高于 90%，SVI 较低（80～120mL/g），可有效减少二沉池和曝气池容积；污泥产量比常规工艺减少 10%；可通过氧化还原电位与溶解氧在线控制实现过程稳定。BCFS 工艺的缺点在于其缺氧、好氧混合池（氧化沟）单元占整个系统的 1/3 体积，占地面积较大。

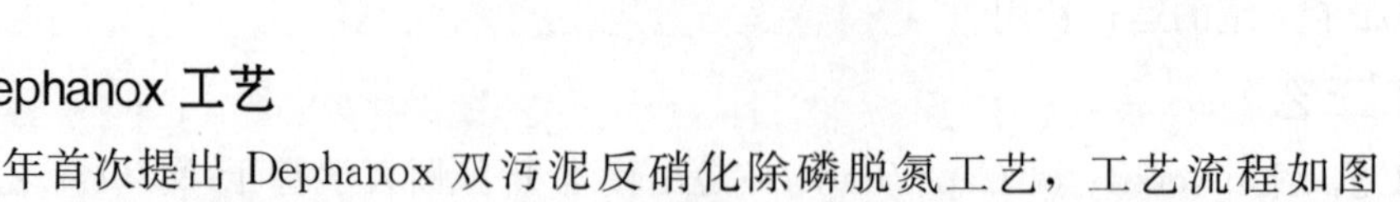

图 6-3　BCFS 工艺流程图

3. Dephanox 工艺

1992 年首次提出 Dephanox 双污泥反硝化除磷脱氮工艺，工艺流程如图 6-4 所示。Dephanox 工艺的最显著特点在于好氧硝化细菌附着在生物膜上生长，不暴露在缺氧环境下，可解决聚磷菌和硝化细菌在污泥龄上的矛盾。缺点在于进水氮磷比经常不能满足缺氧吸磷的要求，限制了 Dephanox 工艺反硝化除磷在工程上的应用。研究表明，当 N/P 较高时，即使 C/N 比很低，由于在缺氧池充足的硝酸盐作为电子受体，该工艺的反硝化除磷率仍可达 90%以上。因此，Dephanox 工艺可用于处理 C/N 较低的城市污水，当进水 COD 浓度很高时，缺氧池无法实现完全除磷，此时可通过好氧池进一步去除剩余的磷。

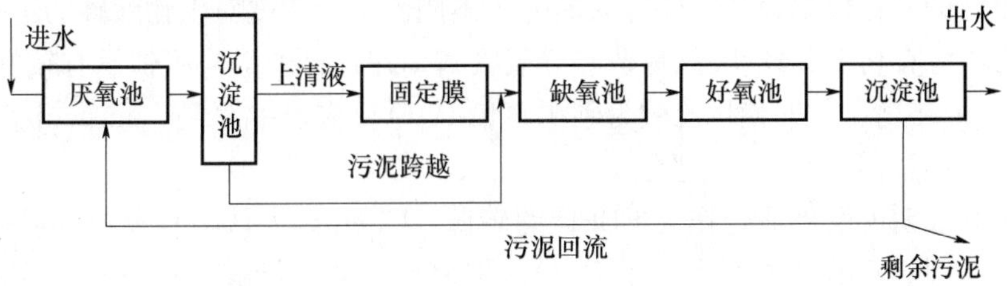

图 6-4　Dephanox 工艺流程示意图

4. A^2N 工艺

基于厌氧、缺氧交替环境和生物膜联合应用的理念，荷兰专家 Kuba 于 1996 年提出了 A^2N（Anaerobic-Anoxic-Nitrification）双污泥系统，工艺流程图如图 6-5 所示。A^2N 工艺将反硝化除磷菌和硝化细菌在不同的污泥系统中培养，各自沉淀之后只交换上清液来实现硝化和反硝化除磷，解决了反硝化细菌和聚磷菌对基质的竞争以及硝化细菌和聚磷菌污泥龄矛盾的问题，使得 SRT 不再是同时反硝化除磷和脱氮的限制因素。此外，由于其推流式厌氧反应器，可起到抑制污泥膨胀的作用。该工艺尤其适用于低 C/N 比的水质，是一种较典型双污泥系统反硝化除磷脱氮工艺。其优点主要表现在，相对于传统工艺节省 50％的碳源、降低 30％的氧气量、减少 50％的污泥产量和减少 30％的构筑物体积。该工艺的缺点在于当缺氧段硝酸盐不足时将影响缺氧吸磷效果，硝酸盐过量又使得剩余硝酸盐随回流污泥进入厌氧段，干扰厌氧释磷和 PHB 的合成。此外，该工艺的流程布置使得一部分氨氮未经硝化过程直接和 DPB 污泥一起进入缺氧段，无法实现反硝化脱氮，往往导致出水的氨氮浓度较高。

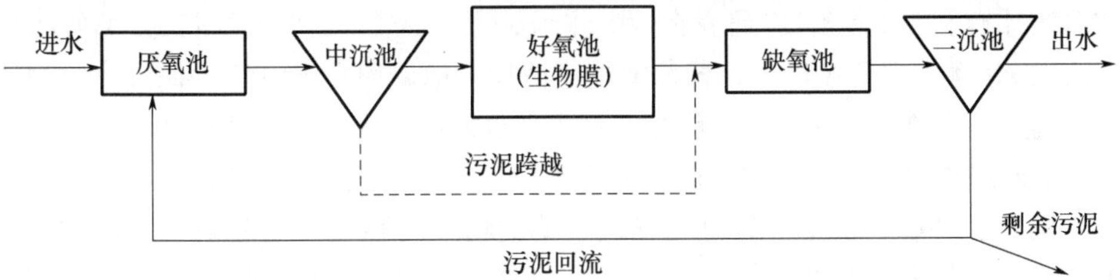

图 6-5　A^2N 工艺流程示意图

6.5.3　反硝化除磷脱氮的主要影响因素

1. 碳源类型

不同类型的碳源对于生物强化除磷工艺微生物种群影响较大。污水中含量最高的 VFA 为乙酸，其次为丙酸，所以大多数的实验室中人工合成废水采用乙酸和丙酸作为碳源，早期的研究也有用葡萄糖作为碳源。很多研究人员用乙酸作为单一碳源得到了较稳定的生物除磷效果，也有些研究表明乙酸作为单一碳源生物除磷工艺稳定性很差。美国工程师 McMahon 等人通过 PCR 和 FISH 等分子生物学手段对乙酸为底物的 EBPR 活性污泥中微生物鉴定发现，系统中 PAOs 含量约为 80％左右。He 等人通过对多个水厂和实验室小试的 EBPR 中活性污泥微生物调查出现，当污水中乙酸含量高于 30％时，Accmulibacter-PAO 含量大约占 9％～24％。Beer 对澳大利亚 EBPR 污水处理厂中微生物调查表明，以乙酸为碳源时，Accmulibacter 含量约占总细菌的 65％，另有 25％左右的聚糖菌（GAO），但是在碳源充足的情况下可实现较好的运行效果。荣宏伟等人研究了不同乙酸盐浓度对生物除磷的影响，结果显示乙酸盐作为碳源有利于PAO厌氧释磷和好氧吸磷，并且释磷量与吸磷量有较好的相关性。葡萄牙学者Oehmen等人同时使用乙酸为碳源富集PAO反应器中发现Comepetibacter-GAO的含量占23％，并且除磷效果逐渐恶化。

较多的研究表明丙酸更适合作为EBPR的碳源。Chen等人认为在反硝化除磷系统的厌氧段投加一定比例的乙酸和丙酸有助于PAO厌氧释磷，同时能够储存较多的胞内碳源物质PHB，为缺氧吸磷提供有利条件。西班牙加泰罗尼亚水研究所（ICRA）Pijuan等第一次使用单一丙酸作为EBPR碳源，结果发现系统内PAO含量为55％，而未检测到GAO，似乎GAO不能利用单一的丙酸生长。葡萄牙学者Oehmen等分别用乙酸和丙酸在四个反应器中富集培养PAO和GAO，稳定运行后通过交叉改变碳源，发现乙酸丙酸交替条件下可以淘汰GAO而得到高度富集PAO。Vargas等人以丙酸作为生物除磷好氧段聚磷的碳源，Accmulibacter的含量保持在70％左右，而未检测到Comepetibacter。鲁文敏等人通过对不同碳源下PAO代谢研究，认为丙酸更适合于EBPR。吴昌永等人比较了丙酸和乙酸分别作为单一碳源对A^2O强化除磷的影响，结果发现丙酸单一碳源时需要较少的氧气量，代谢转化所需能量要低于乙酸为单一碳源。Meyer和Kong等人发现一类属于Alphaproteobacteria菌群的GAO比PAO更具有摄取乙酸的优势，从而容易导致除磷结果受到较大影响。葡萄牙学者Carvalho等研究反硝化除磷工艺性能及其种群结构变化时，将AO反应器转换到AA反应器时发现，丙酸比乙酸更适合于EBPR。Carlos等人在20℃下投加不同比例的乙酸和丙酸，考察其对PAO和GAO竞争的影响，发现在不考虑pH值的前提下，当乙酸与丙酸比例为3∶1和1∶1情况下，有利于PAO的富集生长；而乙酸和丙酸分别作为单一碳源的情况下，只有当pH值为7.5的时候才有利于PAO。有研究在丙酸作为碳源的A^2O工艺中也得到了类似的结果。

除了乙酸和丙酸等VFA以外，葡萄糖也曾被较多地使用在EBPR的研究中。捷克斯洛伐克水生生物学家Cech和Hartman将葡萄糖投加到乙酸为碳源的强化生物除磷反应器，结果导致了系统除磷瘫痪，而恢复单一的乙酸为碳源后，系统逐渐恢复了除磷效果。美国伊利诺伊大学香槟分校Wen-Tso Liu等研究发现，葡萄糖作为强化生物除磷系统的碳源，有利于GAO的繁殖，使得PAO处于生态竞争的不利地位，从而容易导致除磷系统的崩溃。美国康涅狄格大学Jinjiang Wang等利用葡萄糖作为生物除磷的单一碳源，结果显示厌氧释磷量很少，代谢产物主要为聚-β-羟基戊酸脂（PHV）而不是聚-β-羟基丁酸脂（PHB），这些表明葡萄糖更有利于聚糖菌生长，慢慢淘汰掉聚磷菌而失去生物除磷性能。有研究表明同时用单一葡萄糖、单一乙酸和乙酸葡萄糖混合作为碳源平行运行三个反应器，均得到较好的除磷效果。韩国学者Che OR Jeon等人分别用单一葡萄糖、乙酸和葡萄糖混合作为EBPR碳源，未发现GAO大量繁殖，并且有较好的除磷效果。Wang等人考察了不同乙酸、丙酸和葡萄糖作为碳源对PAO和GAO的影响，结果发现葡萄糖更利于GAO发挥代谢优势，而丙酸比乙酸更适合富集PAO。

2. 有机负荷

C/N对于反硝化除磷系统的脱氮除磷表现影响较大。因为进水C/N既要满足厌氧释磷对碳源的需求，又要同时避免过量的碳源进入缺氧区导致普通的异氧反硝化细菌与反硝化聚磷菌竞争NO_3^-，导致反硝化聚磷菌逐渐被淘汰，除磷的效果不好；而进水C/N过低会使得厌氧合成的内碳源PHA较低，不能满足缺氧反硝化聚磷的能量需求，致使NO_3^-的去除和磷的去除都较差。不同的工艺类型或者运行条件下，最佳 C/N 也会有所不同。荷兰学者 Kuba 等人在运行 A^2N 工艺除磷效果较好时得到的最佳 C/N 为 3.4，Wang 等人通过 A2N-SBR 工艺处理生活污水时得出最佳的 C/N 为 9.9。法国学者 Merzouki 等人考察了硝酸盐投加量对反硝化吸磷的影响，结果表明当 SRT 固定不变时，过低或过高的硝酸盐浓度影响反硝化吸磷效果，最终影响系统的除磷效果。

进水的 C/P 是强化生物除磷系统中影响 PAO 和 GAO 的十分重要的参数。所有的研究都一致认为较低的 C/P 更适合 PAO 的繁殖，而较高的 C/P 使得磷处于受限的状态，从而抑制了 PAO 的富集生长，滋长了 PAO 的繁殖。后来很多研究人员使用较高的 C/P 进水成功富集了大量 GAO。然而，也有很多研究报道称较高的 C/P 进水也成功大量富集了 PAO。另外，GAO 也有在较低的 C/P 下富集的情况。美国威斯康星大学麦迪逊分校 He 等人通过实际调查发现 Accmulibacter 含量与厌氧释磷量和进水 C/P 有密切关系。有学者通过 AZN-SBR 工艺处理生活污水时得出最佳的 C/P 为 19.9。通过这些观察可以发现，尽管 C/P 对强化生物除磷系统 PAO 和 GAO 竞争存在着一定的影响，但一定也有其他因素在此竞争中扮演着重要的角色。

3. 温度

温度是影响生物除磷系统中功能微生物活性的一个重要参数，其不仅关系到酶化反应速率，也关系到基质扩散速率。泰国曼谷朱拉隆功大学 Panswad 等人研究发现，PAO 属于嗜冷菌，在温度低于 20℃时比较有竞争的优势；而 GAO 属于中温菌，适宜生长的温度在 25～32.5℃之间。同济大学王亚宜等人研究得出，尽管低温条件下厌氧释磷和缺氧吸磷反应速率变慢，但未阻碍反硝化聚磷菌缺氧吸磷效果。

荷兰教授 Brdjanovic 等人研究发现厌氧计量学对温度的变化比较敏感，而且温度对好氧吸磷速率影响较大，但在 5℃下得到了较好的磷去除效果。《Water Environment Research》中有研究通过比较 5℃和 20℃下生物除磷系统除磷效果，结果 5℃能够实现较高的磷去除效率且糖原转化率也变慢，表明低温更有利于 PAO 的代谢。荷兰学者 Krishna 等人研究发现温度由 15℃升高到 35℃，系统内部各生化反应速率得到提高，但是 PHA 的合成量有所下降。Carlos 等人研究表明 10℃时，GAO 代谢受到抑制，PAO 得以繁殖；温度为 20℃，pH 为 7.0 时，PAO 和 GAO 并存，pH 为 7.5 时，PAO 为优势菌群；温度为 30℃时，GAO 具有绝对的竞争优势，并成为系统内主导菌群。哈尔滨工业大学 Li 等人比较了 5℃、15℃和 25℃下 PAO 胞内和胞外吸磷效果，结果发现最佳胞内和胞外吸磷温度分别为 15℃和 5℃。《Water Environment Research》中有研究通过比较 20℃和 30℃下生物除磷系统，发现 20℃下系统的除磷效果更好，而 30℃时可能由于 GAO 的大量繁殖导致除磷效果恶化。姜涛考察了不同温度对 PAO 和 GAO 代谢的影响，结果表明温度在 5～30℃之间，PAO 的厌氧代谢计量学参数无明显变化，而 GAO 在 5℃和 10℃情况下，GAO 的代谢受到抑制，厌氧计量学参数明显偏低。此外，也有报道说低温条件下不利于生物除磷的情况。

荷兰学者 Winkler 等人研究发现 PAO 在 28℃时候的厌氧释磷量是 12℃时的 7.2 倍，尽管 28℃时系统存在一定数量的 GAO。瑞士苏黎士世大学 Schneider 等人用 P32 追踪了不同温度下好氧吸磷情况，结果表明 24℃时的好氧吸磷量为 10℃时的 2 倍。《Water Environment Research》中有研究通过对低温下除磷效果较差的活性污泥微生物进行酶分析，结果得到低温下 PAO 似乎逐渐丧失除磷能力而表现为 GAO 的代谢特征，而且较低的糖酵解能力很难满足乙酸摄取和 PHA 合成的需要。很多 EBPR 污水厂夏天的除磷效果要比冬天的差，从工程实际方面也提供了有力的证据。

4. pH 值

对于反硝化除磷脱氮工艺来讲，pH 值对工艺的去除效果影响较大。一般来说，厌氧段较高的 pH 值会促进 PAO 对底物的利用，同时需要水解更多的 poly-P 来获得能量。Kuba 等利用 A2SBR 研究表明，pH 对于 DPAO 厌氧释磷影响比较大，当 pH 为 8.0 时，由于化学沉淀的影响，实际的 P/C 为理论值的 80%。随后荷兰学者 Smolders 采用 A/O SBR 也得到了类似的结果。Filipe 等人将厌氧段 pH 从 6.5 升高到 8.0，结果发现释磷量呈线性增长，而胞内碳源物质 PHA 和糖原的降解量不受 pH 值影响。同济大学王亚宜等人研究发现类似的结果，不过当 pH 在 8.0 以上时由于化学沉淀作用，厌氧释磷效果有所下降。同济大学的研究认为中性 pH 的进水对于生物除磷系统比较合适，并且系统内部的 pH 控制在 6.4～7.2 范围内除磷效果较好。同济大学报道称 pH 在 6.4～7.6 之间时 pH 越高，聚磷酸盐激酶的活性越高，也有利于提高系统除磷的效果。很多研究认为，在实验室 EBPR 反应器及实际 EBPR 污水厂中通过 pH 来抑制 GAO 的增殖都是徒劳，原因在于在实际的工程应用中很难控制 pH，而且往往污水厂中的 pH 值都在抑制 GAO 生长的范围内。有报道发现，在未控制 pH（厌氧 7.8，好氧 8.5）的条件下，PAO 和 GAO 共同存在，但得到了比控制 pH 为中性情况下更好的生物除磷效果。

5. 电子受体

很多研究已经表明不仅硝酸盐可以作为反硝化除磷的电子受体，一定程度的亚硝酸盐也可作为反硝化除磷的电子受体。但由于亚硝酸盐本身具有毒性，因此有文献报道亚硝酸盐只有在一定浓度范围内才可作为反硝化除磷的电子受体。丹麦技术大学 Meinhold 等人研究发现亚硝酸盐浓度低于 4～5mg NO_2^--N/L 时可作为反硝化除磷的电子受体，而高于 8mg NO_2^--N/L 时会完全抑制反硝化吸磷。有研究分别用氧气、硝酸盐和亚硝酸盐作为电子受体对聚磷污泥进行研究，发现 115mg/L 的亚硝酸盐是产生抑制的上限，并认为存在一类 PAO 能利用亚硝酸盐为电子受体。新加坡南洋环境和水研究所（WEWRI）Yan Zhou 等人研究表明，亚硝酸盐对反硝化聚磷菌的抑制并不明显，但自由亚硝酸（FNA）对 DPAO 的抑制相关性较好。除此之外，很多学者对不同 pH 值下 FNA 对强化生物除磷系统中 PAO、DPAO 进行了详尽的研究，并得出 FNA 对于 PAO、DPAO 的代谢以及 PAO-GAO 的竞争有较大的影响，不同污泥菌群组成条件下具有不同程度的抑制。亚硝酸作为反硝化过程的中间产物，控制好硝酸盐的浓度以及相应条件下的 FNA 浓度，对于 DPAO 的大量繁殖以及反硝化除磷效果十分重要。

6. 阳离子

在生物除磷系统中，Mg、Ca 和 K 等阳离子起到十分重要的作用，由于其带正电，而活性污泥带负电，因此很容易与活性污泥相结合，并且这些 Mg 和 K 为聚磷颗粒组成的成分，与厌氧释磷和好氧吸磷的过程是同步的。相比较而言，尽管 Ca 离子对于聚磷颗粒的稳定有一定的贡献，但其不参与磷的代谢过程，被认为对强化除磷工艺意义不大。但也有报道称 Ca 离子也参与生物除磷工艺中的化学沉淀，并给出了 Ca/P 的摩尔比为 1～1.3 和 1～1.7。关于 K 的作用，有研究表明 K 离子对于生物除磷系统的作用显著，严重缺少 K 离子会干扰厌氧磷酸盐的释放以及后续好氧/缺氧吸磷的顺利进行，并破坏聚磷颗粒的形成。德国固体和材料研究所 Schonborn 等人研究发现，Mg 离子的提高可以明显加强系统对磷的去除率。

Choi 等人在 MBR 反应器中研究了 K 和 Mg 离子对 EBPR 的影响，并得到厌氧释磷过程中 CK/P 和 CMg/P 的摩尔比分别为 0.20mol/mol 和 0.21mol/mol。

7. 污泥龄（SRT）

一般来说，强化生物除磷系统中，较短的 SRT 更有利于生物除磷，当温度在 20～30℃之间时，最短的 SRT 仅为 3 天；当温度为 10℃时，最短的 SRT 为 15 天即可得到较好的生物除磷效果，而较长的 SRT 则易于聚糖菌的增殖，从而导致除磷效果恶化。由于反硝化除磷系统中，反硝化聚磷菌的生长速度相对较为缓慢，因此合适的 SRT 对于其活性及其除磷表现至关重要。对于反硝化除磷工艺而言，由于其单、双污泥系统硝化段设置的方式不同，SRT 的要求也不一样。单污泥系统的最小污泥龄应优先考虑硝化菌而不是反硝化聚磷菌；而双污泥系统则可分别兼顾硝化细菌和反硝化聚磷菌的 SRT，不存在硝化细菌和反硝化聚磷菌间在 SRT 上迁就的问题。不过低温情况下，由于反硝化聚磷菌在低温下较慢的代谢活性，它们的最小 SRT 要大于硝化细菌生长的最小 SRT。法国学者 Merzouki 等人发现 SBR 反硝化除磷系统中 15d 的 SRT 比 7.5d 的 SRT 除磷效率高 1.8 倍，可能是因为较短的 SRT 淘洗掉了一部分反硝化聚磷菌。王亚宜研究发现 A^2N 双污泥系统中反硝化聚磷菌的 SRT 从 14d 降低到 7d，系统的除磷率从 92.48%下降到 58.36%，原因也在于较短的 SRT 淘洗掉了反硝化聚磷菌，从而影响了除磷效果。台湾国立中央大学学者 Chuang 等人也有类似的发现，其研究过程中将 SRT 从 10d 降低到 5d，缺氧吸磷停止。荷兰学者 Kuba 等人报道称 SBR 反硝化除磷系统中最适宜的 SRT 为 20d，并在此 SRT 的情况下得到了较好的除磷效果，并建立了反硝化除磷代谢模型。郝晓地等人基于模型的基础上得出单污泥反硝化除磷系统在 5℃，10℃和 20℃时最小的 SRT 分别为 25d、15d 和 10d。

6.6　电极生物膜反硝化技术

随着研究的深入，又出现了新的去除硝酸盐的生物新技术，如电极生物膜法。电极生物膜法是一种非常新颖的水处理技术，1993 年，日本群马县大学 Sakakibara 等人在试验中，将脱氮细菌固定在阴极表面，第一次利用电极生物膜对地面水中低浓度硝态氮进行处理，取得了很好的效果。电极生物膜反硝化是一个电化学作用和生物反硝化作用相结合的过程，通过驯化挂膜，微生物固定于阴极表面形成反硝化生物膜，分子水在外加电流的作用下电解产生 H_2，部分反硝化菌利用废水中的有机物做电子供体，还有部分反硝化菌以 H_2 为电子供体，共同将 NO_3^--N 还原为 NO_2^--N，并最终还原为 N_2。它将生物法和电化学法有机结合，利用了自养反硝化不需有机碳源、电解法氧化还原能力高以及生物膜与电极之间的高效传质等特点，不产生任何影响水质安全的副产物，是一种清洁的饮用水脱硝方法。

6.6.1　电极生物膜反应原理

在硝酸盐去除方法中，传统的生物脱氮工艺反硝化效率高，费用低，可选择性地去除水中的硝酸根并将其转化为无害的氮气。生物反硝化分为异养型和自养型两种，其中，异养反硝化需外加碳源，如甲醇、乙醇、乙酸、甲烷等。这样虽然能保证较高的脱氮效率，但是碳源添加量难以控制，容易出现碳源不足或有机质残留的问题。当外加碳源不足时，反硝化不完全；外加碳源过量时，则出水 COD 值增加，必须附加后续的处理工艺。自养反硝化虽然无需外加碳源，但通常采用 H_2、零价铁、单质硫等作为电子供体，利用 H_2 作为电子供体不会产生有机物的残留，但 H_2 的溶解度很低，因而 H_2 利用率低，易出现不完全反硝化，这将导致亚硝酸盐的积累。此外，H_2 的易燃易爆性增加了实际操作过程中的难度。

英国金斯顿大学 Mellor 等人将生物反硝化与水电解产 H_2 结合，使电子供体 H_2 由反应器内部直接供应，解决了 H_2 难以储存与运输的问题，开发了一种新型的生物自养反硝化脱氮技术——电极生物膜法。与外加碳源作为电子供体和以 H_2 作为电子供体的反硝化脱氮方法相比，电极生物膜法具有无需外加碳源供体和 H_2 内部供给的优点。H_2 的供应量可通过适当的电流密度加以控制，使得反硝化易于操作。

1. 电化学原理

在对导电溶液通以直流电进行电解时，必然在电极上发生电化学反应，溶液中的离子在电极上要进行氧化或还原反应，从而在电极上以气体或沉积的形式析出。但如果溶液中有多种离子存在，究竟哪种离子在电极上先析出，哪种离子在电极上后析出，则不仅要考虑它们的平衡电极电势，还要考虑在一定电流密度下的超电势，即离子析出电势（不可逆电位）的大小。

在电解池的阴极上，首先进行还原反应的是析出电势（考虑超电势等因素后的实际析出电极电势）较大的离子，即析出电位高的离子先放电。

阳极上阴离子析出（放电）顺序：

在电解池的阳极上，首先析出的是析出电势（考虑超电势等因素后的实际析出电极电势）较小者，即析出电位低的离子先放电。

地下水或饮用水中一般含 H^+，Cl^-，Mg^{2+}，Ca^{2+}，Na^+，OH^-，NO_3^- 等基本离子。阴极上可能存在的反应式：

在酸性溶液中：

$$Ca^{2+}+2e^- = Ca(E^{\varnothing}=-2.868V)$$

$$Na^{+}+e^- = Na(E^{\varnothing}=-2.71V)$$

$$Mg^{2+}+2e^- = Mg(E^{\varnothing}=-2.372V)$$

$$2H^{+}+2e^- = H_2(E^{\varnothing}=0V)$$

$$2HNO_2+4H^- +4e^- = H_2N_2O_2+2H_2O(E^{\varnothing}=0.86V)$$

$$NO_3^- +3H^+ +2e^- = HNO_2+H_2O(E^{\varnothing}=0.934V)$$

$$NO_3^- +4H^+ +3e^- = NO+2H_2O(E^{\varnothing}=0.957V)$$

$$O_2+4H^- +4e^- = 2H_2O(E^{\varnothing}=1.229V)$$

在碱性溶液中：

$$Ca(OH)_2+2e^- = Ca+2OH^-(E^{\varnothing}=-3.02V)$$

$$Mg(OH)_2+2e^- = Mg+2OH^-(E^{\varnothing}=-2.69V)$$

$$NO_2^- +H_2O+e^- = NO+2OH^-(E^{\varnothing}=-0.46V)$$

$$NO_3^- +H_2O+2e^- = NO_2^- +2OH^-(E^{\varnothing}=0.01V)$$

$$O_2+2H_2O+4e^-=4OH^-\ (E^{\varnothing}=0.401V)$$

$$2H_2O+2e^-=H_2+2OH^-\ (E^{\varnothing}=-0.827V)$$

阳极上可能存在的反应式：

$$2Cl^-=Cl_2+2e^-\ (E^{\varnothing}=1.35V)$$

$$C+2H_2O=CO_2+4H^++4e^-\ (E^{\varnothing}=0.207V)$$

$$4OH^-=O_2+2H_2O+4e^-\ (E^{\varnothing}=0.401V)$$

在阴极上，电极电势很小的金属离子如 Ca^{2-}，Na^+ 等在阴极不易被还原。NO_3^- 离子很难接近阴极，阴极附近 NO_3^- 浓度很低，使得 NO_3^- 的析出电位小于 H^+ 的析出电位，故在阴极上，H^+ 首先得到电子被还原成氢气。

在阳极上，碳棒将被氧化，吸出二氧化碳。

阴极产生的氢气可被固着其上的反硝化菌高效利用，碳阳极的氧化产物 CO_2 可为反硝化菌提供碳源，同时对反硝化过程中产生的 OH^- 具有一定的缓冲作用且能增强缺氧环境，有利于反硝化的进行。

2. 生物学原理

大多数微生物学家认为，反硝化作用是存在于有限的一些微生物属中的一个呼吸过程。在该过程中 N 的氧化物可作为呼吸作用电子传递的末端电子受体，从而将氮氧化物还原。

反硝化细菌为兼性厌氧菌，在存在分子态氧的条件下，它们利用氧进行好氧呼吸，在缺乏分子态氧的条件下，能利用各种有机基质作为碳源，用于产能和细胞合成，同时利用硝酸盐进行无氧呼吸来氧化有机物质。

生物反硝化脱氮同物理、化学除氮法相比，不是将硝酸盐简单地浓缩，而是将它转化为对人体无害的氮气。反硝化菌种类繁多，据报道，约有 50 多个属的细菌可进行反硝化作用。根据反硝化细菌生长需要的碳源种类，反硝化细菌可分为异养反硝化菌和自养反硝化菌。

利用有机物作为碳源的反硝化菌称之为异养反硝化菌，常用的有机碳源主要有醋酸、乙醇和甲醇等。

乙酸为基质的异养反硝化可表示为：

$$7.03CH_3COOH+8.58NO_3^- \longrightarrow 0.58C_5H_7O_2N+11.16CO_2+8.58OH^-+7.74H_2O+4N_2$$

利用水中的碳酸和重碳酸离子等无机碳作为合成碳源的反硝化菌称之为自养反硝化菌。它以单质 S、硫化物以及氢气作为无机电子供体，同时同化吸收二氧化碳，将硝酸盐还原成为 N_2。

氢气为氢供体的自养反硝化：

$$2.16NO_3^-+7.24H_2+0.8CO_2 \longrightarrow 0.16C_5H_7O_2N+N_2+4.6H_2O+2.16OH^-$$

以细菌本身细胞产物为基质的内源呼吸作用：

$$C_5H_7O_2N+4.6NO_3^- \longrightarrow 5CO_2+2.8N_2+4.6OH^-+12H_2O$$

氢细菌种类很多，是一些兼性化能自养菌。它们分属在假单胞菌属，副球菌属，产碱菌属，黄杆菌属，诺卡氏菌属等，大多数氢细菌为革兰氏阴性菌，多数是好氧，少数是厌氧或兼性厌氧。氢细菌大部分属于中温细菌，适合于微碱性或中性 pH 条件下生长，在化能自养菌中，氢细菌的生长迅速（生长周期为几小时），细胞得率也比较高。每克能源的细胞得率分别约为硫细菌的 24 倍，硝化细菌的 71 倍，亚硝化细菌的 15 倍。

反硝化作用过程中 N 氧化物还原的途径一般认为是由一系列酶促反应构成：

$$NO_3^- \xrightarrow{\text{硝酸盐还原酶}+2e} NO_2^- \xrightarrow{\text{亚硝酸盐还原酶}+e} NO \xrightarrow{\text{一氧化氮还原酶}+e} N_2O \xrightarrow{\text{氧化亚氮还原酶}+e} N_2$$

氢细菌以氢气为能源在不同类型的酶的作用下将硝酸盐一步步转化为氮气的反应式分别为：

$$10H_2O+10e \longrightarrow 5H_2+10OH^-$$

$$2NO_3^-+2H_2 \longrightarrow 2NO_2^-+2H_2O$$

$$2NO_2^-+2H_2 \longrightarrow N_2O+H_2O+2OH^-$$

$$N_2O+H_2 \longrightarrow N_2+H_2O$$

将上述反应合并得到阴极表面总反应为：

$$2NO_3^-+6H_2O+10e \longrightarrow 2N_2+12OH^-$$

3. 电极生物膜反应器原理

反硝化作用发生的总的要求是：（1）存在具有代谢能力的细菌；（2）合适的电子供体，如有机碳化合物、还原态硫化合物或分子态氢（H_2）；（3）嫌气条件或限制 O_2 的有效性；（4）N 的氧化物，如 NO_3^-、NO_2^- 或 N_2O 作为末端电子受体。

当处理水进入反应器后，水中的溶解氧在电极的作用下消耗掉。为反应器创造了良好的缺氧环境。由前面的电化学原理可知，电极生物膜反应器在碳棒阳极表面产生 CO_2，发泡镍阴极表面产生 H_2。附着于阴极表面的微生物可直接利用产生的 H_2 作为电子供体，利用阳极产生的 CO_2 为无机碳源化能自养，通过一系列的酶促反应，将 NO_3^- 还原为 N_2。与用氢气作为电子供体以及从外部投加电子供体的脱氮法相比，本法采用氢气内部供给的方式，可被高效利用，而且氢气通过电解水产生，可适当的调节电流密度控制氢气产生量，易于操作，而不必再另外投加有机物。

由阴极表面总反应式可知，整个反硝化为产碱过程，随着反硝化的进行，反应器中 pH 不断上升。而阳极电解产物 CO_2 溶解于水，部分转化为 H_2CO_3，HCO_3^- 等，可起到一定的缓冲作用。

6.6.2 电极膜生物反硝化技术研究进展

1. 国内研究进展

在国内，对电极生物膜法的研究较晚。1999 年，邱凌峰对比了电极生物膜工艺与单独生物膜法对微污染源水的脱氮预处理效果。结果表明：在相同条件下，前者相对于后者而言，有更高的反硝化效率，并能很好控制水中亚硝酸盐的生成。同年，彭永臻等人研究了电极生物膜法工艺的过程控制方法和在线模糊控制系统，并系统地介绍了电极生物膜脱氮法模糊控制器的设计及其计算机算法。

2001 年，范彬等人研究了以颗粒活性炭和以无烟煤为介质的复三维电极生物膜反应器脱除饮用水中硝酸盐的工艺。结果表明：两种介质的反应器在无需添加碳源的情况下能有效地脱除水中的硝酸盐。同年，范斌提出了异养-电极-电物膜联合反应器脱除地下水中硝酸盐的工艺，该反应器以异养反硝化为主，通过电化学段脱除异养段后水中残留的甲醇或硝酸盐、亚硝酸盐氮，解决了自养反硝化速率较慢和异养反硝化碳源添加量难以控制的问题。2002年，曲久辉等人研究了一种电化学氢自养与硫自养集成去除饮用水中硝酸盐的方法，将2种自养反硝化集成，减少了以硫作为电子供体产生的SO_4^{2-}，也可以使硫自养反硝化产生的H^+作为电化学产氢的前驱物，去除率可达90%以上，且出水中无亚硝酸盐积累，SO_4^{2-}的含量低于170mg/L。2003年，王海燕以无烟煤作填充介质研究了复三维电极生物膜反应器，并针对无烟煤颗粒的粒径对复三维电极生物膜反应器脱硝效果的影响进行了研究。2005年，上海交通大学Zhang等人进行了单纯的生物膜法与电生物耦合法处理上海市政污水研究，研究表示，电流为60mA时具有反硝化增强效应，但较高的120mA并没增强趋势。污水处理厂的污水排放标准的提高，需要二级出水深度处理，对于已经建好的污水处理系统来说，这样就需要对原有的污水处理系统进行扩建或改建。而磁场可以通过影响微生物的运动、生长、微生物酶活性以及微生物细胞内的传递特性在很大程度上提高水处理效率。有关微生物的磁效应可望被用于改进或强化废、污水的生物处理过程，这样可以避免扩建或改建。

2007年，周明华研究了三维电极生物膜反应器脱除硝酸盐的影响因素，对电流、温度、进水速率、碳氮比等对反应器运行效果的影响进行了分析，并于2009年进行了电化学生物膜反应器中硝酸盐和无水中有机物协同去除的研究。

2. 国外研究进展

1988年，工程师Fuch等人将生物处理方法与电化学方法结合起来，应用于反硝化除氮。1992年，英国金斯顿大学Mellor等人利用在阴极表面固定的硝酸盐还原酶在电流提供的还原力作用下将硝酸盐还原的实验研究。他们将从植物上分离纯化的NO_3^-还原酶、NO_2^-还原酶以及N_2O还原酶，固定于阴极表面，制成生物膜电极，NO_3^-被彻底还原为N_2，并提出“电流提供反硝化还原力”、“电极生物反应器”等概念。1993年，日本学者Sakakibara等人将脱氮菌固定在阴极表面，对饮用水及地表水中硝酸盐进行处理，取得了很好的效果。此后十几年，Sakakibara对电极生物膜法去除水中硝酸盐技术进行了系统全面的研究。1994年，Sakakibara在考虑了反应器传质速率、生物反应速率和电化学反应速率的情况下，建立了电极生物膜反应器的生物模型，并提出了电极生物膜反应器脱除硝酸盐的三阶段理论：线性区、稳定区和衰减区。同年，美国南卡罗莱纳大学Flora等人也进行了电极生物膜法的试验研究，发现电流的增加可导致氮气产量的增加，证明了电流可促进和控制反硝化的原理。1998年，日本群马县学者Feleke等人研究了在不同的电流下，水中NO_3^-和其他离子（如Ca^{2+}，Na^+，SO_4^{2-}，Cl^-）浓度的变化情况。结果发现：Na^+，SO_4^{2-}，Cl^-离子浓度几乎没有变化，证明了电极生物膜反应器可选择性去除硝酸盐，并不影响处理水中其他离子，脱氮率随电流的不同在0到100%之间变化。2002年，有研究等将电化学生物膜反应器与膜技术结合去除水中的硝酸盐，将电化学生物膜反应器的水利停留时间缩短到20min，反硝化速率提高了3～60倍，且有效降低了出水中SS，可保持出水中SS低于1mg/L。

2005年，韩国水环境修复研究中心Park等人利用电-生物耦合技术处理高浓度硝酸盐废水，研究发现在无外加碳源的情况下，硝酸盐也可高效去除。2006年，Park对电极生物膜反应器中的反硝化菌群进行了分析，确定了反应器中反硝化菌群主要构成为 α-proteobacteria、β-proteobacteria、γ-proteobacteria 和 flavobacteria。

6.6.3 电极生物膜反硝化技术的研究方向

电极生物膜法具有运营管理方便、脱氮效率高、处理费用低等优点，但想要应用于生产实践，还需要在以下几个方面开展研究：

（1）进一步研究水中各种污染物质的降解途径及作用机理，摸索电场效应与脱氮速率内在关系；同时探索适于电极生物膜系统的最佳设计方案，提高相应设备的利用效率，扩展其工程实践。

（2）研究电极生物膜法在脱出硝态氮同时对有机物的去除效果，同时研究电极生物膜法与处理技术、自动化技术的结合，从而进一步有效去除水体中的污染物质并扩展该工艺的应用范围。

（3）目前，国内外研究较多的是传统的二维电极生物膜，而三维电极的优良电化学特性使其具有进一步开展研究的价值。

（4）工业废水含有一定量的有毒有害污染物质，它们会干扰生物处理系统。因此，研究工业废水中各种成分对反硝化反应的影响，考虑如何减少或避免其负面作用，提高反硝化效率是将来的研究方向。

（5）研究电极生物膜法用于给水处理时，生物处理过程中的产物可能对人类健康产生影响。例如生物反应的代谢产物（内毒素、溶解性代谢产物等）、未完全分解的有机化合物等物质及其对人体健康的影响。

6.7 EM 在水处理中的研究

6.7.1 EM 技术概述

1. 什么是 EM

自然界中存在着数不清的微生物，它们是地球上最古老的居民。根据其作用，大致可分为两大类：一是使物质向再生、发酵方向发展的类型；二是使物质向相反方向，即崩溃、腐败方向发展的类型。生活中，食物变质、腐败，即是第二类微生物的作用结果。而在食品加工中，如发酵面包、酿酒等，即是利用第一类微生物的作用。人类利用微生物的作用制作食品已有悠久的历史，这些对人类生活具有有益作用、可被人类有效利用的微生物，统称为有效微生物。

EM 是有效微生物群（effective microorganisms）的英语第一个字母的缩写，它是 20 世纪 80 年代初期由日本琉球大学比嘉照夫教授发明、株式会社 EM 研究机构研制的一种新型复合微生物制剂，其代表产品为 EM-1。它是基于头领效应的微生物群体生存理论和抗氧化学说，以光合菌为中心，与固氮菌并存、繁殖，采用适当的比例和独特的发酵工艺把经过仔细筛选出的好氧和兼氧微生物加以混合，培养出多种多样的微生物群落。各种微生物在其生长过程中产生的有用物质及其分泌物质，成为微生物群体相互生长的基质和原料，通过相互间的这种共生繁殖关系，形成了一个复杂而稳定的微生物系统，协同发挥多种功能。正如比嘉照夫教授所言："起着主要作用的是光合细菌、厌氧菌和好氧菌，其他性质不同的微生物可以在一个环境中和睦相处。”

2. EM 的组成

EM 不是单一的，也不是几种特定的微生物，而是有效微生物有机结合，它是以光合细菌、酵母菌、乳酸菌和放线菌等为主的 5 科 10 属 80 多种有益微生物复合培养而成的一种新型微生物活菌剂。

（1）光合细菌群

光合细菌属于独立营养微生物，以光和热为能源，以乳酸为基质，在光合作用中，能大量分解吸收氨、氮和硫化氢等有害物质，变有害物质为无害物质，抑制好氧细菌的繁殖，并分泌大量的糖类、氨基酸类、维生素类、生活活性物质（激素）等，并能分解空气中的有害气体，对污水有很强的净化能力。光合细菌和固氮菌、放线菌、乳酸菌等有益微生物之间有协同作用。另外，其本身的蛋白质含量高达 60%以上，是一种较为理想的蛋白源和添加剂。例如光合细菌分泌的氨基酸为食饵的 VA 菌根增加具有把植物根不吸收的不溶性磷酸供给植物的能力；VA 菌根的真菌与能固定氮的一种固氮菌共生，可促进氮固定能力。光合细菌的种类与特征见表 6-3。

表 6-3　光合细菌的种类和特征

光合细菌	碳源	电子供体	生长条件
绿色硫磺细菌 Chlorobium limicola F. thiosul fatophilum	CO_2	S_2^-，S，$S_2O_3{}^{2-}$	光，厌氧
丝状性葡萄绿色细菌 Cloroflecus auratiacus	有机物（CO_2）	有机物（S^{2-}）	光，厌氧 暗，好氧
红色硫磺细菌 Chlorobium uinosum Thiocapsa pfennigil	有机物（CO_2）	有机物， S，$S_2O_3{}^{2-}$，H_2	光，厌氧 暗，好氧
红色非硫磺细菌 Rhodopseudomonas Sphaeroides Rhodomicrobium Rhodospirillum rubrum	有机物（CO_2）	有机物 S^{2-}，$S_2O_3{}^{2-}$	光，厌氧 暗，好氧 暗，厌氧
好氧性光合细菌 Erythrobacter Longus	有机物	有机物	光，厌氧 暗，好氧
厌氧性褐绿色光合细菌 Heliobacterium	有机物	有机物	光，厌氧

（2）放线菌群

放线菌为好氧菌，广泛分布于自然界的土壤、空气、淡水和海水中，是细菌和霉菌的中间形态，大多数放线菌最适合生长温度是 23～27℃。放线菌可摄取光合细菌产生的氨基酸，产生抗生物质。这种抗生素能有效地抑制病原菌，争夺有害霉菌及细菌增殖时所需的物质，从而抑制其增殖，创造有益于其他微生物生存的环境。放线菌还具有改善土壤团粒结构，转化氮、磷等元素的功能。由于放线菌和光合细菌共存，故将放线菌和光合细菌混合后，所发挥的净菌作用比放线菌单独存在时成倍增加，放线菌有助长固氮菌和 VA 菌根菌的作用。放线菌如诺卡菌属等可攻击许多复杂的有机化合物，包括酚、吡啶、甘油醇、未氯化和氯化的芳香族化合物、石蜡及木质素等，放线菌能分解有机物，生成各种代谢产物，再在其他微生物作用下使之矿质化。

（3）酵母菌群

酵母菌为异养型、好氧、兼性厌氧菌，可产生促进细菌分裂的生物活性物质。它能利用作物根部产生的分泌物、光合细菌合成的氨基酸及糖类，以及土壤中的有机物，发挥酵母菌具有的发酵力，合成对作物有效的物质。同时，酵母菌还对生产促进其他有效微生物增殖的基质起着重要的作用。尤其是酵母菌分泌的激素等生理活性物质，能促进根系生长及细胞的分裂。酵母菌适于在偏酸性环境中生活。酵母菌在EM菌群中可为生产促进其他的有效微生物（酵母菌、放线菌）增殖所需的基质（食物）提供重要的营养保障。假丝酵母、红酵母等多种属的酵母菌都是良好的单细胞蛋白的生产菌，在用于转化废弃物和污染物的同时，还可获得优质的菌体蛋白。

（4）乳酸菌群

乳酸菌能使未腐败的有机物发酵，转化为有效养分，并以光合细菌、酵母菌的生产物糖类为基质，产生乳酸。乳酸具有很强的杀菌能力，特别是能抑制有害微生物的繁殖，以及有机物的急剧腐败分解。乳酸能使木质素、纤维素等难分解的有机物容易分解，并消除未分解有机物产生的种种弊端，因此可在有机物发酵分解方面发挥重要作用。同时，乳酸菌能抑制导致连作障碍的致病菌增殖。一般情况下，致病菌如果增加，植物就衰弱，有害线虫急剧增加。乳酸菌能抑制病菌活动，使有害线虫逐渐消失。另外，乳酸菌产生的乳酸能抑制菌核菌的活动和繁殖。

（5）发酵系的丝状菌群

在EM中的丝状菌主要是以发酵酒精时使用的曲霉菌属为主体，该菌群可以和其他微生物共存，具有很强的氧化分解有机物的能力，特别对脂的生成有良好的作用。因为酒精生成能力强，能防止蛆和其他有害昆虫的产生，也有分解恶臭的作用。

以上这些微生物依靠相互间协同作用，增殖关系形成一个组成复杂、结构稳定、功能广泛的具有多种多样细菌微生物群落的生物菌落，迅速分解有机物，并代谢出抗氧化物质，抑制有害微生物的生长繁殖，因而在种植业、养殖业和环境保护领域都能得到广泛的应用。

6.7.2 EM在水处理中的研究现状

随着工业的发展和人口的集中，城市化进展不断加快，城市的用水量和废水的排放量不断增加，加剧了水体的污染，造成水资源的短缺。因此，城市生活污水和富营养化水体的治理已成为环境保护中备受关注的焦点。就我国目前的经济条件而言，城市污水要普及传统二级处理工艺是困难的，而大规模的工程化水体治理则更显艰难。因此，探索广谱、高效、低耗的各类废水处理工艺和区域或流域水污染总体治理技术，已是广大环保工作者面临的一项紧迫任务。

近年来，基于生物降解原理，采用多种常规好氧和厌氧生物反应器处理各类废水的工艺及机理研究已较为普遍，并相继取得了较多的成果。就处理废水的广谱性，反应器在不同污染负荷和水力负荷下的运行稳定性，以及技术的相对依赖性和技术的可转化性等方面而言，不同类型的生物反应器技术各具利弊，这正好为基于系统提高常规生物反应器总体工作性能的生物添加技术的研究与开发，提供了巨大的发展空间。近年来，各国的水处理工作者及相关领域学者开始致力于以筛选高效微生物为核心的生物添加剂技术的研究，有些研究成果已在工程中应用。

EM环境净化技术已在日本、泰国、美国、印度尼西亚、澳大利亚、巴西、法国等80多个国家和地区推广使用，因其在水处理方面有提高处理水的水质和水质的稳定性，减少剩余污泥，减少曝气时间等诸多优点，因此，EM在我国废水处理上的推广应用也日益得到重视。

日本冲绳县志川市立图书馆，运用EM技术处理生活污水后，无臭无味，大肠杆菌极低，甚至达到饮用水标准，使有限的水资源循环利用，极大地提高了水资源的利用率，经济效益显著，每年的水费由原来的120万日元减少到6万日元，污水处理电耗仅为原工艺电耗的1/8。

巴西里约热内卢联邦大学A. B. da Silva等人用EM处理生活污水，好氧量比常规活性污泥法大大降低，好氧池中的污泥体积减少，出水COD明显降低，厌氧沉淀池的恶臭味也得到显著改善。

在国内，中南林学院资源与环境学院采用在生活污水中投加EM的方法，系统评价了EM对污水中3类常见污水物去除率的影响。结果表明：好氧条件下可提高污水COD的去除率，当EM投加量为0.5%时，能显著提高污水中NH_4^+-N的硝化程度；EM投加量大于0.5%时，才能提高污水的除磷能力。北京海淀区环境卫生科学研究所应用EM菌对粪便污水进行净化研究，取得了一定的成果，结果显示EM菌一年四季都可以处理粪便废水，无污泥产生，且周围环境无臭味。

6.7.3 EM处理废水的特点

1. 优点

应用EM技术在废水处理方面有以下几个方面的优点：

(1) 工艺设备简单，可减少曝光时间，从而节约能源。工程投资及工程运行费用少，无二次污染。

(2) 增加生物相，对污染物的分解能力强，减少病原性微生物及不良藻类，从而减少灭菌剂的用量，也可增加微生物区系，克服活性泥污法存在的投资成本高，运行费用高，管理复杂等弊端。

(3) 提高处理出水的水质和水质的稳定性，减少剩余污泥产生量，抑制浮渣的产生。

(4) 减轻或消除废水处理过程中产生的恶臭，明显改善生产、生活环境的质量。

2. 存在的问题

纵观国内外EM研究应用的情况，目前尚存在一些问题：

(1) 在EM对水处理的试验研究过程中，单因子试验研究多，综合试验研究相对较少。

(2) 大多数试验只对EM作用表象进行研究，即应用效果研究多，而EM对各种污染物质的作用机理研究较少。

(3) 大多数研究都进行了小试、中试或者实践应用，但从理论上对EM的研究较少，包括动力学模型等系列理论知识较为缺乏。

6.7.4 EM脱氮作用原理

废水中的氮通常以有机氮（胺基、氨基、硝基化合物及其含氮有机物）和无机氮（氨、亚硝酸盐及硝酸盐等）两种形态存在。有机氮经厌氧或好氧生物处理后，除小部分转化为细胞物质外，大部分将以有机氮（主要是氨态氮）的形式随废水排除。

EM 作为一种优势微生物菌群，在污水生物硝化过程中的作用机理如下：

有氧条件下　$RCHNH_2COOH + O_2 \longrightarrow RCOOH + CO_2 + NH_3$

厌氧条件下　$RCHNH_2COOH + H_2 \longrightarrow RCH_2COOH + NH_3$

上面两式进一步转化，反应如下：

$$2NH_3 + 3O_2 \rightarrow 2HNO_2 + 2H_2O + 519.6kJ$$

$$2HNO_2 + O_2 \rightarrow 2HNO_3 + 201kJ$$

以上反应主要由 EM 菌群中的细菌等将 NH_4^+-N 转化为亚硝酸或硝酸之后再进行反硝化脱氮。EM 脱氮在好氧条件下比在厌氧条件下效果明显得多，曝气为污水中的硝化反应提供了条件，而 EM 的加入能促使污水中更多的 NH_4^+-N 发生硝化反应，同时也加快了硝化反应的进程，这为提高现有的污水生物脱氮工艺的效率创造了有利条件。厌氧情况下，污水中的硝酸盐、亚硝酸盐经 EM 中的反硝化菌作用还原成氨和 N_2，并且以气体形式释放，达到污水脱氮的目的。反硝化反应方程为：

$$NO_3^- + CH_3OH + H_2CO_3 \longrightarrow C_5H_7O_2N + N_2 + H_2O + HCO_3^-$$

$$NO_2^- + CH_3OH + H_2CO_3 \longrightarrow C_5H_7O_2N + N_2 + H_2O + HCO_3^-$$

$$C_5H_7O_2N + NO_3^- \longrightarrow CO_2 + NH_3 + N_2 + OH^-$$

EM 中梭状芽孢杆菌等专性厌氧菌和兼性厌氧菌在厌氧条件下能进行还原脱氨，氨基酸本身也能水解脱氨；在氧化塘、人工湿地处理废水的过程中，投加 EM 可有效促进生物的多样性，也能促进氨离子的硝化、硝酸根离子被植物吸收，从而有效达到废水脱氨的目的。

废水经 EM 处理后，NH_4^+-N、TN 的去除效果良好。目前，其应用还在进一步的研究当中。

6.7.5　EM 的形态特征

EM 原液中的各类微生物均处于休眠状态，需进行复壮后方可恢复各类微生物的活性，复壮可采用专门针对某种微生物的培养基进行复壮，也可利用污水中多种微生物接种进行。

1. 光合细菌

光合细菌主要指蓝细菌，其形态差异较大，已知的有球状或杆状单细胞和丝状聚合体两种形体，细胞直径从一般细菌大小（0.5～1）μm 到 $60\mu m$，绝大多数蓝细菌个体直径或宽度为 $3 \sim 10\mu m$。当许多个体聚集在一起，可形成肉眼可见的群体。其可呈蓝、绿、红等颜色，蓝细菌的颜色随着光照条件改变而改变。

2. 放线菌

放线菌是一类介于细菌和真菌之间的单细胞微生物。一方面，放线菌的细胞结构和细胞壁化学组成与细菌相似，与细菌同属原核生物；另一方面，放线菌菌体呈纤细的菌丝且分枝，又以外生孢子的形式繁殖，这些特征又与霉菌相似。放线菌菌落中的菌丝常从一个中心向四周呈辐射状生长，并因此而得名。

放线菌的菌落由菌丝体组成，所谓菌丝体就是相互缠绕而形成的形态结构，菌落特征介于真菌和霉菌之间。因为放线菌气生菌丝较细，生长缓慢，菌丝分枝并相互交错缠绕，所以形成的菌落质地硬且致密，菌落较小而不广泛延伸；菌落表面呈紧密的绒状或坚实、干燥、多皱。

幼龄菌落中气生菌丝尚未分化成孢子丝，其菌落表面与细菌难以区分。当形成孢子丝、大量孢子布满菌落表面后，就呈现表面絮状、粉末状或颗粒状的典型放线菌菌落特征，菌丝和孢子常含有不同色素，使菌落正面、背面呈不同色泽；水溶性色素扩散，脂溶性色素则不扩散。用放大镜观察，可见菌落周围具放射状菌丝。在 EM 培养瓶的瓶壁液面处可见放线菌形成的斑状或膜状菌落，或沉降于瓶底。

3. 酵母菌

酵母菌是一类真核生物的俗称，一般具有 5 个特征：个体一般以单细胞状态存在；多数以出芽方式繁殖，也有的可进行裂殖或产子囊孢子；能发酵糖类而产能；细菌壁常含甘露聚糖；喜在含糖较高、酸性的水生环境中生长。

酵母菌为单细胞，通常菌体呈圆形、卵形或椭圆形，少数呈柠檬形、尖形等。在一定的培养条件下，有的酵母菌细胞分裂后，亲代和子代细胞的细胞壁仍以狭小面积相连，呈藕节状，称为假丝酵母。

4. 丝状菌

EM 中的丝状菌主要为曲霉菌属，属霉菌的一种，其菌体由分枝或不分枝的菌丝构成。许多菌丝分枝连接，交织在一起构成的形态结构称菌丝体。其菌丝直径 2～3μm，比杆菌、放线菌菌丝宽几倍到十几倍，与酵母菌的宽度相似。因菌丝的粗细、组合的紧密程度、菌丝伸展的长度等差异，可出现不同外观的菌落，如蛛网状、棉絮状和丝绒状等。由于孢子丝或菌核的形成，而使有些菌落表面呈颗粒状。菌落质地一般比放线菌疏松，外观干燥，不透明。

曲霉为多细胞，菌丝有分隔，营养菌丝大多匍匐生长，无假根。分生孢子梗从厚壁而膨大的菌丝细胞（足细胞）生出，并略垂直。分生孢子梗常顶端膨大而形成棍棒形、椭圆形、半球形、球形的顶囊。顶囊表面产生小梗，单层或双层。

5. 乳酸菌

乳酸菌细胞为革兰阳性，其细胞形态为杆菌或球菌，不生成内生孢子，无运动性或少运动性。

6. 其他微生物

在利用污水进行 EM 菌复壮成功后，其产生的微生物除上面 5 种基本类型外，还有部分原生动物及后生动物，其中原生动物主要有肉足虫（如变形虫）、鞭毛虫和纤毛虫（草履虫、钟虫、等枝虫）等 3 类，后生动物主要有轮虫。

6.7.6　EM 的生态学特性

自然界微生物间的存在关系复杂且呈多样化，可将其归结如下：

（1）有利关系，一种微生物的生长和代谢对另一种微生物的生长产生有利影响，或互利影响，如微生物间的共生和互生。

（2）有害关系，一种微生物对另一种微生物的生长产生有害影响，或互害影响，如微生物间的拮抗、竞争、寄生和捕食。

（3）中性关系，微生物彼此之间的存在，对各自的生长和代谢没有明显的有利或有害影响，如种间共处。

1. 共生关系

微生物间紧密结合在一起，当这种关系高度发展时，就形成特殊的共生体。它们在生理上表现出一定的分工，在组织上和形态上产生了新的结构。其中有：互利共生，即结合后都得利；偏利共生，即结合后一方得利而对其他方也无害。

2. 互生关系

自然界的微生物互生关系极为普遍，也十分重要。微生物间的互生产生松散联合，在联合中可以是一方得利，或双方都得利。

3. 种间共处关系

微生物的种间共处是指微生物相互影响地生活在一起，在共处中微生物间不表现出明显的有利或有害关系。

4. 拮抗关系

微生物间生活在一起时，一种微生物产生某种特殊的代谢产物或改变环境条件，从而抑制或灭杀另一种微生物。

5. 竞争关系

微生物间的竞争是指生活在一起的微生物，为了生长而争夺有限的同一营养物或其他共同需要的养料，其中最适应特殊环境的那些种类占优势。竞争的结果使得微生物生长受到了限制。微生物间的竞争普遍存在于自然界，是推动微生物发展和进化的动力。

6. 寄生关系

微生物间的寄生是一种微生物生活在另一种微生物的表面或体内，从后者的细胞、组织或体液中获得营养，前者为寄生物，后者为寄主，如常见的噬菌体寄生于细菌，寄生物对寄主一般是有害的。

7. 捕食关系

微生物间的捕食是一种微生物直接吞食另一种微生物，如黏细菌吞食细菌、藻类和酵母等。在自然界，微生物间的捕食关系是一种非常重要的现象，可控制种群密度，组成生态食物链等。

6.7.7 EM的代谢特征

1. 产能代谢

微生物的生长繁殖需吸收营养物合成细胞组分。然而，合成细胞组分及维持生命活动所需的能量要依赖产能代谢提供。分解代谢实际上是物质在生物体内经过一系列连续的氧化还原反应，逐步分解并释放能量的过程，这个过程也称为生物氧化，是一个产能代谢过程。

在生物氧化过程中释放的能量可被微生物直接利用，也可通过能量转换储存在高能化合物（如 ATP）中，以便逐步被利用；还有部分能量以热的形式被释放到环境中。不同类型微生物进行生物氧化利用的物质是不同的，占微生物极大多数的化能微生物利用有机物降解或无机物氧化过程中释放的能量，通过氧化磷酸化和底物水平磷酸化合成 ATP。异养型微生物利用有机物，自养型微生物则利用无机物，通过生物氧化来进行产能代谢。光能微生物则利用光能通过光合磷酸化合成 ATP。

(1) 异养型微生物的产能代谢

在化能异养型微生物中，生物氧化可在有氧和厌氧条件下进行，产能的基本途径有发酵和呼吸，而呼吸又可分为有氧呼吸和无氧呼吸两种方式。发酵是微生物在厌氧条件下以其自身内部的某些有机物作为末端氢受体进行的氧化还原过程。呼吸是微生物以分子氧（有氧呼吸）或其他氧化型化合物（无氧呼吸）作为末端氢受体进行的氧化还原过程。

发酵是微生物细胞将有机物氧化释放的电子直接交给底物本身未完全氧化的某种中间产物，同时释放能量并产生各种不同的代谢产物。在发酵条件下有机化合物只是部分地被氧化，因此，只释放出一小部分的能量。发酵过程的氧化是与有机物的还原偶联在一起的。被还原的有机物来自于初始发酵的分解代谢，即不需要外界提供电子受体。发酵在微生物细胞的细胞质中进行，在发酵过程中，提供底物水平磷酸化合成 ATP，葡萄糖氧化不彻底，大部分能量依然留在发酵产物中，故产能效率低，并能产生多种发酵产物。

在有氧或其他外源电子受体存在时，底物分子可被完全氧化为 CO_2，且在此过程中可合成的 ATP 的量大大多于发酵过程的。微生物在降解底物的过程中，将释放出的电子交给电子载体，再经电子传递系统传给外源电子受体，从而生成水或其他还原型产物并释放出能量。其中厌氧和兼氧微生物在无氧条件下进行无氧呼吸，其可以 NO_3^- 作为电子受体，将 NO_3^- 还原为 N_2，硝酸盐的 NO_3^- 在接受电子后变成 NO_2^- 和 N_2 的过程，即脱氮作用，也叫反硝化作用。

(2) 自养型微生物的产能代谢

化能自养型微生物的能量代谢特点为：无机底物上脱下的氢（电子）直接进入呼吸链氧化磷酸化产能；呼吸链多种多样；产能效率低。因此化能自养型微生物生长缓慢，细胞产率低。

自养型微生物中的硝化细菌能利用还原无机氮化合物进行自养生长。

(3) 光合细菌的产能代谢

光合细菌以光为能源，利用 CO_2（光能自养）或有机碳化合物（光能异养）作为碳源，通过电子传递产生 ATP。

2. 代谢调节

EM 的代谢调节是通过协调控制酶来实现的，所以代谢调节包括酶活性的调节和酶合成的调节。酶的生物合成受基因和代谢产物的双重控制。一方面，从 DNA 分子水平上，酶的合成和普通蛋白质的合成一样，受基因的控制，基因决定了形成的酶分子的化学结构；另一方面，从酶学的角度考虑，酶的合成还受代谢物的控制和调节，如酶反应的底物、产物及其结构类似物，仅有某种基因并不能保证大量地产生某种酶。

6.7.8　影响因素与控制途径

1. 生物量

EM 菌的投加量对于污水处理效果和经济性具有很大的意义。

有研究表明，好氧条件下，当EM复壮液的投加量为5/1000时，采用活性污泥法处理生物污水中的氨氮的效果较好，氨氮去除率可达80%以上。程晓如等人研究得出，当EM的投加量在1/10000～5/1000范围时，总氮的去除率随着EM量的增加而逐渐提高。傅菁菁却认为，在生物膜法脱氮时，EM复壮液投加量宜为7/1000左右。说明EM的投加量并非越多越好，这可能是因为EM本身也有一定的氨氮，所以在投加量大的情况下，造成了氨氮去除的无效性。

2. 基质浓度

污水脱氮过程中的硝化和反硝化作用均和污水中BOD_5/TKN的值有关。对于硝化菌，其为自养型，有机基质的浓度并不是它的生长限制因素，相反，硝化阶段的含碳有机基质浓度不可过高，BOD_5一般应低于20mg/L，若有基质浓度过高，会使生长速率较高的异养菌迅速繁衍，争夺溶解氧，从而使自养菌的生长缓慢且好氧的硝化菌得不到优势，结果降低了硝化速率。

大多数学者认为废水中BOD_5/TKN大于3～5时，可不投加外源性碳也能达到同时脱氮的目的。

3. 酸碱度

微生物生长过程中机体内发生的绝大多数反应是酶促反应，而酶促反应都有一个最适pH值范围，在此范围内只要条件适合，酶促反应速率最高、微生物生长速率最大，因此微生物生长也有一个最适生长的pH值范围。此外微生物生长还有一个最低与最高的pH值范围，低于或高出这个范围，微生物的生长就被抑制；微生物不同生长的最适、最低与最高的pH值范围也不同（表6-4）。

表6-4　废水生物处理中几种细菌所适应的pH值

微生物	最低pH值	最适pH值	最高pH值
细菌	3～5	6.5～7.5	8～10
酵母菌	2～3	4.5～5.5	7～8
丝状菌	1～3	4.5～5.5	7～8

pH值通过影响细胞质膜的透性、膜结构的稳定性和物质的溶解性或电离性来影响营养物质的吸收，从而影响微生物的生长速率。

生物脱氮过程中，硝化细菌对pH值十分敏感，亚硝酸细菌和硝酸细菌分别在pH值为7.0～7.8和7.7～8.1时活性最强，超出这个范围，其活性便急剧下降。而反硝化细菌最适宜的pH值为7.0～8.5，当pH值大于8.5或小于7时，反硝化的速度将大大下降。同时，pH值还影响反硝化的最终产物，pH值超过7.3时最终产物为N_2，低于7.3时最终产物为N_2O。

邵青等人的研究发现，对于EM菌，pH值对其脱氮的影响是极其显著的，最佳的pH值为6和9，较为适宜的pH值范围为6～9，强酸性条件不利于氨氮的去除。这是因为硝化细菌对pH值的变化非常敏感，在中性偏碱性条件下，硝化细菌的增殖速度和硝化速度都可达到一个较大的值。

4. 温度

不同微生物有其适宜生长的最适温度。温度对微生物生长的影响主要包括：影响酶的活性、影响细胞质膜的流动性、影响物质的溶解度。

一般原生动物的最适温度为 16～25℃；工业废水生物处理过程中的原生动物的最适温度为 30℃左右，其最高温度范围为 37～43℃；大多数放线菌的最适温度为 23～37℃，其高温类型在 50～65℃生长良好，有的放线菌在 20℃以下也可生长；丝状菌的温度范围与放线菌的差不多；多数藻类的最适温度在 28～30℃。废水生物处理中微生物的适应温度在 30℃左右（表 6-5）。

表 6-5　废水生物处理中几种细菌所适应的温度范围和最适合温度　　单位:℃

微生物	假单胞菌	维氏硝化杆菌	硝化球菌属	亚硝化球菌属	动胶团属
温度范围	25～35	10～37	15～30	2～30	10～45
最适温度	30	28～30	25～30	20～25	28～30

对于 EM 菌温度适宜性的特征，目前尚未有人进行专门的研究，一般在 20～30℃之间，利用 EM 进行脱氮可取得较好的效果，但根据部分在低温时期进行的试验结果看，在温度较低时（3～8℃），EM 仍可得到较好的脱氮处理效果，氨氮去除率可在 50%以上，较温度高时的去除率要低。

5. 水力停留时间

研究表明，对于 EM 菌，在采用生物膜法进行试验时，随着水力停留时间的增加，其对氨氮的去除率也随之提高，其中在 HRT 等于 4h 时为一个较大的转折点，在 HRT 小于 4h 时，氨氮的去除率提高较为缓慢，但在 HRT 大于 4h 时，氨氮的去除率提高很快，这说明水力停留时间越长，氨氮的去除效果越好，且 HRT 应大于 4h。

6. 重金属离子

有关资料显示，当废水中混有重金属离子时，EM 对废水的处理能力将会大大下降。虽然不同种类重金属离子的影响程度不一样，但其质量浓度越高，对 EM 的降解能力影响越大，这一趋势是一致的。

以典型生活污水为载体，通过定量添加重金属盐的模拟方法系统考察 EM 对不同种金属离子定量耐受程度，EM 对 7 种常见重金属离子均表现出了程度不同的耐受水平，结果见表 6-6。

表 6-6　EM 对 7 种重金属离子的耐受质量浓度　　单位：mg/L

重金属离子	Cu^{2+}	Zn^{2+}	Cr^{2+}	Cd^{2+}	Pb^{2+}	As^{2+}	Hg^{2+}
耐受质量浓度	0.50	1.00	0.50	0.50	1.00	0.05	0.10

根据现有报道，常见有关重金属离子对一般污泥微生物毒性及耐受性的研究结果见表 6-7。

表 6-7　废水生物处理中重金属离子容许质量浓度　　单位：mg/L

重金属离子	Cu^{2+}	Zn^{2+}	Cr^{2+}	Cd^{2+}	Pb^{2+}	As^{2+}	Hg^{2+}
耐受质量浓度	5.0～20.0	5.0～20.0	5.0～20.0	—	1.0	0.1	0.1

第 7 章 农村污水处理新技术

7.1 我国农村污水产生特性

7.1.1 我国农村污染物排放总体情况

近年来，农村水环境质量每况愈下，农村污染源对各大流域水环境的影响巨大，是我国当前农村发展也是环境保护工作面临的突出问题。2014 年末，我国乡村总人口 6.19 亿，占全国总人口的 45.2%。庞大的人口数量加上农村污水的收集管网和处理设施的不完善，造成大量农村生活和生产污水分散、无序排放。2014 年，只有约 9.98%的行政村对生活污水进行了处理，偏远的自然村的生活污水基本没有相应的污水处理设施。同时，农村作为粮食生产基地，成为全国的农药、化肥重灾区。2012 年，全国农用化肥使用量已达 5838.8 万 t，农药使用量达 180.6 万 t，农药、化肥对土壤和水体的污染严重性已日益体现；2013 年中国农业源排放的化学需氧量达 1125.8 万 t，占全国排放量的 47.8%，氨氮排放量 77.9 万 t，占全国 31.7%，其最大污染源——畜禽养殖业产生大量粪便尿液是农村水体污染的罪魁祸首。我国村镇生产和生活性污染物不仅造成各流域水体的严重污染，还直接影响到当地居民的饮用水安全和居住环境，因此加强农村水环境整治工作刻不容缓。

7.1.2 农村污水的类别和排放特征分析

1. 农村污水的类别

农村污水可分为生活污水和生产废水两方面，其中生产污水包括在农村的工厂或企业排放的污废水和部分畜禽养殖业、水产养殖业、农产品加工等产生的高浓度有机废水；农村生活污水包括农村的家庭日常生活、小型加工业和服务业、散养畜禽养殖等产生的综合性污水，其中家庭日常生活污水包括厕所污水、洗涤污水和厨房污水。各类污水因各地气候环境、经济情况、生活习惯、卫生条件等因素的不同而有较大的差别。

由于农村规模化畜禽养殖业等产业产生的生产废水已有较为完善的规章制度和相应处理技术，农村工业废水的处理要求应与城镇工业废水的要求保持一致，而农村生活污水的治理至今未步入正轨。因此，本章讨论的农村污水处理新技术主要针对农村生活污水的处理。

2. 农村生活污水排放特征

(1) 厕所污水

厕所污水指人体产生的粪尿以及其冲洗水组成的污水，又称黑水，部分地区有小型的畜禽废水流入厕所中，也成为厕所污水的一部分。根据不同的厕所类别，厕所污水的产生量有较大的差别。经济发展程度越高地区，水冲式厕所越普及，厕所污水产生量也越大，我国东部、东南部等经济较发达地区以及新型农村、景点集中的村庄等水冲式厕所较多。东部或南部农村的厕所污水一般会通过化粪池进行部分沉淀后流出或者进行浇灌，也有未经处理直接排入水体或土壤中的；东北和西部地区部分农村使用渗坑对厕所污水进行处理处置，其产生量相对较少，处理程度也较高；西北地区的土埋式旱厕仍然较普遍，尿液被土壤吸收，粪便也与沙土混合搅拌后回田，该类型厕所基本不产生厕所污水。总体上，厕所污水的产生量，经济发达地区多，经济欠发达地区少，我国东部和南部多，西部和北部少。

（2）洗涤污水（洗浴和洗衣）

洗涤污水主要由洗漱、洗浴、洗衣和保洁等环节产生的污水组成。此类污水的主要特点是排放量大，污染物浓度低，大部分自然村的此类污水未经过处理直接排入水体。洗涤污水经过简单处理就能达标排放或回用。洗涤污水排放典型区域特征是南多北少、东多西少，这与地区水资源量、气温以及生活习惯息息相关。

（3）厨房污水

厨房污水由淘米洗菜、刷锅洗碗以及部分菜汤等组成。农村地区由于大部分有畜禽养殖，因此残羹冷炙、淘米水等一般不进入厨房污水中，而是直接成为泔水等喂养畜禽，这大大降低了农村污水油脂问题产生的概率。

7.1.3　农村生活污水水质情况

农村居民的排水水质因排水类型不同而差异较大。不同地区因用水量不同其污染物含量也不同。根据住房和城乡建设部 2010 年出台的六大地区农村生活污水处理技术指南，可分析总结全国农村生活污水水质情况如图 7-1、图 7-2 所示：

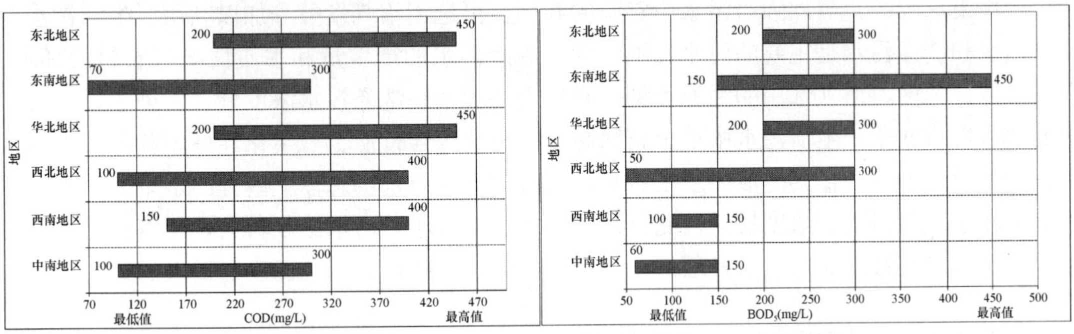

(a) COD　　(b) BOD_5

图 7-1　我国六大地区农村生活污水 COD 和 BOD_5 值范围

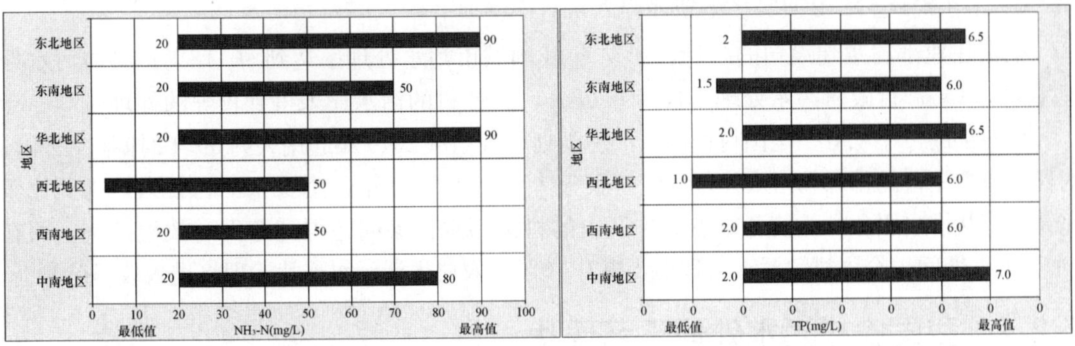

(a) NH_3-N　　(b) TP

图 7-2　我国六大地区农村生活污水 NH_3-N 和 TP 值范围

1. COD 和 BOD_5

我国农村生活污水中 COD 含量因各地区经济发展水平、水量等的不同而有较大的差异。东北地区、华北地区处于最高水平，COD 含量为 200～450mg/L；其次是西南地区、西北地区、中南地区；东南地区虽然经济发展快速，COD 总量大，但其水量大，所以浓度较低。

六大地区的 BOD_5 含量差别巨大，东南地区最高，为 150～450mg/L；其次是东北、华北地区；西北地区地区间差异较大，跨度为 50～300mg/L；西南地区和西北地区浓度较低，均小于 150mg/L。

2. NH_3-N 和 TP

氮磷含量与当地畜禽养殖和厕所产生的污水有较大的相关性。华北地区、东北地区的氨氮含量均为 20～90mg/L；其次是中南地区 20～80mg/L；东南地区和西北地区处于较低水平，均小于 50mg/L。其中西北某些地区可能由于旱厕的使用，使得其氨氮含量低至 3mg/L。

六大地区磷含量差异较小，且地区内有较大的差异，均在 1.0～7.0mg/L 的范围内。总体上中南地区农村生活污水中磷含量较高。

综上，农村污水的生产废水集中在养殖业和农产品加工业上，具有高浊度、高有机负荷、单位企业污水量大等特点，与产业类别相关性较大，与地域差异相关性较小，应集中处理且处理要求较高，需加强对污水中资源的利用，可选用沼气发酵等加以利用。生活污水中厕所污水和洗涤污水是主要的污水类别，其中厕所污水的产生量和水质情况与农村的环境、经济条件、生活习惯（选用的厕所类型）有较大的关系；洗涤污水浓度低，污染小，经过简单处理可进行回用。生活污水中重金属和高毒有机物等含量低、可生化性好。我国六大地区农村的地域差异较大，其生活污水水质水量也有较大的差别，总体上南方的水量大，虽然经济上较发达，但污染物浓度较低；北方和西部地区水量小，污水浓度较大，经济发达地区污水浓度更高。在选择农村污水处理工艺时，应根据各地的地方特色而确定适宜的工艺。

7.2 我国农村污水治理现状

7.2.1 我国农村污水处理现状

根据住建部村镇建设司的统计，2014 年我国城市污水处理率达到 90.18%；县城污水处理率 82.11%；行政村污水处理率仅为 9.98%，自然村的污水还未得到较好的处理。

住建部的“十二五”全国村镇污水治理规划，规划从 2010 年起用大约 30 年时间，在 90% 的村镇建立完善的排水和污水处理设施与服务体系。到 2020 年，使 30%的村镇人口得到比较完善的公共排水服务，并使各重点保护区内的村镇污水污染问题得到全面有效地控制。而在“十二五”期间，全国村镇污水治理率要提升 10%。农村生活污水连片治理将进入攻坚阶段。

7.2.2 我国农村污水处理工艺现状

通过调研全国六大地区的 293 个农村污水处理案例（案例中的工程能正常运转），分析全国污水处理工艺分布情况见表 7-1。

表 7-1　农村污水处理工程案例的地区分布

地区	数量	地区	数量	地区	数量	地区	数量	地区	数量	地区	数量
东南地区	182	华北地区	33	东北地区	6	西北地区	6	西南地区	50	中南地区	16
浙江省	24	北京市	23	辽宁省	3	宁夏回族自治区	2	四川省	19	河南省	2
江苏省	98	天津市	3	黑龙江省	3	新疆维吾尔族自治区	2	云南省	88	湖南省	1
上海市	22	山东省	6			陕西省	2	重庆市	6	安徽省	12
广东省	14	山西省	1					广西壮族自治区	5	湖北省	1
福建省	24							西藏自治区	1		
								贵州省	1		

除了东南地区、华北地区和西南地区三个经济较发达的农村地区污水处理案例较多外，该三个地区经济不发达的农村以及其他三个地区的农村污水处理案例鲜为人知。

西南地区农村污水处理工艺以人工湿地及其组合工艺（41.7%）、土壤渗滤（14.6%）、沼气池（10.4%）、氧化塘及其组合工艺（10.4%）和化粪池、三格式、五格式化粪池（8.3%）为主。

中南地区污水处理案例较少，从已有的工艺来看，组合型人工湿地仍是主流，该地区有两个工艺是太阳能微动力污水处理工艺。

东北地区由于温度低，水量少但污水浓度高，处理难度较大，常常需要辅助或加强的生物处理来降解污染物。所调查到的工艺有土地处理、接触氧化＋水生植物塘组合工艺、地下接触曝气、接触氧化＋人工湿地深度处理以及人工湿地＋塘系统（夏季）、曝气生物滤池（冬季）。

华北地区特别是京津地区经济较发达，同时其污水浓度高，需要的降解强度大，因此，以生物型处理工艺为主，最多的是生物滤池（厌氧生物滤池、曝气生物滤池）、其次是生物反应器（MBR、AOBR），生态型处理工艺中以土地渗滤最多（渗滤、快渗），华北地区出现较多的一体化设备，小型一体化设备在运行良好的情况下，对于农村来说，类似于“傻瓜”污水处理机，这可能是未来农村污水处理的一个方向。

西北地区污水处理设施为解决低温对处理效果的影响，多采用地埋式接触曝气工艺。

以东南地区各省份农村污水处理工程、设施所采用的工艺为例，应用最多的污水处理工艺是组合型—生态型污水处理工艺，其中人工湿地及其组合工艺占比最大（64.8%），其次是土壤渗滤及其组合工艺（占 8.8%），稳定塘/生态塘/氧化塘工艺也占 7.2%。其他污水处理工艺也占据一定比例，生物接触氧化、地埋式微动力氧化沟、SBR 及其组合工艺共占 16.0%，如图 7-3 所示。

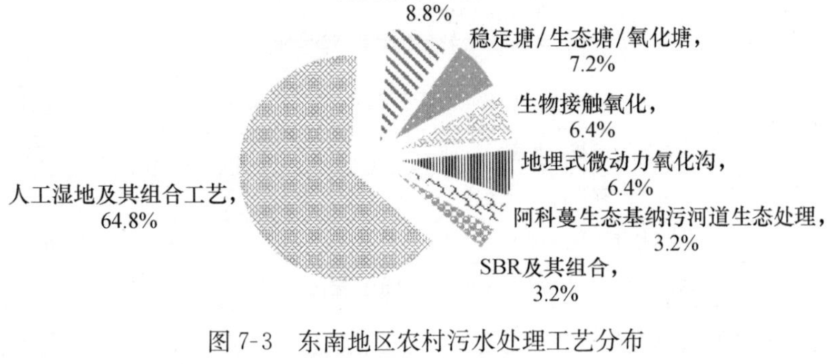

图 7-3　东南地区农村污水处理工艺分布

东南地区的人工湿地及其组合处理工艺类别纷繁复杂，且各种工艺应用率相当。单一型人工湿地占比较大（占 17.1%），其次是厌氧水解池+人工湿地（占 15.7%）和高负荷地下渗滤+人工湿地（占 14.3%），厌氧水解+跌水充氧接触氧化+人工湿地以及集中式复合生物滤池+人工湿地次之。东南地区由于温度较高，适合一种特殊的生物-生态型工艺（塔式蚯蚓生态滤池+人工湿地），如图 7-4 所示。

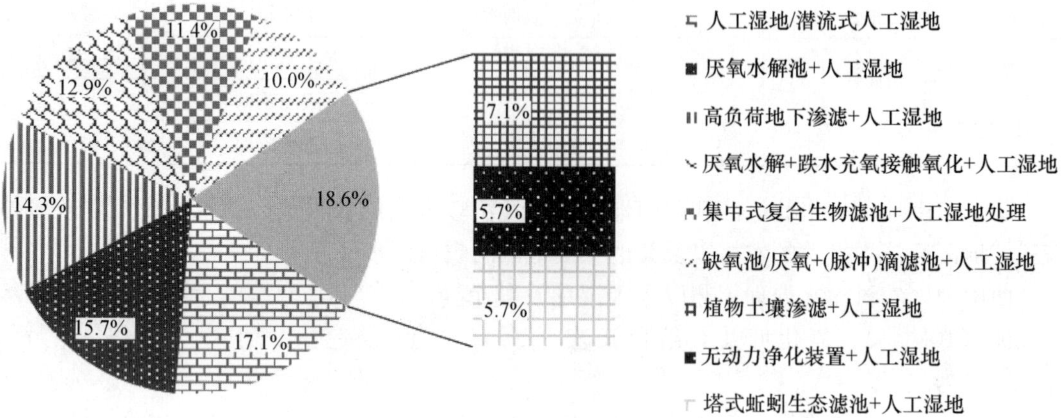

图 7-4　东南地区农村人工湿地及其组合工艺分类

7.2.3　我国农村水环境标准现状

镇乡村给排水、农用水标准是农村环境标准的重要内容，也是早期制定标准时公众较早关注的问题，因此水环境标准是农村环境标准体系中发展相对成熟的一个分支。已有的村镇水环境标准可分为水质标准、工程技术规程、设备设施标准（产品标准）、技术指南、其他五类，见表 7-2（地表水、地下水、综合排放等标准未列出）。

表 7-2　村镇部分水环境标准

类别	标准名	标准号
水质标准	渔业水质标准	GB 11607—1989
	农田灌溉水质标准	GB 5084—1992
	城市污水再生利用 农田灌溉用水水质	GB 20922—2007
工程技术规程	村镇供水工程技术规范	SL 310—2004
	镇（乡）村给水工程技术规程	CJJ 123—2008
	镇（乡）村排水工程技术规程	CJJ 124—2008
	农村饮水安全工程实施方案编制规程	SL 559—2011
设备、设施标准	农村小型饮水设备	JB/T 6273—2008
	小型生活污水处理成套设备	CJ/T 355—2010
	村庄污水处理设施技术规程	CJJ/T 163—2011
	畜禽养殖污水贮存设施设计要求	GB/T 26624—2011
方法标准	畜禽养殖污水采样技术规范	GB/T 27522—2011
	畜禽养殖污水中七种阴离子的测定　离子色谱法	GB/T 24876—2010
	农用水源环境质量监测技术规范	NY/T 396—2000

续表

类别	标准名	标准号
技术指南	农村生活污水处理项目建设与投资技术指南（征求意见稿）	环保部 2012
	农村饮用水水源地环境保护项目建设与投资技术指南（征求意见稿）	环保部 2012
	农村饮用水水源地环境保护技术指南	HJ 2032—2013
	不同区域农村生活污水处理技术指南（东北、西北、华北、西南、东南、中南地区）	住建部 2013
其他	村镇供水单位资质标准（附条文说明）	SL 308—2004
	农村水电站工程环境影响评价规程（附条文说明）	SL 315 2005
	农村水电站施工环境保护导则（附条文说明）	SL 358—2006

村镇的水环境标准还有较大的发展空间，除了表 7-2 所列的标准类别外，村镇水环境保护标准还缺乏水环境污染物的排放标准，如生活污水、畜禽养殖业水环境污染物、水产养殖业、农业面源污染物（化肥、农药、灌溉）、污水处理厂等排放标准；环境基础类标准，如适用于村镇的技术规范、通用方法（试验、分析、抽样）；监测规范标准，农村的监测水平一般达不到城镇环境监测的技术条件；管理规范类标准，除已有的部分项目规划与环评标准外，还应有排污收费标准、生态保护、应急与风险防范等标准；水资源开发利用保护标准，如生态需水、饮用水源保护等。

村镇的水质标准目前仅规定渔业水质、农田灌溉水质、城市污水再生利用农田灌溉用水质三方面（我国地表水、地下水水质标准也适用于农村），还需要林业、畜牧业灌溉、农村污水回用水等水质标准。《渔业水质标准》（GB 11607—1989）和《农田灌溉水质标准》（GB 5084—1992）（最新为 GB 5084—2005）标龄超过 20 多年，不仅在监测与检验方法上需要更新，在控制项目上也应及时修订，如渔业水质标准控制项目不包括氮磷，若通过渔业用水排放氮磷超标的污水将造成海域的富营养化；城市污水再生利用农田灌溉用水水质、农田灌溉水质标准、城镇污水处理厂排放标准的二级出水标准、地表水 V 类水质标准中有较多地方不匹配。地表水 V 类水水质可用于农业灌溉，城镇污水处理厂排入 V 类水域时执行二级出水标准。见表 7-3，农田灌溉水质标准在 BOD_5、COD_{Cr}、悬浮物、氯化物、氰化物、阴离子表面活性剂（LAS）、石油类的标准要求均低于地表水 V 类水质标准。再生水因其丰富的氮磷物质而可作为农田灌溉用水，但再生水用于农田灌溉的水质对氯化物、总镉、总铅、氰化物等的要求都低于农田灌溉水质标准，重金属等有毒物质对于粮食作物的污染将无法得到有效控制。而且表 7-3 中所列再生水的控制项目要求基本上都低于城市污水处理厂排放二级标准（氮磷控制除外）。

表 7-3　有关农业灌溉的各类水环境标准对比

标准项目 (mg/L)	再生水农田灌溉水质	农田灌溉水质标准	地表水 V 类水质标准	城市污水处理厂排放二级标准
生化需氧量（BOD_5）	40～100	80～150	10	30
化学需氧量（COD_{Cr}）	100～200	150～300	40	100
悬浮物	60～100	100～200	—	30
凯氏氮	—	12～30	—	—
总氮	—	—	2.0	—

续表

标准项目（mg/L）	再生水农田灌溉水质	农田灌溉水质标准	地表水Ⅴ类水质标准	城市污水处理厂排放二级标准
总磷（以P计）	—	5.0～10	0.4（湖库0.2）	3
氯化物	350	250	—	—
总镉	0.01	0.005	0.01	0.01
总铅	0.2	0.1	0.1	0.1
氰化物	0.5（选择控制）	0.5	0.2	0.5（选择控制）
阴离子表面活性剂（LAS）	5.0～8.0	5.0～8.0	0.3	2
石油类	1.0～10	1.0～10	1.0	5

7.3 我国农村污水处理新技术

7.3.1 农村生活污水处理技术筛选原则

我国农村的生活居民分布相对城镇零散，无论是集中式处理或分散式处理，其建设成本均较高；农村的生活污水水质水量不稳定，受气候变化、居民作息规律和周期性人口变化（如旅游地区淡旺季、外出务工人口往返季等）影响；全国各地农村的气候环境、人口密度、经济水平、生活卫生习惯等有较大的差异；同时，农村缺乏资金和人才（管理污水处理设施），限制了污水处理技术的选择。因此，应根据所在农村的特点筛选合适的处理技术。总体而言，应遵循保障出水水质达标、因地制宜、建设成本和运行费用低、管理难度低、技术简单成熟等几个原则。

7.3.2 农村生活污水处理技术分类

根据污水处理程度的不同，可以将污水处理技术分为一级处理技术和二级处理技术两类，适用于农村污水的处理技术往往为一种技术的使用或者几种技术的组合。

一级处理技术可以有效地去除污水中的悬浮状态的固体污染物（SS），同时对有机物（COD_{Cr}、BOD_5）起到部分去除作用，在部分经济欠发达、环境容量大的农村，可以作为污水简易处理办法对污水进行处理之后排放；大部分的情况下，只能作为后续处理的预处理技术。常用的初级生活污水处理技术有化粪池、净化池、沼气池、渗水井和污水池等五种。

二级处理技术分为生物处理技术和生态处理技术两类。生物处理技术通过微生物的氧化作用，可以有效地去除污水中呈胶体或溶解状态的有机污染物（COD_{Cr}、BOD_5），常用于农村污水处理的生物处理技术有接触氧化池、厌氧处理池；生态净化技术通过利用生态系统中各种植物和微生物的活动，对污水中污染物进行迁移、转化及降解。常用的生态处理技术有生物滤池、人工湿地、稳定塘三种。本书将介绍化粪池、沼气池、人工湿地、稳定塘和生物滤池等几种主要技术。

1. 化粪池

（1）概述

化粪池是一种利用沉淀和厌氧微生物发酵的原理，以去除粪便污水或其他生活污水中悬浮物、有机物和病原微生物为主要目的的污水初级处理设施。

污水通过化粪池的沉淀作用可去除大部分悬浮物（SS），通过微生物的厌氧发酵作用可降解部分有机物（COD 和 BOD_5），池底沉积的污泥可用作有机肥。通过化粪池的预处理可有效防止管道堵塞，也可有效降低后续处理单元的污染负荷。化粪池应进行防水、防渗和防腐处理，以防止污染地下水并保证后续污水处理单元处理水量。化粪池应定期清淘，保持进出水畅通，清掏物作为固废进一步处理或用于农田施肥。

化粪池的优点：结构简单、易施工、造价低、无能耗、运行费用省、卫生效果好、维护管理简便。

化粪池的不足：沉积污泥多，需定期进行清理；污水易泄漏。化粪池处理效果有限，出水水质差，一般不能直接排放水体，需经后续好氧生物处理单元或生态净水单元进一步处理。

化粪池适用范围：可广泛应用于农村污水的初级处理，特别适用于旱厕改造后，水冲式厕所粪便与尿液的预处理。

（2）类型和结构

化粪池根据建筑材料和结构的不同主要可分为砖砌化粪池、现浇钢筋混凝土化粪池、预制钢筋混凝土化粪池和玻璃钢化粪池等；根据池子形状可以分为矩形化粪池和圆形化粪池；根据池子格数可以分为单格化粪池、两格化粪池、三格化粪池（图 7-5）和四格化粪池等。

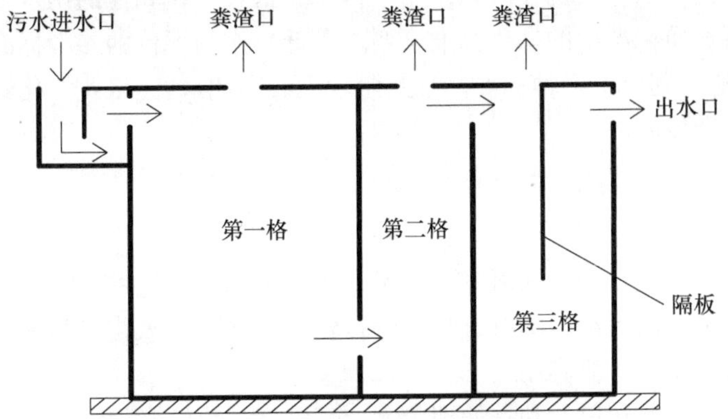

图 7-5　三格化粪池典型结构

根据农村的水质水量，推荐使用两格或三格化粪池。

（3）“三格式”化粪池原理及精细结构

“三格式”化粪池一般有钢筋混凝土和砖砌两种结构，主要由便池蹲位、连通管和分成三个相互连通格室的密封粪池组成。其中，第一池主要起截留粪渣、发酵和沉淀虫卵作用；第二池起继续发酵作用；第三池主要起储存发酵后粪液作用。第三池由连通管相连，连通管形式多样，有倒 U 形、倒 L 形、直接斜插连通管形、直接开孔形等，前一种杀卵灭菌效果较好，直接开孔建造简单，不易堵塞，但卫生效果差。一般连通管以水泥预制、陶管或 PVC 塑料管居多。在第一池和第三池上方分别设有清渣口和出粪口。自第三池出粪口流出的粪液已经基本上不含寄生虫卵和病原微生物，可供农田直接使用。

（4）案例：江苏省不同地区“三格式”化粪池调查数据

1）采样

考虑到江苏省经济发展水平与南北地域的差异（农村经济发展水平、生活方式和自然地域等差异)，分别在苏南、苏中、苏北地区选择有代表性的 9 个县（市、区），随机确定 28 村 168 户农民正常使用的“三格式”化粪池进行取样，取样时间为 2006 年 6 月至 8 月。

全省 3 个地区“三格式”化粪池进、出口水样中 COD_{Cr}、TN、TP 的平均浓度及“三格式”化粪池对 COD_{Cr}、TN、TP 的去除率平均值见表 7-4。

表 7-4　全省“三格式”化粪池进、出口水样浓度及去除率平均值

地区	进口浓度（mg/L）			出口浓度（mg/L）			去除率（%）		
	COD_{Cr}	TN	TP	COD_{Cr}	TN	TP	COD_{Cr}	TN	TP
苏南	1370.5	81.8	15.2	641.7	73.2	7.7	53.18	10.55	49.34
苏中	2470.5	71.5	20.8	1116.8	69.4	17.9	54.8	2.94	13.80
苏北	1730.3	75.0	16.7	914.3	70.1	14.5	32.28	6.49	13.37
全省平均	1730.3	76.1	17.6	890.9	70.9	13.4	48.51	6.83	23.92

2）“三格式”化粪池尾水达标情况分析

目前，由于国家尚未出台专门针对农村生活污水的排放标准，因此选择污水综合排放标准中的二级排放标准作为“三格式”化粪池出口水样的评价标准；但考虑到“三格式”化粪池也是一种简易处理生活污水的设施，其处理后的污水直接排入环境中，且农村中的河流大多为农田灌溉用水，因此，选择城镇污水处理厂污染物排放标准中的二级排放标准作为评价的参考标准；考虑到一部分农民在实际使用中将“三格式”化粪池的尾水直接浇灌农田，因此，选择农田灌溉水质标准中的旱作标准（要求最低）作为评价的参考标准。从中可以看出“三格式”化粪池达不到以上三种标准，且差距较大。因此，“三格式”化粪池一般作为后续处理工艺的初级处理设施。

2. 沼气池

（1）概述

生活污水净化沼气池是采用厌氧发酵技术和兼性生物过滤技术相结合的方法，在厌氧和兼性厌氧的条件下将生活污水中的有机物分解转化成甲烷、二氧化碳和水，达到净化处理生活污水的目的，并实现资源化利用。

沼气池作为污水资源化单元和预处理单元，其副产品沼渣和沼液是含有多种营养成分的优质有机肥，如果直接排放会对环境造成严重的污染，可回用到农业生产中，或后接污水处理单元进一步处理。

污水净化沼气池的优点：污水净化沼气池相比较化粪池来讲，污泥减量效果明显，有机物降解率较高，经过厌氧发酵、升流式污泥床、生物过滤、沉淀、自然通风跌水曝气等多级处理，经历厌氧、兼性、好氧多种条件改变，处理效果好，管理方便，投资少、见效快。

污水净化沼气池的不足：污水净化沼气池需由专人管理，目前采用的直通式安全排放（沼气）法和沼气池全密封法均存在缺陷。若运用直通式自行排放法（在沼气池顶部接出一个输气管，直接向外排放沼气），当沼气池在产气少或不产气时，空气就会进入沼气池，使沼气池产生“好氧”现象，从而达不到“厌氧灭菌”的效果。若将沼气池彻底密闭，沼气无法排出，日久天长或遇夏季气温高时，又很容易导致沼气池爆裂，造成事故。

污水净化沼气池的适用范围：该技术适用于华北以南地区一家一户或联户分散处理的初级处理，如果有畜禽养殖、蔬菜种植和果林种植等产业，可形成适合不同产业结构的沼气利用模式。

（2）类型和结构

生活污水净化沼气池是典型的厌氧生物处理技术，一般由前处理区（沉砂池、两级厌氧消化池）和后处理区（多级兼氧过滤池）两个部分组成如图 7-6 所示。两级厌氧消化池包含厌氧Ⅰ区和厌氧Ⅱ区，Ⅰ区主要是厌氧消化有机物；Ⅱ区内用软填料作微生物载体，进一步降解有机物。根据沼气厌氧发酵原理，此区运行时，会产生大量沼气；后处理区一般设置有填料及滤料，发挥兼性过滤作用，净化水质。

生活污水净化沼气池排列大致有条型、矩形、圆形三种，各种工程可根据场地和地形情况选择不同的排列方式。

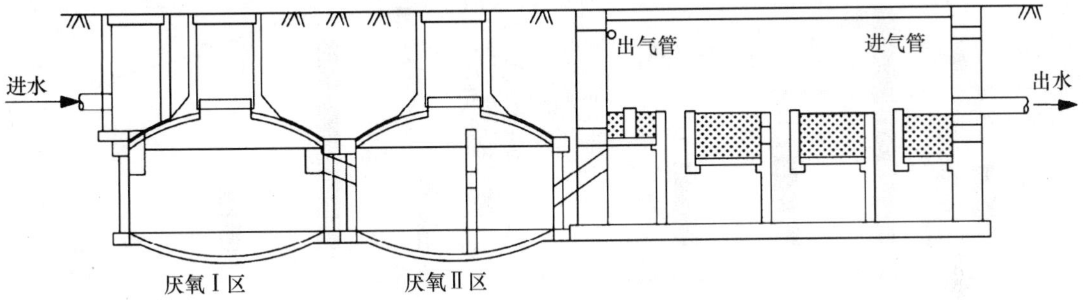

图 7-6　污水净化沼气池示意图

（3）技术原理

1）合流制生活污水净化沼气池原理

合流制生活污水净化沼气池是一个集水压式沼气池、厌氧滤器及兼性塘于一体的多级折流式消化系统。粪便污水和生活污水经格栅去除粗大固体后，再经沉砂进入处理区，在这里粪便和污水进行厌氧发酵，并逐步向后流动，生成的污泥及悬浮固体在该区的后半部沉降并沿倾斜的池底滑回前部，再与新进入的粪污混合进行厌氧发酵。

2）分流制生活污水净化沼气工程原理

分流制生活污水净化沼气工程也是一个集水压式沼气池、厌氧滤器及兼性塘于一体的多级折流式消化系统。粪便经格栅去除粗大固体后，再经沉砂进入前处理区 1，在这里粪便进行沼气发酵，并逐步向后流动，生成的污泥及悬浮固体在该区的后半部沉降并沿倾斜的池底滑回前部，再与新进入的粪便混合进行沼气发酵。清液则溢流入厌氧滤器部分 2，在这里附着于填料上生物膜中的细菌将污水进一步进行厌氧消化，再溢流入后处理区。前处理区 1 和前处理区 2 都是经过改进的水压式沼气池，后处理区为三级折流式兼性池，与大气相通，上部装有泡沫过滤板拦截悬浮固体，以提高出水小质。每一级池体的形状，可根据工程地点条件选用圆形、方形或长方形，后处理池内也可适当加入软填料或硬填料，各池体的排列方式可根据地形条件而灵活安排。

在前处理区，粪便和生活污水中的有机物在不同种类微生物的作用下，经过液化-酸化-气化等阶段的复杂降解反应，最终生成甲烷和二氧化碳。厌氧条件下粪污中的营养物质，在供给微生物自身生长繁殖，形成新细胞的同时，释放出一定的能量，转变成甲烷和二氧化碳，这是一种优质气体能源——沼气。

在后处理区，污水中的有机物也要经历几个阶段的消化反应，而最终主要生成二氧化碳和水，但好氧条件下有机物的消化还得需要另外供给额外的能量才能繁殖形成新细胞，同时产生的污泥量是厌氧条件下的 6～10 倍。由于生活污水的可生化性很好，因此采用厌氧和好氧技术发酵处理污水效果良好，不但不耗能，反应产生能源，污泥与残渣的减量显著。

（4）案例：浙江省太湖源镇横渡村净化沼气池初级处理设施

研究区概况：横渡村属于太湖流域源头地区，村内山岭环抱。近年来该地森林旅游业发展迅速，现有农户 52 户，其中 44 户经营“农家乐”饭店。2008 年，在村内建立起集中式的污水处理系统，将农户排放的生活污水和“农家乐”污水通过纳管收集，再依次经过净化沼气池和人工湿地集中处理，污水净化沼气池处理效果如图 7-7 所示。

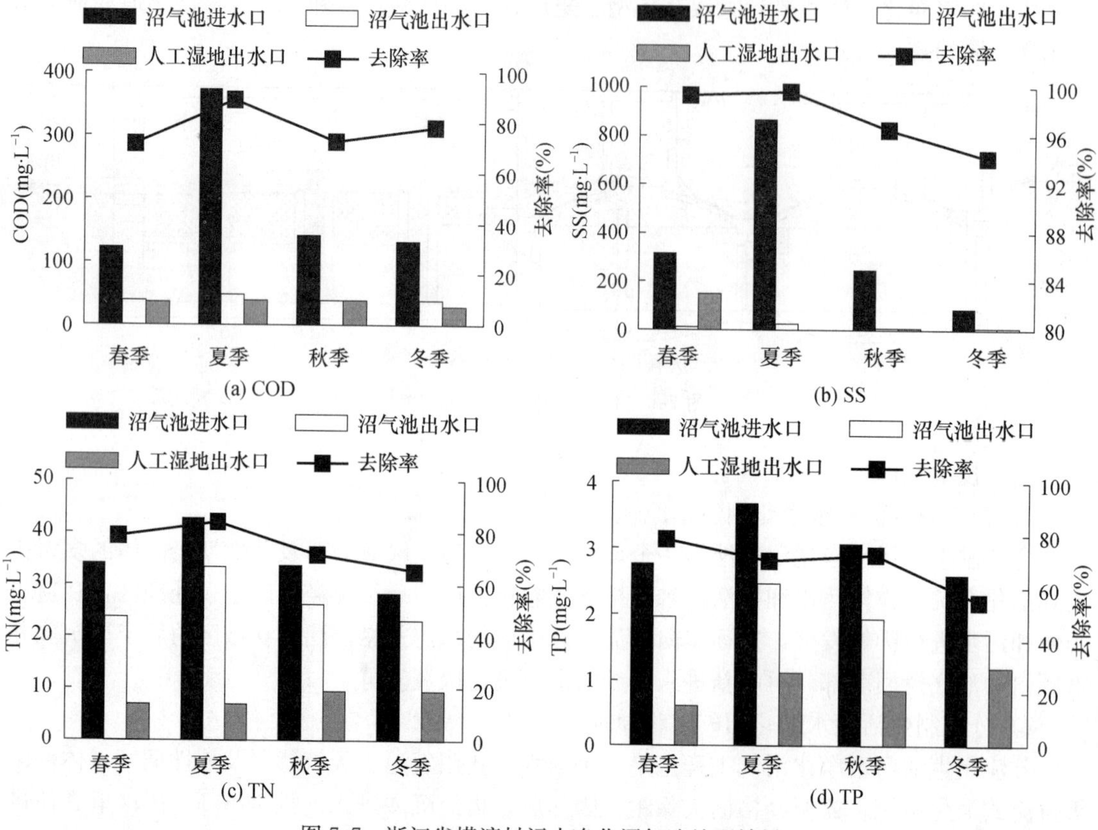

图 7-7　浙江省横渡村污水净化沼气池处理效果

污水经过净化沼气池后，COD 浓度明显降低，如图 7-7（a）所示，尤其是夏季采样时，COD 浓度从 372mg/L 降至 49mg/L，说明对水体中有机物等还原性污染物质的去除效果明显。当地污水中夏季的 SS 浓度陡增，污水净化沼气池对 SS 浓度降低贡献较大，如图 7-7（b）所示。污水通过沼气池后，TN 和 TP 浓度均有一定程度的降低，但下降幅度较小如图 7-7（c）、（d）所示。

3. 人工湿地

（1）概述

人工湿地是一种通过人工设计、改造而成的半生态型污水处理系统，主要由土壤基质、水生植物和微生物三部分组成。

人工湿地的优点：投资费用省，运行费用低，维护管理简便，水生植物可以美化环境，调节气候，增加生物多样性。

人工湿地的不足：污染负荷低，占地面积大，设计不当容易堵塞，处理效果受季节影响，随着运行时间延长除磷能力逐渐下降。

人工湿地的适用范围：适合在资金短缺、土地面积相对丰富的农村地区应用，不仅可以治理农村水污染、保护水环境，而且可以美化环境，节约水资源。

（2）类型和结构

人工湿地按其内部的水位状态可以分为表面流湿地（图 7-8）和潜流湿地（图 7-9），而潜流湿地又可以按水流方向分为水平潜流湿地和垂直潜流湿地（图 7-10）。

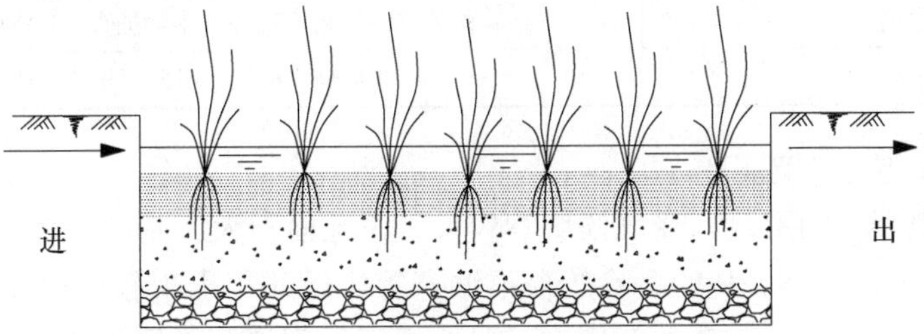

图 7-8　表面流人工湿地示意图

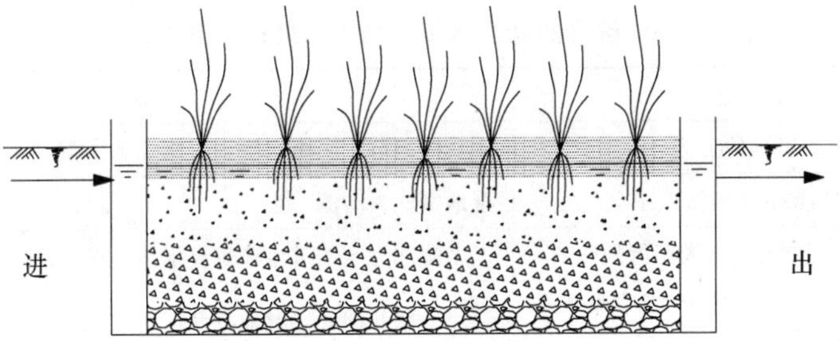

图 7-9　潜流人工湿地示意图

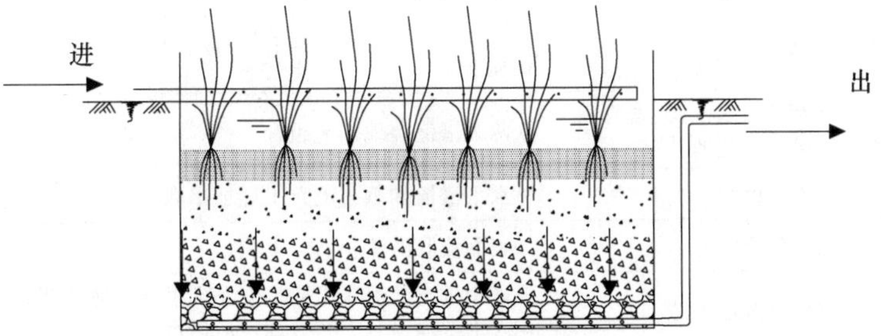

图 7-10　垂直潜流人工湿地结构示意图

表面流湿地处理系统的优点是投资及运行费用低，建造、运行和维护简单，但占地面积大，冬季表面流湿地表面易结冰，夏季易繁殖蚊虫，并有臭味。潜流湿地的优点在于占地面积小，且卫生条件好，但建设费用较高。各地区应当根据实际情况因地制宜进行设计和运行。

（3）人工湿地的净化机理

人工湿地能有效去除污水中的 BOD、TSS、N、P 和减少金属离子、有机污染物和病原菌。其净化作用主要靠人工湿地的三种成分：植物、基质、微生物。净化过程包括微生物的代谢活动；植物吸收；沉积；在水-沉积物、根-沉积物和植物-水界面发生的化学沉淀和吸附、挥发，见表 7-5。

表 7-5　人工湿地污染物的去除过程

污染物	去除过程
有机质（BOD）	生物降解、沉积、微生物吸收
有机污染物（农药）	吸附、挥发、光分解、生物/非生物降解
悬浮物	沉积、过滤
氮	沉积、硝化/反硝化、微生物吸收、植物吸收、挥发
磷	沉积、过滤、吸附、植物和微生物吸收
病原菌	自然死亡、沉积、过滤、生物捕食、UV 降解、吸附
重金属	络合、沉积、吸附、植物吸收

（4）新型人工湿地工艺

根据人工湿地存在的不足，受气候影响较大、占地面积大、基质易堵塞、易受植物和基质等影响以及对 COD 和 N、P 的去除效果不够好等，近几年出现较多改良的新型人工湿地工艺，处理效果明显，增强改良的新型人工湿地污不处理工艺类别见表 7-6。新型人工湿地包括加强型单级人工湿地、组合人工湿地和多级人工湿地。

表 7-6　改良的新型人工湿地污水处理工艺类别

类型	工艺	说明
组合工艺	A/O 法＋人工湿地工艺	用初沉调节、厌氧水解、好氧、人工湿地工艺处理生活污水
	厌氧（水解酸化）潜流人工湿地	湿地型式为潜流
	脉冲多层生物滤池＋人工湿地	人工湿地为水平潜流和垂直潜流，或二者的结合
	升流式厌氧生物滤池与温室型人工湿地组合工艺	解决了冰封期人工湿地越冬运行问题
	间歇式潮汐流人工湿地	用潮汐流＋水平潜流和水平潜流＋潮汐流人工湿地处理污水
	两级混合稳定表流湿地	在一级稳定表流湿地后串联潜流人工湿地
多级人工湿地工艺	廊道式人工湿地	类似于推流式曝气池的廊道设计，一级设计为表面流，二、三级为潜流
	两级水平潜流人工湿地、垂直流＋水平流一体化人工湿地	两级潜流湿地工艺组合
	复合垂直流人工湿地	水平潜流和垂直流人工湿地串联
	表面流湿地＋潜流湿地	表面流和潜流相结合工艺
	生态＋生化组合湿地工艺	采用垂直潜流人工湿地中下部曝气＋垂直潜流人工湿地＋表面流人工湿地组合工艺处理生活污水
	预曝气＋人工湿地	人工湿地采取表面流＋潜流＋表面流串联型式
单级人工湿地工艺	表面流人工湿地	单纯利用表面流湿地，所需面积较大
	水平潜流人工湿地	单纯利用潜流湿地，处理效果较好
	改良型装配式人工湿地	人工湿地为水平潜流，连续进、出水方式运行
	复合垂直流人工湿地	利用下行流＋上行流、下行流＋下行流 2 种复合人工湿地处理污水
	预处理＋波形潜流人工湿地	间歇方式运行
	农户型水平潜流和垂直流人工湿地	主要针对单独庭院小水量处理
	序批式垂直潜流人工湿地	利用高浸润线和低浸润线控制，连续进水、间歇排水运行
	自然通风型好氧人工湿地	可补充氧气，强化污染物降解

（5）案例：桐庐县君山村生活污水自然通风好氧人工湿地系统（图 7-11）

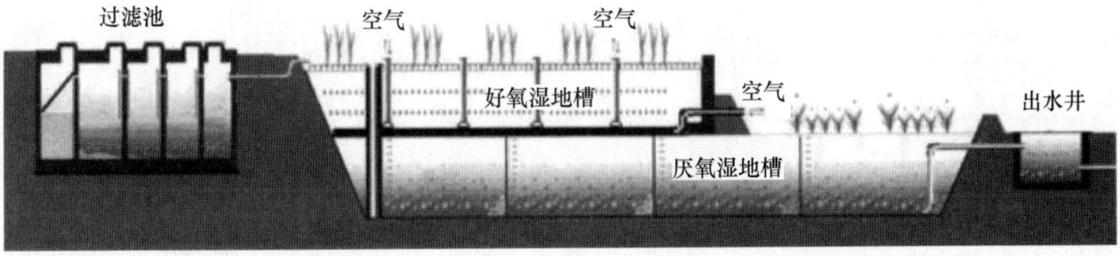

图 7-11 桐庐县君山村生活污水自然通风好氧人工湿地结构示意图

污水源：村内居民生活污水，看守所、武警部队和南方水泥厂职工宿舍等污水，服务人口 1030 人，设计处理水量 80t/d，占地 500 多平米。

工艺流程：生活污水→格栅→过滤池→好氧湿地槽（自然通风系统）→厌氧湿地槽→出水井→达标排放。

依靠地势梯度而建，靠重力自流运行。污水经格栅后进入“三格式”过滤池，在池内调节水质水量，并沉砂隔除浮油。通过布水堰以垂直重力自流进入好氧湿地槽，槽内利用自然通风方式流入空气来维持好氧条件，进行氧化分解和硝化；利用砂石中的钙除磷；出水以水平推流方式经过厌氧湿地槽，槽内设置不同粒径的碎石填料，并分为兼氧段和厌氧段。

该工艺的特点是：通过布水系统将污水均匀分布至好氧湿地槽表层的细石子填料上，SS 在表层小小孔眼上吸附和机械阻流得到截留。被截留的悬浮物之间发生重叠和架桥作用，继续过滤 SS，保证 20 年石子填料不发生堵塞；好氧湿地槽内设有多层自然通风系统，通过拨风管以及湿地槽内外温差、自然风等条件，无需消耗动力即可供氧；不同粒径的碎石填料，表层不铺设熟土层，避免土质落入碎石填料层堵塞；园林式设计，其间设置自然石板小径，如生态湿地公园。

4. 土壤渗滤

（1）概述

污水土壤渗滤处理是在人工控制条件下将污水投配在土地上，通过土壤-植物系统，经物理、化学和生物等一系列的净化过程，使污水得到净化的污水处理方法。

土壤渗滤系统的优点：土地处理对污水的缓冲性能较强，工程简单，基建投资省，污水处理能耗低，维护方便，处理成本低，还可以与农业利用相结合，利用水肥资源，浇灌绿地、农田，使土壤肥力增加，提高农作物产量。

土壤渗滤系统的不足：停留时间长，占地面积大；处理效果不稳定，受季节、气温、光照等自然因素影响大；防渗处理不当，可能污染地下水；此法不能用于过高浓度污水的处理，否则会引起臭味和虫滋生。

土壤渗滤系统适用范围：尤其适用于资金短缺、土地面积相对丰富的农村地区，在净化污水的同时可实现对其资源化利用而获取经济效益。

（2）类型和结构

土壤根据污水的投配方式及处理过程的不同，可以分为慢速渗滤（图 7-12）、快速渗滤（图 7-13）、地表漫流（图 7-14）和地下渗滤系统（图 7-15）四种类型。

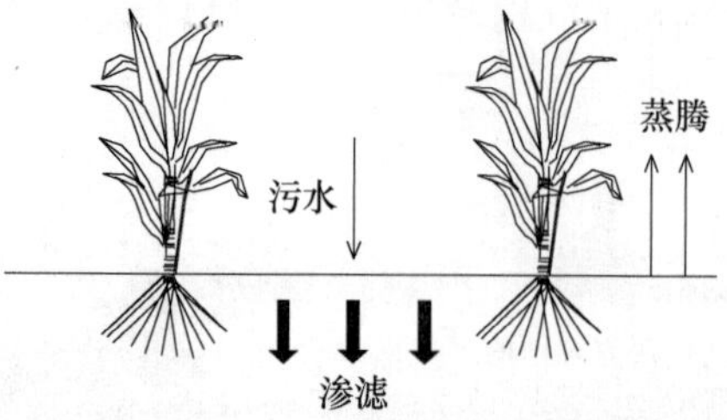

图 7-12　慢速渗滤系统示意图

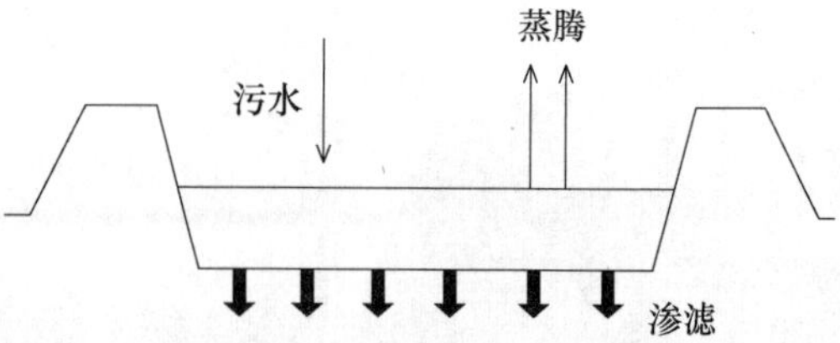

图 7-13　快速渗滤系统示意图

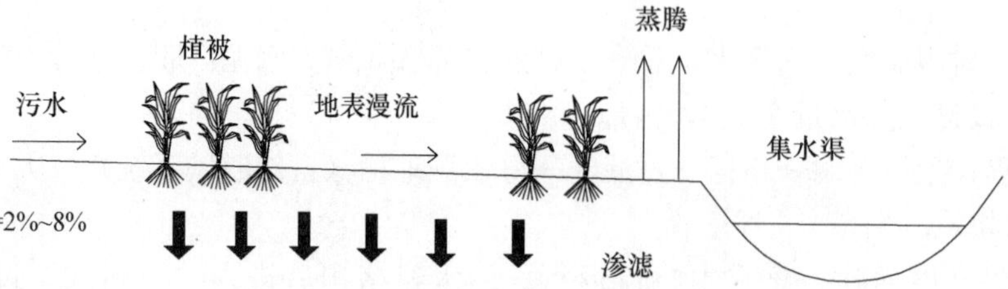

图 7-14　地表漫流系统示意图

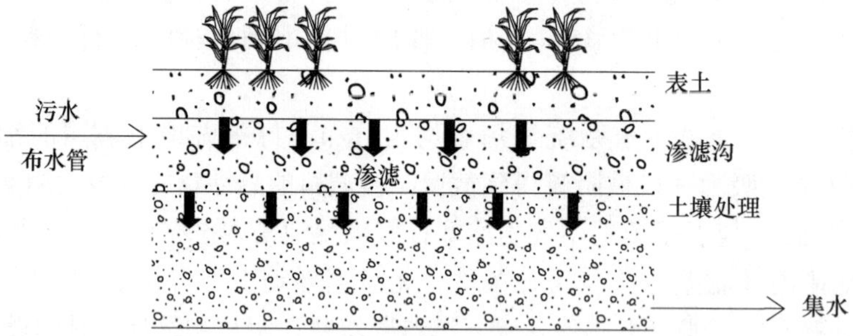

图 7-15　地下渗滤系统示意图

1）慢速渗滤系统

慢速渗滤系统适用于渗水性能良好的土壤、砂质土壤，用来处理少量污水，通过蒸发、作物吸收、入渗过程后，不产生径流排放，即污水完全被系统所净化吸纳。

慢速渗滤系统可设计为两种基本类型：一是以处理污水、再生水为主要目的，适用于土地资源紧张地区，设计时应尽可能少占地，选用的作物要有较高耐水性、对氮磷吸附降解能力强。二是以污水资源化利用为目的，根据土质、气候和污水特点选择经济作物为主，以获得经济效益，广泛适用于华北缺水地区，在土地面积相对充裕的情况下可充分利用污水进行生产活动，以水处理为目的兼用水肥资源。

2）快速渗滤系统

快速渗滤系统适用于渗滤性能极好的土壤，如砂土、砾石性砂土等，可处理较大量污水。快速渗滤可达到两类目的：地下水补给和污水再生利用。用于前者时不需要设计集水系统，而用于后者则需要设地下水集水措施以收集再生水，在地下水敏感区域还必须设计防渗层，防止地下水受到污染。可选择距居民区有一定距离的河滩地、砂荒地。

3）地表漫流

地表漫流适用于土质渗透性差的黏土或亚黏土的地区，或场地 0.3～0.6m 处有弱透水层的土地；地面最佳坡度为2%～8%，经人工建造形成均匀、缓和的坡面。废水以喷灌法和漫灌（淹灌）法有控制地在地面上均匀漫流，流向坡脚的集水渠，地面上种牧草或其他作物供微生物栖息并防止土壤流失，大部分出水以地表径流汇集，可回用或排放水体。

4）地下渗滤系统

地下渗滤系统是将污水投配到距地表一定距离，有良好渗透性的土层中，利用土壤毛细管浸润和渗透作用，使污水在向四周扩散的过程中经过沉淀、过滤、吸附和生物降解达到处理要求。地下渗滤的处理水量较少，停留时间较长，水质净化效果比较好，且出水的水量和水质都比较稳定，适用于污水的深度处理。

土壤渗滤系统是一种无动力或微动力地利用自然土壤净化能力的污水处理技术，其运行维护方便，管理简单，仅需定时对格栅进行清渣，对植物进行收割，通过收割植物去除吸附在植物体中的营养物质。土壤对污染物的吸附是有一定限度的，污水中有机质含量较高时，土壤层中生物会快速生长，易引起布水系统和填料的堵塞。因此要考虑土壤的自净能力及植物对污染物的吸收、降解能力，防止因水力负荷过大使土壤污染及出水不达标。维护时如检查到土壤表层有浸泡的现象，说明有堵塞现象或水力负荷过大，此时应停止布水，作进一步的检查。收割植物时应注意用轻型收割机或人工进行，防止重物压实填料层。

慢速渗滤和快速渗滤系统的主要维护工作是布水系统和作物管理，投配的水量要合适，不能出现持续淹没状态。快速渗滤系统通常采用淹水、干化间歇式运行，以便渗滤区处于干湿交替状态，有益于硝化和反硝化，加强脱氮功能。

快速渗滤系统表面应定期松土、割除表面杂草，使其表面疏松。北方冬季时，地表结冰会引起以上两个系统的效果下降，运行时要特别注意寒冷气候对系统的影响。

地表漫流系统需定期维护布水系统、割除表面杂草和检查虫害，保障系统在运行期处理效果。

地下渗滤系统对进水的要求要比慢速渗滤系统和快速渗滤系统高一些。如果进水中颗粒物较多，应定期监测系统中不同埋深的土壤性质，防止填料层堵塞，造成壅水，处理效率下降。地下渗滤系统表面可种植绿化草皮和植被，但具有较长根系的植物不宜采用，因为长根系可能会引起土壤结构的破坏。

（3）土壤渗滤对水中污染物的去除机制

1）毛细管、虹吸及物理化学吸附

通过土壤的毛细管现象及表面张力原理，将水与污染物中的胶体部分、溶解部分分离开来，污水中的悬浮物及交替物质能够通过土壤颗粒间的孔隙将其截留、滤除，并将其降解。其影响因素主要有土壤颗粒大小、孔隙的大小和分布、悬浮颗粒的性质。污水中的有机物会被土粒吸附并截留，然后会不断被植物作为营养物质吸收，从而起到了渗透和过滤的作用；溶解性污染物则被土壤颗粒吸附并存留于土壤中。

2）微生物代谢和有机物分解

土壤或土壤处理系统填料中悬浮固体通常会堵塞土粒间的间隙，从而影响污水渗透的速度，并阻碍空气的进入，这时由于土壤中的动物，如蠕虫和线虫等穿行于土粒间，可使土壤疏松。

3）植物的净化吸收

土壤渗滤处理单元表面的草坪、花卉或树丛等植物，其根系长入系统或填料内部后，因植物生长的需要而对污水中的氮、磷进行吸收利用，可达到降低污水中养分浓度的目的。总而言之，污水就是这样在土壤中进行着物理作用、化学作用，更主要的是被污染的水体在土壤生态系统中的生物区系统的协力作用下得到了有效净化。

（4）案例：上海市崇明县新村乡幼儿园粪便污水土壤地下渗滤处理示范工程

1）案例简介

化粪池和土壤地下渗滤系统的示范工程建设于 2008 年 12 月，具体如图 7-16 所示，主要用于处理幼儿园教学楼的生活污水。该幼儿园约有 200 名学前儿童和 14 名教师，平均用水量为 $20m^3/d$，用水量受季节与用水人数的影响较大。化粪池和土壤地下渗滤系统的占地面积分别为 $6m^2$、$80m^2$，生活污水经化粪池简单沉淀和厌氧处理约 24h 后，进入土壤地下渗滤系统的配水井。根据服务人数以及上海市降雨量分布，系统最大水力负荷为 30cm/d。

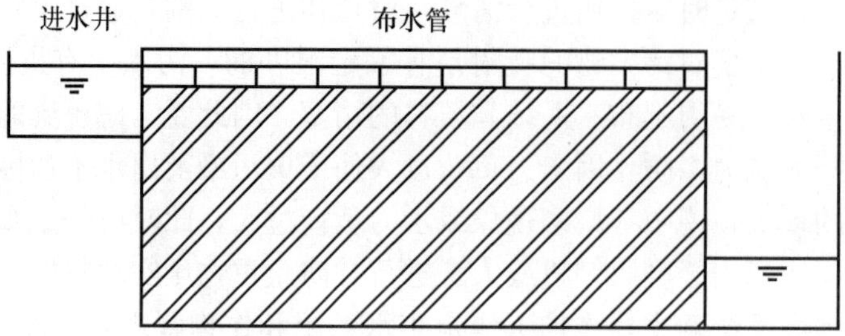

图 7-16　生活污水处理示范工程示意图

土壤地下渗滤系统主要包括 20cm 的覆土层、20cm 的配水层、90cm 的处理层以及 10cm 的集水层，覆土层采用原土，配水层包括砾石与细砂，处理层为改良土壤，集水层为细砂。用聚氨酯泡沫等材料改良原位土壤后，处理层中聚氨酯泡沫、原位土壤、细砂和铁矿石分别占总质量的 0.6%、59.6%、36.8%、3%。通过以上物质改良后，土壤地下渗滤系统处理层的初始饱和渗透速率从 5cm/d 增加到 66cm/d，孔隙率从 37%增加到 53%。土壤地下渗滤系统的基坑开挖完成后，对基坑进行防渗处理。在底层铺设 10cm 的细砂，然后铺设两翼穿孔的 PE 集水管。集水层上铺设处理层，为了保证处理层的复氧能力，在处理层中设置通气管，通气管垂直部分通过通气帽伸到地面，与大气相通。处理层上铺设配水层，先铺设 5cm 的细砂，在细砂上铺设配水管与布水管，接着铺设 15cm 的细砂与砾石。配水层上覆盖 20cm 的原位土壤，表面种植绿化植物或根系较小的农作物。

2）土壤地下渗滤系统的处理效果

土壤地下渗滤系统对化粪池出水中 COD 的去除效果如图 7-17 所示。可以看出，土壤地下渗滤系统的处理效果受水力负荷的影响较小，在一年的运行过程中，出水 COD 浓度为 8～35mg/L。在 1～4 月，土壤地下渗滤系统的出水 COD 在 25～35mg/L；5 月份，当地平均气温达到 19.6℃，系统出水 COD 浓度均低于 25mg/L；在 6～10 月，日平均温度达到 22℃以上，系统出水 COD 浓度稳定在较低水平，其中在 7～9 月，日平均气温高达 31℃以上，此时系统的出水水质最好，COD 浓度低于 10mg/L。

土壤地下渗滤系统对氨氮的去除效果较好。在 1～4 月，当地平均气温<15℃，土壤地下渗滤系统出水 NH_3-N 浓度在 4mg/L 左右；在 5～10 月，当地平均气温>22℃，系统出水 NH_3-N 浓度更低，说明土壤地下渗滤系统对化粪池出水中的氨氮去除效果较好。

土壤地下渗滤系统对化粪池出水中 TN 的去除效果相对较差，但相对于传统的无曝气的土壤地下渗滤系统而言，其处理效果仍较好。在 1～4 月，由于气温较低，抑制了硝化菌与反

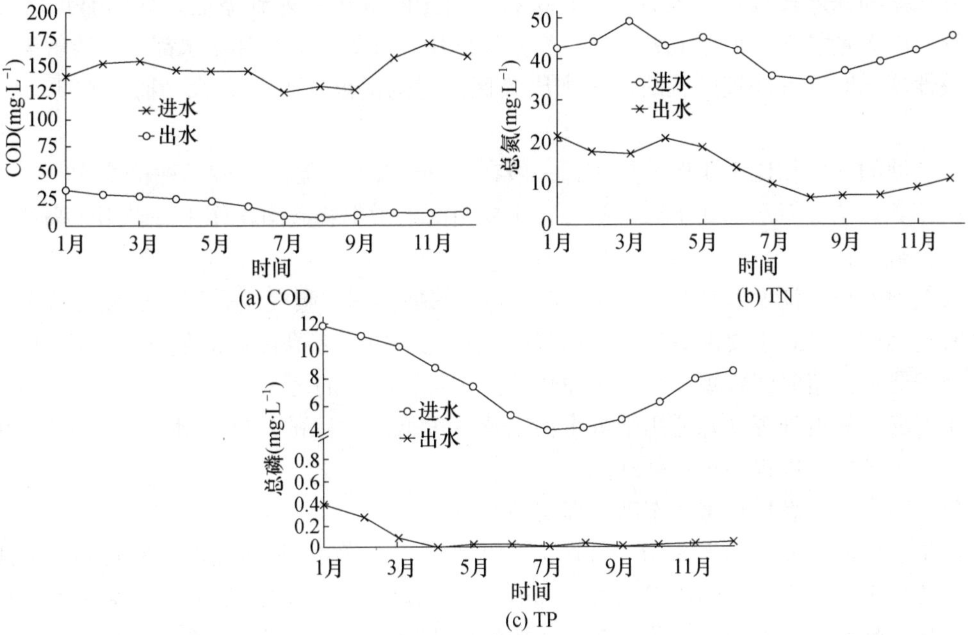

图 7-17　土壤地下渗滤系统对污水的净化效果

硝化菌的活性，不利于系统对 TN 的去除，因此出水 TN 浓度较高；随着气温的升高，硝化菌与反硝化菌的活性逐渐增强，土壤地下渗滤系统对 TN 的去除效果得到明显提高，出水 TN 浓度显著下降；10 月份之后，气温又开始降低，出水 TN 浓度呈明显上升趋势，系统的脱氮效果下降。

土壤地下渗滤系统对化粪池出水中 TP 的去除效果较好，在一年的运行中，出水 TP 浓度低于 0.4mg/L。其中在 1～2 月对 TP 的去除率相对较低，原因是化粪池出水中的 TP 浓度较高。磷主要通过与一些阳离子发生化学反应而滞留在土壤中，由于土壤中含有较多的铁、铝、钙、镁等金属离子，同时在系统中还人为添加了少量铁屑，增强了系统的除磷功能。

5. 稳定塘

(1) 概述

稳定塘又名氧化塘或生物塘，是一种利用水体自然净化能力处理污水的生物处理设施，主要借助了水体的自净过程来进行污水的净化。

稳定塘的优点：结构简单，出水水质好，投资成本低，无能耗或低能耗，运行费用省，维护管理简便。

稳定塘的不足：负荷低，污水进入前需进行预处理，占地面积大，处理效果随季节波动大，塘中水体污染物浓度过高时会产生臭气和滋生蚊虫。

稳定塘的适用范围：适用于在干旱、半干旱地区，资金短缺、土地面积相对丰富的农村地区。可考虑采用荒地、废地、劣质地，以及坑塘和洼地等建设稳定塘处理中低污染物浓度的生活污水。

(2) 类型和结构

稳定塘有多种类型，可按照塘的使用功能、塘内生物种类和供氧途径等进行分类，一般可分为好氧塘、兼性塘、厌氧塘、曝气塘和生态塘。

好氧塘的深度较浅，一般在 0.5m 左右，阳光能直接照射到塘底。塘内有许多藻类生长，释放出大量氧气，再加上大气的自然充氧作用，好氧塘的全部塘水都含有溶解氧。

兼性塘同时具有好氧区、缺氧区和厌氧区。它的深度比好氧塘大，通常在 1.2～1.5m 之间。

厌氧塘的深度相比于兼性塘更大，一般在 2.0m 以上。塘内一般不种植植物，也不存在供氧的藻类，全部塘水都处于厌氧状态，主要由厌氧微生物起净化作用。多用于高浓度污水的厌氧分解。

曝气塘的设计深度多在 2.0m 以上，但与厌氧塘不同，曝气塘采用了机械装置曝气，使塘水有充足的氧气，主要由好氧微生物起净化作用。由于有高浓度的氧气，反应速率较快，污水所需要的停留时间较短，可用于净化较高污染物浓度的污水。

生态塘（深度处理塘）适用于进水污染物浓度低的污水的深度处理，塘中可种植芦苇、茭白等水生植物，以提高污水处理能力。

（3）案例：某农村污水生态塘处理实验案例①

该生态塘的表面面积为 8.5m×11m，深度为 1.0m，在该塘水面上设置有毛竹制成的浮床，毛竹呈正六边形连接，每根毛竹长 2m，在浮床上拉上渔网，冬季和春季时上面种植水芹菜，夏季秋季时更换为空心菜。在生态塘的周边铺设生态混凝土，覆土后撒上草籽，起护坡及美化环境的作用。进入塘中的水一部分来自某生物处理装置出水，一部分来自雨水渠，在塘内停留足够时间后经过涵管流入后续的人工湿地。

1）运行条件

试验污水为农村地区的生活污水，含生猪养殖污水，进入生态塘的污水水质见表 7-7。

表 7-7　生态塘进水水质（mg/L）

项目	COD_{Cr}	NH_4^+-N	TN	TP
最低浓度	196.17	146.76	150.58	6.26
最高浓度	461.10	228.87	234.69	10.73
平均值	295.49	178.77	185.48	8.00

从水处理装置出水进入生态塘的水量固定为 $100L \cdot h^{-1}$，此时水力负荷为 $0.026m^3 \cdot (m^2 \cdot d)^{-1}$ 水温在 15～25℃。

试验结果如图 7-18 所示。

由图 7-18（a）中可以看出在进水 COD 质量浓度发生波动时，出水 COD 质量浓度的波动性也很大，去除率也随之波动，在 50%～90%之间变化，当进水 COD 质量浓度持续在 300mg/L 左右时，去除率则基本稳定在 55%～75%之间，出水 COD 质量浓度持续在 80～150mg/L 之间，这一处理效果大大减小了后续人工湿地的处理负荷，为出水达标奠定的基础。

由图 7-18（b）和（c）中可以看出在 3、4 月份时处理效果较好，氨氮和总氮的去除率可分别达到 70%和 80%以上，出水质量浓度均在 50mg/L 以下。进入 5 月份之后，生态塘

① 稳定塘里通过浮床技术人工把高等水生植物或改良的陆生植物种植到富营养化水域睡眠，通过稳定塘中多种生物的净化作用，以及植物根部的吸收、吸附作用和物种竞争相克机理，消减富集水体中 N、P 及有害物质，从而达到净化水质的效果，同时又可营造水上景观，我们称此时的稳定塘为生态塘。

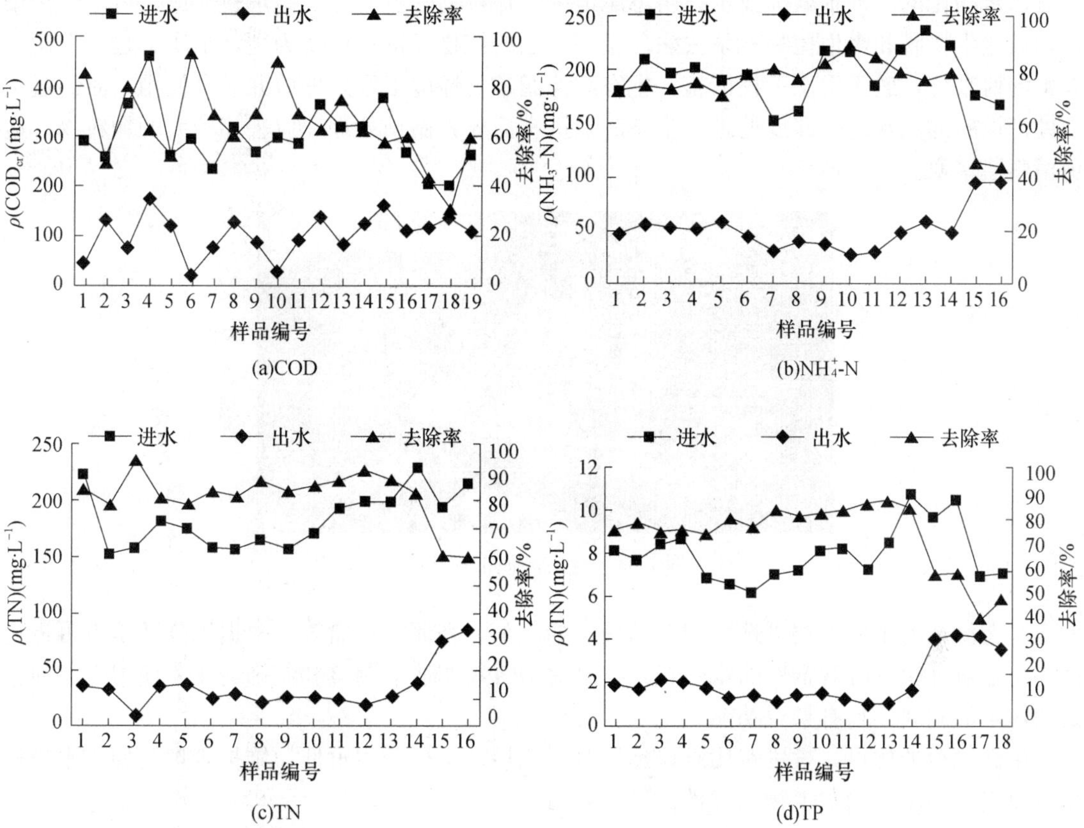

图 7-18　生态塘对污水的净化效果

的进水含氮量突然升高，其出水也随之升高，质量浓度达到了 100mg/L，去除率也下降到 55%左右，这是由于：一方面，进入 5 月份后时属梅雨季节，雨水较多，地表径流含氮量较高，雨水经雨水渠汇入生态塘使得进水浓度升高，且污水在塘中停留时间缩短，氨氮和总氮得不到充分去除，出水氮含量升高，去除率下降；另一方面，5 月份是水芹菜与空心菜种植的交接季节，由于尚未更换植物或刚种植而尚未完全成活，浮床上的植物对污水中无机氮不能很好地摄取，导致出水含氮量升高。

从图 7-18（d）中可以看出这一去除效果与 NH_4^+-N、TN 去除效果非常相似，在 5 月份之前生态塘对 TP 有较好的去除效果，在进水 TP 质量浓度为 8mg/L 左右时出水 TP 质量浓度能保持在 2mg/L 以下，去除率达 75%以上，而在 5 月份之后，生态塘的进出水 TP 含量均升高，去除率下降到 60%左右，这一原因的分析同以上脱氮效果的分析。

总体上，生态塘技术对高浓度污水具有较好的去除效果，其对 COD_{Cr}、NH_4^+-N、TN 和 TP 均体现了较高的去除水平，去除率可分别达到 55%、70%、80%和 75%以上，即使在梅雨季节，水力停留时间大大缩短时也能取得很好的处理效果，其出水流经后续简单的湿地处理系统即可达到排放标准。另外，生态塘技术投资小、运行管理简单、运行成本少、不失为农村生活污水处理及面源污染处理的一个好的选择。

6. 生态滤池

(1) 概述

生态滤池（图 7-19）是利用人工填料形成的生物膜和水生植物形成的微型生态系统来

进行污水净化的一种水处理技术。生态滤池中，颗粒物的过滤主要由填料完成，可溶性污染物则通过生物膜和水生植物根系去除。生态滤池的植物以挺水植物为主，本质上是一个微型人工湿地系统，属于生态工程措施。生态滤池通常与环境工程处理单元联合使用，对经过生物处理设施的出水进行深度处理。生态滤池进水需要先做预处理，以去除较大的颗粒物，避免填料层堵塞。

图 7-19　生态滤池工程照片

生态滤池种植的植物可选取当地品种，如芦苇、香蒲、菖蒲等。根据周围环境也可进行植物组合或种植具有观赏性的水生花卉，或对构筑物作适当调整和装饰美化，使生态滤池在处理污水的同时还具有景观功能。

生态滤池的优点：投资费用省，运行时无能耗，运行费用很低，维护管理简便，水生植物可以美化环境，增加生物多样性。

生态滤池的不足：污染负荷低，占地面积大，设计不当容易堵塞，处理效果受季节影响，随着运行时间延长除磷能力逐渐下降。

生态滤池的适用范围：尤其适用于资金短缺、土地面积相对丰富的农村地区。在东南地区，生态滤池主要适用于单户或几户规模的分散型农村生活污水处理，以及深度除磷。

（2）类型和结构

生态滤池根据平面布置的不同，可分为矩形式和半圆形式；水流方向上可采用上流式、下流式和水平流交错方式。

（3）生态滤池的原理

生态滤池与普通滤池相似，也采用滴滤系统，但滤池填料不同，所用填料必须适合蚯蚓生存和繁殖。生态滤池滤床一般不超过 50cm，下部为出水收集系统。

微生物——蚯蚓生态滤池的处理功能是基于滤池中形成以蚯蚓为主体的环节动物和少量蜗牛等软体动物与微生物构成生态系统。微生物以污水中的胶体态和溶解性有机物为食料而生存繁殖，并且在载体或填料颗粒表面形成生物膜。该系统中的蚯蚓主要以无水肿的悬浮物和微生物为食料。蚯蚓在觅食过程中上下钻动，对填料起疏松作用，使填料层保持较好的通气条件，有利于污染物的降解和避免出现厌氧条件。蚯蚓在滤池中的吞食作用将其中的植物营养素和有机质转化为高效有机蚓粪肥料和蚓体蛋白；蚯蚓肠道中的分泌物则可有效地抑制或杀灭污水中的病原菌。微生物又可利用蚓粪中的有机质作为营养源，同时在蚯蚓同化吸收有机物中起作用，蚯蚓对微生物的群体结构、数量和活性具有调节作用。蚯蚓对重金属的富集能力则可除去一部分水体中的重金属。在该生态滤池中，以蚯蚓为代表的环节动物集多种功能于一身；对污水和污泥进行分解和吸收；对滤池起清扫作用，防止堵塞。蚯蚓粪可以滤除污染物，提高处理效率；清除蚊蝇卵蛹，阻止其滋生，改善卫生条件；在滤池中增殖的蚯蚓又可作为家禽饲料。污水中的氨氮部分被硝化为硝酸盐（其中少量硝酸根反硝化为氮气），部分以难溶性磷酸盐存在的磷则通过食物网转化为蚯蚓排泄物中的营养成分。在污水处理负荷固定后，生态滤池中的蚯蚓种群量大致保持恒定。通过生态系统的食物网关系，污水中含有的有机物被微生物和蚯蚓有效利用，使水质得以净化。

（4）案例：太湖流域农村生活污水改进型蚯蚓生态滤池试验

试验用水取自南京大学学生宿舍的化粪池出水，试验期间其水质见表 7-8，可知水质变化幅度较大。

表 7-8　试验进水水质

项目	pH	COD（mg/L）	NH_4^+-N（mg/L）	TP（mg/L）
范围	7.34～8.02	79.36～490.19	34.59～77.07	3.25～7.7

单级蚯蚓生态滤池的填料包括土壤、细砂、碎青石、鹅卵石等，基质有效高度为 50cm。从滤池底部至顶部依次填充：粒径为 25～40mm 的鹅卵石，5cm；粒径为 5～20mm 的碎青石，8cm；粒径为 0～2mm 的细砂，3cm；34cm 厚的土壤层。试验使用的蚯蚓为大平 2 号赤子爱胜蚓，生活在土壤层，接种密度为 4.63g 蚯蚓/L 土壤。采用蠕动泵进水，布水采用十字架布水管。根据蚯蚓的特性和填料的特点，采用淹水与落干交替运行的工作方式，进水为间歇式，水力负荷为 0.53m/（m·d），每天进水 4h，湿干比为 1∶5，其净化效果如图 7-20 所示。

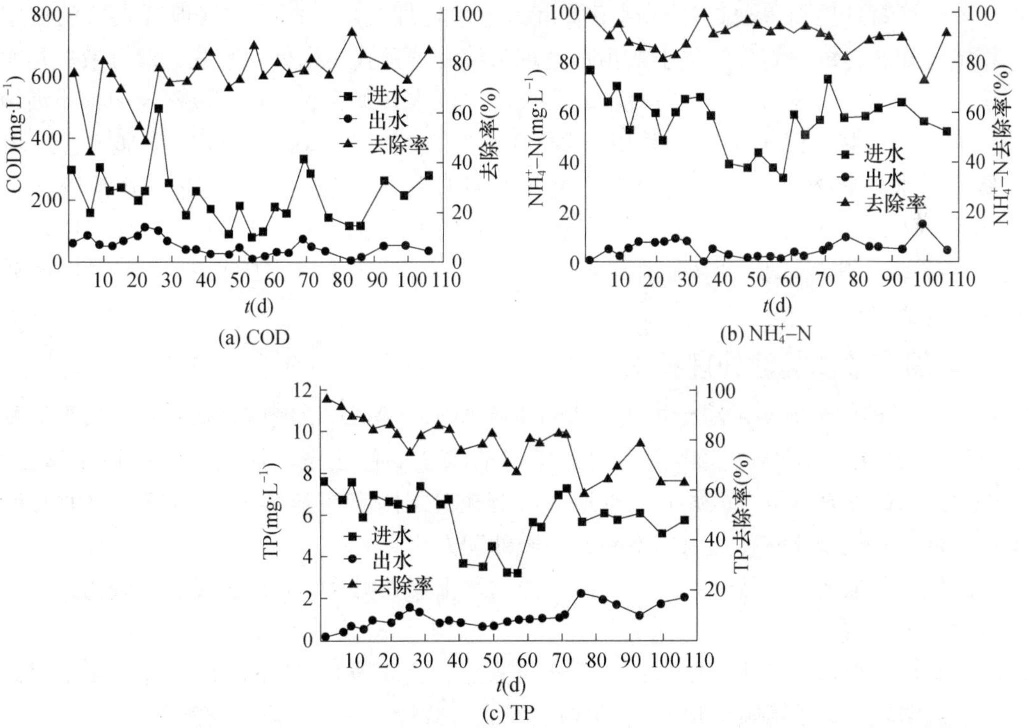

图 7-20　改进型蚯蚓生态滤池对污水的净化效果

从图 7-20（a）可以看出，在系统运行初期，出水 COD 浓度变化较大，去除率波动较明显，这可能是由于蚯蚓和微生物尚未驯化所致。4 月 13 日后系统的处理效果开始变得稳定，去除率都在70%以上，最高可达90%左右。稳定运行阶段，滤池进水有机负荷不稳定，进水COD为79.36～490.19mg/L，但并未对有机物的去除造成太大影响，对COD的去除率为72.92%～93.33%，这说明系统抗冲击负荷能力强。

由图7-20（b）可知，系统对NH_4^+-N的去除十分有效，去除率基本都在80%以上。系统去除NH_4^+-N的途径主要有基质的吸附、微生物的作用、氨的挥发等。由于土壤胶体带有负电荷，对NH_4^+-N的吸附作用很强，污水进入系统后其中的NH_4^+-N很容易被土壤颗粒吸附，延长了离子滞留时间。在好氧环境中，土壤微生物通过亚硝化作用和硝化作用能将吸附在土壤颗粒上的铵离子转化为NO_2^-和NO，使土壤恢复对NH_4^+-N的吸附能力。只有在pH>8.0的情况下氨才能产生挥发，而试验进水的pH值为7.3～8.0，因此通过挥发损失的NH_4^+－N可以忽略不计。

在整个运行阶段，系统对磷的去除率基本都在60%以上，初始的TP去除率>90%，随着时间的推移，对磷的去除率呈缓慢下降的趋势，如图7-20（c）所示。

7.4 国外经验借鉴

7.4.1 国外农村（分散式）污水处理技术

发达国家的农村排水系统已较完善，大部分国家对于农村地区的排水工程建设并不以农村地区的经济特殊性而单独选择有别于城市的污水处理技术，而是根据地区人口的聚集程度，将城镇和农村统一划分为集中式污水处理系统和分散式污水处理系统，对分散式污水处理系统已设置相应的技术手册进行规范。其分散式污水处理系统工程可以作为中国小城镇污水处理工程的借鉴，但无法直接适用于我国的广大农村经济落后地区的排水工程。典型的分散式污水处理技术是美国高效藻类塘污水处理技术、澳大利亚FILTER系统、日本分散式污水处理系统等，近年发达国家和地区也开始深入研究LIVING MACHINE生态系统处理技术。下面简要介绍美国高效藻类塘技术、澳大利亚FILTER系统和日本分散式污水处理系统。

1. 美国高效藻类塘处理技术

1972年美国国会颁布了清洁水法（the Clean Water Act）以响应公众对水污染控制和环境健康保障的要求。1987年美国国会通过了清洁水法的修正案，促使人们重视小型社区、农村生活污水的处理处置，鼓励各州及地方政府在美国国家环境保护局（EPA）的协助下，根据地方条件和气候地貌特点采用不同的分散处理方法。

美国传统分散式污水处理系统主要由化粪池和土壤吸附系统两部分组成。较为常见的污水分散处理技术有固液分离（化粪池）、好氧悬浮生长处理系统（完全混合式、SBR、MBR、IFAS）、好氧附着生长处理系统（介质滤池、滴滤池）、地下渗滤系统、人工湿地系统（表面流湿地、地下潜流湿地）、氧化塘（好氧、兼性、曝气、高效藻类塘）。

高效藻类塘是由美国加州大学伯克利分校的Oswald提出并发展的，是对传统稳定塘的改进，其充分利用菌藻共生关系，对污染物进行处理。正因其最大限度地利用了藻类产生的氧气，塘内的一级降解动力学常数值比较大，故称之为高效藻类塘。Oswald分析得出高效藻类塘内藻类光合作用的方程式：

$$106CO_2+236H_2O+16NH_4^++HPO_4{}^{2-}\longrightarrow C_{106}H_{181}O_{45}N_{16}P+118O_2+171H_2O+14H^+$$

由公式可知，白天由于强烈的光合作用，使塘内的溶解氧、pH 值升高，碱度降低；而晚上由于藻类和微生物的呼吸作用使溶解氧急剧下降，甚至为零。夜间塘内溶解氧的浓度变化与白天藻类的光合作用有关，一般塘内有 9～10h 的厌氧状态。所以，机械搅拌提供的复氧作用必不可少。

高效藻类塘具有比传统的稳定塘停留时间短、占地面积小；建设容易，维护简便，基建投资少、运行费用低；BOD_5、NH_4^+、$-N$、PO_4^{3-}、$-P$、病原体去除效率高；若高效藻类塘后接的是高等水生生物塘，则其中的水生生物不但可以除藻，降低出水的 SS，而且能进一步去除水中的氮磷，同时收割的高等水生植物可以作为优良的饲料和肥料。缺点：它受环境因素影响明显，温度影响生物的组成、营养物的需求、新陈代谢的特点和反应速率；pH 影响生物的适应能力、离子输送和新陈代谢的速率。

2. 澳大利亚“非尔脱”（FILTER）系统

澳大利亚科学和工业研究组织（CSIRO）的专家于最近几年提出一种“过滤、土地处理与暗管排水相结合的污水再利用系统”，称之为“非尔脱”高效、持续性污水灌溉新技术，其目的主要是利用污水进行农作物灌溉，通过灌溉土地处理后，再用地下暗管将其汇集和排出。其特点是过滤后的污水都汇集到地下暗管排水系统中，并设有水泵，可以控制排水暗管以上的地下水位以及处理后污水的排出量。该系统一方面可以满足农作物对水分和养分的要求，同时降低污水中的氮、磷等元素的含量，使之达到污水排放标准（该系统对总磷、总氮、生物需氧量和化学需氧量的去除率分别能达到 97%～99%、82%～86%、93%和 75%～86%）。张后虎在其著作中提到“非尔脱”系统对生活污水的处理效果好，其运行费用低，特别适用于土地资源丰富、可以轮作休耕的地区，或是以种植牧草为主的地区。但由于该系统实际上是以土地处理系统为基础，结合污水灌溉农作物，长期灌溉人们也会担心病原体进入土壤，污染农作物。

3. 日本分散式污水处理系统

2013 年日本污水处理的普及率达到 88.9%，农业集落排水设施污水处理人口达 356 万人，净化槽污水处理人口达 1121 万人口（日本总人口 12619 万人）。日本的污水分散处理体系可以分为三个部分，分别是城市相对分散处理、农村污水处理和净化槽处理。①小规模下水道（规模$<5000m^3/d$，主要工艺有氧化沟法、土壤覆盖型砾间接触曝气法、标准式和回分式活性污泥法）的相关标准是《小规模下水道·设计·维持管理指针解说》；②农业集落污水处理系统（根据规模选择活性污泥法并用厌氧床接触曝气法＋凝集沉淀法、厌氧·好氧工程组合回分式活性污泥法、连续流入间歇曝气法、高度处理氧化沟＋凝集沉淀法、膜分离活性污泥法），处理工艺的选择标准——《农业集落污水处理设施设计指针》指出了处理规模与处理工艺的关系。农业集落排水系统对渔业、林业集落排水系统、简易排水设施的污水（生活杂排水含屎尿）、雨水和污泥等进行处理；③《净化槽的结构标准及其解说》中指出了净化槽处理人槽与处理方法之间的关系，净化槽建设完成后的评价工作以《净化槽的性能评价方法细则》为标准。

7.4.2　农村污水设施建设运营模式

在建设运营模式上，美国、日本等农村生活污水处理起步较早的国家和地区具有较为成熟的建设运营模式。美国的城乡差异较小，农村污水处理建设起步早，居民环保意识强，农村污水处理采取与城市相同的排放标准和投资模式，村污水处理设施的建设费用、运营管理均强调用户出资、用户维护，政府仅起到辅助扶持的作用。在资金投入上，美国从 1987 年开始实施《水治理法案》，要求各州建立水污染控制工程的周转基金，该基金 80%由联邦政府拨款，20%由地方政府配备，这一基金采取低息或免息贷款的形式支持农村生活污水的建设，用户在处理设施运营过程中偿还贷款，所偿还贷款继续进入滚动基金用于支持新的环保项目。在污水处理设施运行管理上，综合考虑污水处理设施运行管理的难易，由易至难采取以下 5 项管理模式。

（1）用户自主模式。该模式适用于环境最不敏感的地区，由用户自主运行与维护污水处理系统，政府定期为用户提供污水设施保养指导及其他注意事项。

（2）协议维护模式。该模式适用于工艺较为复杂的分散污水处理系统，用户与专业维护人员签订协议，由维护人员定期提供系统维护服务。

（3）许可运行模式。该模式适用于环境敏感区域，用户使用工艺较为简易的分散污水处理系统，通过政府给用户签发有期限的运行许可证，期满后必须由管理机构检查系统运行状况，合格后才能继续运行。

（4）集中运行模式。该模式适用于环境敏感区域，污水处理设施运行、维护较复杂的污水处理系统，通过政府将运行、维护许可证授权给专门的服务机构，用户自主筛选并雇佣合适的服务机构，为其服务付费的形式维持污水处理设施的运行。

（5）集中运营模式。该模式适用于环境最为敏感的地区，专业机构拥有分散系统的所有权，负责污水处理设施的运行与维护，用户通过支付污水处理费的形式向污水处理设施所有机构付费。

在美国式的运行管理模式中，联邦政府的职责是制定相关的法律条文保障水质，地方政府通过行政机构管理分散式污水处理设施的建设运营，民间运营机构通过与地方政府签约的形式，接受地方政府或用户的委托，完成污水处理设施的技术咨询、评估、运行培训等工作，用户通过接受培训，完成简易的污水处理运行维护工作，并为污水处理设施的维护运营支付费用。

日本与美国不同，农村生活污水处理主体由政府主导，用户、第三方服务机构参与其中，主要以村落排水设施、集体宿舍、家庭净化槽处理设施 3 种形式得到处理。其中，村落排水设施根据《净化槽法》推进，建设资金由各级政府（市、町、村）筹集，国家给予财政支持；乡村集体宿舍根据《废弃物处理法》推进，建设资金由各级政府（市、町、村）筹集，国家给予财政支持；家庭净化槽根据《净化槽法》推进，建设资金由家庭、地方政府、国家财政共同承担，在净化槽改进过程中，家庭负担费用的 60%，其余费用由各级政府（市、町、村）给予家庭补助 2/3，国家财政补助 1/3。特别是污水处理落后的地区，家庭负担费用可减免至 10%，其余由国家财政和地方发行债券筹措。

日本农村的污水运行由各级政府、用户、第三方服务机构共同参与完成。各级政府在建设运行过程中起到审批工程项目、监管污水处理设施建设和运行的作用，用户在运行过程中起到申请立项、协助监督运行质量的作用，第三方服务机构在运行过程中承担工程建设、运行维护、人员培养等作用，并在运行过程中接受政府和用户的监督管理。在建设运行过程中，主要有三类运营模式，一种是完全由政府负责投资、设计、建设，建成后委托专业服务机构进行运行管理，另一种是由政府出资，交由第三方服务机构设计、建设和运行，第三种是由第三方服务机构负责投资、建设和运行，通过在一定期限内向用户收取处理费用回收投资，政府为用户提供财政补贴。

7.5　技术适宜性分析与选择

7.5.1　农村排水体制与收集模式选择

农村的排水系统在规划之前需进行治理和建设等级的分类。在排水体制方面，我国农村由于雨水收集与处理设施容量较小，抗冲击负荷能力弱，若大量雨水进入处理设施中，必将大大增加处理成本，且容易损坏收集和处理系统。因此，农村的排水体制应以分流制为远期目标，地域广雨水大，土地蓄水能力强的地区可考虑不完全分流，污染严重地区则可考虑截流式分流制。在污水处理设施的选择上，除了人口十分稀疏的地区、服务区、旅游区等特殊地区外，尽量避免造价高、维护工作多的单户系统。

7.5.2　我国农村污水处理技术的发展方向和趋势预测

我国不同地区农村生活污水处理技术的选择要因地制宜，即技术本身的特征应与当地的特征相匹配。各种技术的特征因素包括：建设费、运行费、技术要求、管理难度、占地、能耗、处理效果等。各地的特征因素包括：地形、气候、政府财政收入、人均收入、人口密度、技术水平、出水用途等。当某个农村需要建设生活污水处理工程时，首先分析自身的情况，然后将每个指标的属性对应技术的重叠部分挑选出来即可选出最适合的工艺。

华北地区干旱、多风，水资源极度匮乏。区域内各地经济发展水平极不均衡。京津地区农村污水处理远远领先于全国平均水平，而区域内其他省份目前还没有大规模开展农村污水治理工作。东北地区整体经济水平依然比较靠后，其农村规模通常较小，村落间的距离也较远，难以实现污水集中处理。而且其冬季低温长达半年之久，冬夏用排水量差异大，更进一步限制了污水处理技术的选择空间。

这两个地区的污水处理设施应采取保温措施。地埋式设施应安装在冻土层以下。在居住分散、地形复杂、不便于管道收集的地区可采用单户或多户分散处理方式；新建村庄及旅游度假村、民俗村等可建立污水处理站进行集中处理。

东南地区是我国工农业生产发达、经济产值和人均收入增长幅度最快的地区之一，GDP 约为全国的 31%，人均 GDP 为全国 1.5 倍。该地区很多村庄已经达到了小康型村庄的标准，农村的生活水平和方式已经和城市接近，农民用水量和农村生活污水的排放量逐年增加，成为造成该地区流域水质下降的主要原因之一（如太湖、东江)。江苏、浙江、上海和广东处于长三角、珠三角经济较发达地区的农村，农村污水治理处于领先地位。对于农村经济发达、人口密度大、土地资源紧张、水环境污染严重、水质性缺水等问题突出的地方，应选选择处理效果好、占地面积小的好氧生物处理技术并完善运行、管理制度；而福建和海南等经济欠发达地区的农村则应优先采用运行成本相对低的微动力或无动力处理技术。

西南地区对于便于统一收集污水的村落，经技术经济和环境评价后，宜采用村落集中处理污水。污水处理工程控制措施不仅要满足村民对水质改善的需求，而且还要注重景观美化。宜利用地形，污水采用重力自流和跌水充氧，节省运行费用。

中南地区地形地貌复杂，主要为山地、丘陵、岗地和平原等，湖泊多，河流交错纵横。

该地区农村人口数量、村镇数目、人口密度均较大，很多行政村位于重要水系（如淮河、巢湖、鄱阳湖、洞庭湖等）流域，大量未经任何处理的农村生活污水直接排放，对水环境影响较大。该地区经济总量在全国处于中等偏下水平，区域内经济发展不平衡，农民生活方式、生活水平差异较大。由于中南地区经济水平不够发达，农村污水处理系统开展较晚，很多发展落后的农村，污水处理工作还未覆盖。其中，秦岭—淮河以北地区农村污水很少外排，这些地区排放的少量污水可考虑采用化粪池或厌氧生物膜反应池进行简单的处理。而秦岭—淮河以南农村多傍水而建，周围往往有多个池塘，池塘往往成为受纳水体，这些地区可考虑采用好氧生物处理技术、土地处理技术或者利用现有的池塘采用多塘技术。

西北地区国民生产总值和财政收入均处于全国下游水平，属于内陆干旱半干旱地区，年均降水量和单位面积产生的年均径流量在全国都是最少的，且水资源分布不均匀，部分地区人均占有量极低。大部分村庄居民主要使用旱厕，没有淋浴设施，污水处理配套设施和处理能力较落后，西北地区很多村镇基本没有污水处理设施，农村污水大多就地排放。甘肃省、宁夏回族自治区和新疆维吾尔族自治区目前仅有少数农村污水处理示范工程，尚未大范围开展工作。因此，在选择污水处理技术时，应侧重技术成熟、运行简易、低能耗的技术，可利用西北地区土地处理技术，对水资源进行充分利用。

第 8 章　污水厂污泥处理新技术

8.1　概述

近年来，随着国民经济的快速发展和人民生活水平的逐步提高，城市生活污水集中处理的比重迅速提高，在污水得到净化的同时，污水中的污染物质成为剩余污泥被分离出来，这些剩余污泥作为成分极其复杂的非均质体，主要由有机残片、细菌菌体、无机颗粒和胶体等组成，同时也是污水厂水质净化的副产物。

城市污水厂污泥的处理和资源化已经成为世界范围的环境问题，如何安全、经济、合理地处理污泥，受到国内外的共同关注，各国对污泥处置问题都给予了高度重视，并制定了相关的污泥处理、处置和资源化的政策、法规和标准。西方发达国家由于工业化进程早，污水处理技术先进，处理程度高。在我国，随着城市化进程加快，工业生产迅速发展，城市人口不断增加，城市生活污水排放量日益增多。据统计，2010 年末我国城市污水处理厂日处理能力达 10262 万 m^3，比 2009 年增长 13.4%，城市污水处理率达到 76.9%，因此带来了巨大的污泥产量。污泥的成分复杂，处理难度大，未经处理或处理不彻底的污泥，会给环境带来二次污染，因此污泥处理问题日益严峻。从环境保护角度考虑，应该发展先进、科学的污泥处理方法和技术，这是我们面临的一个重要课题。

1995 年，世界水环境组织（Water Environment Federation，WEF）为了准确反映大多数污泥具有的可资源化利用价值，将污水污泥（Sewage Sludge）更名为"生物固体"（Biosolids)，这表明了污泥具有巨大的资源化潜力。随着能源价格的不断上涨，以及国内外对能源的需求量逐年增加，寻找新的石油替代资源成为保证社会可持续发展的重要课题和紧迫任务。利用新能源和可再生能源，是我国长期的能源发展战略。污泥含有大量的有机质和可燃成分，具有较高的能源开发和利用潜力。通过一定的处理技术，将污泥中的可利用成分回收，对资源合理利用和环境保护具有重大意义。

8.2　污泥的来源与分类

8.2.1　来源

污泥是废水处理过程中产生的沉淀物质，它包括混入生活污水或工矿废水中的泥沙、纤维、动植物残体等固体颗粒及其凝结的絮状物、各种胶体、有机质及吸附的金属元素、微生物、病菌、虫卵等物质的综合性固体物质，简单的讲，污泥是污水中的固体部分。由于与处理污水的性质和处理工艺相似，因而污泥在污水处理过程中的来源相对固定，城市污水厂污泥来源见表 8-1。

表 8-1 城市污水厂污泥来源

污泥类型	来源	物理特性
栅渣	格栅	包括粒径足以在格栅上去除的各种有机物和无机物，有机物料的数量在不同的污水处理厂和不同季节有所不同；栅渣量为 3.5～80cm^3/m^3，平均约为 20cm^3/m^3，主要受污水水质影响
无机固体颗粒	沉砂池	无机固体颗粒量约为 30cm^3/m^3时，这些固体颗粒中也可能含有有机物，特别是油脂，其数量的多少取决于沉砂池的设计和运行状况
初次沉淀污泥	初次沉淀池	由初次沉淀池排出的初次沉淀污泥通常为灰色糊状物，其成分取决于原水的成分，产量取决于污水水质与初沉池的运行情况，干污泥量与进水中的 SS 和沉淀效率有关，湿污泥量除了与 SS 和沉淀效率有关外，还直接决定于排泥浓度
剩余活性污泥	二次沉淀池	传统活性污泥工艺等生物处理系统中排放的剩余污泥，其中含有生物体和化学试剂，产生量取决于污水处理所采用的生物处理工艺和排泥浓度
化学污泥	化学沉淀池	指混凝沉淀工艺中形成的污泥，其性质取决于采用的混凝剂种类，数量则由原污水中的悬浮物量和投加的药剂量决定
浮渣	初次沉淀池或二次沉淀池	主要来自初次沉淀池和二次沉淀池，其成分较复杂，一般可能含有油脂、植物和矿物油、动物脂肪、菜叶、毛发、纸和棉织品等，浮渣的数量约为 8g/m^3

8.2.2 分类

城市污水处理厂污泥可按不同的分类准则进行分类，常见的有以下几类：

根据来源可分为生活污水污泥、工业废水污泥和给水污泥三类。

根据污泥的成分和性质又可分为有机污泥和无机污泥，亲水性污泥和疏水性污泥。

按污泥处理的不同阶段，可分为生污泥或新鲜污泥、浓缩污泥、消化污泥、脱水污泥和干化污泥。

按污泥的不同来源，可分为栅渣、沉砂池沉渣、浮渣、初沉污泥、剩余活性污泥、腐殖污泥和化学污泥。

按污泥的分离和处理过程，可分为沉淀污泥（包括初次沉淀污泥、混凝沉淀污泥和化学沉淀污泥等）和生活污泥（包括腐殖污泥、剩余污泥和生物膜法污泥等）以及它们的混合物。

8.3 污泥的成分与特性

不同国家、不同地区、不同来源的污泥组成和含量不同，基本组成如图 8-1 所示。

污泥的有机物组成从元素分析角度考虑，主要是指碳（C）、氢（H）、氧（O）、氮（N）、硫（S）、氯（Cl）六种元素的质量分数；从化学组成角度考虑，污泥的有机物组成包含毒害性有机物组成、有机官能团化合物组成和有机生物质组成。其中毒害性有机物主要是多氯联苯（PCBS）和多环芳烃化合物（PAHs）等；有机官能团化合物包括醇、酸、酯、醚、芳香化合物、各种烃类等，有机生物质包括可溶性糖类、纤维素、木质素、脂肪、蛋白质等。从微生物组成角度考虑，主要包含致病菌、病毒、寄生虫卵和昆虫卵等。污泥的无机物组成包括毒害性无机物、植物养分和无机矿物等三个主要方面。污泥流动相主要由水及溶于水的各种有机和无机物质组成。污泥中的水分有自由水分、间歇水分、表面水分和结合水分四种存在方式。

- 污泥组成
  - 固　相
    - 有机相
      - 元素组成：C、H、O、N、S、Cl
      - 化学组成
        - 毒害性有机物组成：多氯联苯（PCBs）和多环芳烃化合物（PAHs）等
        - 有机官能化合物组成：醇、酸、酯、醚、醛、烃、芳香化合物、腐殖质等
        - 有机生物组成：可溶性糖类、纤维素、木质素、脂肪、蛋白质等
      - 微生物组成
        - 致病菌、病毒
        - 寄生虫卵
        - 昆虫卵
    - 无机相
      - 毒害性无机物组成：As、Cd、Cr、Hg、Pb、Cu、Zn、Ni等
      - 植物养分组成
        - 氧及其化合态
        - 磷、钾及其可溶态
      - 无机矿物组成：Fe、Al、Ca、Si等的氧化物、氢氧化物
  - 流动相
    - 水　分
      - 自由水分
      - 间歇水分
      - 表面（附着）水分
      - 结合水分
    - 水溶性组分

图 8-1　污泥的基本组成

污泥的环境污染性众所周知，污泥中含有大量病原菌和寄生虫，铜、锌、铬、汞等重金属，盐类以及难降解的有毒有害物质，这些物质对环境、人类及动植物健康有可能造成很大的危害。污泥含盐量高会明显提高土壤导电率，破坏植物养分平衡，抑制植物对养分的吸收，甚至对植物根系造成直接的伤害。污水中的病原体经过处理还会进入污泥，新鲜污泥中检测到的病原体多达上千种，其中危害较大的是寄生虫，通过直接接触或者水体、土壤污染而对人类和动物产生危害。污泥中含有苯、氯酚等有机污染物和重金属元素，对土壤和植物不利。污泥施用于土壤后，重金属将积累于地表层。重金属一般溶解度很小，性质较稳定、难去除，其潜在的毒性易于在农作物和动物及人类中积累。污泥常伴有恶臭，如果处理不当，会造成疾病的传播，给环境带来严重的二次污染，对生态环境和人类健康造成威胁。

污泥的资源性一方面体现在污泥中含有的生物质、有机质（60%～80%）和植物养分（5%～10%）。污泥中含有大量N、P、K、Ca及有机质，且N、P以有机态为主，以及许多植物所必需的微量元素，可以缓慢释放，具有长效性。因此，污泥是有用的生物资源，是很好的土壤改良剂和肥料。污泥资源性的另一方面为其含有的化学能量。污泥中含有较多的可燃成分，干燥基低位热值在11MJ/kg以上，相当于贫煤或劣质褐煤，具有很高的能源利用价值。

因此，在对污泥进行处理时，应结合污泥的特点，在考虑其环境污染性与潜在的资源性基础上，选择适宜的方法和工艺，解决污泥最终归宿的同时尽量提取其中的能量加以回收利用，有利于环境保护。

8.4　污泥处理处置的基本原则

污泥处理是指对城市污水处理厂产生的污泥通过一系列后续处理达到减容、减量、稳定、无害化的过程。根据污泥的特性，国内外研究者对污泥处理与处置技术先后提出了减量化、稳定化、资源化、无害化的原则。

8.4.1 减量化

污泥的减量化是指通过采取过程减量化的方法减少污泥的体积，从而降低污泥处理及最终处置的费用。从污水厂出来的污泥体积非常大，这给污泥的后续处理造成困难，要把污泥变得稳定且方便利用，必须首先对其进行减量处理。污泥减量化通常分为质量的减少和过程的减量，质量减少的方法主要是通过稳定和焚烧，但由于焚烧所需的费用很高且存在烟气污染问题，所以主要适用于难以资源化利用的部分污泥。而污泥体积的减少方法则主要是通过污泥浓缩、污泥缩水两个步骤来实现。过程减量可通过超声波技术、臭氧法、膜生物反应器、生物捕食、微生物强化、代谢解偶联及氯化法等方法实现。

8.4.2 稳定化

稳定化是指降解污泥中的有机物质，进一步减少污泥含水量，杀灭污泥中的细菌、病原体等，消除臭味。采取合适的污泥处理工艺或添加化学试剂，使污泥中的有机组分转化成稳定的最终产物，以此实现对微生物的抑制，稳定污泥性质。杜绝不确定性因素对环境可能造成的污染，以及污染物在不同介质之间的转移，对环境整体而言要具有安全性和可持续性。

8.4.3 无害化

无害化是指消除污泥中含有的大量病原菌、寄生虫卵、病毒和有害的有机物，固化污泥中含有的重金属等有毒物质，提高污泥处理的卫生指标，消除对环境的危害性。污泥中含有多种重金属和有毒有害有机物，这些物质可从污泥中渗滤出来或挥发，污染水体和空气，造成二次污染。因此污泥处理处置过程必须充分考虑无害化原则，消灭或固化有害物质，为后续处理与利用创造条件。

8.4.4 资源化

资源化是指污泥经妥善处理后进行综合利用，从废弃物变为可以利用的资源。污泥中大量的有机质蕴涵着巨大的能量，挖掘其能量并避免污泥中有毒有害物质对环境的二次负面影响。通过资源化处理技术，充分利用污泥中的有用成分，实现变废为宝。污泥资源化技术有利于环境和资源的可持续发展，实现社会效益、环境效益和经济效益的统一。

8.5 污水厂污泥处理与处置基本方法

对目前普遍采用的城市污水二级处理工艺——活性污泥法而言，生物污泥中含有重金属、微量高毒性有机物、大量的致病微生物及一般耗氧有机物 N、P、K 等。为了避免污水厂污泥对环境造成更严重的危害，必须对污泥进行适当的处理和处置。目前我国对污泥的处理和处置没有太严格的区分，一般将无害化前的处理过程称为处理，而将无害化后的处理过程称为处置。

8.5.1 污泥处理方法

污泥的处理方法主要有浓缩、消化、调理（预处理）、脱水、干燥等。进行污泥处理的目的主要有三方面：

(1) 较少水分，为后续处理、利用和运输创造条件，并减少生物固体最终处置前的体积。

(2) 使生物污泥无害化、稳定化。通过处理，消除生物固体中的有毒有害物质，防止散发恶臭，避免导致二次环境污染，尽量使生物固体达到稳定无害。

(3) 改善生物固体的成分和某些性质，以利于应用并达到资源化的目的。

污泥浓缩是减少污泥体积的最经济最有效的方法。生物固体浓缩的脱水对象是间隙水分，当污泥的含水率从99%降到96%时，体积可缩小到原来的1/4，但仍可保持流动特性，可用泵输送，运输方便。污泥的浓缩方法主要有重力浓缩、气浮浓缩、离心浓缩等。

污泥消化是在人工控制条件下，通过微生物的代谢作用，使生物固体的有机质稳定化的过程。污泥的消化可分为厌氧消化和好氧消化，一般说的污泥消化为厌氧消化。

污泥调理是提高污泥的浓缩和脱水效率的一种预处理过程。由于污泥中的有机物与水的亲和力很强，过滤、脱水困难，为了提高厌氧消化及过滤脱水的有效性，进行适当的调理是非常必要的。污泥的调理方法主要有化学法、物理法和生物法。化学调理是应用一种或多种化学添加剂以改变污泥的特性，如无机和有机添加剂、臭氧、酸、碱和酶。物理调理主要采用洗涤、热处理、超声波、高压及辐射等。生物调理实际上指厌氧或好氧消化过程。

污泥经浓缩处理后，含水率仍较高，可达95%～97%，体积仍很大。为了有效经济地进行污泥的焚烧、堆肥、填埋等进一步处置，必须充分脱水而减量化。在整个污泥的处理过程中，脱水是最重要的减量化手段。脱水的方式主要有自然干化、机械脱水及热处理。

污泥经脱水后，滤饼仍含水60%～80%，用于堆肥、直接填埋或焚烧等处置过程仍含水较高，有必要继续降低其含水量以适应后续处置过程的要求，即污泥的干化。干燥是通过加热或通风使污泥中的水分蒸发，此过程伴随较复杂的传热及传质。污泥的水分分布状况与普通的晶体物质有很大差异，水分在污泥中有四种存在形式：自由水分、间隙水分、表面水分及结合水分。由于四种水分与固体颗粒的结合情况不同，干燥过程中首先脱除的是自由水分，而后是间隙水分，第三是表面水分，污泥中的结合水分是不能通过干化脱除的，只有加热到一定程度后，污泥发生裂解的过程才能除去。

按照污泥与热源的接触方式，污泥干燥可分为：直接干燥和间接干燥。直接干燥的热源通常是燃料或热烟气，优点是流程简单，但尾气量较大，由于尾气中通常含有高浓度的致臭物质，常需进行脱臭处理，因此经济性较差。间接干燥的热源多为蒸汽，比直接干燥增加了一个传热环节，流程较复杂，但尾气量小，总体操作的经济性较好。

8.5.2 污泥处置方法

污泥的处理是各种处置技术实施的前提，但是没有解决最终的出路问题。污泥的处置是在符合国家法规和标准的基础上，综合考虑当地经济、环境等因素，采取适当的技术措施和管理政策，为城市污泥提供最终的出路。

由于各种处置方法都存在其一定的适应条件，以下对各种污泥处置方法进行简单的介绍。

(1) 填埋法

填埋法是目前我国常用的污泥处置方法。它是在自然条件下，利用土壤微生物，将污泥中的有机质分解，使其体积减少而渐趋稳定的过程。按照填埋的方法可分为三种类型：沟填、掩埋、堤坝式填埋。为了保证污泥土力学稳定性，填埋法要求污泥的含水率较低，这要增加污泥的脱水、干燥的成本。国外采用严格的卫生填埋标准，处理费用已达到焚烧成本的1/2左右。而简单的填埋法经常会造成污染物质的扩散，通过地表径流夹带及地下水渗透等途径引起更大范围的水体污染问题。由于污泥是一种复杂的混合物，里面含有许多有害物质，时间长了以后，污泥中的有害物质会慢慢地浸透到土壤当中，从而对土质造成严重的破坏，使得以后的农作物都难以很好地生长。污泥消化后经脱水再进行填埋是目前国内许多大型污水处理厂中常采取的方式，经过消化后的污泥有机物含量减少，性能稳定，总体积减少，脱水后作填埋处置是一种比较经济的处理方式。由于消化装置工艺复杂、一次性投资大、运行操作难度大，实际运行经验表明往往难以达到预期的效果。况且脱水污泥含水率大大高于普通生活垃圾卫生填埋场所要求的30％含水率，因此需再经处理才能送生活垃圾填埋场填埋；或者设置专用的污泥填埋场，根据污泥的含水率及力学特性等因素进行专门填埋，但此法有占地较大、选址受阻及存在二次污染隐患等缺点。此外，污泥填埋还受到土地资源紧张的限制，在我国这样人均占有土地面积较少的国家，填埋场地越来越少，随着社会的发展、人口的增长以及环境法规的日益严格，这类处理方法已经变得越来越不可行。

（2）排海

排海是污泥最终处置的另一种方法，沿海地区，尤其是大江、大河入海口附近，可考虑把生污泥、消化污泥、脱水泥饼或焚烧灰渣投海。投海污泥最好是经过消化处理的污泥。该法在沿海城市已有多年的历史，其中有成功的经验，也有造成严重污染的失败教训。污泥的排海有两种方法，一种是船运，另一种是用管道直接把污泥输送到深海区域，利用海洋的潮流将污泥迅速扩散稀释。根据英国的经验，污泥投海应离海岸10km以外，深度为25m以下，潮流水量为污泥量500～1000倍。由于海水的自净作用和稀释作用较好，污泥排海区的海水基本不受污染。但是，美国的情况则不同，纽约每年约有$1.2\times10^6m^3$的生物固体投入海洋，自1940年以来通过长期的积累，已使$51.8km^2$海域受到严重污染，由于污泥的厌氧分解，该海域已变成“死海”，并造成了海底重金属浓度提高了100～200倍。1991年12月31日起，美国已经禁止向海洋倾倒污泥。如果污泥处理不当直接排海，会对海洋的鱼类等生物资源造成严重的污染，破坏海洋的生态环境，使海洋的资源得不到有效利用，甚至是灾难性的后果。

（3）土地利用

污泥的土地利用是一种安全积极的污泥处置方式，包括农业利用、绿地利用、森林利用和土地恢复四种类型。由于污泥中含有丰富的有机物和N、P、K等营养元素以及植物生长必需的各种微量元素Ca、Mg、Zn、Cu、Fe等，施用于农田能够改良土壤结构、增加土壤肥力、促进作物的生长，同时还起到形成叶绿素、防止病害的作用。在美国有50％～60％的污泥采用土地利用的方式进行处置。农田林地利用在我国也是污泥最终处置方法之一，但是由于污泥中含有的病菌、寄生虫卵、难降解有机物、重金属离子等对植物及土壤有危害作用，甚至可能含有一些致癌物质，而且N、P的流失会对地表水和地下水产生污染。因此，在作农田林地利用前，应进行堆肥处理以杀死病菌及寄生虫卵，同时还应去除那些有害物质。

由于有些城市污水中工业废水比重较大，重金属含量较多，经处理后相当一部分重金属转移到污泥中，致使污水厂的污泥重金属含量较高。英国、德国长期施用生物固体肥料的田间试验表明，污泥施用经过33年后，土壤中锌、镉的可提取性和生物有效性并无下降。污泥未进行稳定和灭虫卵等必要的无害化处理，直接施用于农田后，污泥中的大量病原菌和寄生虫卵等有害物质转移到农田和作物上，不仅可能对土壤造成污染、影响作物生长以及人类的健康，而且也可能因蚊蝇聚集而造成环境卫生方面的危害。为此，各国政府先后颁布了农用污泥重金属浓度标准和严格的无害化要求，并对单位面积土地污泥的用量有严格的限制。我国对污泥土地利用的研究也是比较广泛的，但多侧重于农田土壤。

（4）焚烧

污泥焚烧，是将污泥进行干燥以后，利用其中的可燃成分进行燃烧，从而利用其燃烧产生的热能。该技术处理迅速，占地面积小，无害化、减量化、资源化效果明显。污泥焚烧法与其他处理方法相比，具有一些突出的优点：首先，焚烧法可使污泥体积在原地减少到最小，最大限度地实现减量化；其次，焚烧在高温下进行，可使污泥中的有毒有害物质分解，杀灭致病菌等微生物；第三，可以回收能量，污泥焚烧释放的热量可用于发电。但是污泥焚烧过程也存在一定的弊端。由于污泥中含有大量有害物质，而焚化又是在有氧环境下进行的燃烧反应，同时污泥中含有的重金属又可作为反应的催化剂，所以燃烧过程中不可避免地会产生大量的有害物质，如氮氧化物、二氧化硫及二噁英类物质，从而对生态环境造成了二次污染。此外，从国内外的污泥焚烧工艺运行过程看，污泥焚烧处理的成本较高，一般为其他处理工艺的2～4倍。

（5）其他方法

为了解决污泥处理处置与资源化的问题，各国在这方面都进行了大量的研究。污泥制造生态建筑材料就是污泥处置与利用的一种有效方法。利用污泥生产建筑材料，不仅可以减少污泥填埋所占用的土地，减少自然资源消耗，而且可以使资源得到循环利用，变废为宝。

目前，污泥的建材利用已经被看作是一种可持续发展的污泥处置方式，在日本、德国等国家已经进行规模化生产。因为生活污泥中含有大量的有机物，有较高的燃烧热值，用于制砖，可节约能源。污泥制砖的方法有两种。一种是用干化污泥直接制砖，另一种是用污泥灰渣制砖。用干化污泥直接制砖时，应对污泥的成分作适当调整，使其成分与制砖黏土的化学成分相当。当污泥与黏土按重量比1∶10配料时，污泥砖可达普通红砖的强度。利用污泥焚烧灰渣制砖时，灰渣的化学成分与制砖黏土的化学成分是比较接近的，制坯时只需添加适量黏土与硅砂。我国常州市排水管理处经过反复论证和改造，试验成功了在保留发电功能的同时，污泥经焚烧产生的泥灰和锅炉里原先的煤灰一起制砖的原料，且经过环保部门的检测，没有有害气体排放，每吨污泥的综合处置费仅80多元。

8.5.3 国内外污泥处理处置现状

随着全球经济的不断发展、人口剧增，市政污水处理厂的建设规模与污水处理程度也在不断扩大和提高，从而导致剩余污泥的产量与日俱增。目前，世界上许多国家已不再将污泥作为无用的废弃物而简单处置或丢弃。在全球普遍倡导的可持续发展战略的影响下，污泥作为一种可以回收、利用的资源与能源的载体，对它们的处理和处置正朝着无害化、减量化、资源化的方向发展。然而，不同地区、不同国家的经济发展水平和环境保护法规各不相同，以致各自对污泥处理、处置的方法和管理办法也不尽相同。

（1）欧洲

近年来，欧洲的污泥产量增长趋势明显，一方面是因为污水管网的服务人口不断增加，另一方面是因为水质排放标准越来越严格。污泥量的增加给环境带来沉重的负担，极为严格的相关法规也加重了污泥的处理处置难度。在欧洲，含有可生物降解有机质的固体废弃物将不允许填埋，丹麦、瑞士和德国等都出台了相关法律规定，要求所有欧洲国家用于土地填埋的固体废弃物中有机质含量必须逐年递减，其中污水厂污泥也是该法令规定的固体废弃物种类之一。

由于受多方面因素的限制，污泥农用所占比例出现了小幅度下降，填埋所占份额大幅度削减，而焚烧所占份额急增。污泥焚烧将是最终出路，它不但能实现污泥减量的最大化，同时基于预干燥-流化床焚烧技术的污泥焚烧厂几乎不再需要使用矿物燃料助燃，且产生的余热可用于供暖发电。

欧盟于 2006 年把废物处理法令增加到了 5 个等级，即环境保护、再使用、再循环、土壤恢复和最终处置，并相应制定了严格的标准，以尽可能地降低污泥填埋给环境带来的不利影响，特别是对地表水、地下水、土壤、空气和公众健康的影响。此标准定义了废物的不同分类（市政废物、危险废物、无危险废物和难降解废物），并且规定了废物的处置地点和填埋方式（表面填埋和深度填埋）。

欧洲各国通过严格的法规控制简单的污泥处理处置方法，倡导污泥的农业利用，在保护土壤、消除污泥不利影响的同时，最大限度地发挥污泥的农用价值。欧洲环保委员会在环境保护法令中指出，污泥用于农业必须是安全的，污泥中不应含有对农作物有害的病原菌。对于工业废水处理过程中产生的污泥，因其含有重金属等有害成分而不宜农用，可采用污泥焚烧处理，有关污泥焚烧的处理方法在欧洲的一部分地区还是受到了相当程度的重视，往往与垃圾焚烧一并考虑。

根据英国有关部门的规划，在 2005 年的污泥处置中，土地利用的比例达 66%，焚烧比例为 28%，填埋只占 6%。根据《欧洲废物处理处置政策》，从 2000 年开始欧洲已经对污泥填埋征收填埋税，要求减少污泥填埋直至完全废止，对污泥处置的原则是遵循着“减量化—循环利用—焚烧—填埋”的顺序。

（2）美国

美国环保局的数据显示，2000 年美国污泥处置中，土地利用占 55.5%，焚烧占 22 %，填埋占 14 %，其他有利利用 7.5%。到 2005 年，美国污泥处置中，土地利用比例达到 58%，焚烧比例为 20%，填埋占 13%。

（3）日本

日本是一个经济高度发达的国家，其环境保护在国际上处于领先地位，目前日本对已产生的污泥的处置方法大致有绿化利用、做建筑材料、填埋、燃料化等。2003 年，日本污泥各种处置方法中，绿化利用和做建筑材料的比率为 65 %以上，污泥利用率很高，另外污泥填埋也占了 33%的较大比重。

日本已制定了大区域污泥处置和资源利用的 ACE 计划：A（Agriculture）——污泥无害化后用于农业、园林或绿地；C（Construction Use）——污泥焚烧后将灰分制成砖或其他建筑材料；E（Energy Recovery）——利用污泥发电、供热。堆肥将在今后日本污泥处理中占相当份额，污泥用作发电厂燃料也具有应用前景。

（4）中国

我国存在着重废水处理，轻污泥处理处置的倾向，污泥的处理处置起步较晚，20 世纪 90 年代我国城市污泥处理问题才被提上议事日程，且存在一些问题，主要表现在以下几个方面：污泥处理技术设备落后；污泥处理管理、设计水平低；污泥处理处置投资低；污泥处理处置状况较为混乱。除几个大型城市外，国内各城市的总体规划中缺少污泥处理处置内容，更无专项规划。除了对污泥缺乏科学认识外，也由于污泥处理处置技术难度高、投资大、回报不确定等原因，国内涉足于此领域的企业很少且规模不大，与先进国家相比差距很大。在我国现有的污水处理厂中，有污泥稳定处理设施的不到25％，处理工艺和配套设备完善的不到10％。在为数不多的污泥消化池中能够正常运行的很少，有些根本就没有运行。

中国水网从国家有关部门得到资料发现，截至2008年3月底，我国污水处理设施已投产总数为1321座，在建污水处理项目为889个，全国污水处理厂总处理能力达到8043万$m^3 \cdot d^{-1}$，实际投资总规模达到1615.4亿元，全国污水处理厂的平均负荷率为63.74％，平均达标率为91.35％。在1321个项目中，有864个项目采用的是卫生填埋方式，达到了项目总数的66％，可见，卫生填埋是我国污水处理厂处理污泥的最主要方式，有17％的污水处理厂选择污泥堆肥，堆肥也是最主要的污泥处理方式之一。

我国城市生活污水污泥主要以填埋、农业使用为主，以机械脱水、消化为辅，工业污泥大多采用焚烧、填埋和建材利用。2007年原建设部批准《城镇污水处理厂污泥泥质》为城镇建设行业标准，该标准填补了我国关于城镇污水处理厂的污泥处理无单独标准的空白，现行标准为《城镇污水处理厂污泥泥质》（GB 24188—2009）。污泥处理工艺流程一般分为3个等级，即一级处理（污泥→自然干化→污泥利用）、二级处理（污泥→浓缩→消化→脱水→污泥利用）、三级处理（干化→焚烧→灰分利用），并规定现有城镇污水处理厂中污泥处理工艺流程要以二级处理为起点，或进行污泥三级处理；无法达到标准的污水处理厂要进行改建、扩建，并要求污泥逐步从机械脱水转向干化或焚烧处理。预计到2020年，我国干污泥的产量将会达到$800 \times 10^4\ t \cdot a^{-1}$，并且随着城市化和城市集群区域的发展，我国污泥处理最终将走向三级处理。

8.6　污泥热解法

8.6.1　污泥热解法的基本原理

热解法是利用污泥中有机物的热不稳定性，在无氧或缺氧条件下对其加热干馏，使有机物产生热裂解，经冷凝后产生利用价值较高的燃气、燃油及固体半焦，这些产品都具有易储存、易运输及使用方便等特点，给污泥的无害化、减量化、资源化提供了有效途径。

热解法与焚烧法是两个完全不同的过程。首先，焚烧一般是指在有氧条件下，物料在温度升高的情况下，达到其着火点从而发生燃烧反应；热解是物料在缺氧或者是无氧状态下进行的反应。其次，两种方法的产物不同，焚烧的产物主要是二氧化碳和水，而热解的产物主要是可燃的低分子化合物：气态的有氢气、甲烷、一氧化碳；液态的有甲醇、丙酮、醋酸、乙醛等有机物及焦油、溶剂油等；固态的主要是焦炭及碳黑。最后，焚烧是一个放热过程，而热解需要吸收大量热量。另外，焚烧产生的热量大的可用于发电，量小的只可供加热水或产生蒸汽，适于就近利用，而热解的产物是燃料油及燃气，便于储藏和远距离输送。污泥在经过晾晒以后，由于含有一定的有机成分，含有大量的挥发分可以用来进行燃烧，但是直接焚烧可能会释放出大量的有害气体，会对环境造成严重的污染。而热解则可以避免这一污染，而且还可能获得许多有用物质，如焦油以及碳氢化合物等。

根据热解过程操作温度的高低可分为低温热解和高温热解。高温热解的热源是外加的，而低温热解的热量可以由污泥本身热解产生的热量提供。由于高温热解需要的能量支出较高，虽然在某些含能较高的生物质（木材加工残余）的能量利用中取得了商业性的成功，但其在污泥处理的应用中，由于污泥的含能量相对低，所得的固、气、液产物中的含能量不足以达到高温热解的能量需求，目前国际上已基本放弃了高温（>700℃）热解工艺在污泥处理中的应用。低温热解工艺维持过程所需温度的能量较低，从能量平衡的角度看较适合污泥处理的应用。事实上，污泥的低温热解方面的研究自 20 世纪 80 年代以来，得到了持续发展。

8.6.2 污泥热解法的影响因素

（1）污泥性质

相同条件下，不同性质的污泥经热解后，产物产率分布是不相同的，生污泥产油率明显高于消化污泥。在热解产物中，不凝性气体热值很低，产率也不高，但带有很强烈的臭味，其中，含有一氧化碳、硫化氢、甲烷、甲硫醇、二甲硫醚、二甲二硫醚和氨等，这类气体属可燃性气体，可通过燃烧脱臭。所产生热能可作为补充能源用，但要增加相关设备；转化产生的油热值高，是过程的主要产能产物，收集起来后可作为可储存能源利用（与轻柴油混合后可达到加热用燃料油的品质）；转化产生的固体，通过流化床燃烧，燃尽率>99%，其热能可满足前置干燥的需求，使其衍生油可能成为净回收产品。该工艺的环境安全性较好，污泥中的含氯有机物和多环芳烃在热解过程中可有 90%和 80%的分辨率，余者少量存在于油中；污泥中重金属在热解过程中不挥发，且全部存在于固相产物中，固相产物中无含氯和多环有机物，使焦炭焚烧尾气可处理性提高。

同济大学对该工艺做了实验研究，发现污泥在 450℃以下时，温度上升，产油率上升，而且经微生物处理程度越低的污泥，有机物含量越高，其产油率也越高；焦炭的热值与反应温度基本呈反比；污泥热解制成的炭为无光泽多孔状黑色块（粒）。炭体积约为原有污泥体积的 1/3，污泥炭产率随温度上升而下降，为取得较高产炭率，可将热解温度控制在 300℃以下，可得到燃烧性能较好的污泥炭，且此时全系统的能量回收效率最高。此过程的生产性规模设备尚处于发展之中。澳大利亚、加拿大正在研制的该过程反应器的特点是带加热夹套的卧式搅拌装置，反应器分成蒸汽挥发和气间接触两个区域，两个域间以一个蒸汽内循环系统相连接，从而满足了反应机制对反应器的要求。

（2）热解温度

热解温度不同，热解后所得到的产物和产量也不同，即使是同一污泥，由于热解温度不同，产物也不一样。分解温度高，燃气产量增加，油、碳化物相应减少。同时，热解温度不同，燃气成分也发生变化，温度升高，燃气中低分子碳化物 CH_4 及 H_2 等增加。

将干燥污泥放入保持一定温度的反应管中，最终可得到可燃性气体、常温下为液态的燃料油和焦油、包括炭黑在内的残渣等。随着热解温度的提高，污泥转化为气态物质的比率上升，而固态残渣则相应降低。实验表明，在无氧状态下将污泥加热至 800℃以上高温后，其中的可燃成分几乎可以全量分解气化，这对于污泥的能量回收和减量化非常有利。

（3）热解速度

热解速度不同，热解所产生的燃气成分也有很大不同。实验结果表明在较低和较高的加热速度下气体产量都很高，另一方面随着加热速度增加，水分和有机液体的含量减少。

（4）污泥含水率

污泥的含水率和热解生成量的关系为负相关。

（5）空气量

外热式热解是在绝氧情况下进行，产生的燃气热值高；内热式热解时，由于引入空气，使气体产物中含有相当数量的氮及 CO_2，燃气热值较低，纯氧热解的气体产物比用空气所产生的燃气热值高。

（6）预处理

污泥热解前需进行干燥预处理，这将造成大量的能源消耗，为节约能源，英、美等国有人提出了直接热解油化法，即污泥在 300℃、100atm 条件下反应生成油状物，该方法适用于生活污泥处理，能增加有机质的转化率，燃油率达 16%，充分实现了污泥资源化，但需对恶臭问题进行有效解决。日本采用在 250～350℃、880～180kgf/cm² 压力下以碳酸钠作为催化剂进行污泥油化，反应 1～2h，结果证明是产能型工艺。

从设备构成看，污泥低温热解比污泥焚烧要增加预干燥器、油水分离设备。因此设备费会有所增加，但污泥热解所需温度（≤450℃）比污泥焚烧所需温度（800～1000℃）低，因此前者运行费用远低于后者。且污泥热解后生成的油和炭，还可出售或辅助二次燃烧分解获得一部分收益。两项相抵，污泥低温热处理成本为直接焚烧的 80%左右。何品晶等人对此做了详细的研究，结果表明，低温热解是能量净输出过程，成本低于直接焚烧。

污泥低温热解能量回收率高，经济性优于焚烧处理，是大有前途的处理方法。在热解机理和动力学研究方面、工艺和设备的改进方面有待进一步探讨。

8.6.3　污泥热解法的研究现状

污泥热解过程是一种相当复杂的反应体系，要建立能够比较完整、准确地描述该反应体系的数学模型是十分困难的，其复杂性主要有以下几个方面：

（1）污泥成分的复杂性

城市污泥中含有的有机物种类很多，除了脂肪类、蛋白质、纤维素等常见的大分子物质，还含有一定数量的醇、醛、酚、醚、胺类等有机质。此外，还含有各种金属离子。

（2）化学反应的复杂性

污泥中各种成分受热后会发生各式各样的化学反应，有机物发生裂解，重金属可能作为催化剂参与，并且金属离子会发生钝化等。单是有机物的反应就可能出现裂化、环化、异构化、氢转移、烷基转移、歧化、缩合、叠合及烷基化等 10 余种催化反应。

（3）各种操作条件影响的复杂性

各种工艺操作条件对污泥热解过程的影响也是十分复杂的。其中主要的影响因素有热解终温、反应时间、反应气氛、物料水分等。这些操作参数对产率分布、产品的特性及热平衡的影响是错综复杂的。

污泥的热化学转化过程类似于石油形成过程，主要为脂肪、蛋白质及其他碳水化合物的分解过程。根据热解温度一般可把热解过程分成三个阶段，第一阶段为脱除表面吸附水阶段，温度为 100～120℃，从差热曲线上可看出较明显的吸热峰，热解产物主要为水分；第二阶段为污泥中脂肪类、蛋白质、糖类等有机物质的分解阶段，温度范围为 150～450℃，该温度段为放热过程，320℃前主要为脂肪类分解阶段，320℃以上为蛋白质、糖类的分解阶段，此阶段的热解产物为液态的脂肪酸类；第三阶段为 450～700℃，该阶段为第二阶段形成的大分子分解及小分子的聚合阶段，失重速率相对第二阶段小一些，主要产物为气态小分子碳氢类化合物。

在传统热解工艺的基础上，近年来又开发了催化热解技术及微波热解技术。与传统电加热及燃气加热热解工艺相比，微波热解所用的时间更短，且生成的液态油中含氧脂肪类物质含量较高，经检测油中不含有分子量较大的芳香族有害物质。污泥热解过程中加入钠、钾、钙等的化合物作催化剂后，不仅可以加快污泥中有机物的分解速度，而且可以改善热解油的性能，为后续利用创造条件。随着近年来对环境标准要求的提高和污泥传统处理方法弊端的逐渐显露，污泥是非常有用的资源的观点被广泛接受，一些污泥资源化利用途径的探讨也就被提到日程上来。德国学者 Lutz 和 Baye 等对活性污泥、消化污泥及印刷厂污泥低温热解后的产油率及产物特性进行了研究。结果发现活性污泥的产油率最高，达到 31.4%，并且污泥中大约 2/3 的能量被转移到了油中，而消化污泥的产油率最低，只有 11%。因此得出：活性污泥最适合采用热解法进行处理及利用。通过研究还发现，污泥热解油中 94.8%的产物为脂肪族化合物（其中含有 26%的脂肪酸，46%的软脂酸），4.3%的烯烃化合物，2.5%的芳香族化合物。这些化合物除了燃料利用外，还可作为化工业的原材料加以利用。

污泥热解工艺过程中，除了主要产品衍生油作为能源的利用价值高外，副产的炭化物也有很高的利用价值。根据 1993 年《化学工程师技术》（《Chemie Ingenieur Technik》）刊登的 Schuller 等的研究，污泥中 90%以上的重金属 Cd、Co、Cr、Cu、Fe、Ni、Pb 及 Zn 等被转移到固体半焦中，并且通过美国环境保护局的相关实验已经证明，热解后的固态半焦产物处理简单，对环境没有危害性污染。利用污泥热解后的固态物质具有质轻、多孔、吸附能力强的特点，污泥活化制取吸附剂技术是目前较流行的应用方式。对于这种吸附剂的应用，由于其中含有一定量的重金属的氧化物，因此其不但可以作为吸附剂，同时也是良好的催化剂，所以，虽然从相关参数上比较其不如商业活性炭，但应用效果却与商业活性炭效果接近，甚至有时会超过活性炭。利用污泥制成的吸附剂对难处理的农药废水 COD 的去除率也可以达到 63.25%，此种吸附材料对有机和无机有害气体的净化还有待进一步研究。

由此可见，污泥热解后的固、气、液产物的可利用价值很高。热解过程不仅可以把固体废弃物中的重金属等有害物质钝化，并可把大量的有机质转化为可被利用的能源或工业原料，产生的固、气、液物质都有很高的利用价值。固体物质具有较强的吸附特性，可用作吸附剂；液体或气态物质具有较高的热值，可作为液体燃料或可燃气体加以利用。

8.6.4 污泥热解法的工艺特点及主要设备

（1）工艺特点

随着科学技术水平的提高，热解法处理污泥在污泥处理体系中占有重要地位。其中以低温热解为主要反应机理的污泥低温热化学转化技术，与其他污泥处理方法相比，显示出了能量经济性及二次污染可控性等显著优势，主要包括以下几点：

1）污泥的减量化效果好，可以实现及时处理，缓时利用。污泥不必进行远距离输送，节省了运输费用，而生产的产品便于储存和运输。

2）能量回收率及利用率高，经济性优于焚烧处理。该技术把污泥分解成固、气、液三种形式，再分别利用其中的能量，整个热解过程为净能输出过程。热解后回收的热解油的燃烧效率比直接焚烧高 4 倍左右。

3）环境安全潜力大。由于热解在低温下进行，避免了二噁英类物质的产生温度段，并且根据研究表明，污泥中的重金属可被钝化。热解产生的气体通过焚烧处理，最终排放到环境中的污染物少。

4）热解产物的可利用性好。液态产物由于热值较高，各种性能类似柴油，可作为重油类燃料使用。由于热解产物中含有大量的脂肪酸类物质，也可作为化工产业的原材料。不凝结气态产物也可作为燃气加以利用，固体产物可作为工业吸附剂，热值高的也可作为劣质固体燃料。

（2）主要设备

目前已开发的污泥热解设备主要有带夹套的卧式搅拌反应器和流化床反应器，其热解反应器及工艺流程如图 8-2、图 8-3 所示。近年来出现的用于生物质热解的设备如真空移动床、旋转锥及用于快速热解的烧蚀涡流反应器等在污泥热解中的应用还未见报导。

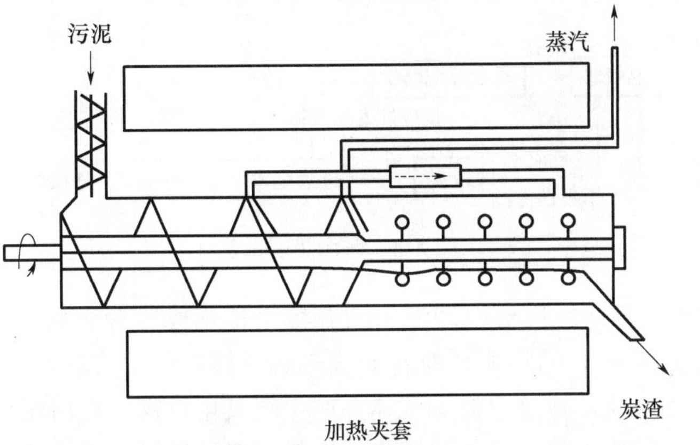

图 8-2　卧式搅拌反应器

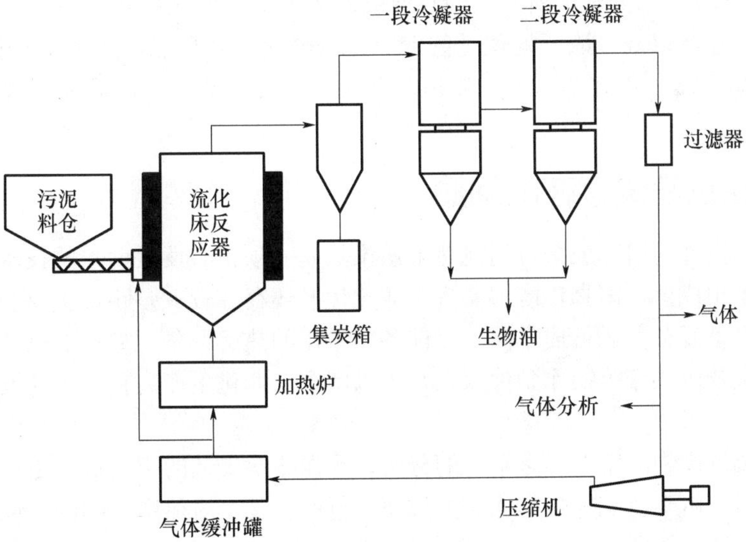

图 8-3　流化床反应器

8.6.5　污泥热解法应用实例

以澳大利亚 Subiaco 污水处理厂为例，阐述污泥热化学处理的工艺过程。整个 Subiaco 污水处理厂的污泥热解（Entersludge）工艺装置是完全封闭的，其中包括污泥处理工艺，如脱水、干化、转化、能量回收和气体清洗，工艺流程如图 8-4 所示。这一非焚烧型热力装置处理污水过程产生的初沉污泥和剩余活性污泥，目前处理干污泥量达 15～18t/d。

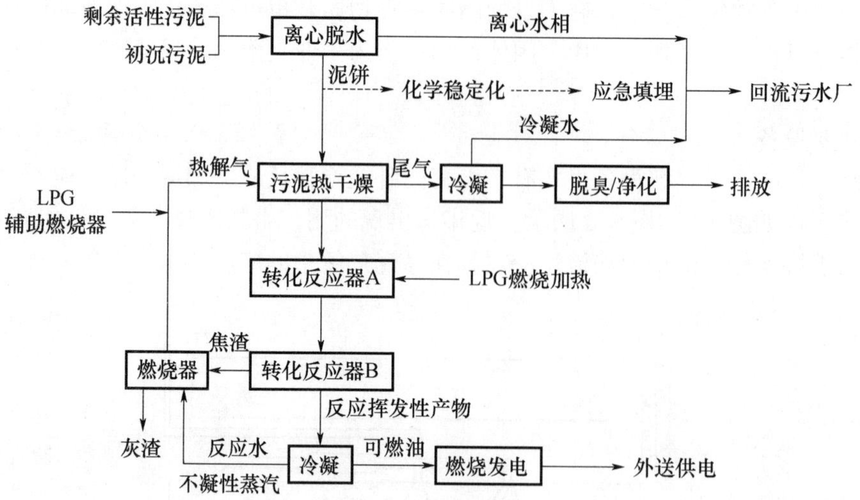

图 8-4　污泥热解工艺

在 450℃条件下，在双反应器中污泥中的有机物转化成 4 种燃料。在第一个反应器内，干污泥被加热，直到约 60％的污泥颗粒转变成热解气体。热解气和焦炭在第二个反应器内接触，加速催化气化反应，在这里提炼气体并产生碳氢化合物，在污泥自身铝硅酸盐和重金属催化剂作用下进行转化。热气发生器燃烧的燃料为三种低级燃料（焦炭、不凝性蒸汽和反应水），用于污泥烘干。

目前，Subiaco 污水处理厂所产生的石油被外运至工厂取代石化燃料，并作为蒸汽锅炉的燃料。自投入运行以来，该厂处理了约 $55\times10^4m^3$ 的液体污泥，产生石灰稳定污泥 $23\times10^3m^3$、干污泥 8700t、灰渣 275t、燃油超过 250t，并且大部分干污泥和石灰稳定污泥回用到农田上。

8.6.6　污泥热解法存在的问题

根据目前国内外的研究成果，污泥热解法虽然是一项很有发展前景的技术，但是由于各方面的研究还不很成熟，离真正能够实现工业化生产还存在较大差距，主要表现在：

（1）热解设备复杂，运行成本高。目前各国采用的热解设备，如带加热夹套的卧式反应器、高压反应釜及流化床等操作条件复杂，难以实现工业化生产。在工艺和设备的改进方面有待新的突破。

（2）污泥热解产物的特性缺乏系统的分析。污泥热解工艺的突出优势是可以实现污泥的综合利用，但是，由于目前很少有能够大规模运行的设备，对热解产物的特性研究很少，大多数的实验规模还只停留在毫克重量级，无法对热解产物的物理及化学性质进行全面的研究。关于污泥热解液态产物即热解油的应用情况目前还没有报导，这方面的成果还有待进一步研究。随着人们对热解工艺的重视，对污泥产物的资源化利用也备受关注。

（3）热解机理研究还有待完善。虽然热解法具有工业化利用前景，且能量回收率高，经济性优于焚烧处理，是大有前途的处理方法。但由于目前在热解机理方面的研究还处于初级阶段，缺乏能够指导实践的热解机理和表观动力学研究数据，致使热解工艺的应用受到了很大限制，因此，有必要对热解反应机理进行深入的探讨。

(4) 污泥热解工艺的能量平衡及工艺有待优化。由于污泥热解所需温度比污泥焚烧所需温度低，热解法的处理成本远低于焚烧，因此前者运行费用远低于后者，且污泥热解后生成的油和炭，还可出售或辅助二次燃烧获得一部分收益。二项相加，污泥低温热处理成本为直接焚烧的 80%左右。但是污泥热解工艺过程中污泥水分含量对热解能耗及考虑到干化能耗的影响，目前还没有文献报导，关于污泥热解法的能量消耗情况还有待进一步研究。

8.7　好氧污泥堆肥技术

8.7.1　好氧污泥堆肥技术原理

堆肥就是依靠自然界广泛分布的细菌、放线菌、真菌等微生物，在一定的人工条件下，有控制地促进可被微生物降解的有机质向稳定的腐殖质转化的生物化学过程。利用微生物的作用，将不稳定的有机质降解和转化成为较稳定的有机质，并使挥发性物质含量降低，减少臭气，物理性状明显改善（如含水率降低，呈疏松、分散、颗粒状），便于贮存、运输和使用。按需氧程度一般分为好氧堆肥和厌氧堆肥两种，前者是在通气条件下借好氧微生物活动使有机质得到降解，由于好氧堆肥堆体温度一般可达到 50～70℃，极限可达 80～90℃，故也称为高温堆肥，通常说的堆肥一般指高温好氧堆肥。好氧堆肥微生物活性强、有机质分解速度快、发酵效率高、稳定化时间短，易于实现大规模工业化生产；在堆肥过程中，经过高温灭菌，能够最大限度杀死固体废物中的病原菌、寄生虫（卵）等，提高堆肥的安全性，现代堆肥工程系统大都采用好氧堆肥。

在堆肥过程中，溶解性有机质透过微生物的细胞壁和细胞膜而被微生物所吸收。固体和胶体有机质先附着在微生物体外，由微生物所分泌的胞外酶分解为溶解性物质，再渗入细胞。微生物通过氧化、还原、合成等过程，一部分被吸收的有机质氧化成简单的无机物，并释放出微生物生长活动所需要的能量；另一部分有机质转化为生物体所必需的营养物质，合成新的细胞物质，用于微生物的生长繁殖。

好氧堆肥过程大致可分为 3 个阶段：

(1) 中温阶段。指堆肥过程的初期，堆体基本呈 15～45℃的中温，嗜温微生物较为活跃并利用堆肥中可溶性有机质进行旺盛的生命活动。这些嗜温微生物包括真菌、细菌和放线菌，主要利用糖类和淀粉类等较易利用的有机质。

(2) 高温阶段。当堆体温度升至 45℃以上时即进入高温阶段，在这一阶段，嗜温微生物受到抑制甚至死亡，取而代之的是嗜热微生物。堆肥中残留的和新形成的可溶性有机质继续被氧化分解，堆肥中复杂的有机质如半纤维素、纤维素和蛋白质也开始被强烈分解。各种嗜热微生物的最适宜温度也是不相同的，在温度上升的过程中，嗜热微生物种群是相互接替的，通常在 50℃左右最活跃的是嗜热真菌和放线菌；当温度上升到 60℃时，真菌几乎完全停止活动，仅嗜热性放线菌和细菌活动；温度升到 70℃以上时，大多数嗜热性微生物已不再适应，从而大批死亡或进入休眠状态。现代化堆肥生产的最佳温度一般为 55～60℃，这是因为大多数微生物在 45～65℃范围内最活跃，有利于分解有机质，其中的病原菌和寄生虫大多可被杀死。

(3) 降温阶段。在内源呼吸后期，剩下部分较难分解的有机质和新形成的腐殖质。此时微生物的活性下降，堆体发热量减少，温度下降，嗜温微生物又占优势，对残余较难分解的有机质作进一步分解，腐殖质不断增多且稳定化，堆肥进入腐熟阶段，需氧量大大减少，含水率也降低。

8.7.2 好氧污泥堆肥的影响因素

堆肥过程是可降解有机质在微生物作用下的分解、稳定化的过程，该过程与微生物的生殖繁衍、物料成分和控制条件有直接的关系。影响堆肥生物降解过程（特别是主发酵）的因素有很多，对于好氧堆肥工艺来说，堆体温度、水分、供氧是最主要的发酵条件，其他的还有有机质含量、颗粒度、C/N、C/P、pH 等。通过合理调控这些因素，可以改变好氧堆肥中有机质的降解速率和最终堆肥产品的品质。

（1）有机质含量

有机质是微生物赖以生存和繁殖的重要物质基础，堆肥反应需要一个合适的有机质含量范围。大量研究表明，在高温好氧堆肥中，适合堆肥的有机质含量范围为 20%～80%。当有机质含量低于 20%时，堆肥过程产生的热量不足以提高堆体温度而达到堆肥的无害化，也不利于堆体中微生物的繁殖，无法提高微生物的活性，最后导致堆肥失败。当堆肥物料有机质含量高于 80%时，堆体对氧气的需求很大，而实际供气量难以达到要求，往往使堆体中达不到好氧状态而产生恶臭，也不能使好氧堆肥顺利进行。可将城市垃圾和污泥混合堆肥，这样既可以利用垃圾提高堆体的孔隙率，又可以利用污泥提高堆体中的可降解有机质含量。

（2）C/N

堆肥物料必须达到适宜的 C/N 值，才能进行理想的堆肥，微生物生长需要碳源，蛋白质合成需要氮源，微生物合成一份蛋白质大约需要 30 份碳，对于堆肥来讲，C/N 值为 30 较为理想，一般为 25∶1～35∶1。当碳氮比超过 40∶1，可供消耗的碳源太多，氮源相对缺乏，微生物必须经过多次生命循环才能氧化掉过量的碳，因而碳氮比过高会降低有机质分解速度，延长发酵过程。另外，堆肥原料碳氮比过高，容易导致堆肥成品的碳氮比过高，这样的堆肥施入土壤后，将夺取土壤中的氮素，使土壤陷入“氮饥饿”状态，会影响作物生长。若碳氮比低于 15∶1，可供消耗的碳源少，氮素相对过剩，则容易引起氨态氮挥发，导致氮元素大量损失而降低肥效。同时，堆肥原料的合适碳氮比也与碳源和氮源的形态有关，不能根据堆肥原料总碳和总氮含量简单确定，而要参考物料中微生物可以利用的碳源和氮源含量。

堆肥的碳氮比可通过添加含碳高或含氮高的物料来加以调整，秸秆、杂草、枯枝和树叶等含纤维、木质素、果胶较多，碳氮比较高，可以作为高碳添加材料；而污泥和畜禽粪便中含氮量高，可作为高氮添加材料，如猪粪中含有大量微生物易利用的氨态氮，从而有效促进微生物生长繁殖，加快堆肥腐熟。

（3）水分

堆肥过程中，水分是一个重要条件，影响堆肥的其他方面，堆肥中水分的控制十分重要。水分主要作用有：① 提供微生物代谢必需的水分；② 运输养分、溶解小分子有机质，参与微生物的新陈代谢，为微生物的移动提供条件；③ 为化学和生物化学反应提供介质；④ 软化物料使其吸水后容易分解；⑤ 水分蒸发时带走热量，调节堆体温度，高温阶段约 90%热量通过水分蒸发的形式散失；⑥ 调节通气孔隙，达到水气协调；⑦ 保持良好的堆体结构。

堆肥原料水分多少及堆肥过程中水分调控，直接影响了堆肥过程中物料的物理化学和生物学性质，进而决定了好氧堆肥反应速度快慢、堆肥腐熟程度和堆肥产品质量，甚至关系到好氧堆肥过程的成败。对好氧堆肥而言，如果物料含水率超过65%，会造成堆肥物料被紧缩或其内部游离空隙被水膜填充，使游离空隙率降低而影响空气的扩散，使堆体供氧不足而出现局部厌氧状态，产生恶臭和因硫化物而导致物料腐败发黑，有机质降解速度减慢，延长堆腐时间，并影响堆肥质量；物料中的水分低于40% ，就不能满足微生物的生长需要，限制微生物的运动及代谢，使堆体中心部位达不到适宜的高温，有机质难以分解，从而降低反应速率；若物料含水率低于30%，微生物在水中摄取营养物质的能力将降低，微生物繁殖慢，有机质分解过程相当缓慢；当物料含水率低于12%，微生物的繁殖就会停止。从微生物学考虑，好氧发酵需要适宜的含水率，大量研究结果表明，堆肥物料的起始含水率一般为50%～60%，整个堆肥过程中水分含量也不应该超出这个范围。在堆肥的后熟期阶段，物料的含水率也应保持在一定的水平，以利于细菌和放线菌的生长而加快后熟，同时减少灰尘污染。

对于低于堆肥正常含水率的堆肥原料，一般可直接添加水分或者添加含水率高的调理剂；为克服物料高含水率的问题，可采取许多有效的方法，例如：① 回流已腐熟的堆肥，以调节起始混合物的水分含量；② 将干调理剂（如锯末、秸秆等）加入高含水率的原料中；③ 将膨胀剂（如木屑和秸秆等）加入高含水率的原料中，以维持堆垛结构的多孔性；④ 通过机械设备经常搅动，避免物料粘结压实。

（4）温度

温度是影响微生物活性的最显著因子，是堆肥系统中微生物代谢活动产热累积与散热平衡的反映，是好氧堆肥的关键参数，也是判断堆肥是否达到无害化要求的最重要指标之一，对堆肥反应速率起着决定性作用。一般认为，微生物活性的最适范围在35～50℃，49～55℃时微生物的多样性相似，当温度高于60℃时，微生物多样性显著减少。工程上要求堆体温度应控制在微生物适宜活性范围的上限：55～60℃，一般认为工程上极限堆体温度可以达70℃。

靠酶促作用进行的堆肥生物化学反应系统，当温度超过限值时，反应速度大幅减缓，过高的温度将对堆肥微生物的活性产生抑制作用，甚至使微生物死亡而使堆肥失败。如堆体温度上升到65～70℃时，放线菌等有益菌将被杀死，进入孢子形成阶段，孢子呈不活动状态，使分解速度减慢，在此温度范围内，形成的孢子再发芽繁殖的可能性很小。过低的温度也将大大延长堆肥周期，影响堆肥质量，无害化效果差。因此，好氧高温堆肥理想温度范围的确定就显得极为重要，一般认为高温堆肥的最佳温度为55～60℃。

（5）蓬松剂

随着人们生活水平的提高，厨余垃圾在城市生活垃圾中所占的比重越来越大，这类垃圾有机成分多，具有较高的堆肥价值，但含水率高，通气性差，C/N低，需要加入一些质地疏松的物质来增加通气性，吸收多余的水分并调整合适的C/N比，改善堆肥环境。通过增强堆料结构，吸收多余的水分，增加孔隙率，可以为堆肥微生物营造一个良好的生长环境，使堆料微生物数量增多，种群结构复杂而稳定，从而快速分解垃圾中的有机物，提高堆肥效率，有效控制H_2S等臭气的产生。

理想的蓬松剂应该是干燥的、疏松的、密度较小，能够改善堆体结构，增强堆料持水能力，提高堆料孔隙度，增加其与空气接触的面积，有利于好氧发酵的进行。木屑、锯末、树皮、树梗、稻壳为常用的蓬松剂，橡胶轮胎、成熟堆肥、废纸等均可作为蓬松剂改善堆肥条件。

费用是影响蓬松剂使用的问题之一，木屑、锯末等价格较高，而且需要场地储存，要求使用前进行破碎处理。在美国，一个通气静态垛式堆肥厂，木屑的费用大约占去整个堆肥系统操作费用的40%，如果回流堆肥用作蓬松剂的效果良好，堆肥的成本及场地需求将会大大降低。

（6）生物表面活性剂

一些具有特殊结构的物质（如生物表面活性剂）的加入，将是改善堆肥微生物反应生态微环境的有益尝试。生物表面活性剂是一类新型表面活性剂，它是微生物在代谢过程中生成的、可调节微生物生长微环境的一类物质。生物表面活性剂一般具有一个烷基脂肪酸构成的疏水端，并由糖苷脂或酰胺基将疏水端连接到亲水端。这一结构使其可以显著降低固-液界面表面张力，从而使微生物在有机物过量存在的反应体系里依然可以正常生长，甚至直接分解该有机物。另外，由于生物表面活性剂由微生物形成，因此对微生物本身存在毒害作用的可能性极小。同时由于生物同源性，它在微生物体内的降解会相对容易。一旦表面活性剂被引入垃圾颗粒间隙，表面活性剂分子的疏水端将与有机垃圾亲和，使分子固定在垃圾颗粒表面；亲水端溶于颗粒空隙内的水中。这种两亲基团的不同作用使水在垃圾颗粒表面形成稳定的液膜，最大可能地为微生物的反应提供表面环境。同时，表面活性剂分子的疏水端会提高有机物在水膜中的溶解度，从而加速微生物对有机物的分解；另外，表面活性剂的加入还有利于提高难降解有机物的生物可利用性。作为改善微生物生长微环境的良好物质，生物表面活性剂具有以下优点：① 能够促进微环境改善，从而提高微生物对垃圾的降解效率；② 不对微生物活性造成伤害；③ 不是体系中微生物的优先降解物质，但表面活性剂作为一种有机物质最终可以被微生物降解。

（7）pH值

pH值是能对细菌生存环境作出评估的参数，适宜的pH值可使微生物有效地发挥作用，pH值太高或太低都会影响微生物的活动，进而影响整个堆肥过程，一般认为pH值在7.5～8.5时最好。在堆肥过程中，尽管pH值在不断变化，但能够通过自身得到调节。堆肥中如果没有特殊情况，一般不必调节pH值，微生物可在较大pH值范围内生长繁殖。

（8）供氧量

供氧是好氧堆肥成功的重要因素之一，主要是以通风量作为控制因子，其作用在于：① 提供好氧微生物生长繁殖所必需的氧气；② 通过控制通风量调节堆体温度，从而控制堆体最高温度值及其出现时间；③ 在维持最适温度的条件下，加大通风量可以去除水分；④ 翻堆在增加氧气供应量和堆体孔隙度的同时，还可以使物料、水分、温度和氧气达到均质化，并能使堆体外层的病原菌和杂草种子被带入堆体中心而被高温杀死；⑤ 适宜的通风量可以降低氮素损失和恶臭产生。

（9）重金属

用于堆肥处理的有机固体废物中往往含有一定量的重金属，堆料中重金属的存在可能对堆肥微生物产生一定的毒害作用，其是影响堆肥过程中微生物生长代谢及群落动态演替的不可忽视的因素之一，如皮革中含有铬，蓄电池中含有铅，而污水污泥中则含有大量的铅、镉、锰、砷等重金属。随着大气、水体和土壤中重金属污染的加剧，树皮、树叶、银木、稻秆和家畜粪尿等垃圾中重金属含量也有所增加。虽然微量的金属元素对微生物在自然界物质中的分解、转化和循环起重要作用，且菌体能通过各种生理代谢机制维持所需重金属在体内的动态平衡，但当堆肥环境中金属含量较高时，则可能破坏微生物细胞膜的功能而进入细胞内部，使某些细胞成分逸出，导致微生物生长与代谢活动受到抑制，甚至失去正常的生理机能，同时，重金属可通过与酶蛋白相结合来抑制酶的活性，阻碍堆肥中的有机物的降解，从而影响堆肥腐熟程度和堆肥质量。

（10）其他因素

除了以上几种因素外，C/P 和颗粒度也是影响堆肥顺利进行的因素。堆肥化反应是在固体表面附着的水膜中发生的，因此，粒度越小的材料比表面积越大，越利于反应进行。但是，如果粒度太小，堆体堆积紧密，会严重影响通风供氧；而粒度太大，又会使氧气无法进入颗粒内部，造成颗粒内部供氧不足，甚至造成局部厌氧。磷对微生物的生长也有很大影响，在垃圾中添加污泥进行混合堆肥，就是利用污泥中丰富的磷来调整堆肥原料的 C/P，堆肥原料适宜的 C/P 为 75～150。此外，填充材料、环境温度等也都会影响堆肥过程。

8.7.3　好氧污泥堆肥应用实例

（1）北京市密云污水处理厂污泥制肥工程

密云县污水处理厂设计能力 4.5×10^4t/d，城市污水污泥生产有机复合肥示范工程由北京市环境保护研究院、密云县联合承担，设计、研制了动态发酵器，提出了以污泥动态发酵器为核心的污泥复合肥新工艺路线，在国内城市污水处理厂建立了第一条生产复合肥装置。1996 年 12 月运行以来，该设备状态稳定可靠，取得了明显的经济效益。

根据密云污水处理厂污泥成分的特点，通过进行：人工堆放发酵，风干生产污泥有机肥；机械发酵，生产污泥颗粒肥；投加化肥，生产污泥颗粒有机复合肥 3 种污泥加工制肥方法的试验，产生了 4 种型号的污泥肥。实验结果表明，采用 A、B 两种配方，使用圆盘造粒法生产的污泥有机复合肥，经在小麦、油菜、玉米等作物上施用，配方 A（磷酸二铵 39.5%、氯化钾 7.5%、发酵污泥 53.5%）增产效果最好，污泥消纳量大，已被密云复合肥厂采用，年产几千吨污泥复合肥。其生产的工艺流程如图 8-5 所示。

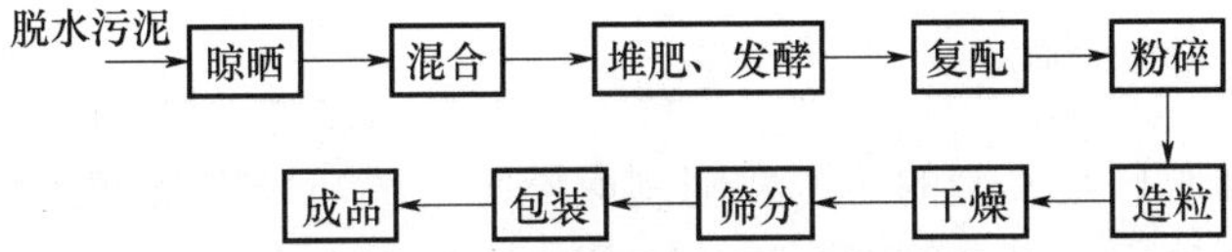

图 8-5　污泥制造有机复合肥工艺流程

按密云污水处理厂日处理污水量为 3 万 t 计，每天产生剩余污泥 5～6t 干物质，原污泥含水率为 80%～85%，进入高效滚筒污泥堆肥装置，堆肥周期 5d。出堆经配料加入氮肥、磷肥及钾肥，调整肥分比例，然后经搅拌、造粒、干燥、包装等工序制成产品。预处理成本为 27.30 元/t，复合肥加工成本为 109.56 元/t。污泥肥经在大兴区进行冬小麦田间施肥试验，在北京市农林科学院进行油菜、玉米盆栽施肥试验。试验结果表明，当冬小麦播种前每公顷施肥量为 40kg 时，用三种方法产生的四种污泥肥（用人工堆放发酵生产的污泥有机肥）都有明显的增产效果，增产 33.8～369.4kg/hm^2；油菜、玉米盆栽试验的结果与小麦小区试验结果相似，油菜增产 85%～101.8%，玉米增产 14.8%～22.1%。

（2）日本广岛县某堆肥厂

日本广岛县某堆肥厂利用城市污水处理厂和食品污水处理厂污泥生产堆肥，产品用于绿化。主要工艺包括污泥拌混、发酵、发酵翻堆、破碎、筛分、包装以及车间废气处理系统。

工艺流程如图 8-6 所示。

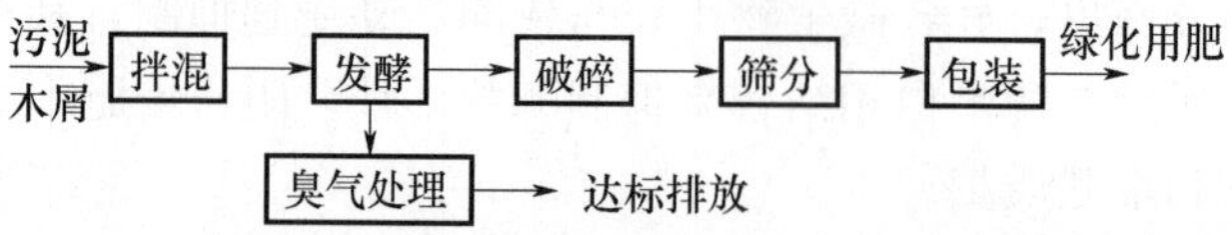

图 8-6　日本广岛县某堆肥厂工艺流程

进厂污泥首先与木屑拌混后采用简单室内堆垛发酵，发酵时间六个月，采用装载机拌混翻堆多次，发酵期间如果湿度降低太多，要进行增湿。充分发酵后的堆肥进行破碎再进入筛分装置，筛下堆肥送包装，袋装产品销售。

发酵车间半密闭方式，屋顶设通风系统，抽出空气经过酸洗、碱洗、水洗后排放。采取循环洗涤方式，排放水中含有氨氮和硫等，中和后作为发酵后期喷洒配水。日本广岛县某堆肥厂主要参数见表 8-2。

表 8-2　日本广岛县某堆肥厂主要参数

项目	数值
污泥处理能力	20～30t/d
污泥含水率	80％
木屑配加比	1∶1（体积比）
发酵时间	6 个月
堆高	1.5～2m
发酵湿度	35％～60％
产品含水率	30％～35％
产品粒度	5～15mm
通风气量	12000m^3/h
洗涤设备	低阻填料塔
发酵及生产车间面积	约 4000 m^2

日本广岛县某堆肥厂是典型的污泥发酵制取堆肥工艺，采用兼氧工艺，发酵时间长，腐熟程度高，产品质量稳定，设备简单，操作方便，全厂 4 人。虽然现在有很多发酵时间较短方法，但原始的处理工艺仍然在产品质量、腐熟程度、劳动强度等很多方面有一定优势。

8.8　污泥自热高温好氧消化技术

8.8.1　污泥好氧消化概述

污泥好氧消化是指在不投加其他外源物质的条件下，对污泥进行较长时间的曝气，处于内源呼吸阶段的污泥微生物将以自身生物体为代谢底物获得能量并进行生物再合成，代谢过程中存在能量和物质的散失，细胞物质中可生物降解的组分被逐渐氧化成 CO_2，NH_3 和 H_2O。消化过程通过有效的曝气以保证污泥中溶解氧不低于 1～2mg/L，并采用机械搅拌等方式使污泥保持悬浮状态。好氧消化的目的在于稳定污泥并减轻污泥对周围环境的危害，同时减少污泥的最终处理量。污泥好氧消化需要曝气供氧，因而能耗较高；但它具有运行管理方便、基建投资低等优点，对污水处理能力相对较小的中、小型污水处理厂具有良好的应用前景。

污泥好氧消化技术自20世纪70年代开始得到了较多研究。80年代以来，国外污泥好氧消化理论研究不断深入，工艺技术得到进一步充实与完善。美国、加拿大等国家和地区不少中、小型污水厂相继采用好氧消化处理污水厂污泥，丹麦全国有近40%的污泥采用好氧消化技术进行稳定化处理。我国在污泥好氧消化方面研究工作起步较晚，自20世纪90年代开始有多位学者对污泥好氧消化处理效能及工艺进行了相关研究与报道。目前，污泥好氧消化已从传统的常温与中温好氧消化逐步发展为高温好氧消化，从而缩短消化过程污泥停留时间并取得更好的病原菌灭活效果。

8.8.2 污泥自热高温好氧消化概述

污泥自热高温好氧消化（Autothermal Thermophilic Aebobic Digestion，ATAD）属污泥好氧消化范畴，其工艺源于高温好氧消化基本原理，通过采取有效的保温措施以实现消化反应器的自热高温状态，从而使含固率高达4%～7%的污泥在45～65℃的高温下快速分解而获得稳定。ATAD工艺具有污泥停留时间短、抗秋冬低温冲击、病原菌灭活率高等优点。1969年，《Water Pollution Contrd Federation》刊登了Kambhu和Andrews采用计算机模拟从理论上证明固体物含量为4%～6%的污泥在高效曝气条件下可实现消化系统的自热升温的现象。20世纪70年代后，ATAD技术在工艺参数优化、消化机理分析、反应器的设计与中试工艺的运行等方面得到了深入研究，从而使ATAD工艺在中、小型城市污水处理厂的污泥稳定化处理中得到逐步应用与推广。截至2003年，德国有40多家污水处理厂采用ATAD工艺进行污泥稳定化处理，美国和加拿大也分别有30座与12座ATAD工程化装置。

近些年来，我国对污泥ATAD稳定化技术开展了较多的理论研究，并突破了常规两段或多段ATAD工艺运行模式，在单段式ATAD消化反应器的设计与运行方面取得了相关专利。

8.8.3 污泥自热高温好氧消化技术的影响因素

（1）曝气量

好氧、厌氧及兼性微生物对环境中氧的需求各有差别，溶解氧的高低直接决定污泥消化体系中起主导作用的微生物类型。早期的ATAD工艺系统将溶解氧视为控制参数之一，并通过适时调整曝气量来满足高温消化系统对氧的需求。ATAD系统除存在好氧细菌外，也可检测到厌氧或兼性细菌，这些厌氧、兼性细菌的存在能强化污泥中有机物的水解酸化过程，从而有利于好氧菌的进一步分解。适时调整ATAD工艺过程的曝气强度，不仅有利于污泥中有机物的快速降解，也可防止因大量气体排放而导致系统散热过快，从而有利于反应体系的自热高温状态。受消化体系高温、高污泥浓度的影响，即使加大曝气量也无法明显增加ATAD工艺体系的溶解氧浓度，消化反应器难以达到完全好氧状态。《Water Environment Federation》刊登了Staton等人认为的观点，ATAD系统因抑制了硝化进程而适当降低了氧的消耗量，反应器内溶解氧浓度一般维持在0.5～1.5mg/L即可满足消化体系的耗氧需求。曝气量过小时，含硫醇、H_2S的恶臭气体大量产生并释放，污泥处理负荷因污泥停留时间延长也有所降低。程洁红等人利用污水处理厂初沉池与浓缩池的混合污泥在不同曝气强度下进行了ATAD工艺中试运行，其结果表明：按0.8～0.9 m^3空气/（h·m^3污泥）进行适量曝气要比高强度曝气效果更为明显，此时污泥消化体系最高温度可达54℃，VS去除率达48.7%。

曝气量对污泥稳定化效果的影响其实质是通过消化系统中不同类型的微生物对有机底物

的降解作用而实现。溶解氧是这些不同类型微生物生长的一个重要影响因素，也是消化工艺的运行调控参数之一。但 ATAD 系统的高污泥浓度往往导致溶解氧无法准确测量，因而难以真实反映消化体系的实际溶解氧浓度。消化体系的氧化还原电位（ORP）与反应器的供氧状态、挥发性脂肪酸（VFA）的产生量等有着较好的对应关系，且 ORP 测量简便、反应迅速，因此 Staton 等人建议用 ORP 代替溶解氧指标作为 ATAD 工艺的调控参数。污泥 ATAD 消化工艺间歇运行条件下，曝气供氧充足时 ORP 可达 0mV 以上，波动范围在－200～＋100mV 之间；曝气强度较低时，ORP 相应处于较低水平，一般维持在－250～100mV 之间。可见，曝气强度明显影响消化体系的 ORP 值。尽管 ATAD 工艺过程维持了连续曝气操作，但消化体系的 ORP 值并非始终保持在 0mV 以上，甚至低至－300mV 左右，这表明污泥 ATAD 稳定化进程并非完全的好氧消化。

（2）温度

ATAD 系统的消化温度对污泥稳定化效果有着直接影响。在不致微生物变性的条件下，微生物的活性和比增长速率均随温度升高而增加。因此，在一定范围内提高消化反应温度可加速污泥中 VS 的降解速率，污泥停留时间相应缩短；另外，病原菌灭活效果也更为明显。ATAD 系统消化温度一般为 45～65℃。但瑞士联邦理工学院 Anthony 等人认为，在供氧并不充足的情况下，消化体系在 60～65℃ 的温度条件下运行更为稳定。有研究对体积为 28.4m^3 的 ATAD 反应器采取有效的保温措施，在混合污泥的高温好氧消化处理过程中，消化体系温度一般超过 50℃，最高可达 63℃；即使在进料污泥温度为 0℃ 且进气温度为－10℃的情况下，系统也能自升温至 40℃。

ATAD 系统自升温的热量主要来源于污泥中有机物的氧化分解过程。污泥总固体（TS）浓度较高时，可挥发性固体（VSS）值相应增加，微生物内源代谢释放的热量相应越高并导致反应体系升温速率更快，达到的消化温度因而较高；高温消化体系反过来又能加快 VSS 降解，从而使得污泥稳定化所需时间大为缩短。但当污泥浓度过高时，其粘度增大、流动性能变差，氧转移效率明显降低，VSS 去除率反而呈现下降趋势。当污泥中有机物含量 VSS/TS 高于 70％时，ATAD 工艺一般要求进料污泥含固率为 4％～6％左右。我国污水处理厂污泥的有机物含量通常低于 70％，因而在应用 ATAD 工艺进行污泥稳定化处理时需适当提高进料污泥的 TS 浓度，以保证有机物氧化分解释放足够的热量来维持消化体系的自热高温状态。程洁红等人采用 ATAD 工艺对污泥含固率为 4.5％～8.2％的污泥进行了 14d 稳定化处理，运行结果表明：进料污泥含固率为 4.5％时，反应体系温度较低，VSS 去除率仅为 30.8％；含固率提高到 6.2％时，消化过程升温速率较快，反应器最高温度为 54℃，VSS 去除率达 48.7％；当污泥浓度高达 8.2％时，VSS 去除率反而仅有 42.9％。

ATAD 系统并非完全的自升温，其维持高温的热量部分来源于污泥搅拌或回流的机械能。一个设计合理的 ATAD 反应器污泥剪切强度至少需达 450 s^{-} 才能满足均匀混合的要求，消化体系在 50～60℃条件下运行时所需最小电功率可按 100W/(m^3 污泥）进行核算。这部分电耗在保证污泥均匀混合的同时，部分因机械摩擦转化为热能并为高温消化体系所利用。有研究表明，ATAD 反应器热能除大部分来自 VS 降解释放热以外，也有近 30％左右来自机械能。

污泥 ATAD 消化系统中，高效的曝气、合理的反应器设计、良好的保温措施等均可减少消化过程热量的散失，从而有利于 ATAD 系统维持高温消化状态。《Water Environment Federation》刊登了 Kambhu 等人的理论：采用高效的曝气设备并确保进料污泥浓度在 4％～6％之间即可实现污泥的自热高温消化。采用传统的穿孔管曝气，消化体系的传氧效率明显偏低；改用射流曝气或微孔曝气方式可适当提高传氧效率。为防止气体排放而导致较多热量散失，ATAD系统甚至采用纯氧曝气的方式进行试验运行。尽管纯氧曝气对污泥稳定化过程有较为明显的促进作用，但ATAD工艺运行费用相应增加，因而在污泥稳定化处理工艺中难以获得实际应用。

ATAD消化系统中，消化污泥的上层往往会形成较多泡沫，这对操作过程较为不利。但从系统保温的角度看，泡沫在一定程度上起到了“隔热层”的作用，它使得反应器内部上界面向外部散热的过程受到抑制，因而对系统的保温起到了较好的强化作用。

（3）pH值

污泥ATAD工艺消化处理进程中，pH值一般保持在偏碱性的范围。在进泥pH值为6.8左右的情况下，消化过程无需额外调整pH水平。当进泥pH值低至5～6时，有必要适当添加化学药剂以提高进料污泥的pH值或直接采用低投配率的方式进泥，从而维持消化体系pH的适宜变化范围。

ATAD工艺批式运行时，启动初期温度较低，受污泥有机物水解酸化过程的影响，消化体系pH值呈适度下降趋势。随着消化体系温度逐步升高，硝化进程受到抑制，NH_4^+向NO_2^-、NO_3^-的转化过程难以进行，污泥生物质体内的有机氮将转化为NH_3并进入污泥上清液，从而导致消化体系pH值呈上升趋势，并较长时间维持pH弱碱性状态；在一些新型喷射式曝气反应器内，pH甚至可上升至8.5～9.5的碱性范围。消化后期，碱性物质NH_3因持续曝气从消化体系吹脱而进入消化尾气，污泥消化液中的NH_4^+与曝气中的CO_2及消化过程中累积的VFA达到酸碱动态平衡而使pH回落到近中性。

（4）污泥停留时间及水力停留时间

污泥ATAD消化系统为取得38%以上的VSS去除率，一般要求污泥停留时间（SRT）约7d左右；若SRT低于4d，消化系统将因污泥流失使原泥中VSS无法得到较为彻底的降解。污泥高温好氧消化中试运行表明：SRT为5～8d时，VSS去除率可达40%～60%；保持消化温度不变时，VSS去除率将随SRT的延长而增加。在55～65℃的高温消化范围内，污泥VSS去除率随温度升高而有所增长。因此，若提高ATAD反应器的消化温度，在满足相同VSS去除率的前提下，消化系统可相应缩短SRT值。

ATAD系统中，水力停留时间（HRT）与SRT存在密切关联，且批式运行系统中两者的取值趋于一致。早期ATAD系统设计时，HRT较短，通常为10d，甚至低至7d左右。第二代ATAD反应器中，HRT延长至10～12d以强化污泥稳定化效果；HRT越长，溶胞作用产生的蛋白质、脂类等物质氧化降解越彻底，因而能有效降低出水化学需氧量，并有助于减少消化过程泡沫的过多产生。

（5）消化污泥的脱水性能

脱水性能恶化是污泥高温好氧消化工艺所必然面临的问题。污泥经ATAD工艺稳定化处理后，通常需要比中温好氧消化投加更多的调理剂才能获得相同的脱水效果。就每吨干污泥的脱水费用而言，中温好氧消化后处理费用约为20～30美元，ATAD工艺消化后处理费用高达60～120美元，甚至有人认为ATAD消化污泥脱水时所需调理剂的费用要比中温好氧消化高出近10倍。

污泥高温好氧消化工艺的启动初期，污泥毛细吸水时间（CST）急剧上升，污泥脱水性能呈现明显恶化趋势。一些学者等认为高温促使污泥中有机物快速降解，并引起消化上清液中蛋白与多糖浓度迅速上升，从而导致了污泥脱水性能的恶化。与初沉池污泥相比，浓缩池污泥通常含有更高的有机物浓度，因而呈现出更差的脱水性能；处理初沉池与浓缩池的混合污泥时，浓缩池污泥含量越高，则消化污泥脱水性能越差。当污泥经历更长的停留时间后，CST 值往往会在前期快速上升并达到最高值后呈现缓慢下降的趋势。加拿大学者 Zhou 利用浓缩池污泥对比研究了不同消化温度（50℃，55℃，60℃，70℃）对污泥脱水性能的影响，结果表明：较高的消化温度有利于适度改善消化污泥的脱水性能。

尽管影响污泥脱水性能的主要原因或确切作用机理仍不清楚，但改善高温好氧消化污泥脱水性能的报道却逐渐增多。单独投加无机盐（铁盐和铝盐）或共同投加无机盐与有机高分子聚合物等方式均能显著改善 ATAD 消化污泥的脱水性能；投加铁盐或铝盐可降低消化上清液中蛋白与多糖的浓度，有利于减少污泥脱水所需高分子聚合物调理剂的投加量。美国弗吉尼亚理工学院和州立大学 Saurabh 等人认为，在 ATAD 污泥调理过程中依次加入阳离子与阴离子絮凝剂，有利于明显提高污泥脱水性能。美国工程师 Abu-Orf 也得到了类似研究结果，按每千克干污泥投加 100g $FeCl_3$进行化学预处理，可使污泥脱水过程有机聚合物投加量节省近 50%。此外，也有研究提出了其他改善高温消化污泥脱水性能的方法。Zhou 等人用蛋白酶处理高温消化污泥，其脱水性能可提高 13%～19%。《Water Environment Federation》有研究提出，将 ATAD 消化污泥再进行中温（20℃）曝气有利于减少污泥脱水过程对聚合物的需求量，减少的程度取决于污泥在高温、中温条件下不同的停留时间。

8.8.4 ATAD 工艺的发展

(1) 常规 ATAD 消化工艺

污泥 ATAD 工艺消化池一般由两个或多个反应器串联而成（图 8-7），反应器采用封闭式（加盖），其外壁需采取隔热措施以减少热损失。ATAD 工艺一般采用高效氧转移设备进行曝气供氧，有的 ATAD 系统采用纯氧曝气以减少热量损失；反应器内污泥的悬浮混合一般通过机械搅拌得以实现。消化和升温主要发生在第一个反应器内，其温度通常维持在 45℃左右，不超过 55℃；第二个反应器温度一般为 50～65℃。甚至在冬季外界温度为 −10℃、进泥温度为 0℃的情况下，ATAD 反应器也无需外加热源而仍可维持高温消化。

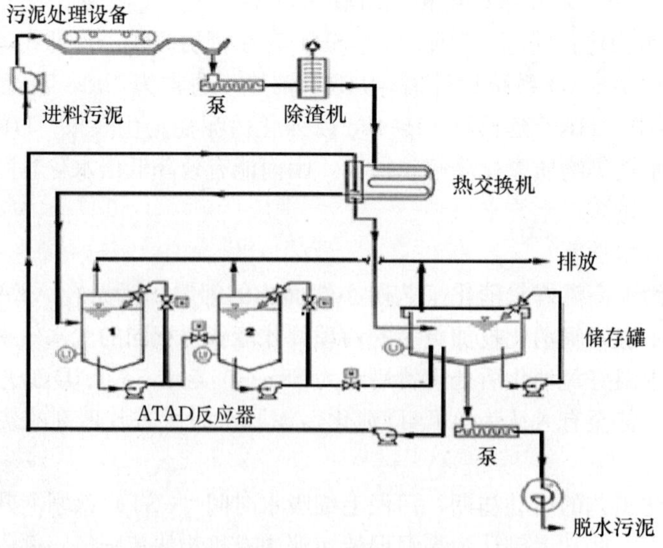

图 8-7 污泥 ATAD 工艺流程及主要设施

ATAD系统的主要运行方式有半间歇式、连续式和半连续式。半间歇式运行时，每天进行进泥与出泥操作，进泥与出泥的量由污泥停留时间确定。连续式操作运行时，保持污泥处理过程连续不断地进泥与出泥；半连续式运行时，第二反应器首先排出部分消化污泥，之后自第一反应器转入等量消化污泥到第二反应器，最后污泥经浓缩池注入第一反应器，半连续式运行是瞬间充满、部分排放的操作方式。尽管连续式和半连续式运行方式操作简单，但半间歇式操作方式却应用最多。

污泥ATAD消化系统的主要组件包括搅拌机（或回流泵）、曝气供氧设备、消泡设施、尾气收集与处理设施、温度与液位监测器、自动阀门等。除此之外，一些辅助设施也必不可少。ATAD消化池前通常需设置浓缩和粉碎处理设施；污泥进料前，可通过浓缩设施提高至ATAD工艺所要求的含固率，从而有助于污泥降解过程释放足够的热量并维持消化体系的高温状态；块状污泥或毛发等颗粒物通过碎渣机等进行粉碎处理，避免了对后续管道、输送泵等造成堵塞；ATAD消化池后往往也需要设置脱水设施，以减小消化污泥体积并有利于污泥的后续处理与处置。

（2）VERTAD™-ATAD消化工艺

VERTAD™工艺是一种占地面积很小的ATAD工艺，其核心是深埋于地下的井式高压反应器，地下钻井一般深达100多米，直径为0.3～5m。井式高压反应器从上至下依次为氧化区、混合区和深度氧化区（图8-8）。VERTAD™反应器中，污泥被送入混合区后与已部分消化的循环污泥混合。压缩空气连续不断地从混合区下部引入，促使污泥混合液沿内筒和井壁之间的环形空间上向流动并进行初步氧化；污泥上升至脱气平台时，细小气泡在顶部的分离罐实现气液分离；之后，混合污泥进入内筒并呈下向流动。循环内筒高速的下向流液体在混合区被主曝气头向上的气流所干扰，其流速明显降低。部分污泥进入反应器底部呈推流模式的深度氧化区，该区温度高、停留时间长，污泥处理后VSS去除率可达40%～50%，并满足A类消化污泥有机物减量化的要求。抽泥管将处理后的消化污泥从深度氧化区底部抽送至产物罐进行浓缩或处理，由于压力迅速降低，气浮作用促使固液物质较好分离，此时可获得含固率约10%的消化污泥。

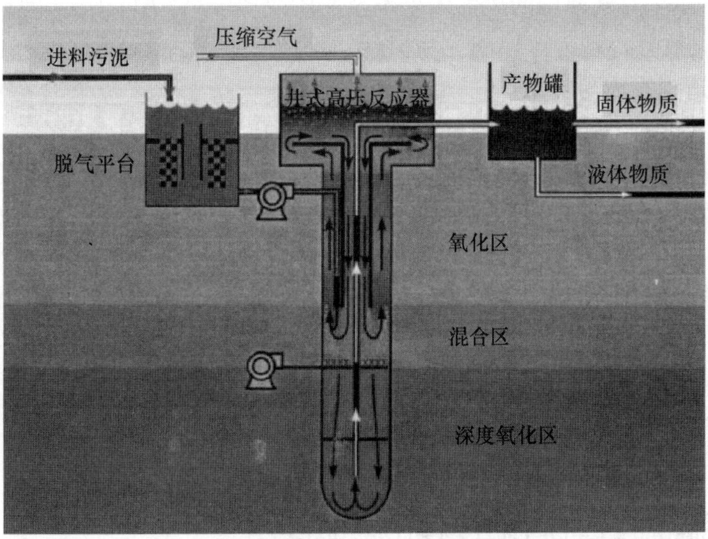

图8-8　VERTAD™-ATAD工艺流程图

VERTAD™反应器中氧传递效率可高达50%，工艺运行费用远低于传统高温好氧消化工艺，同时具有占地面积小、处理效果好等优点。但该工艺也存在施工难度大、安装费用高等明显不足。

（3）高温好氧-中温厌氧消化工艺

为充分利用厌氧消化可回收生物质能这一优势，采用高温好氧-中温厌氧相结合的消化工艺（AerTAnM工艺）进行污泥稳定化处理得到了较多关注。

AerTAnM工艺中，ATAD消化池作为中温厌氧消化阶段的预处理，厌氧池的中温消化温度一般维持在（37±1）℃。ATAD消化池污泥停留时间可缩短至24h左右，采用纯氧曝气时溶解氧维持在（1.0±0.2）mg/L，反应器运行温度达50～60℃。ATAD消化池处于氧浓度相对不高（微好氧）和碳源充足的消化环境，因而导致大量短链挥发性脂肪酸快速产生，从而有利于提高后续中温厌氧消化阶段的产甲烷速率。另外，污泥经ATAD阶段高温好氧消化时，因蛋白质脱氨反应导致污泥碱度提高［可由（1460±200）g/L上升至（3000±250）g/L，以$CaCO_3$计］，消化污泥因而具有较低的"VFA/碱"，从而使得后续中温厌氧消化反应器运行更为稳定。波兰罗兹大学Sebastian等人采用高温好氧-中温厌氧两相消化处理城市污泥，VSS去除率达44%～46%，厌氧消化气产量提高至480dm^3/（kgVS）。美国内华达大学教授Pagilla等采用混合污泥进行AerTAnM工艺中试研究，运行结果表明：高温好氧处理使诺卡氏菌受到抑制，厌氧消化段大量产生泡沫的情况得到明显改善，消化气中甲烷含量更高。

AerTAnM工艺将快速产酸阶段和较慢的产甲烷阶段分离在两个不同反应器内进行，在促进污泥中有机物快速降解的同时可回收生物能产生的热量来维持厌氧消化段的中温，从而减少能源费用并可利用好氧消化阶段。该工艺还具有病原菌灭活率高、消化污泥脱水性能较好等优点。AerTAnM工艺污泥停留时间相对较长，对既定的污泥处理要求而言，依然难以摆脱占地面积较大的不足，该工艺目前仍处于试验阶段。

（4）单段式ATAD消化工艺

目前，已经得到实践应用的污泥自热高温好氧消化技术大多采用两段或两段以上工艺。尽管单段ATAD工艺对病原菌的灭活效果不及两段或多段ATAD工艺，但可同样有效实现污泥的VS减量化效果，且运行控制更为灵活。因此，单段式ATAD工艺也在污泥稳定化处理技术中得以适当发展与应用。

近些年来，我国对污泥自热高温好氧消化技术也开始了较多试验研究。为解决我国诸如上海这类大城市中小型污水厂污泥稳定化处理设施改建、扩建与城区用地紧张之间的矛盾，结构简单且占地面积小的单段式ATAD工艺得到了较多关注并取得了多项反应器的设计发明专利。单段式ATAD工艺处理污水厂污泥的间歇式运行结果表明，固体物浓度为4.5%～6.8%的污泥在消化时间达10d后，VS去除率达44%～57%左右，消化体系可自升温至54～58℃，病原菌低至未检出水平。可见，单段式ATAD工艺同样具有良好的污泥稳定化处理效果。尽管单段式ATAD工艺应用于污泥稳定化处理的有效性得到了较多小型试验研究的证实，但其污泥稳定化机理尚不清楚，也缺乏大规模中试装置在设计与运行方面的参考经验。

8.8.5 污泥高温好氧消化过程的物质转化

高温好氧消化过程中有机物的降解过程通常包括两个主要步骤，首先，污泥固体颗粒物在嗜热微生物胞外酶的作用下发生溶胞和水解，转化成溶解性可降解产物；溶胞作用通常发生在高温消化的初始阶段，伴随着溶胞过程的发生，污泥中VS快速下降，消化上清液中溶解性有机碳含量以及氨氮、正磷酸盐含量快速上升。其次，溶解性可降解产物被嗜热微生物所利用，代谢为羧酸、二氧化碳、水等小分子产物，或者用于合成嗜热微生物的自身细胞体。

（1）碳的转化

污泥高温好氧消化过程初期，颗粒态有机碳的含量因水解与溶胞作用而下降，溶解性有机碳（DOC）含量将上升；随着消化进程的继续推进，颗粒态有机碳缓慢减少并趋于平稳，溶解性有机碳则由于被嗜热微生物利用而持续降低。受此影响，污泥消化过程中上清液化学需氧量（SCOD）通常呈现快速上升-缓慢下降-趋于平稳这一变化规律。

污泥高温好氧消化过程中，消化体系因有机底物浓度高、代谢速率快而呈现更高的耗氧需求。受高温、高污泥浓度的影响，氧的供应受到限制，从而使污泥混合液中溶解氧的浓度无法满足体系的正常耗氧需求。高温好氧消化体系供氧量小于耗氧量的这种状态通常被称为微好氧状态（micro-aerobic），微好氧的消化环境往往导致挥发性脂肪酸VFA的形成。有学者对污泥高温好氧消化过程碳的归趋进行了研究，其结果表明：在微好氧条件下产生的VFA是消化体系DOC的重要组成部分，DOC成分也包含难降解或生物降解速率很慢的腐殖质类物质。

VFA的产生量受消化反应器运行温度、曝气量、污泥性质等因素的影响。初沉池污泥在微好氧条件下容易快速产生VFA；但当曝气量增加而使反应器处于好氧状态时，VFA产生量将明显减少。初沉池污泥与浓缩池剩余污泥按不同比例混合后进行高温消化时，剩余污泥比例越高，VFA产生量和累积量也越高。在其他条件相同时，VFA的产生量在55～65℃范围内将随消化温度的增加而增加。

污泥高温好氧消化的微氧环境使得生化反应终端电子受体——氧沿呼吸链传递受阻，生化代谢过程烟酰胺腺嘌呤二核腺苷（NADH）将无法及时氧化为NAD^+而大量累积，并对TCA循环过程产生抑制；此时，生化代谢途径将通过底物水平的氧化还原反应来减少NADH的累积并实现三磷酸腺苷（ATP）合成的最大化。于是，大量乙酰辅酶A经乙酰磷酸化并最终转化为乙酸。乙酸是污泥高温好氧消化体系的主要VFA组分。Haner等人利用^{14}C标记乙酸并将其添加至污泥高温好氧消化体系，投加的乙酸有11%用于合成生物体，75%转化为CO_2并随消化尾气排放，其余14%则进入上清液转变成难降解物质。

（2）氮的转化

污泥高温消化工艺中，尽管氮的迁移、转化及去除规律已有一定研究，但结果却存在较大差异。传统污泥好氧消化时，蛋白质水解、氨基酸脱氨以及硝化、反硝化进程等使得污泥中氮的形态发生较大改变。消化后生物体内有机氮含量基本保持不变，消化上清液也较少存在有机氮。因此，污泥有机物降解时，有机态氮几乎全部矿化为NH_4^+-N并重新回到消化上清液。一般认为，温度越高，硝化反应速率越快，硝化效果也更加明显。当温度超过45℃时，硝化反应速率急剧下降，硝化进程受到抑制；但也有人认为受抑制的温度是35℃或40℃，这与处理的污泥类型可能存在一定的关系。污泥高温好氧消化初期，高温溶胞作用使得有机氮快速释放并进入上清液，总氮浓度（TN）急剧增加，此时上清液中NH_4^+-N浓度快速升高并引起pH值上升；随后，NH_3在持续曝气作用下从消化系统中吹脱排出，并引起TN与NH_4^+-N呈逐步下降趋势；消化后期，有机物降解速率降低，消化系统释放至溶液中的氮与吹脱减少的氨氮大体平衡，消化上清液中 TN 与 NH_4^+-N 浓度趋于平稳。Lee 等人研究了猪粪污泥高温好氧处理过程氮的迁移转化，消化系统只有 2/3 左右的氮转化为气体形式排放，其中有 29%与 9%的氮分别转化为 N_2 与 N_2O 而排放，只有 28%的氮以 NH_3形式排放。N_2O 的检出表明，在高温消化系统中存在尚未被充分认知的代谢途径。

(3) 磷的释放

消化体系的高温导致污泥微生物体因溶胞作用而破裂，细胞体内的磷随之释放并进入上清液，上清液磷浓度在高温好氧消化初期明显增长。磷的释放也受消化过程供氧状况的影响，氧缺乏比氧充足的运行条件更有利于磷的释放，而交替缺氧、好氧操作时上清液磷浓度最低。Kelly 等人认为低曝气量将导致近 10%的磷从污泥固相释放至上清液，污泥消化过程溶解氧浓度维持在 1.5～2.0mg/L 可减少磷的释放量，这也与 Boulanger 认为高温好氧消化体系溶解氧高于 1mg/L 时生物除磷效果良好这一结论基本相符。

清华大学薛涛等人研究了剩余污泥高温消化体系磷的释放特性，其结果表明：正磷酸盐与总磷在 40～70℃的不同消化温度条件下均得到快速释放；40℃消化条件下磷释放速率较为平缓；50～70℃条件下，消化过程前 1h 磷释放速率较快，之后渐趋平稳；从磷回收利用的角度考虑，污泥在 50℃下消化 1h 最为合适，此时正磷酸盐的最大释放量可达 90mg/L，约 95%的总磷得以释放。日本广岛大学 Kuroda 等人从剩余污泥回收磷的试验得到了不同的研究结果：污泥在 70℃高温条件下消化 1h 时，聚磷释放量达 85～90mg/L，约 87%的总磷被释放；若在 50℃温度条件下消化 1h，聚磷与总磷的释放量分别只有 10mg/L、25mg/L。可见，污泥高温好氧消化工艺对磷的释放并没有取得一致的研究结果。

8.9 利用剩余污泥合成可生物降解塑料

聚羟基链烷酸酯（Polyhydroxyalkanoate，PHA）是一类羟基链烷酸酯的聚合物，可由多种微生物作为碳源和能源的储备物储存在胞内。PHA 具有与传统石油基塑料，如聚乙烯、聚丙烯等非常相似的理化性质，并且具有可完全生物降解、生物相容和光学活性等优良特性，是一种很有应用前景的环境友好材料。

8.9.1 PHA 的结构和性质

PHA 是一类聚合物的统称，其结构和性质取决于单体的构成。1926 年巴斯德研究所的科学家 Lemoigne 首次发现了胞内聚酯颗粒的存在，并鉴定其结构为单体-羟基丁酸（Hydroxybutyrate，HB）的直链聚合物，即聚羟基丁酸酯（Polyhydroxybutyrate，PHB）。自此之后，在不同微生物胞内超过 80 种不同的单体被发现可以聚合为 PHA，这些单体具有一个共同的特点，在手性中心 3 碳的位置有相同的构型。

尽管 PHA 的种类繁多，但最常见和广泛研究的 PHA 是 PHB，以及羟基丁酸（HB）单体和羟基戊酸（Hydroxyvalerate，HV）单体组成的共聚物 P（HB/HV）。此外，由 3-羟基-2-甲基丁酸（3-hydroxy-2-methylbutyrate）和 3-羟基-2-甲基戊酸（3-hydroxy-2-methylvalerate）两种单体聚合而成的聚羟基甲基丁酸酯（Poly-β-hydroxy-2-methylbutyrate）和聚羟基甲基戊酸酯（Poly-β-hydroxy-2-methylvalerate）也是 PHA 中相对重要的种类。表 8-3 中列出了所述 4 种聚合物的单体和化学结构式。构成 PHA 的 4 种单体是由两种前体——乙酰辅酶 A 和丙酰辅酶 A 形成。Filipe 等人认为乙酰辅酶 A 和丙酰辅酶 A 在胞内是自由缩合，并无特异性。两分子乙酰辅酶 A 缩合成 1 分子 3HB，3HV 和 3H2MB 是同分异构体，均是由 1 分子乙酰辅酶 A 和 1 分子丙酰辅酶 A 缩合而成，3H2MV 是由 2 分子丙酰辅酶 A 缩合而成。

表 8-3　PHA 单体及其化学结构式

PHA	单体	化学结构式	前体
PHB Poly-β-hydroxybutyrate	3-hydroxybutyrate	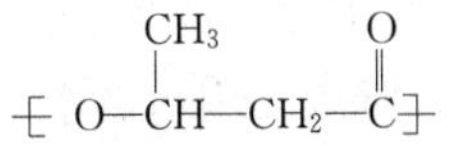	2 个乙酰辅酶 A
PHV Poly-β-hydroxyvalerate	3-hydroxyvalerate	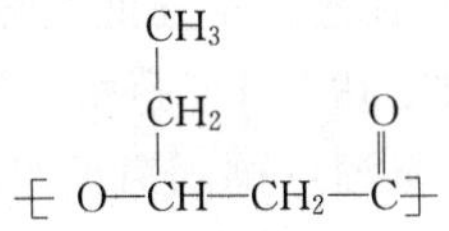	1 个乙酰辅酶 A 1 个丙酰辅酶 A
Poly-β-hydroxy-2-methylbutyrate	3-hydroxy-2-methylbutyrate	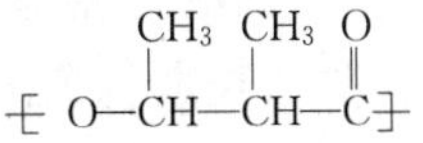	1 个乙酰辅酶 A 1 个丙酰辅酶 A
Poly-β-hydroxy-2-methylvalerate	3-hydroxy-2-methylvalerate	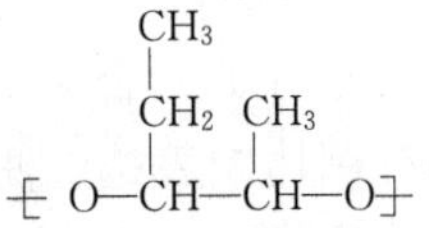	2 个丙酰辅酶 A

在微生物细胞内 PHA 的分子是无定形的，并且以不溶于水的胞内颗粒物形式存在。微生物合成的 PHA 的分子量在 $1\times10^4\sim1\times10^6$ Da（道尔顿）范围内，多分散指数在 2 左右。PHA 的机械性质与单体的组分及各组分间的比例有很大关系。单聚物 PHB 的断裂伸长只有 5%，较聚丙烯（400%）低很多，说明其较脆。但是在 PHB 中加入一定比例的 HV 单体，则聚合物的熔点和玻璃化温度明显降低，而断裂延伸得到了明显提高，显然，共聚物 P（HB/HV）较单聚物 PHB 延展性更好，整体机械性质更接近传统塑料聚丙烯。

8.9.2　微生物菌株

具有高 PHA 储存能力的微生物菌株是纯培养发酵工艺合成 PHA 的重要前提。自从 1926 年首次报道巨大芽孢杆菌（*Bacillus megaterium*）可以在胞内储存 PHA 以来，已经发现有超过 300 种不同的微生物具有储存 PHA 的能力。尽管具有 PHA 储存能力的微生物有很多，但高 PHA 胞内含量和高产率的菌株只有少数几种。这几株细菌又可以分为两类，第一类细菌只有在碳源底物过量而限制一种必要的营养元素，如 N、P、S、Mg 等时，才能够合成 PHA，这类细菌包括真养产碱杆菌（*Alcaligens eutropha or Ralstonia eutropha*），扭脱原单胞菌（*Protomonas extorquens*）和食油假单胞菌（*Pseudomonas oleovorans*）；第二类细菌不需限制任何营养元素，而且在 PHA 合成的同时进行细胞的增长。这类细菌包括泛养产碱杆菌（*Alcaligen latuss*），维涅兰德固氮菌（*Azotobacter vinelandii*）和基因重组的大肠杆菌（*Recombinant Escherichia coli*）。

真养产碱杆菌是研究最广泛的一种野生菌株，这是因为这个菌株可以利用简单的碳源，并且最大储存能力可达到细胞干重的 80%（w/w）。当前工业化生产 PHA 的菌株全部是这一菌株。真养产碱杆菌可以利用葡萄糖合成 PHB，也可以利用葡萄糖和丙酸的混合物合成 P（HB/HV）。当合成 P（HB/HV）时，HV 单体含量在 0%～30%（以摩尔比计），这个比例可以用进料中葡萄糖和丙酸的比例来调节。典型的真养产碱杆菌合成 PHA 工艺中，最终细胞浓度和 PHA 浓度分别在 160～200g/L 和 120～160g/L 范围内，经过 50～120h 的发酵时间，PHA 的容积产率可达 2.42g/L·h，胞内含量 70%～80%。此外，真养产碱杆菌还可以利用多种底物来合成 PHA。扭脱原单胞菌是一种可以利用甲醇合成 PHA 的菌株，由于甲醇是非常廉价的碳源，因此扭脱原单胞菌得到了关注。扭脱原单胞菌利用甲醇分批发酵，可以获得的 PHB 浓度达到 149g/L，但是这个过程共耗时 170h。食油假单胞菌的特点是可以利用中等长链的烷烃，烷醇和烷酸合成中等链长的 PHA（the medium-chain-length，MCL-PHA）。食油假单胞菌经分批发酵和连续发酵合成 MCL-PHA 已经被研究。在最优的培养条件下，细胞浓度和 PHA 容积产率可分别达到 11.6g/L 和 0.58g/L·h。

泛养产碱杆菌和维涅兰德固氮菌与前述的三种菌株相比，最大的不同在于他们可以在细胞增长的同时贮存 PHA，而真养产碱杆菌等菌株只能在增长受到限制，而碳源又存在时储存 PHA。一个中试规模（15m^{3}发酵罐）的研究表明泛养产碱杆菌可以稳定地合成 PHB。维涅兰德固氮菌可以在指数增长期积累 PHB，并达到胞内含量的 75%。此外，已有研究展示了维涅兰德固氮菌利用糖蜜可以储存大量的 PHB。

在最近的二十年，随着基因工程的快速发展，利用基因重组的埃希氏大肠杆菌（Recombinant Escherichia coli）合成 PHA 成为了研究热点。真养产碱杆菌的 PHA 合成基因可以有效地在大肠杆菌体内表达，使大肠杆菌具有了积累 PHA 的能力，而且基因重组的大肠杆菌合成 PHA 时无需限制其增长。利用基因重组的大肠杆菌合成 PHA 与野生型菌株相比有许多优势：（1）细胞增长速率快，容积产率高；（2）可以在胞内积累更大量的 PHA；（3）可以利用多种低品质的底物；（4）储存的 PHA 更容易提取、纯化；（5）由于没有同时表达 PHA 的降解酶，储存的 PHA 不会再次被细胞利用。利用基因重组的大肠杆菌合成 PHA，最高的胞内含量可达到 80%～90%，因此是非常有前景的方法。当然，基因重组的大肠杆菌合成 PHA 也有其自身的缺点，PHA 的合成过程需要更多乙酰 CoA，高密度的细胞培养对氧气的需求量也更高。此外，基因重组菌株的生物安全性也有待于进一步评价。

8.9.3 促进 PHA 合成的宏观因素

纯菌发酵培养 PHA 只需通过试验确定其发酵参数即可，对于混合菌而言，需要通过一些特别的条件来实现 PHA 的积累，一般来说，利于混合菌 PHA 合成的是不均衡的营养条件，主要可分为两类：一是时间序列上存在较高的基质浓度梯度，如 SBR 工艺；二是空间序列上存在较高的基质浓度梯度，如推流式反应系统或者空间上存在“饱食”与“饥饿”交替生态环境的强化生物除磷系统等。

在动态培养环境下，由于微生物时而处于底物丰富、时而处于底物缺乏的状态，微生物的生长也是一个非稳态的过程；当底物丰富时（SBR 进水初期或瞬态供料的底物投加瞬间），微生物同时进行生长、增殖以及体内能源物质的积累；当底物缺乏时，通过消耗体内能源物质以提供碳源和能量，维持微生物的自身代谢。经过一段周期之后，具有存储细胞内碳源和能源物质的微生物就会成为具有竞争优势的菌种。对于时间上序列上存在基质梯度系统，投加底物（进水）之后，各种微生物群落都在进行底物的争夺和利用；好氧时间足够长以后，不能存储细胞内能源和碳源物质的微生物就会发生自身氧化作用，加速了这些菌种的淘汰，从而加快了反应器内群落结构的演替；那些可以快速积累碳源的微生物则不会发生类似消耗，逐步占据了优势地位。但是也可以看出，通过这种生长方式的微生物，对外碳源的吸收并不只用于自身生长繁殖，因此生长速率相对较低。

综合来看，具有PHA能力的微生物，应该具有如下特征：在基质充盈的条件下，可以快速摄取外碳源并积累为内存物质，而后在基质缺乏条件下，细胞内存储的能源物质可以作为内碳源和能量源消耗。

8.9.4　PHA主要的合成工艺

目前使用的混合菌培养合成PHA的工艺流程中，使用较为普遍的就是两部法或三步法，当使用有机酸为底物时，通过一步驯化过程，筛选富集出具有较强PHA合成能力的优势菌种，然后再通过一步PHA合成过程，获得富含PHA的混合菌进行PHA的提取；当使用糖类的废料或废水时，先经过一步厌氧水解或发酵的过程，获得富含有机酸的废液后再进行上述PHA的合成和提取过程。在物理过程上，PHA优势菌种的获得和PHA的合成分成两个独立的步骤。这一工艺流程存在如下缺陷，虽然通过富集后的混合菌可以快速地合成PHA，但是富集过程本身是十分耗时的；同时由于富集阶段并不大量合成PHA，无法确定合成PHA的菌群是否形成优势菌群，难以确定富集阶段完成的时间点，从而难于控制总的工艺过程。

另外一种PHA的合成流程如韩国教授D. H. Rhu所采用的，微生物的富集驯化和PHA的合成在物理上是一体的，即使用同一种反应器，在时间上分为富集驯化和PHA合成的过程，微生物富集和PHA合成阶段可以使用不同的底物。

若将上述PHA的合成工艺看成一整套流程的话，PHA的合成阶段主要发生第三阶段，可以看做PHA生产的核心工艺，根据此时的需氧环境大体可以分为厌氧-好氧交替法、微氧-好氧交替法、好氧法等。这种合成PHA的工艺流程同样存在着富集过程太长、富集完成的临界点难于确定的问题。

从工艺装置来看，将PHA合成菌分别用两只反应器来进行增加了操作的复杂程度，不易进行控制，通过序批式的流程更容易操控，装置也更为简单；同时序批式运行、间歇进水的方式，基质变化在时间上具有天然的“充盈-饥饿”交替变化，有利于PHA的合成。

(1) 厌氧-好氧交替运行合成PHA

强化生物除磷（Enhanced Biological Phosphate Removal，EBPR）废水处理工艺中的PAOs和GAOs是典型的能够合成PHA的混合菌群。这两类微生物都能够在厌氧-好氧交替条件下，在厌氧段时以PHA的形式在细胞内储存能源，在好氧条件下消耗内碳源。厌氧-好氧交替的环境虽然有利于混合菌群积累PHA，但不是最佳的PHA积累条件。日本学者Simon和Saito等发现活性污泥在好氧条件下比厌氧条件下能积累更多的PHB，这是因为厌氧条件下，PAOs和GAOs主要依靠多聚磷酸盐释放或糖原的分解提供能量，受制于细胞内多聚磷酸盐或糖原的数量，在储能物质被消耗完毕后，PHA的积累就停止了。而在一定的好氧条件下，TCA循环可以提供更为充足的能量进而大量积累PHA，使微生物中的PHA含量得到进一步提高。

日本东北大学Takabaka等人的进一步研究表明，厌氧-好氧交替运行方式合成PHA也存在两种方式：一种为典型的PAOs代谢模式，厌氧阶段发生胞内多聚磷酸盐的分解、胞外磷的释放、碳源基质的摄取和PHA的积累，此种情况下活性污泥积累PHA的能力较低；

而另一种代谢的特点为：污泥在厌氧条件下，活性污泥基本处于“休眠”状态，外源碳源物质以及PHA等基本不变化；而在好氧阶段初期外源碳源物质被很快得到去除并积累为PHA，在好氧阶段后期，外源碳源物质被利用完后，PHA作为碳源物质被继续利用，此种代谢方式积累PHA的能力较高，PHA积累量可达细胞干重的40%以上。

有研究人员使用了2组SBR接种了来自非EBPR系统的污泥，使用了乙酸和丙酸两种有机酸盐为底物进行培养驯化，经过90d的培养，系统中培养出了大量的PAOs，具有较高的PHA合成能力，同时发现GAOs并未出现竞争优势；葡萄牙里斯本大学Serafim等人用乙酸钠和丙酸钠作为底物，研究EBPR工艺中厌氧-好氧模式下PHA积累的变化，结果显示，当聚磷酸盐的积累受到抑制时，PHA的积累仍然有大幅度的提高；其中，使用乙酸钠作为基质的情况下，在厌氧-好氧模式下时PHA的积累为菌体干重的20%，单体组分为PHB和PHV；但是当改变为好氧运行时，其积累量为42%，并且只有PHB。用丙酸钠作为基质时，观察到的现象和乙酸钠为基质相似，只是PHA的组分主要是PHV。试验结果说明EBPR工艺中的微生物能够根据基质的不同而改变其代谢模式，而且当基质恢复为原来的乙酸钠时，微生物的代谢模式也随之还原，说明微生物种类并未发生大的改变。

(2) 微氧-好氧工艺合成PHA的研究

华南理工大学郑裕东等人研究了厌氧-好氧模式下的PHA合成，发现在一般的污水处理中PHA的含量极少，大部分有机物在细胞内转化为了糖原、聚磷酸等，PHA所占比重较低。当通入少量氧气形成微氧环境时，微生物就可以通过氧化少量有机物进行合成代谢，当控制的氧气量较为严格且适当时，微生物倾向于大量积累PHA。

日本东北大学Takabaka等人的研究则表明：微氧-好氧方式合成PHA的量比厌氧-好氧方式略低，但是微氧-好氧方式积累PHA的能力较其他两者更为稳定。微氧条件下，菌体可以在氧化部分基质的过程中获取能量，因此不像厌氧-好氧时，PAOs或GAOs必须以多聚磷酸盐或糖原等作为能量来源，容易受到能量供给限制。同时微氧条件也不至于像好氧条件下将基质完全氧化利用从而使微生物增殖，因此通过这一方式能够驯化并获得大量积累PHA的菌体。此外该研究中还发现，在微氧情况下，微生物利用外源碳源物质的量比较少甚至几乎没有利用，但此系统却能积累较多的PHA，其机理还有待深入研究。

日本东京大学H. Satoh等考察了厌氧-好氧和微氧-好氧条件下积累PHA的情况，研究结果显示，在厌氧条件下微生物可以积累20%细胞干重比例的PHA，在好氧条件下可以积累33%的PHA，而微氧-好氧工艺积累的PHA最大可达到62%。H. Satoh认为厌氧时，PHA的积累受储能物质的影响：好氧条件下微生物消耗PHA以供生长，同时大量地在细胞内合成聚磷和糖原等；微氧条件下，由于限制氧气的供应量使得微生物只合成PHA而不合成蛋白质、糖原，因为PHA合成所需能量要低于合成糖原、聚磷所需的能量。

(3) 好氧工艺合成PHA的研究

香港科技大学业Jian Yu利用淀粉废水研究PHA的合成，使用厌氧发酵产酸反应器水解淀粉废水获得含VFAs的废水，泥水通过膜分离后进入好氧合成PHA的反应器，好氧段接种典型的PHA产生菌*A. eutropha*，研究发现TOC的转化率可以达到88%，PHA的最大合成量占细胞干重的40.6%，当使用丁酸时，PHA的含量可以达到53%。

曲波等人的研究发现，溶解氧的提高对PHB的合成是有利的，使用乙酸在好氧SBR合成PHB的试验中，当溶解氧浓度从10%逐步提高至70%时，PHB的最大积累量不断提高，最大可达37%。这可能是溶解氧提高以后加快了乙酸底物的吸收造成的。

印度工程师Chakravarty等人研究好氧条件下连续流系统的PHA合成能力，合成条件处于pH=7.0和ORP=33mV的好氧环境下，研究发现当水力停留时间HRT为43.56h时，PHA最大积累量达到细胞干重的43.11%；研究者指出，F/M作为反应微生物COD和生物体比例的参数，并不一定就适合PHA的积累，因为当MLSS增加时，PHA的比例会相对降低。

日本东北大学Takabaka等人用好氧序批式实验以乙酸盐作为唯一碳源，研究分析了日本几个污水厂活性污泥合成PHA的潜力。研究结果显示，活性污泥积累PHA的平均含量可达18.8%左右，不同水厂的PHA含量变化范围介于6.0%～29.5%。羊依金等人在城市污水中添加乙酸，对活性污泥进行驯化，发现PHA占细胞干重的百分比从29%提高到了37%。

(4) 瞬时供料的好氧合成PHA工艺

意大利学者Majone等人于1996年首次提出好氧瞬时供料工艺生产PHA，通过控制反应器中的底物浓度，使微生物处于底物时而丰富时而匮乏的状态——"充盈和饥饿"交替(feast and famine)，能使微生物长期处于非稳态生长状态。在这样的动态环境下，当底物丰富时，PHA在微生物体内的贮存和微生物的增长同时进行，当底物匮乏时，PHA则被分解以获取能量和碳源。因此，在微生物生长没有受到限制的条件下，PHA也可以一直在生物体内合成，且相对微生物的生长，PHA合成是主导的。

该工艺的具体实现形式为：工艺过程分为厌氧和好氧两个阶段，在第一阶段通过厌氧水解发酵，糖类、脂肪等可生物降解的物质在厌氧条件下酸化、酵解成乙酸、丙酸、丁酸等挥发性有机酸；第二阶段通过完全好氧的方式，将第一阶段产生的脂肪酸以溶解氧为指示参数，周期性地加入到SBR反应器中。底物的周期性加入使反应器中的基质浓度处于交替的丰富和匮乏状态，微生物在基质丰富状态下储存细胞内物质，在基质匮乏状态下利用储存的底物增长，这样就选择、增殖了具有PHA储存能力的微生物种群。这些微生物以剩余污泥的形式进入随后的SBR反应器进行PHA的进一步积累，反应同样在好氧条件下运行，但有机负荷较前一SBR高，使微生物对细胞内碳源的储存能力达到饱和，获得含有高浓度PHA的活性污泥进入随后的提取工艺。

8.9.5 PHA合成的影响因素

(1) 基质类型的影响

有研究人员使用乙酸钠和丙酸钠进行PHA的合成研究表明，碳源类型对PHA的单体组分有极大影响，当使用乙酸盐时底物的利用率最高，当使用乙酸盐为基质进行PHA合成时，分别用乙酸盐和丙酸盐培养接种污泥获得的Ac SBR和Pr SBR两组反应器中，PHA的单体成分分别是70%PHB-30%PHV和90%PHB-10%PHV；而当使用丙酸盐进行PHA合成底物时，PHA的单体成分分别是3%PHB-97%PHV和6%PHB-53%PHV-40%PH2MV；当使用丁酸作为PHA合成底物时，Ac SBR中产物构成为47%PHB-49%PHV-4%PH2MV，而Pr SBR中出现了一种成分不明的PHA。当使用葡萄糖作为底物时，两组SBR的产物是PHB和PHV的共聚物。

华南理工大学林东恩等以乙酸钠、丙酸钠为碳源利用活性污泥合成PHA，对PHA单体的组分进行了分析，结果显示不同碳源培养活性污泥所得到的PHA的单体组成是不同的。有研究发现，使用单一底物如乙酸或乳酸时得到的是均聚物PHB，而单独使用丙酸时则为 PHV。当使用两种底物混合时，丙酸＋乙酸或丙酸＋乳酸都可以合成共聚物 P（HB-HV)，并且 HV 单体的比例可以达到 31％，研究者认为这是由于只有丙酸可以提供 PHV 的重要前体物丙酰-CoA。同济大学刘燕、陈银广等人研究发现，通过丙酸和乙酸 C-mol 比为 0.5 和 2 的合成废水驯化微生物，发现磷的释放、吸收和去除率与 PHB 和 PHV 的转化有很好的相关性，不同的进水丙酸/乙酸比例及驯化影响聚磷微生物的 PHB/PHV 转化量。

葡萄牙学者 Lemos 等人深入研究了挥发性脂肪酸 VFA（乙酸、丙酸、丁酸、戊酸）转化为 PHA 的代谢机理和产物构成，研究者使用了一组用乙酸驯化的反应器 A 和用丙酸驯化的反应器 P，发现使用乙酸时 PHA 的成分是均质的 PHB，使用丙酸培养的 PHA 组分是 PHB 和 PHV 的共聚物；而后将两反应器的底物交换，将丙酸通入 A 反应器，得到了 HB，HV 和 HMV 的共聚物，将乙酸通入 P 反应器，得到了 HB 和 HV 的共聚物；丁酸也会形成均质的 PHA，而戊酸则会形成 P（HB/HV/HMV）的复杂共聚物，研究结果还表明，使用乙酸和丁酸合成 PHA 时，有机酸的转化率和 PHA 的最大含量均高于使用丙酸和戊酸作为底物，PHA 的成分和性质可以通过调整挥发酸种类来实现。

（2）营养比例的影响

泰国朱拉隆功大学 Kulpreecha 以糖蜜废水进行 PHA 的合成试验，考察了 C/N 分别在 10、25、50 条件下的 PHA 合成情况，发现当 C/N 为 25 时，细胞浓度和 PHA 的积累量都达到了最大，PHA 最大积累量达到细胞干重的 42％。香港理工大学 Chua 等人研究了传统污水处理厂的活性污泥 PHA 合成情况，试验结果显示，当 C/N 从 24 增加到 144 时，单位 PHA 积累量最大达到 0.374g PHA/g MLSS，在 C/N 为 96 时有最大的碳源转化速率。

韩国学者 Rhu 等人使用 SBR 研究了限制溶解氧及营养元素条件下活性污泥积累 PHA 的情况，结果表明，在磷限制的条件下，厌氧-好氧的运行方式最大可以积累 PHA 的量占细胞干重的 51％，PHA 的组分主要是 PHB 与 PHV，其含量之比取决于乙酸钠的含量，限磷比限氮更有利于 PHA 的积累。而泰国朱拉隆功大学 Chinwetkitvanich 等人研究了磷缺乏和温度对 PHA 产率的影响，研究表明磷限制条件下积累 PHA 的速度比氮限制条件下要慢，在第一次限制磷至 26d 时 PHA 最大积累量达到细胞干重的 47％。

一般认为高的 C/N 有利于 PHA 的合成，C/N 越高，微生物中 PHA 的含量也就越高。但苏格兰阿伯丁大学 Dionisi 等人的研究发现，在好氧瞬时供料体系中，通过在比较限氮条件下和氮过量条件下的动态供料合成实验，发现在限氮条件下 PHA 的合成量没有显著提高，他们认为这是因为富集阶段对 PHA 合成菌的筛分作用很关键，在动态供料的体系中筛分出来的合成菌在 PHA 合成阶段对氮源的变化不敏感所致。

（3）pH 值

香港理工大学 Chua 等人的研究表明，pH 值在 7～8 时，PHA 的产量较高，而 pH 值降低到 6～7 时，PHA 产量很低，甚至失去碳源的利用能力，PHA 适宜在 pH 值为 8～9 的弱碱性条件下积累。日本学者 Suzuki 研究了不同 pH 值下的 PHB 平均合成能力，在 pH 值不控制时，最大积累量达到细胞干重的 27.1％，当控制 pH 值在 7.0 和 7.5 时，PHB 的最大积累量分别为 16.9％和 16.8％，当 pH 值提高至 8.0 和 8.5 时，PHB 最大积累量迅速升高至 25.2％和 31.2％。日本东北大学 Takabatake 的研究也发现了类似现象，PHA 在中性偏碱的环境中适宜积累 PHA。pH 值对 PHA 合成的影响可能是由于脂肪酸盐的水解造成的：低 pH 值条件下，乙酸在化学电离平衡中向不解离的分子形态移动，未解离的乙酸分子很快扩散进入微生物细胞，进入细胞后又发生反向的电离子解离，致使细胞内环境的 pH 值降低，影响了细胞的代谢过程，从而不利于PHA的合成和积累。

葡萄牙里斯本大学Serafim等人发现，反应过程中对pH值不进行控制，PHB的最大合成量为细胞干重的47.5%，而pH值控制为7.0和8.3时，PHA的最大合成量分别为细胞干重的27.5%和39.8%。据此，Serafim认为不控制pH值或控制pH值在较高时，可以提高PHA产量。试验表明，在不控制pH值时，仅有约12%的基质用于供微生物代谢活动所需的能量，大部分的底物用于微生物生长和存储的碳源；而控制pH值在7.0时，则约有44%的底物用来供微生物生命活动所需能量，只有约一半的量用于微生物的生长和碳源存储。从经济性角度考虑，对pH值不加控制将减少工艺的复杂性和运行费用。

而泰国朱拉隆功大学Kulpreecha使用糖蜜废水研究pH影响时，发现在pH=7.0时具有最大的PHA合成量61.6%，在pH=8.0时的PHA合成量比pH=6.0时反而要少。苏格兰阿伯丁大学Dionisi等人研究发现，pH值在6.5～9.5范围时，PHA均具有较高的合成存储量，同时还发现，pH值的变化对聚合物的单体组成有一定影响，当pH值从5.5提高到9.5时，PHV单体在PHA共聚物中的百分含量从10%增加到30%，这可能是因为pH值的提高有助于丙酸的吸收和利用，丙酸在代谢中形成的丙酰-CoA是合成3HV的重要前体物。

（4）温度

荷兰学者Krishna等人研究了15℃、20℃、25℃、30℃和35℃条件下SBR中的污泥对基质的储存情况，结果显示，PHB的生成速率随着温度的升高而降低，这可能是因为温度提高时，微生物的同化速率提高造成的。泰国朱拉隆功大学Chinwetkitvanich等人研究了10℃、20℃、30℃三种温度梯度下的PHA合成情况，结果表明，在温度10℃时，合成的PHA比20℃和30℃时多，而在20℃和30℃时，PHA的产量没有太大差别；三种温度下PHA的最高产量分别为污泥干重的52%、45%、47%。

8.10　超声波处理技术

8.10.1　超声波处理技术概述

超声波是频率在20000Hz以上的声波，它是一种机械振动，通常以纵波的方式在弹性介质内传播，是一种能量的传播形式。当超声波在介质中传播时，由于超声波与介质的相互作用，产生一系列力学的、热学的和化学的超声效应，使介质发生物理的和化学的变化。超声波与介质的相互作用主要包括机械作用、热作用和空化作用。超声波在介质中传播将引起介质质点的振动位移、速度、加速度及声压等相关力学作用。超声波在传播过程中，质点的摩擦造成部分能量被媒质吸收转化为热能也是超声波的一种作用形式。功率较大的超声波，也称功率超声，当声强大于10W/cm^{2}时，在1～2个声周期内完成瞬态空化，空化气泡内的气体或蒸汽可被压缩而产生5000℃的高温和50MPa的局部高压。通常认为超声波污泥处理技术主要是利用极短时间内超声空化作用形成的局部高温、高压条件，伴随强烈的冲击波和微射流，轰击微生物细胞，使污泥中微生物细胞壁破裂。空化作用衍生的二次效应可分为自由基化学效应、瞬间的局部高压和高速射流产生的机械效应以及局部高温产生的热效应。这些超声效应与同时发生的超声机械作用以及热作用均对污泥絮体及微生物细胞的破解产生作用。根据超声波对污泥作用时产生的超声效应，有学者通过研究分析了超声波破解污泥的机理，认为超声破解污泥的过程主要是通过机械效应完成的。

当超声波功率较小，超声强度相应减小，超声空化作用相对较弱时，超声污泥预处理存在着另外一种形式。低强度超声处理不足以造成污泥絮状结构或微生物细胞壁的瓦解，不能引起污泥固体中可溶性有机物的显著释放，但可破坏污泥胞外聚合物（EPS）的结构，减小污泥絮体的尺寸。通常利用低强度超声提高活性污泥活性，加强污水处理效率，但其作用机理尚待进一步研究。

8.10.2 超声波处理技术的影响因素

（1）超声波频率的影响

大量实验结果表明，随着超声波频率的增加，空化作用的强度将下降。当超声条件满足空化形成条件时，超声空化核从长大到溃陷需要经历一段时间计算公式为：

$$\tau_g=0.75T+(i-1)T$$

$$T=\frac{1}{f}$$

式中 τ_g——空化核生长时间；

f——超声波频率；

T——超声周期；

i——空化核经历的超声周期数。

当空化核开始生长后，空化泡可以向两种形式发展，稳态空化泡和瞬时空化泡。当波峰的声压不足以使空化核扩大到超过其最大半径时，稳态空化泡将形成。稳态空化泡的存在将经历数千个超声周期，当超声频率为 20kHz，稳态空化泡经历 5000 个超声周期时，它的生长时间约为 0.25s。另外，瞬时空化是当声压足够大时，空化核在半个或数个超声波周期内长到大于其共振半径后迅速溃陷的超声现象。如果此过程只经历了十个超声波周期，空化泡的生长时间将只有 0.0005s。

超声空化泡溃陷持续的时间可以表达为：

$$\tau_c=0.915R_{max}\frac{\rho_L}{P_0}$$

式中 τ_c——空化泡溃陷时间；

R_{max}——空化泡共振半径或最大半径；

ρ_L——液体密度；

P_0——外界压力。空化泡共振半径与超声波频率成反比例，其关系可按下式表示，其中 R_{max} 单位为 mm：

$$R_{max}\approx 3.28\frac{1}{f}$$

假设 ρ_L 为 $1000kg/m^3$，P_0 为气压 10^5Pa、泥液高度 10cm 时的压力，空化泡溃陷时间则约为 0.0015s。因此，空化气泡的存在时间为生长时间与溃陷时间的总和，约为 0.002s。与稳态空化泡的生长时间 0.25s 相比，瞬态空化泡的存在时间要短得多。

当超声波频率很高时，空化泡生长的时间则非常短。由于生长时间太短，空化核不能长到足够大而形成空化气泡。即使在膨胀过程中形成了空化气泡，这些空化气泡溃陷所需要的时间比压缩半循环所要的时间要长得多，以致空化泡不能发生溃陷。因此，当超声波的强度一定时，其频率越高空化作用越小。另外，Tiehm 等人认为空化泡溃陷时产生的射流能量是空化泡半径的函数，当超声波频率升高，空化泡半径减小，空化泡溃陷产生的射流强度将降低，污泥的破解程度也将降低。

有研究人员在频率范围为 41～3217kHz 的超声波对污泥破解的影响做了下一系列实验。观察到在 41kHz 时，污泥的破解度较高，细胞质溶出率较大，同时还预测污泥最高破解率将产生在 20kHz。实验室用于微生物细胞破壁的超声波反应器的频率一般为 20kHz，故目前污泥超声预处理的反应器的频率多控制在 20kHz。

不同频率的超声波叠加产生的声场能够提高声化学效应。有学者在一个槽式反应器的侧面和底部安装了两个 0～60kW、176～635kHz 的超声振子，利用化学荧光反应观察到双频超声波叠加相对于单频率超声波声场更强，对声化学反应更具促进作用。有研究发现在 700kHz 的超声场中加入 20kHz 的超声辐射，声化学反应增强。另有研究在实验中发现 28kHz、1MHz、1.87MHz 三频率超声辐射能够促进 KI 与对苯二甲酸离子的声化学反应。这一现象被推断为空化阈的降低、空化核的增加、气泡群的破灭以及传质作用的改善，其机理仍待进一步的研究。

（2）超声波功率强度的影响

超声波是以纵波的形式传播的，其间包含负压与正压。当超声波传播周期中的负压大于空化阈压力时，介质中可利用的空化核即刻长大，成为稳态空化泡或瞬时空化泡。空化泡的形成过程可被理解为液体强度 P_c^v 与超声压力 P_A 间的竞争：

$$P_c^v = P_0 - P_v + \frac{2}{3\sqrt{3}}\sqrt{\frac{(2\sigma_L/R_0)^3}{P_0 - P_v + 2\sigma_L/R_0}}$$

$$P_A = \sqrt{21\rho C}$$

式中 P_c^v——超声空化阈压力；

P_v——饱和蒸汽压；

R_0——初始空化核半径与空化泡共振半径的比例；

σ_L——介质表面张力；

P_A——超声压力；

I——超声强度；

ρ——介质密度；

C——介质中超声波传播的速度。

当 P_A 小于 P_c^v 时，超声压力无法克服液体张力，将不能形成空化气泡。只有当 P_A 大于 P_c^v 时，才能实现空化泡的形成。从式中可以看出，P_c^v 取决于超声波传播介质的性质；P_A 除了与超声波传播介质的性质有关外，还取决于超声波的性质。因此，在试样性质不变的条件下，空化泡的形成将只决定于超声波的强度。超声压力 P_A 与超声强度的平方根成正比例关系。由此推断，当超声强度较大时，高强度的超声压力更有利于超声波克服液体张力，破解污泥颗粒。

除了与空化泡的形成条件有关外，超声波强度还将决定空化泡的存在状态。如前所述，瞬时空化是当声压足够大时产生的，而声压大小取决于超声强度的大小。因此，超声强度足够大时将产生许多的瞬时空化泡。与稳态空化泡相比，瞬时空化泡的溃陷在短暂的微秒级时间内即可发生，溃陷射流产生的剪切力更强，空化泡的破解作用比稳态空化泡更强。所以，超声波的强度是决定超声波空化作用的主要参数。有研究通过提高超声强度来优化超声工艺，得到实现破解所需的最短超声作用时间，从而降低了超声能耗。

超声波强度通常以声强度（W/cm^2）或声密度（W/cm^3）表示。一般而言，当超声波频率一定时，随着超声波强度增加，超声空化效应增强，超声波破解污泥的速率也相应增加。但并不一定是强度越大效果就越好，这是因为超声传播的液体介质中空化气泡最大半径（R_{max}）还与压力振幅有关：

$$\frac{P}{P_0}=1+\frac{R}{3\dfrac{R}{R_{max}}}\left(\frac{R_{max}}{R}-4\right)-\frac{R^4}{3\left(\dfrac{R}{R_{max}}\right)^4}\left[\left(\frac{R_{max}}{R}\right)^3-1\right]$$

从上式可见，随着压力振幅的增大，空化气泡可以长得很大，以致没有足够的时间溃陷。式中 P_0 为大气压，P 为超声波压力振幅，R 为初始空化核半径，R_{max} 为空化泡最大半径。例如，频率为 20kHz、压力振幅为 $2\times10^5 N/m^2$ 的超声波处理水时，其空化气泡的最大半径 R_{max} 为 $1.27\times10^{-4}m$。由此可以计算出溃陷时间：$\tau=6.6\mu s$。可见溃陷时间 τ 比 1/5 循环时间（10μs）要短。如果将压力振幅增大到 $3\times10^5 N/m^2$ 时，$R_{max}=1.27\times10^4 m$，则 $\tau=10.5\ \mu s$，这时溃陷时间则比 1/5 循环时间（10 μs）要长。也就是说，当超声波强度较大时，长成的空化气泡没有足够的时间溃陷，以致超声空化效应反而减小了。因此，并不是超声波的强度越大就越有利于促进超声空化作用。超声波的强度能够在污泥介质中引起足够强度的空化作用即可。超声强度太大，造成空化泡在负相长得过大而形成声屏蔽，使系统可利用的有效声场能量降低，污泥破解效率反而下降。

王芬等人进行了高强度超声波促进污泥有机物溶出方面的研究，发现 SCOD 增加值随声强、超声波作用时间、声能密度及污泥质量分数的增加而增加。沈劲锋等人在 6 个声强 $470W/m^2$、$860W/m^2$、$1040W/m^2$、$1370W/m^2$、$1640W/m^2$、$2000W/m^2$ 下分别对污泥处理 10～60min，考查了 SCOD 值的变化规律，SCOD 值随声强和处理时间的增加而增大；当声强大于 $1040W/m^2$ 后，超声处理时间成为至关重要的因素。国立台湾大学 Jean 等人认为在 0.11W/mL 和 0.33W/mL 之间存在一个阈值，超过此阈值，超声波可以把细菌分解，并使相当一部分固态 COD 转变为溶解态。并且通过试验发现，在 0.33W/mL 声能密度下，经 40min 超声波处理后，异养菌和大肠杆菌分别减少了 82%和 99%，并且溶解性 COD 经 1h 作用后提高了 12 倍，而在 0.11W/mL 声能密度下，作用时间较短时，异养菌和大肠杆菌变化不大，只有在 1h 以上才有明显减少，而且不管作用时间长短，溶解性 COD 几乎保持不变。另有研究通过试验发现，超声波声能密度为 0.11W/mL 时经 1h 后，异养菌和大肠杆菌分别减少了 30%和 59%，2h 分别减少了 40%和 64%，变化并不大。而声能密度为 0.33W/mL 时，仅仅经 20min 后，异养菌和大肠杆菌分别减少了 56%和 97%。上述研究均表明，超声波对污泥有机物的溶出在声强上存在一个闭值，当超声声强足够大时，达到最佳效果。因此，现有的超声破解技术均采用高强度超声处理，以达到破解污泥的目的。

许多研究者发现低强度的超声波有提高酶活性、促进细胞生长和改善细胞膜渗透性的功能，可将其用于生物合成方面的研究。通过低强度的超声作用（声能密度小于等于 $113.9mW/cm^3$，作用 1～8min）能够促进紫草素生物合成紫草属细胞；同时，合成细胞受到超声改善细胞膜渗透性能的影响，所分泌的紫草素也得到了提高。超声波强度较低时，超声空化作用相应减弱，对污泥的作用相对温和。因此，也有研究者将其用于改善水处理污泥活性。北京航空航天大学 Xie 等利用低强度超声提高生物除磷效率，活性污泥采用 0.2W/cm^2超声处理 10min 后，出水总磷浓度比控制组降低了 35%～50%，并发现脱氢酶活性在辐射 4h 后达到峰值（提高了 50%）。Zhang 等人采用 25kHz、0.2W/mL 超声持续作用 30s，污泥溶解氧消耗速率提高了 28%、生物生长速率提高了 12.5%，污水 COD 以及总氮的去除率提高了 5%～6%。北京航空航天大学 Xie 等采用 0.2W/cm^2超声处理 10min，污泥的脱氢酶和辅酶 F_{420}活性明显提高，厌氧水处理工艺出水 COD 降低 30%，但延长处理时间，酶活性有所降低，出水水质恶化。

关于低强度超声提高污泥活性相关参数方面的研究也有报道。有学者采用功率密度 0.05W/mL、频率 28kHz 的超声波处理 10min 后，污泥好氧呼吸速率 OUR 提高了 129%、蛋白水解酶活性提高了 23.7%、脱氢酶活性提高了 24.6%。超声辐射时间频率、功率以及污泥的浓度和性质都对超声波提高污泥活性的效果造成显著影响，不同的生物酶活性在相同的超声参数下变化趋势明显不同，甚至相反。并且，超声辐射对污泥生物活性的促进作用存在于一个较窄的超声参数范围内。也有学者认为较高强度的超声波更有利于提高污泥的活性，但声能密度高于 0.5W/mL 时，污泥分解将降低其活性；低频率超声（25kHz）比高频率（80kHz，150kHz）的超声更有效，并推测低强度超声下，机械作用比自由基作用对生物活性的影响更为显著。

（3）空化气体的影响

溶解气体对空化气泡的性质和空化强度有重要的影响。溶液中是否含有气体，含什么类型的气体以及所含气体的量等因素，对空化作用及污泥破解的影响均较大。因此，空化气体是影响污泥超声破解速率和污泥破解程度的重要因素。一般来说，体系中气体越多，越容易产生空化气泡。

超声过程中空化泡最终崩溃时产生的最高温度 T_{max}和最高压力 P_{max}可以由以下公式表示。

$$T_{max}=T_m\left[\frac{P_m(\gamma-1)}{P_v}\right]$$

$$P_{max}=P_m\left[\frac{P_m(\gamma-1)}{P_v}\right]^{\frac{\gamma}{\gamma-1}}$$

式中 T_{max}，P_{max}——空化泡崩溃时的中心温度和压力；

T_m——液体的环境温度；

P_v——空化泡最大尺寸的内部压力，通常为水的蒸汽压；

P_m——空化泡瞬间崩溃时的压力，即静水压力和声压的总和；

γ——绝热指数，γ与气体压缩时热量的释放有关。

超声空化产生的最高温度和压力总是随绝热指数 γ 的增大而升高。对单原子气体（稀有气体），$\gamma=1.67$，而多原子气体（如体系中的空气、水蒸气或有机物蒸气）的绝热指数总小于单原子气体，如 N_2 饱和水溶液的 $\gamma=1.33$。因此，在超声破解过程中，使用单原子稀有气体可以提高污泥破解速率和破解程度。

超声污泥溶解性 COD 的含量随曝气量的增加而增大。曝气会降低超声空化阙值，增加污泥中空化核数量，益于超声空化破解作用。另外，曝氮气的效果好于空气。有学者通过测定·OH的产率，发现几种饱和气体对超声空化效果影响顺序依次为：O_2＞Air＞N_2＞未曝气。而实验条件下 O_2 的 $\gamma=1.39$，Air 的 $\gamma=1.403$，N_2 的 $\gamma=1.40$。因此，曝气条件对超声空化有一定的促进作用，但不同气体对其产生的影响并不能简单根据气体绝热指数的大小判断。针对具体超声作用体系，曝气条件的影响应作具体分析。

（4）污泥介质性质的影响

超声介质的性质如溶液黏度、表面张力以及 pH 值都会影响超声空化的效果。当介质溶液黏度增加时，声能衰减加剧，辐射入溶液中的有效声能减少，致使空化阙值显著提高，溶液发生空化现象变得困难。因此，介质溶液黏度太高不利于超声破解。随着表面张力的增加，介质溶液中空化核的生成变得困难，但其爆炸时产生的极限温度和压力会随之升高，有利于超声破解。pH 值对介质溶液的物化性质有较大影响，因此也会影响超声破解的效果。通常在碱性条件下，污泥超声破解的效果更好。污泥固形物含量以及污泥种类是污泥性质更为直接的反映形式，与其相关的超声破解效率的研究报道较多。有研究报道污泥固形物含量在 2.3%～3.2%范围内，单位超声能耗下，污泥 SCOD 增加最为显著。另外，二沉污泥的破解效率比初沉污泥更高。哈尔滨工业大学业张光明教授等人研究了污泥固体浓度对超声能量效率的影响。结果表明，当污泥固体浓度为 20910mg/L 时，污泥超声破解的能量效率最高，增加每千克 SCOD 的能耗为 166.7kWh。张光明教授等人同时也对比了两种有机物含量不同的污泥超声破解的能量效率。结果表明，有机物含量高的污泥超声破解的能量效率更高。由此可见，污泥的性质也是影响污泥破解效率的重要因素。

（5）超声波反应器结构的影响

声的传播以及空化效应的发生与反应器结构密切相关，合理设计反应器是提高污泥处理效率、降低处理成本的有效途径。反应器设计的目的在于相同的单位能耗下增强污泥的破解效果。此外，与反应器结构密切相关的还有反应器的工作方式，即间歇式和连续式超声处理。

有学者在一个容积 1.3L 的柱形反应器的四周各装了 12 个超声振子，反应器频率为 31kHz，功率能够在 5～18W/cm^2 范围变换，污泥呈升流式流经截面 45mm×45mm 的通道。在 10W/cm^2 的声强下超声作用 90s，污泥中挥发性固体降解率比未经处理污泥挥发性固体的降解率增加了 30%。由于在低频率、高声强条件下产生的机械剪切力（瞬时空化）被认为是微生物细胞破解的主要原因，Klaus Nickel 等人基于空化场产生的几何原理，又制造了一个容积 29L，装有五个 20kHz，2kW 超声探头的污泥处理装置，每个探头都能产生 25～50W/cm^2 的声强。微生物细胞的超声破解符合一级反应动力学，污泥在反应器中相对超声探头塞流式流动能够充分利用超声空化场，与平行流动方式相比细胞破解程度更高。一旦超声空化能量足够破坏细菌细胞壁，破解反应就能够很快发生。因此，存在一个最短水力停留时间和相应的污泥最大流量，并能保证反应器中超声空化场的稳定性和同质性，不会出现超声空化泡还未来得及破灭就被污泥流携带出反应器的现象。因此，超声波反应器的结构设计应根据超声声场的分布，同时结合反应器的工作方式共同完成。

8.10.3 超声波技术应用实例

德国弗朗霍大陶瓷技术与烧结材料研究所（Fraunhofer Institufe for Ceramic Technologies and Sintered Material，IKTS）已经成功研制出一种新技术，利用超声波将污水污泥的质量和体积减少约 20%，同时增加沼气产率 20%～25%。一套实验装置已经在德国代特莫尔德（Det-mold）处理 35000 人的生活污水和工业废水的污水处理厂运行一年以上。

该装置运行过程中，污泥连续送入超声波反应器，反应器有 7 个超声发射极（Sonotrate），每一发射极产生 12～20kHz 频率的超声波。超声波使污泥中的细菌和其他固体以团块形式分解，从而使污泥比较容易的脱水和释放出酶，分解有机物，增加沼气的产率。因此，降低污泥的水分含量所需的絮凝剂减少 25%。根据报道，该超声波反应器可用于对现有污水处理厂进行技术改造，1～2 年内即可回收投资费用。

参考文献

[1] 任南琪，马放，杨基先，等．污染控制微生物学［M］．哈尔滨：哈尔滨工业大学出版社，2007.

[2] 高延耀，顾国维，周琪，等．水污染控制工程［M］．北京：高等教育出版社，2007.

[3] 张大群，王秀朵．DAT-IAT 污水处理技术［M］．北京：化学工业出版社，2003.

[4] 郑祥，重力出流式膜生物反应器污水处理新技术研究［D］．北京：中国科学院生态环境研究中心，2001.

[5] 陈观文，徐平，施艳荞，等．分离膜应用与工程案例［M］．北京：国防工业出版社，2007.

[6] 郑祥，魏源送．中国水处理行业可持续发展战略研究报告［M］．北京：中国人民大学出版社，2013.

[7] 蒋岚岚，胡邦，张万里．膜生物反应器工艺设计及工程实例［M］．南京：河海大学出版社，2014.

[8] 黄霞，文湘华．水处理膜生物反应器原理与应用［M］．北京：科学出版社，2012.

[9] 张自杰．排水工程［M］．北京：中国建筑工业出版社，1996.

[10] 高廷耀，周群英．环境工程微生物学［M］．北京：高等教育出版社，2001.

[11] 叶剑锋．废水生物脱氮处理新技术［M］．北京：化学工业出版社，2006.

[12] 东南地区农村生活污水处理技术指南（试行）［R］．北京：中华人民共和国住房和城乡建设部，2010.

[13] 华北地区农村生活污水处理技术指南（试行）［R］．北京：中华人民共和国住房和城乡建设部，2010.

[14] 周少奇．城市污泥处置与资源化［M］．广州：华南理工大学出版社，2002.

[15] 赵由才．生活垃圾资源化原理与技术［M］．北京：化学工业出版社，2002.

[16] 李国学，张福锁．固体废物堆肥化与有机复混肥的生产［M］．北京：化学工业出版社，2000.

[17] 李秀金．固体废物工程［M］．北京：中国环境科学出版社，2001.

[18] 魏自民，席北斗，赵越．生活垃圾微生物强化堆肥技术［M］．北京：中国环境科学出版社，2008.

[19] 陈世和，张所明．城市垃圾堆肥原理与工艺［M］．上海：复旦大学出版社，1990.

[20] 席北斗．有机固体废弃物管理与资源化技术［M］．北京：国防工业出版社，2006.

[21] 赵庆祥．污泥资源化技术［M］．北京：化学工业出版社，2002.

[22] 徐惠忠．固体废物资源化技术［M］．北京：化学工业出版社，2004.

[23] 尹军，谭学军．污水污泥处理处置与资源化利用［M］．北京：化学工业出版社，2005.

[24] 周群英，高廷耀．环境工程微生物学［M］．第三版．北京：高等教育出版社，2008.

[25] 闵航，吴雪昌．微生物学［M］．杭州：浙江大学出版社，2005.